引导实例：转场动画　视频位置：多媒体教学>CH03>转场动画.mp4　技术掌握：学习"序列图层"命令、"旋转"属性、"锚点工具"完成勺子的转场动画页码：42

功能实战：倒计时动画　视频位置：多媒体教学>CH03>倒计时动画.mp4　技术掌握：掌握"序列图层"具体应用　页码：62

功能实战：散射光线　视频位置：多媒体教学>CH03>散射光线.mp4　技术掌握：图层混合的应用　页码：72

练习实例：流动的云彩　视频位置：多媒体教学>CH03>流动的云彩.mp4　技术掌握：掌握变速剪辑的具体应用　页码：78

练习实例：位移动画　视频位置：多媒体教学>CH03>位移动画.mp4　技术掌握：掌握位移动画的应用　页码：81

精彩案例

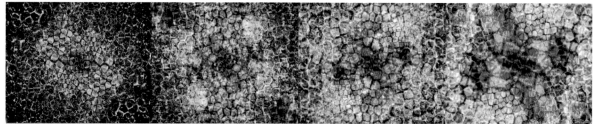

综合实例：动态玻璃特效　视频位置：多媒体教学>CH03>动态玻璃特效.mp4　技术掌握：学习图层叠加模式的运用　　　　页码：81

引导实例：蒙版动画　视频位置：多媒体教学>CH04>蒙版动画.mp4　技术掌握：掌握"矩形工具"的使用方法　　　　页码：86

功能实战：炫光动画　视频位置：多媒体教学>CH04>炫光动画.mp4　技术掌握：掌握"自动追踪"的用法　　　　页码：93

功能实战：片头动画　视频位置：多媒体教学>CH04>片头动画.mp4　技术掌握：掌握"轨道遮罩"的用法　　　　页码：97

练习实例：遮罩动画　视频位置：多媒体教学>CH04>遮罩动画.mp4　技术掌握：遮罩动画的应用　　　　页码：98

功能实战：人像阵列　视频位置：多媒体教学>CH04>人像阵列.mp4　技术掌握：掌握形状属性的组合使用　　　　页码：103

功能实战：手写字动画　视频位置：多媒体教学>CH04>手写字动画.mp4　技术掌握：掌握"橡皮擦工具"的运用　页码：110

练习实例：克隆虾动画　视频位置：多媒体教学>CH04>克隆虾动画.mp4　技术掌握：掌握仿制图章工具的使用方法　页码：111

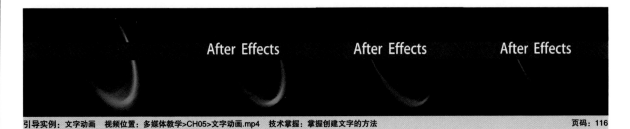

引导实例：文字动画　视频位置：多媒体教学>CH05>文字动画.mp4　技术掌握：掌握创建文字的方法　页码：116

功能实战：飞舞文字　视频位置：多媒体教学>CH05>飞舞文字.mp4　技术掌握：掌握创建文字形状轮廓的方法　页码：121

功能实战：模糊文字　视频位置：多媒体教学>CH05>模糊文字.mp4　技术掌握：掌握使用文字"浏览预设"的方法　页码：126

练习实例：逐字动画　视频位置：多媒体教学>CH05>逐字动画.mp4　技术掌握：掌握"源文本"的具体应用　页码：127

精彩案例

功能实战：轮廓文字　视频位置：多媒体教学>CH05>轮廓文字.mp4　技术掌握：掌握创建文字形状轮廓的方法　　　　页码：129

练习实例：文字蒙版　视频位置：多媒体教学>CH05>文字蒙版.mp4　技术掌握：掌握创建文字遮罩的方法　　　　页码：131

综合实例：多彩文字　视频位置：多媒体教学>CH05>多彩文字.mp4　技术掌握：掌握文本图层的属性、"动画制作工具"和"摆动选择器"　　　　页码：132

引导实例：镜头切换　视频位置：多媒体教学>CH06>镜头切换.mp4　技术掌握：使用"卡片擦除"制作图片之间的翻转过渡效果，以及使用"投影"制作阴影效果　页码：136

功能实战：卡片翻转式文字　视频位置：多媒体教学>CH06>卡片翻转式文字.mp4　技术掌握：学习"卡片擦除"效果和"线性擦除"效果的应用　　　　页码：140

练习实例：镜头转场特技　视频位置：多媒体教学>CH06>镜头转场特技.mp4　技术掌握：掌握"块状融合"滤镜的用法　　　　页码：141

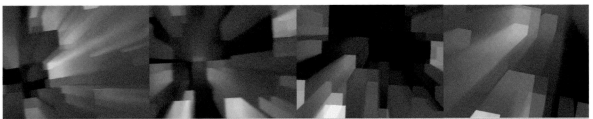

功能实战：空间幻影　视频位置：多媒体教学>CH06>空间幻影.mp4　技术掌握：使用"快速模糊"效果增加运动感　　　页码：143

练习实例：镜头视觉中心　视频位置：多媒体教学>CH06>镜头视觉中心.mp4　技术掌握：掌握"摄像机镜头模糊"滤镜的用法　　页码：145

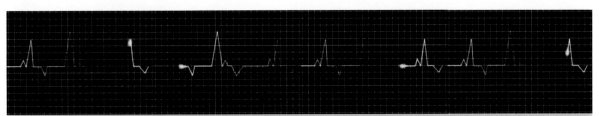

功能实战：心电图特技　视频位置：多媒体教学>CH06>心电图特技.mp4　技术掌握：掌握"蒙版"的绘制和编辑，掌握"勾画"特效参数的设置　页码：147

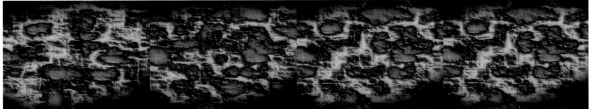

功能实战：浮雕效果　视频位置：多媒体教学>CH06>浮雕效果.mp4　技术掌握：掌握学习"分形杂色"效果的使用　　　页码：152

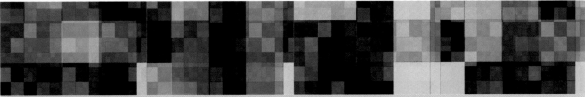

综合实例：块状背景　视频位置：多媒体教学>CH06>块状背景.mp4　技术掌握：学习"分形杂色"和"百叶窗"效果的运用　　页码：157

精彩案例

功能实战：镜头切换　视频位置：多媒体教学>CH06>镜头切换.mp4　技术掌握：使用"斜面 Alpha"效果模拟图片的厚度，"投影"效果模拟阴影　　　页码：154

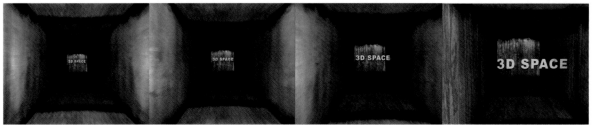

引导实例：3D空间　视频位置：多媒体教学>CH07>3D空间.mp4　技术掌握：掌握三维空间、摄像机和灯光的组合应用　　　页码：160

功能实战：展开盒子　视频位置：多媒体教学>CH07>展开盒子.mp4　技术掌握：掌握轴心点与三维图层控制的具体应用　　　页码：167

功能实战：布置灯光　视频位置：多媒体教学>CH07>布置灯光.mp4　技术掌握：掌握灯光类型的使用和灯光属性的应用　　　页码：171

功能实战：三维文字　视频位置：多媒体教学>CH07>三维文字.mp4　技术掌握：摄像机的创建方法和操作方式　　　页码：177

综合实例：翻书动画　　视频位置：多媒体教学>CH07>翻书动画.mp4　　技术掌握：三维技术综合运用　　　　页码：179

引导实例：三维文字　　视频位置：多媒体教学>CH08>三维文字.mp4　　技术掌握：掌握"曲线""色相/饱和度"和"色阶"效果的组合应用　　　　页码：186

功能实战：冷艳色调　　　　视频位置：多媒体教学>CH08>冷艳色调.mp4

技术掌握：学习"色阶"和"曲线"效果在调色中的应用　　页码：193

功能实战：季节更替　　　　视频位置：多媒体教学>CH08>季节更替.mp4

技术掌握：使用"色相/饱和度"效果为画面做局部调色　　页码：196

练习实例：曲线通道调色　　视频位置：多媒体教学>CH08>曲线通道调色.mp4

技术掌握：掌握使用"曲线"滤镜调色的方法　　页码：198

功能实战：冷色氛围处理　　视频位置：多媒体教学>CH08>冷色氛围处理.mp4

技术掌握：学习"色调""曲线"和"颜色平衡"效果的组合应用　　页码：204

练习实例：镜头染色　　　　视频位置：多媒体教学>CH08>镜头染色.mp4

技术掌握：掌握"三色调"滤镜的用法　　页码：207

综合实例：风格校色　　　　视频位置：多媒体教学>CH08>风格校色.mp4

技术掌握：掌握"曲线""色相/饱和度"和"色阶"效果的组合应用　　页码：207

精彩案例

功能实战：金属质感　视频位置：多媒体教学>CH08>金属质感.mp4　技术掌握：学习 "三色调" "曲线" 和 "照片滤镜" 效果在调色中的应用　　　　　页码：202

引导实例：Keylight抠像　视频位置：多媒体教学>CH09> Keylight抠像.mp4　技术掌握：掌握Keylight（1.2）滤镜的基本用法　　　　　页码：212

功能实战：颜色键抠像　视频位置：多媒体教学>CH09>颜色键抠像.mp4　技术掌握：掌握 "颜色键" 滤镜的用法　　　　　页码：215

功能实战：差值遮罩抠像　视频位置：多媒体教学>CH09>差值遮罩抠像.mp4　技术掌握：掌握 "差值遮罩" 滤镜的用法　　　　　页码：217

练习实例：提取抠像滤镜　　　视频位置：多媒体教学>CH09>提取抠像滤镜.mp4

技术掌握：掌握 "提取" 滤镜的用法　　　　　页码：221

功能实战：Keylight扩展抠像　视频位置：多媒体教学>CH09>Keylight扩展抠像.mp4

技术掌握：掌握Keylight（键控）滤镜的高级用法　　　　　页码：229

功能实战：内部/外部键抠像　　视频位置：多媒体教学>CH09>内部/外部键抠像.mp4
技术掌握：掌握"内部/外部键抠像"滤镜的用法　　页码：219

练习实例：色彩范围抠像滤镜　　视频位置：多媒体教学>CH09>色彩范围抠像滤镜.mp4
技术掌握：掌握"色彩范围"滤镜的用法　　页码：222

功能实战：Keylight常规抠像　　视频位置：多媒体教学>CH09> Keylight常规抠像.mp4
技术掌握：掌握Keylight（1.2）滤镜的常规用法　　页码：225

综合实例：Keylight综合抠像　　视频位置：多媒体教学>CH09> Keylight综合抠像.mp4
技术掌握：掌握Keylight（键控）滤镜的综合应用　　页码：230

功能实战：画面稳定　　视频位置：多媒体教学>CH10>画面稳定.mp4
技术掌握：掌握"稳定运动"的应用　　页码：239

练习实例：镜头稳定　　视频位置：多媒体教学>CH10>镜头稳定.mp4
技术掌握：掌握"变形稳定器 VFX"的应用　　页码：240

功能实战：尾灯光晕　　视频位置：多媒体教学>CH10>尾灯光晕.mp4
技术掌握：掌握"跟踪运动"的应用　　页码：242

练习实例：添加光晕　　视频位置：多媒体教学>CH10>添加光晕.mp4
技术掌握：掌握"跟踪运动"的应用　　页码：243

引导实例：足球特效　　视频位置：多媒体教学>CH10>足球特效.mp4　　技术掌握：掌握"运动跟踪"的应用　　页码：234

精彩案例

功能实战：镜头反求　视频位置：多媒体教学>CH10>镜头反求.mp4　技术掌握：掌握"3D摄像机跟踪器"的应用　　　　页码：244

综合实例：更换画面　视频位置：多媒体教学>CH10>更换画面.mp4　技术掌握：运动跟踪的综合运用　　　　页码：246

引导实例：抖动文字　视频位置：多媒体教学>CH11>抖动文字.mp4　技术掌握：掌握"抖动"表达式的具体应用　　　　页码：250

功能实战：百叶窗效果　视频位置：多媒体教学>CH11>百叶窗效果.mp4　技术掌握：掌握基本表达式的应用　　　　页码：252

功能实战：时针动画　视频位置：多媒体教学>CH11>时针动画.mp4　技术掌握：掌握基本表达式时间的应用　　　　页码：257

功能实战：蝴蝶动画　视频位置：多媒体教学>CH11>蝴蝶动画.mp4　技术掌握：掌握表达式语言菜单的应用　　　　页码：267

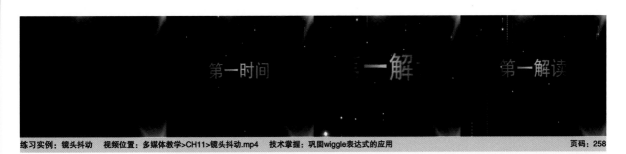

练习实例：镜头抖动　视频位置：多媒体教学>CH11>镜头抖动.mp4　技术掌握：巩固wiggle表达式的应用　页码：258

综合实例：花朵旋转　视频位置：多媒体教学>CH11>花朵旋转.mp4　技术掌握：掌握正弦运动表达式的综合应用　页码：269

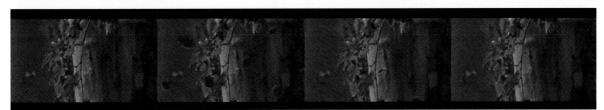

引导实例：粒子汇聚　视频位置：多媒体教学>CH12>粒子汇聚.mp4　技术掌握：使用"贴图文件"和"碎片"效果来完成粒子特技的制作　页码：274

功能实战：破碎汇聚　视频位置：多媒体教学>CH12>破碎汇聚.mp4　技术掌握：使用"碎片"效果制作Logo的破碎汇聚特效　页码：277

练习实例：落叶特效　视频位置：多媒体教学>CH12>落叶特效.mp4　技术掌握：使用"碎片"滤镜制作落叶特效　页码：278

综合实例：下雨特效　视频位置：多媒体教学>CH12>下雨特效.mp4　技术掌握：模拟滴水效果　页码：288

精彩案例

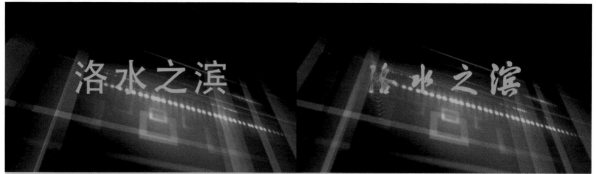

功能实战：飞沙文字　视频位置：多媒体教学>CH12>飞沙文字.mp4　技术掌握：学习"粒子运动场"效果的具体应用　页码：282

练习实例：飘散文字　视频位置：多媒体教学>CH12>飘散文字.mp4　技术掌握：掌握"粒子动力场"的应用方法　页码：282

功能实战：星星夜空　视频位置：多媒体教学>CH12>星星夜空.mp4　技术掌握：学习CC Particle World（CC 粒子世界）滤镜的应用　页码：284

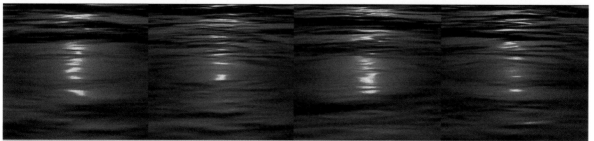

功能实战：水面模拟　视频位置：多媒体教学>CH12>水面模拟.mp4　技术掌握：学习"焦散"效果的应用　页码：287

引导实例：炫彩文字　　视频位置：多媒体教学>CH13>炫彩文字.mp4　　技术掌握：学习3D Stroke（3D描边）和Starglow（星光闪耀）效果的应用　　页码：290

功能实战：片头特效　　视频位置：多媒体教学>CH13>片头特效.mp4　　技术掌握：掌握Light Factory（灯光工厂）滤镜的使用方法　　页码：294

功能实战：模拟日照　　视频位置：多媒体教学>CH13>模拟日照.mp4　　技术掌握：掌握Optical Flare（光学耀斑）滤镜的使用方法　　页码：297

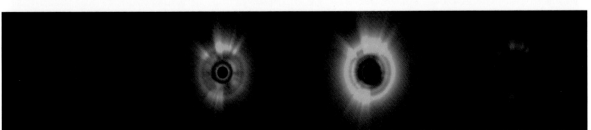

功能实战：时光隧道　　视频位置：多媒体教学>CH13>时光隧道.mp4　　技术掌握：学习Shine（扫光）效果制作光辉效果　　页码：299

精彩案例

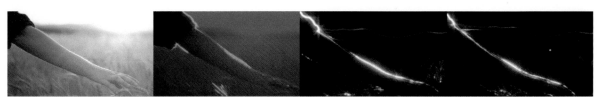

功能实战：轮廓光线　视频位置：多媒体教学>CH13>轮廓光线.mp4　技术掌握：掌握Starglow（星光）的使用方法　　　　　　　　　页码：302

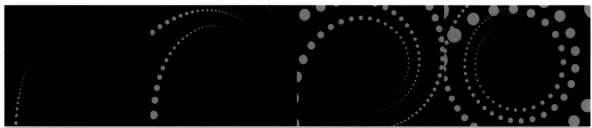

功能实战：线条动画　视频位置：多媒体教学>CH13>线条动画.mp4　技术掌握：掌握3D Stroke（3D描边）滤镜的使用方法　　　　　　　页码：305

练习实例：云层光线　视频位置：多媒体教学>CH13>云层光线.mp4　技术掌握：掌握Shine（扫光）滤镜的使用方法　　　　　　　　　页码：306

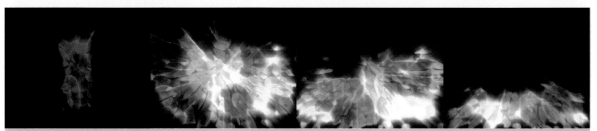

练习实例：炫彩星光　视频位置：多媒体教学>CH13>炫彩星光.mp4　技术掌握：掌握Starglow（星光闪耀）滤镜的使用方法　　　　　　页码：306

综合实例：体育节目片头　视频位置：多媒体教学>CH15>体育节目片头.mp4　技术掌握：图层混合模式、Light Factory（灯光工厂）滤镜的应用　页码：354

综合实例：光球特技　视频位置：多媒体教学>CH14>光球特技.mp4　技术掌握：轨道蒙版的应用　　　　页码：310

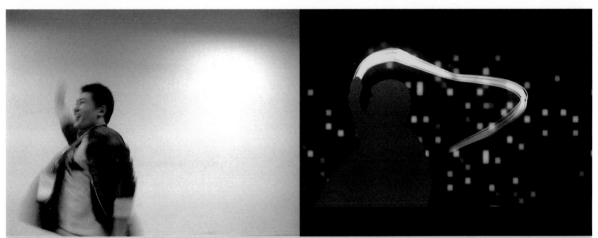

综合实例：动感达人　视频位置：多媒体教学>CH14>动感达人.mp4　技术掌握：抠像技术、灯光与空对象匹配以及自定义粒子的类型等　　　　页码：318

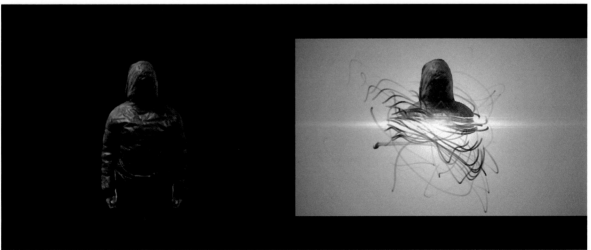

综合实例：人物光闪　视频位置：多媒体教学>CH14>人物光闪.mp4　技术掌握：From（形状）和Optical Flares（光学耀斑）等　　　　页码：328

精彩案例

综合实例：运动的光线　视频位置：多媒体教学＞CH14＞运动的光线.mp4　技术掌握：镜头动画匹配、光线动画、辅助粒子、色调控制、氛围控制等技术的综合应用　页码：335

综合实例：行星爆炸特效镜头　视频位置：多媒体教学＞CH15＞行星爆炸特效镜头.mp4　技术掌握：关键帧动画、光效滤镜等技术的综合运用　页码：350

综合实例：新闻节目片头　视频位置：多媒体教学＞CH15＞新闻节目片头.mp4　技术掌握：颜色校正、蒙版动画、Optical Flares（光学耀斑）光效等技术的综合运用　页码：362

综合实例：雄风剧场栏目包装　视频位置：多媒体教学＞CH15＞雄风剧场栏目包装.mp4　技术掌握：颜色校正、关键帧动画等技术的综合运用　页码：372

综合实例：体育播报栏目包装　视频位置：多媒体教学＞CH15＞体育播报栏目包装.mp4　技术掌握：蒙版动画、颜色校正、Starglow（星光闪耀）光效等技术的综合运用　页码：385

中文版
After Effects CC
从入门到精通

张高萍 王洪江 编著

人民邮电出版社

北京

图书在版编目（C I P）数据

中文版After Effects CC从入门到精通 / 张高萍，
王洪江编著. — 北京：人民邮电出版社，2016.8
ISBN 978-7-115-42304-7

Ⅰ. ①中… Ⅱ. ①张… ②王… Ⅲ. ①图象处理软件
Ⅳ. ①TP391.41

中国版本图书馆CIP数据核字(2016)第139468号

内 容 提 要

这是一本全面介绍 After Effects CC 的书籍。全书共 15 章，主要介绍了 After Effects CC 软件的基本操作、图层的操作及应用、蒙版与路径动画、常用效果滤镜、三维特效、图像的色彩调整、键控技术、镜头的稳定与跟踪及反求、表达式的应用和模拟特效系统等知识，并通过 99 个精选案例，对所学知识加以巩固，提高读者的实际操作能力。

书中不仅介绍了 After Effects CC 中常用的特效滤镜，还介绍了行业中流行的第三方插件，包括 Trapcode Particular、Trapcode Form、Trapcode Shine、Trapcode 3D Stroke、TrapcodeStarglow、Optical Flares 和 Knoll Light Factory 等，使用这些滤镜和插件，读者可以在栏目包装、电视广告和影视制作等领域制作出符合行业要求的特技效果。

本书的配套学习资源包括书中所有实例的素材文件、源文件和多媒体教学视频，以及与本书配套的 PPT 教学课件，方便老师教学使用，读者可通过在线方式获取这些资源，具体方法请参看本书前言。

本书结构清晰，操作步骤详细，语言通俗易懂，适合 After Effects 的初学者和中级用户阅读，也适合作为相关专业人员的培训教材使用。

◆ 编　著　张高萍　　王洪江
责任编辑　张丹丹
责任印制　陈　犇

◆ 人民邮电出版社出版发行　　北京市丰台区成寿寺路 11 号
邮编　100164　　电子邮件　315@ptpress.com.cn
网址　https://www.ptpress.com.cn
北京九州迅驰传媒文化有限公司印刷

◆ 开本：787×1092　1/16
印张：25.5　　　　　　　　　2016 年 8 月第 1 版
字数：720 千字　　　　　　　2024 年 8 月北京第 18 次印刷

定价：69.80 元

读者服务热线：(010)81055410　印装质量热线：(010)81055316
反盗版热线：(010)81055315
广告经营许可证：京东市监广登字 20170147 号

前　言

After Effects是Adobe公司推出的一款层级式的图形视频处理软件，相对于NUKE、Fusion等节点式处理软件的优点是简单易学、操作快捷、支持的文件格式繁多和第三方插件强大等，这使After Effects深受广大艺术家及相关行业人员的喜爱，成为业界中的佼佼者。

After Effects不仅能整合各种类型的文件素材，还能通过其强大的特效滤镜，快速地制作出酷炫的特技效果。在处理小规模的电影、电视、广告和动画等方面，After Effects是首选的处理方案。

本书使用的是中文版After Effects CC 2015，该版本提供了3D摄像机追踪器、光线追踪、多样化蒙版属性、多种新效果滤镜和更高效的预览等新功能。

本书的结构与内容

本书共分为15章，主要内容分配如下。

第1章 基础知识，主要介绍了行业中的图像、影像的格式和特点，让读者了解各种文件格式的作用。

第2章 After Effects CC的基本操作，主要介绍了After Effects CC界面布局、文件的基本操作以及制作的流程等内容。

第3章 图层的操作及应用，主要介绍了项目工作流、图层的属性和操作方法、动画关键帧的原理和设置方法、图表编辑器的原理和操作方法。

第4章 蒙版与路径动画，主要介绍了蒙版的基础操作、形状的应用、常用的绘画工具以及制作路径动画。

第5章 创建文字与文字动画，主要介绍了使用文字工具、创建文字动画以及文字的其他应用。

第6章 常用效果滤镜，主要介绍了过渡特效、模糊特效、常规特效和透视特效滤镜的相关属性和使用方法。

第7章 三维特效，主要介绍了三维图层、摄像机和灯光等进行三维特效合成的创建方法和使用技巧。

第8章 图像的色彩调整，主要介绍了色彩的基础知识，以及颜色校正效果滤镜组中的常用滤镜的使用方法。

第9章 键控技术，主要介绍了常用的键控效果滤镜以及Keylight滤镜的使用方法和技巧。

第10章 镜头的稳定、跟踪和反求，主要介绍了跟踪器在镜头稳定、运动跟踪和镜头反求中的应用。

第11章 表达式的应用，主要介绍了表达式的基础知识、基本语法、使用表达式制作特效以及After Effects提供的数据库内容。

第12章 模拟特效系统，主要介绍了碎片、粒子运动场、CC Particle World模拟滤镜的使用方法。

第13章 光效特技合成，主要介绍了Light Factory、Optical Flare、Trapcode Shine、Trapcode Starglow和3D Stroke等插件的相关属性和使用技巧。

第14章 拍摄与合成，精选了光球特技、动感达人、人物光闪和运动的光线4个综合性案例，涵盖了全书中的重点内容。

第15章 商业综合实训，精选了5个案例，不仅结合行业需要，而且对全书知识点进行了实践性的练习。

本书特色

知识全面：本书全面覆盖了After Effects中的实用功能，通过对本书的学习，无论是在电视栏目包装领域，还是在三维动画合成、影视特效领域，都能够运用到书中的内容。

符合行情：本书中的案例内容，都是精选出来的经典案例，不仅效果华丽，而且符合行业要求，是初学者跨入行业的宝典。

案例多样：全书案例分为4类，分别是引导实例、功能实战、练习实例和综合实例。引导实例是为展开章节内容教学而设置的难度偏低的综合性案例，包括了章节中的常用工具；功能实战是针对章节中的重点知识而设置的难度适中的操作性案例，用于加强实际操作能力；练习实例是针对章节中的常用技能而设置的难度适中的复习性案例，用于锻炼制作思维；综合实例是为巩固章节中的知识而设置的总结性案例，涵盖了章节中的大量工具和命令。

版面结构说明

为了能让读者熟练地掌握软件的使用方法和技巧，还特意设计了"技巧与提示""引导实例""功能实战""练习实例"和"综合实例"等项目，简要介绍如下。

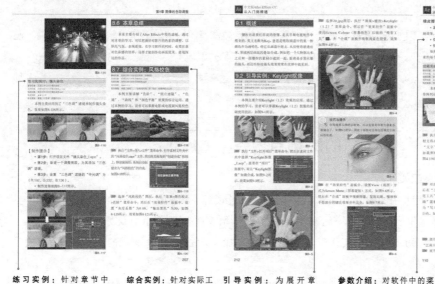

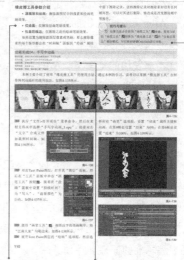

练习实例：针对章节中的常用工具和技巧，而安排的中等难度实例。

综合实例：针对实际工作中的项目，而安排的难度较高的实例。

引导实例：为展开章节内容教学，而安排的难度较低的实例。

参数介绍：对软件中的菜单、面板、对话框和命令等，详细介绍了相关属性的作用以及效果。

功能实战：为巩固章节中的重点知识，而安排的中等难度案例。

技巧与提示：针对软件技巧及实际操作过程中的难点进行重点提示。

售后服务

本书所有的学习资源文件均可在线下载（或在线观看视频教学录像），扫描封底或右侧的"资源下载"二维码，关注"数艺社"的微信公众号即可获得资源文件下载方式。资源下载过程中如有疑问，可通过邮箱szys@ptpress.com.cn与我们联系。在学习的过程中，如果遇到问题，也欢迎您与我们交流，我们将竭诚为您服务。

资源下载

编者
2016年6月

目录

After Effects

第 1 章 基础知识

本章知识索引

知识名称	作用	重要程度	所在页
视频基础知识	了解相关专业术语	中	P12
支持的文件格式	了解After Effects所支持的文件类型	中	P15

1.1 概述

很多视频设计师在进入这个领域的时候，往往都会直接忽略掉这部分知识，甚至认为这些基本概念没什么大用，其实不然。在影视制作中，由于不同硬件设备、平台和各种软件的组合使用，以及不同视频标准的差别，由此引发的诸如"画面产生变形或抖动"和"视频分辨率和像素比不一致"等一系列问题，都会极大地影响画面的最终效果。本节将针对影视制作中所涉及的基础知识做简要讲解，这些知识点虽然很枯燥，但是非常关键，对设计师来说都是非常重要的、必须深刻理解的概念。

1.2 视频基础知识

本节知识概要

知识名称	作用	重要程度	所在页
数字化	描述非线性编辑中的重要概念	低	P12
电视标准	描述电视制式的类型和特点	低	P12
分辨率	描述分辨率的概念和作用	中	P13
像素比	描述像素比的概念和作用	中	P13
帧速率	描述帧速率的概念和作用	中	P14
运动模糊	描述运动模糊的概念和作用	中	P14
帧混合	描述帧混合的概念和作用	中	P14
抗锯齿	描述抗锯齿的概念和作用	中	P14

After Effects是一个图形视频处理软件，因此它涉及了很多多媒体方面的专业知识，在学习After Effects之前，掌握相关的专业知识，可以很快理解后面的知识点。

1.2.1 数字化

将摄像机拍摄的素材，采集到计算机硬盘中，通过非线性编辑软件对这些素材进行处理，将处理好的画面内容输出，最后在电视或相应的设备上播放，以上的过程，就可以理解为数字化应用的过程。数字化非线性编辑技术的应用，颠覆了传统工作流程中十分复杂的线性编辑技术和应用模式，极大提升了现代视频设计师创作的自由度和灵活度，同时也将视频制作水平提升到了一个新的层次。

1.2.2 电视标准

电视标准是对电视信号的传输方式及各项技术指标的规定，包括黑白电视体制、彩色电视制式和频道划分。全球有多种电视制式，每种制式都有各自的特点，下面介绍3种常见制式。

1.NTSC制式

NTSC（国家电视标准委员会，National Television Standards Committee）制式奠定了"标清"的基础。不过该制式从产生以来除了增加了色彩信号的新参数之外没有太大的变化，且信号不能直接兼容于计算机系统。

NTSC制式的电视播放标准如下。

- 分辨率720像素×480像素。
- 画面的宽高比为4:3。
- 每秒播放29.97帧（简化为30帧）。
- 扫描线数为525。

目前，美国、加拿大等大部分西半球国家以及日本、韩国、菲律宾等在使用该制式。

2.PAL制式

PAL制式又称为帕尔制，是在NTSC制式的技术基础上研制出来的一种改进方案，并克服了NTSC制式对相位失真的敏感性。

PAL制式的电视播放标准如下。

- 分辨率720像素×576像素。
- 画面的宽高比为4:3。
- 每秒播放25帧。
- 扫描线数为625。

目前，中国、印度、巴基斯坦、新加坡、澳大利亚、新西兰以及一些西欧国家和地区在使用该制式。

3.SECAM制式

SECAM（法文Sequentiel Couleur A Memoire的缩写，意思是"按顺序传送彩色与存储"）制式又称塞康制，由法国研制，SECAM制式的特点是不怕干扰，彩色效果好，但兼容性差。

SECAM制式的电视播放标准如下。

- 画面的宽高比为4:3。
- 每秒可播放25帧。
- 扫描线数为819。

SECAM制式有3种形式：一是法国SECAM（SECAM-L），主要用在法国；二是SECAM-B/G，用在中东和希腊；三是SECAM D/K，用在俄罗斯和西欧。

1.2.3 分辨率

分辨率（Resolution，也称之为"解析度"）是指单位长度内包含的像素点的数量，它的单位通常为像素/英寸（ppi）。

由于屏幕上的点、线和面都是由像素组成的，因此显示器可显示的像素越多，画面就越精细，同样的屏幕区域内能显示的信息也就越多。以分辨率为720像素×576像素的屏幕来说，即每一条水平线上包含有720个像素点，共576条线，即扫描列数为720列，行数为576行。

目前显示器的主流分辨率是1920×1080，2K分辨率（指屏幕横向像素达到2000以上）的显示器正逐渐普及，而4K（指屏幕横向像素达到4000以上）是未来显示器的趋势。在After Effects软件中，可以在新建"合成"面板中设置分辨率，如图1-1所示。

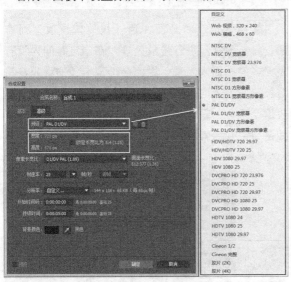

图1-1

1.2.4 像素比

像素比是指图像中的一个像素的宽度与高度的比。使用计算机图像软件制作生成的图像大多使用方形像素，即图像的像素比为1:1，而电视设备所产生的视频图像，就不一定是1:1。

PAL制式规定的画面宽高比为4:3，分辨率为

720×576。如果在像素为1:1的情况下，可根据宽高比的定义来推算，PAL制式图像分辨率应为768×576。而实际PAL制式的分辨率为720×576，因此，实际PAL制式图像的像素比是768:720=16:15=1.07。即通过将正方形像素"拉长"的方法，保证了画面4:3的宽高比例。

在After Effects软件中，可以在新建合成的面板中设置画面的像素比，如图1-2所示。或者在项目窗口中，选择相应的素材，按Ctrl+Alt+G组合键，打开素材属性设置面板，对素材的像素比进行设置，如图1-3所示。

图1-2

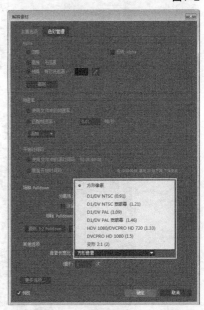

图1-3

After Effects可以利用"关键帧""表达式""关键帧助手"和"曲线编辑器"等技术来对滤镜里面的参数或图层属性制作动画。此外，After Effects还可以使用"运动稳定"和"跟踪控制"来制作关键帧，并且可以将这些关键帧应用到其他图层中产生动画，同时也可以通过嵌套关系来让子图层跟随父图层产生动画。

1.2.5 帧速率

帧速率就是FPS（Frames Per Second），即帧/秒，是指每秒钟可以刷新的图片的数量，或者理解为每秒钟可以播放多少张图片。

帧速率越高，每秒所显示的图片数量就越多，从而画面会更加流畅，视频的品质也越高，当然也会占用更多的带宽。当然，过小的帧速率会使画面播放不流畅，从而产生"跳跃"现象。

在After Effects软件中，可以在新建合成面板中设置画面的帧速率，如图1-4所示。当然也可以在素材属性设置面板进行自定义设置，如图1-5所示。

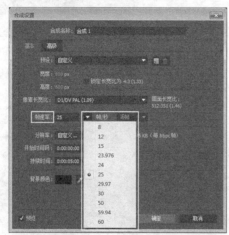

图1-4

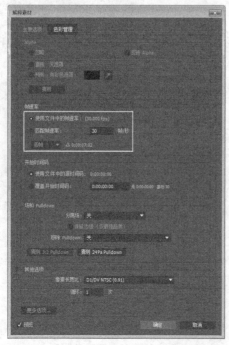

图1-5

1.2.6 运动模糊

运动模糊的英文全称是Motion Blur，运动模糊并不是在两帧之间插入更多的信息，而是将当前帧与前一帧混合在一起所获得的一种效果。

开启运动模糊的最核心的目的是：使每帧画面更接近，减少帧之间因为画面差距大而引起的闪烁或抖动，从而增强画面的真实感和流畅度。当然，应用了运动模糊之后，也会在一定程度上牺牲图像的清晰度。在After Effects软件中，可以在时间线窗口中开启素材的运动模糊和运动模糊总按钮，如图1-6所示。

图1-6

1.2.7 帧混合

帧混合是针对画面变速（快放或慢放）而言的，将一段视频进行慢放处理，在一定时间内没有足够多的画面来表现，因此会出现卡顿的现象，将这段素材进行帧混合处理，就会在一定程度上解决这个现象。在After Effects软件中，可以在时间线窗口中开启素材的帧混合和帧混合总按钮，如图1-7所示。

图1-7

1.2.8 抗锯齿

抗锯齿的英文全称是Anti-aliasing，抗锯齿是指对图像边缘进行柔化处理，使图像边缘看起来更平滑。同时，抗锯齿也是提高画质，使画面变柔和的一种方法。在After Effects软件中，可以在时间线窗口中开启素材的质量和采样，如图1-8所示。

图1-8

1.3 支持的文件格式

本节知识概要

知识名称	作用	重要程度	所在页
图形图像的格式	了解After Effects支持的图形图像格式	中	P15
视频编码的格式	了解After Effects支持的视频编码格式	中	P16
音频编码的格式	了解After Effects支持的音频编码格式	中	P17

After Effects支持很多种文件格式，常见的图形图像、视频、音频格式都能很好地支持，在对这些文件进行加工后，After Effects可以生成多种格式的文件，以满足用户的不同需要。

1.3.1 图形图像的格式

计算机的图形图像格式大大小小有几十种，每一种都有各自的特点。After Effects支持的常用的图形图像格式，包括为以下10种。

1.GIF格式

GIF是英文Graphics Interchange Format（图形交换格式）的缩写，它的特点是压缩比较高，磁盘空间占用较少，所以这种图像格式迅速得到了广泛的应用。

GIF格式最大只能保存8位色深的数码图像，所以它最多只能用256色来表现物体，对于色彩复杂的物体它就力不从心了。

尽管如此，这种格式仍在网络上大行其道，这和GIF图像文件短小、下载速度快、可用许多具有同样大小的图像文件组成动画等优势是分不开的。

2.FLM格式

FLM格式是Premiere输出的一种图像格式，Premiere将视频片段输出成序列帧图像，每一帧的左下角为时间码，以SMPTE时间编码为标准显示，右下角为帧编号，可以在Photoshop中对其进行处理。

3.JPEG格式

JPEG也是常见的一种图像格式，它的扩展名为.jpg或.jpeg，其压缩技术十分先进，它用有损压缩方式去除冗余的图像和彩色数据，在获取极高的压缩率的同时能展现十分丰富生动的图像。

换句话说，就是可以用最少的磁盘空间得到较好的图像质量。由于JPEG格式的压缩算法是采用平衡像素之间的亮度色彩来压缩的，因而更有利于表现带有渐变色彩且没有清晰轮廓的图像。

4.PNG格式

PNG（Portable Network Graphics）是一种新兴的网络图像格式，它有以下几个优点。

首先，PNG格式是目前保证最不失真的格式，它汲取了GIF和JPEG两者的优点，存贮形式丰富，兼有GIF和JPEG的色彩模式。

它的另一个特点是能把图像文件压缩到极限以利于网络传输，但又能保留所有与图像品质有关的信息，因为PNG采用无损压缩方式来减少文件的大小，这一点与牺牲图像品质以换取高压缩率的JPEG有所不同。

它的第3个特点是显示速度很快，只需下载1/64的图像信息就可以显示出低分辨率的预览图像。

最后，PNG同样支持透明图像的制作，透明图像在制作网页图像的时候很有用，可以把图像背景设为透明，用网页本身的颜色信息来代替设为透明的色彩，这样可让图像和网页背景很和谐地融合在一起。

PNG格式的缺点是不支持动画应用效果。

5.TGA格式

TGA（Tagged Graphics）文件的结构比较简单，是一种图形、图像数据的通用格式，在多媒体领域有着很大影响，是计算机生成图像向电视转换的一种首选格式。

6.TIFF格式

TIFF（Tag Image File Format）是Mac（苹果机）中广泛使用的图像格式，它的特点是存储的图像细微层次的信息非常多。

该格式有压缩和非压缩两种形式，其中压缩可采用LZW无损压缩方案存储。目前在Mac和PC上移植TIFF文件也十分便捷，因而TIFF现在也是PC上使用最广泛的图像文件格式之一。

7.PSD格式

这是著名的Adobe公司的图像处理软件Photoshop的专用格式Photoshop Document（PSD）。PSD其实是Photoshop进行平面设计的一张草稿图，它里面包含有各种图层、通道、遮罩等多种设计的样稿，以便于下次打开文件时可以修改上一次的设计。

在Photoshop所支持的各种图像格式中，PSD的存取速度比其他格式快很多，功能也很强大。

8.AI格式

AI是Adobe Illustrator的标准文件格式，是一种矢量图形格式。

9.WMF格式

WMF即图元文件，扩展名包括.wmf和.emf两种。它是微软公司定义的一种Windows平台下的矢量图形文件格式。

10.DXF格式

DXF格式是由Autodesk公司开发的，用于AutoCAD与其他软件之间进行CAD数据交换的CAD数据文件格式，它是一种矢量图形文件。

1.3.2 视频编码的格式

计算机的视频格式大大小小有几十种，每一种都有各自的特点。After Effects支持的常用的视频格式，包括为以下6种。

1.AVI格式

它的英文全称为Audio Video Interleaved，即音频视频交错格式。所谓"音频视频交错"，就是可以将视频和音频交织在一起进行同步播放。这种视频格式的优点是图像质量好，可以跨多个平台使用。缺点是体积过于庞大，而且更加糟糕的是压缩标准不统一，因此经常会遇到高版本Windows媒体播放器播放不了采用早期编码编辑的AVI格式视频，而低版本Windows媒体播放器又播放不了采用最新编码编辑的AVI格式视频。其实解决的方法也非常简单，本书将在后面的视频转换、视频修复部分中给出解决的方案。

2.MPEG格式

MPEG的英文全称为Moving Picture Expert Group，即运动图像专家组格式，家里常看的VCD、

SVCD、DVD就是这种格式。MPEG文件格式是运动图像压缩算法的国际标准，它采用了有损压缩方法，从而减少运动图像中的冗余信息。MPEG的压缩方法就是保留相邻两幅画面绝大多数相同的部分，而把后续图像中和前面图像有冗余的部分去除，从而达到压缩的目的。目前MPEG格式有3个压缩标准，分别是MPEG-1、MPEG-2、和MPEG-4。

MPEG-1：它是针对1.5Mbit/s以下数据传输率的数字存储媒体运动图像及其伴音编码而设计的国际标准，也就是通常所见到的VCD制作格式，这种视频格式的文件扩展名包括.mpg、.mlv、.mpe、.mpeg及VCD光盘中的.dat文件等。

MPEG-2：设计目标为高级工业标准的图像质量以及更高的传输率，这种格式主要应用在DVD/SVCD的制作（压缩）方面，同时在一些HDTV（高清晰电视广播）和一些高要求的视频编辑、处理上面也有相当的应用。这种视频格式的文件扩展名包括.mpg、.mpe、.mpeg、.m2v及DVD光盘上的.vob文件等。

MPEG-4：MPEG-4是为了播放流式媒体的高质量视频而专门设计的，它可利用很窄的带宽，通过帧重建技术，压缩和传输数据，以求使用最少的数据获得最佳的图像质量。MPEG-4最有吸引力的地方在于它能够保存接近于DVD画质的小容量视频文件。这种视频格式的文件扩展名包括.asf、.mov和DivX、AVI等。

3.MOV格式

美国Apple公司开发的一种视频格式，默认的播放器是苹果的Quick Time Player。具有较高的压缩比率和较完美的视频清晰度。MOV的最大的特点还是跨平台性，既能支持MacOS，又能支持Windows系列。

4.ASF格式

ASF的英文全称是Advanced Streaming Format，它是微软为了和现在的Real Player竞争而推出的一种视频格式，用户可以直接使用Windows自带的Windows Media Player对其进行播放。由于它使用了MPEG-4的压缩算法，所以压缩率和图像的质量都很不错。

5.FLC格式

FLC是Autodesk公司的动画文件格式，这是以3DS中的标准格式。是一个8位动画文件，每一帧都是一个GIF图像。

6.RMVB格式

这是一种由RM视频格式升级延伸出的新视频格式，它的先进之处在于RMVB视频格式打破了原先RM格式那种平均压缩采样的方式，在保证平均压缩比的基础上合理利用比特率资源，就是说静止和动作场面少的画面场景采用较低的编码速率，这样可以留出更多的带宽空间，而这些带宽会在出现快速运动的画面场景时被利用。这样在保证了静止画面质量的前提下，大幅地提高了运动图像的画面质量，从而图像质量和文件大小之间就达到了微妙的平衡。

1.3.3 音频编码的格式

计算机的音频格式大大小小有几十种，每一种都有各自的特点。After Effects支持的常用的音频格式，包括为以下6种。

1.WAV格式

WAV是微软公司开发的一种声音文件格式，它符合RIFF（Resource Interchange File Format）文件规范，用于保存Windows平台的音频信息资源，被Windows平台及其应用程序所支持。WAV格式支持MSADPCM、CCITT A LAW等多种压缩算法，支持多种音频位数、采样频率和声道，标准格式的WAV文件和CD格式一样，也是44.1kH/z的采样频率、速率88KB/s秒、16位量化位数。WAV格式的声音文件质量和CD相差无几，也是目前PC上广为流行的声音文件格式，几乎所有的音频编辑软件都识别WAV格式。

由苹果公司开发的AIFF（Audio Interchange File Format）格式和为UNIX系统开发的AU格式，它们都和WAV非常相像，大多数音频编辑软件也都支持这几种常见的音乐格式。

2.MP3格式

MP3格式诞生于20世纪80年代的德国，所谓MP3也就是指MPEG标准中的音频部分，也就是MPEG音频层。根据压缩质量和编码处理的不同分为3层，分别对应.mp1、.mp2和.mp3这3种声音文件。

MPEG音频文件的压缩是一种有损压缩，MPEG3音频编码具有10:1~12:1的高压缩率，同时基本保持低音频部分不失真，但是牺牲了声音文件中12~16kHz高音频这部分的质量来换取文件的尺寸。

相同长度的音乐文件，用MP3格式来存储，文件大小一般只有WAV文件的1/10，而音质要次于CD格式或WAV格式的声音文件。

但是MP3音乐的版权问题一直是找不到办法解决，因为MP3没有版权保护技术，说白了也就是谁都可以用。

MP3格式压缩音乐的采样频率有很多种，可以用64kHz或更低的采样频率节省空间，也可以320kHz的标准达到极高的音质。用装有Fraunhofer IIS Mpeg Lyaer3的 MP3编码器（现在效果最好的编码器）Music Match Jukebox 6.0在128kHz的频率下编码一首3分钟的歌曲，得到2.82MB的MP3文件。

采用缺省的CBR（固定采样频率）技术可以以固定的频率采样一首歌曲，而VBR（可变采样频率）则可以在音乐"忙"的时候加大采样的频率获取更高的音质，不过产生的MP3文件可能在某些播放器上无法播放。

3.MIDI格式

MIDI（Musical Instrument Digital Interface）允许数字合成器和其他设备交换数据。MIDI文件并不是一段录制好的声音，而是记录声音的信息，然后告诉声卡如何再现音乐的一组指令。这样一个MIDI文件每存1分钟的音乐只用5~10KB。

MIDI文件主要用于原始乐器作品、流行歌曲的业余表演、游戏音轨以及电子贺卡等。MIDI文件重放的效果完全依赖声卡的档次。MIDI格式的最大用处是在计算机作曲领域。MIDI文件可以用作曲软件写出，也可以通过声卡的MIDI口把外接音序器演奏的乐曲输入计算机里，制成MID文件。

4.WMA格式

WMA（Windows Media Audio）音质要强于MP3格式，更远胜于RA格式，它和日本YAMAHA公司开发的VQF格式一样，是以减少数据流量但保持音质的方法来达到比MP3压缩率更高的目的，WMA的压缩率一般都可以达到1:18左右。

WMA的另一个优点是内容提供商可以通过DRM（Digital Rights Management）方案（如Windows Media Rights Manager 7）加入防拷贝保护。这种内置了版权保护技术可以限制播放时间和播放次数，甚至于播放的机器等，这对被盗版搅得焦头烂额的音乐公司来说可是一个福音，另外WMA还支持音频流（Stream）技术，适合在网络上在线播放。

WMA这种格式在录制时可以对音质进行调节。同一格式，音质好的可与CD媲美，压缩率较高的可用于网络广播。

5.Real Audio格式

RealAudio主要适用于网络上的在线播放。现在的RealAudio文件格式主要有RA(RealAudio)、RM（RealMedia，RealAudio G2）、RMX(RealAudio Secured)3种，这些文件的共同性在于随着网络带宽的不同而改变声音的质量，在保证大多数人听到流畅声音的前提下，令带宽较宽敞的听众获得较好的音质。

6.AIF格式

AIF/AIFF是音频交换文件格式(Audio Interchange File Format)的英文缩写，是Apple公司开发的一种声音文件格式，被Macintosh平台及其应用程序所支持，Netscape Navigator浏览器中的LiveAudio也支持AIFF格式，SGI及其他专业音频软件包也同样支持AIFF格式。

1.4 本章总结

本章主要介绍了后期处理的基础知识和After Effects支持的格式，通过本章的学习，可以了解After Effects相关专业名词的概念，为后面的课程预热，以提高高级技术和技巧的学习效率。

After Effects

第 2 章 After Effects CC 的基本操作

本章知识索引

本章实例索引

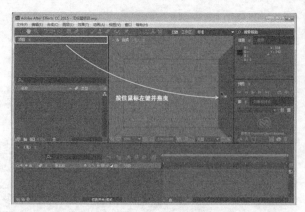

2.1 概述

本章介绍After Effects CC的启动方法、自定义工作界面、文件的基本操作以及制作的流程等内容。通过本章的学习，可以让大家认识After Effects CC的工作界面、掌握一些基本的文件操作以及After Effects特效制作的工作流程，为进入After Effects CC的特效世界打下坚实的基础。

图2-2

2.2 引导实例：配置工作界面

素材位置	无
实例位置	无
视频位置	多媒体教学 >CH02>配置工作界面.mp4
难易指数	★☆☆☆☆
技术掌握	掌握调整面板的具体应用

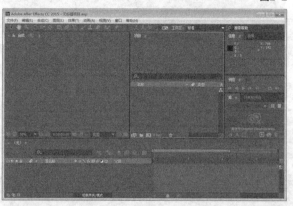

图2-3

本实例主要介绍界面布局和保存自定义界面的操作方法，通过对本实例的学习，读者可以掌握如何调整面板的大小和位置、显示浮动面板以及保存自定义面板。

01 双击After Effects CC快捷方式图标，启动After Effects程序，进入其界面，如图2-1所示。

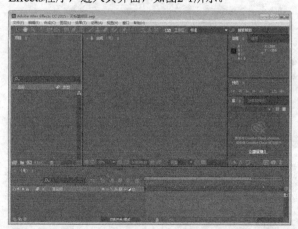

图2-1

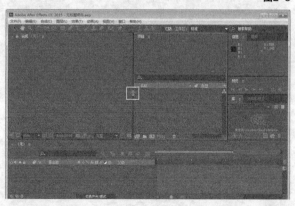

图2-4

02 将光标移动到界面左侧的"项目"面板顶部的空白区域，然后按住鼠标左键并拖曳至中间的"合成"面板的右侧区域，如图2-2所示，接着松开鼠标，此时"项目"面板就移动到界面的中间，如图2-3所示。

03 将鼠标指针移动至"合成"面板和"项目"面板的交界处，此时鼠标指针变为状，如图2-4所示，然后按住鼠标左键并向左拖曳，如图2-5所示。

图2-5

04 在"工具"面板的右侧展开"工作区"选项，然后选择"新建工作区"命令，如图2-6所示，接着在"新建工作区"对话框中，设置"名称"为custom1，最后单击"确定"按钮，如图2-7所示。

图2-6　　　　　　　　图2-7

05 展开"工作区"选项，会发现菜单中有刚刚新建的custom1自定义的工作区了，如图2-8所示。

图2-8

2.3 After Effects CC的工作界面

启动After Effects CC的常用方法有两种，一种是通过操作系统的开始菜单进行启动，另一种是双击桌面快捷图标启动。在启动After Effects CC后，系统会显示After Effects CC的启动画面，如图2-9所示。

图2-9

启动After Effects CC后，系统会弹出"警告"对话框，提示系统上未安装QuickTime（Apple公司出品的一款多媒体播放器），如图2-10所示，单击"确

定"按钮后，系统弹出"欢迎使用Adobe After Effects"对话框，左侧显示最近打开过的项目，右侧显示"新建合成""打开项目""帮助和支持"以及"入门"按钮，取消勾选"启动时显示欢迎屏幕"选项，下次将不显示该对话框，如图2-11所示。

图2-10

图2-11

技巧与提示

如果系统未安装QuickTime，After Effects不能正常识别MOV文件（Apple公司开发的一种视频格式，默认的播放器是苹果的QuickTimePlayer），因此需要安装QuickTime多媒体播放器。

关闭"欢迎使用Adobe After Effects"对话框，显示After Effects CC的工作界面，它主要由"标题栏""菜单栏""工具面板""合成面板""项目面板""时间轴面板"和"其他工具面板"组成，如图2-12所示。

标题栏　　菜单栏　　工具面板　　合成面板

项目面板　　　　时间轴面板　　　　其他轴面板

图2-12

常用工具面板介绍

- **菜单栏**：包含"文件""编辑""合成""图层""效果""动画""视图""窗口"和"帮助"9个菜单。

- **工具面板**：主要集成了选择、缩放、旋转、文字、钢笔等一些常用工具，其使用频率非常高，是After Effects CC非常重要的面板。

- **项目面板**：主要用于管理素材和合成，是After Effects CC的四大功能面板之一。

- **合成面板**：主要用于查看和编辑素材。

- **时间轴面板**：是控制图层效果或运动的平台，是After Effects CC的核心部分。

- **其他工具面板**：这一部分的面板看起来比较杂一些，主要是信息、音频、预览、特效与预设窗口等。

2.4 自定义工作界面

After Effects CC的界面很灵活，同时提供了9种界面布局方案，用户可以在"工具"面板右侧的

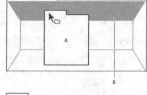

下拉菜单中直接调用。另外，用户还可以根据需求自定义工作界面，并且可以保存或删除自定义界面布局。

本节知识概要

知识名称	作用	重要程度	所在页
调整面板位置	排列After Effects CC的面板	中	P22
调整面板大小	调整面板的大小	中	P24
显示/关闭面板	显示和关闭面板	中	P24
保存自定义工作区	管理工作界面	中	P25
调整界面颜色	设置界面的外观颜色	低	P25

2.4.1 调整面板位置

After Effects CC的界面主要由多个面板构成，用户可以根据个人喜好和操作习惯对面板的位置进行调整，面板的位置调整主要包括停靠面板、成组面板和浮动面板。

1.停靠面板

停靠区域位于面板、群组或窗口的边缘，如果将一个面板停靠在一个群组的边缘，那么周边的面板或

群组窗口将进行自适应调整。将A面板拖曳到另一个面板正上方的高亮显示B区域，最终A面板就停靠在C位置，如图2-13~图2-15所示。

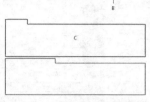

图2-13

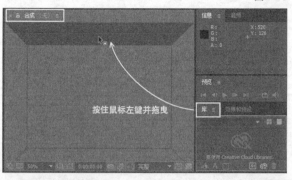

图2-14

图2-15

技巧与提示

如果要将一个面板停靠在另外一个面板的左边、右边或下面，那么只需要将该面板拖曳到另一个面板的左、右或下面的高亮显示区域就可以完成停靠操作。

2.成组面板

成组面板是将多个面板合并在一个面板中，通过选项卡来进行切换，如图2-16所示。如果要将面板进行成组操作，将该面板拖曳到相应的区域即可。将A面板拖曳到另外的组或面板的B区域，A面板就和B区域的面板成组在一起放置在C区域，如图2-16~图2-18所示。

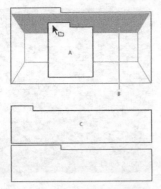

图2-16

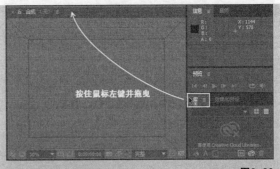

图2-20

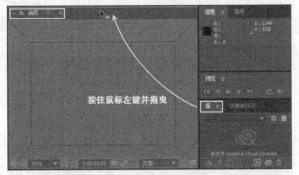

按住鼠标左键并拖曳

图2-17

图2-21

图2-18

如果要对整个组进行停靠和成组操作，可以使用鼠标左键拖曳组选项卡右上角的抓手区域，然后将其释放到停靠或成组的区域，这样即可完成整个组的停靠或成组操作，如图2-22~图2-24所示。

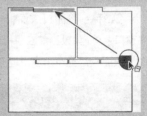

图2-22

 技巧与提示

在进行停靠或成组操作时，如果只需要移动单个窗口或面板，可以使用鼠标左键拖曳选项卡左上角的抓手区域，然后将其释放到需要停靠或成组的区域，这样即可完成停靠或成组操作，如图2-19~图2-21所示。

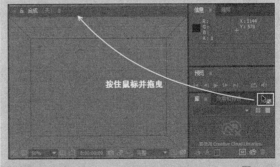

按住鼠标并拖曳

图2-23

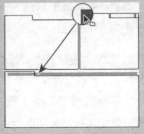

图2-19

图2-24

3.浮动操作

通过浮动操作可以将面板以对话框的形式进行单独显示。如果要将停靠的面板设置为浮动面板，有以下3种操作方法可供选择。

第1种： 在面板窗口中单击 ≣ 按钮，然后在弹出的菜单中执行"浮动面板"命令，如图2-25所示，该面板就会以对话框的形式单独显示，如图2-26所示。

图2-25　　　　　　图2-26

第2种： 按住Ctrl键的同时使用鼠标左键将面板或面板组拖曳出当前位置，当释放鼠标左键时，面板或面板组会以浮动状态显示。

第3种： 将面板或面板组直接拖曳出当前应用程序窗口之外，如果当前应用程序窗口已经最大化，只需将面板或面板组拖曳出应用程序窗口的边界就可以了。

2.4.2　调整面板大小

将光标放置在两个相邻面板或群组面板之间的边界上，当光标变成分隔 ╫ 形状时，拖曳光标就可以调整相邻面板之间的尺寸，如图2-27~图2-29所示。

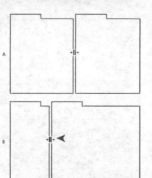

图2-27

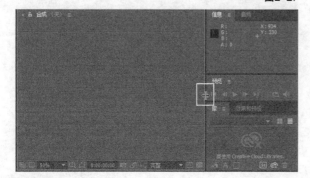

图2-28

图2-29

将鼠标指针移动到面板角落，光标显示为四向箭头 ✛ 形状时，可以同时调整面板上下和左右的尺寸，如图2-30和图2-31所示。

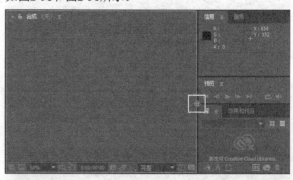

图2-30

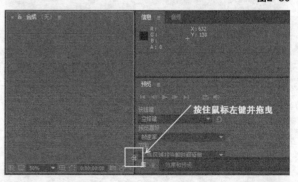

图2-31

> **技巧与提示**
>
> 如果要以全屏的方式显示出面板或窗口，可以按~键（主键盘数字键1左边的键）执行操作，再次按~键可以结束面板的全屏显示。

2.4.3　显示/关闭面板

单击面板名称旁的 ≣ 按钮，然后选择"关闭面板"命令，可以关闭面板，如图2-32所示。通过执行"窗口"菜单中的命令，可以打开相应的面板，如图2-33所示。

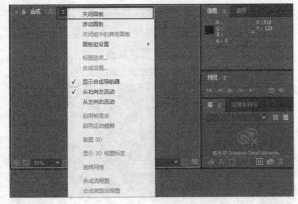

图2-32

图2-33

当一个群组里面包含有过多的面板时, 有些面板的标签会被隐藏起来, 这时在群组上面就会显示出一个 >> 按钮, 单击该按钮, 则会显示隐藏的面板, 如图2-34所示。

图2-34

2.4.4 保存自定义工作区

自定义好工作界面后, 执行"窗口>工作区>新建工作区"菜单命令, 如图2-35所示, 然后在"新建工作区"对话框中输入工作区名称, 接着单击"确

定"按钮即可保存当前工作区, 如图2-36所示。

图2-35

图2-36

如果要恢复工作区的原始状态, 执行"窗口>工作区>重置'标准'"菜单命令即可, 如图2-37所示。

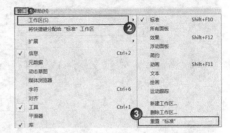

图2-37

如果要删除工作区, 执行"窗口>工作区>删除工作区"菜单命令, 如图2-38所示, 然后在"删除工作区"对话框中的"名称"菜单中选择工作区名字, 接着单击"确定"按钮即可, 如图2-39所示。

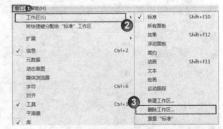

图2-38

图2-39

技巧与提示
注意, 正处于工作状态的工作区不能被删除。

2.4.5 调整界面颜色

After Effects CC可以方便地调整用户喜爱的界

面颜色，通过执行"编辑>首选项"菜单命令，可以打开"首选项"窗口，如图2-40所示，然后在"首选项"窗口的左侧列表中选择"外观"选项，在右侧调节"亮度"滑块，可以改变界面的亮度，如图2-41和图2-42所示。

图2-40

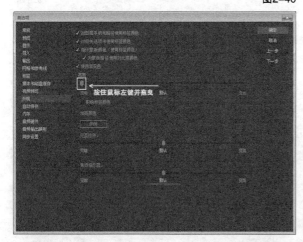

图2-41

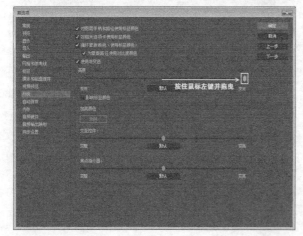

图2-42

功能实战01：设置工作界面

素材位置	无
实例位置	无
视频位置	多媒体教学 > CH02>设置工作界面.mp4
难易指数	★☆☆☆☆
技术掌握	设置界面布局

本实例主要介绍面板的操作方法，通过对本实例

的学习，读者可以掌握独立显示和重置面板。

01 双击After Effects CC快捷方式图标，启动After Effects CC程序，进入其界面，如图2-43所示。

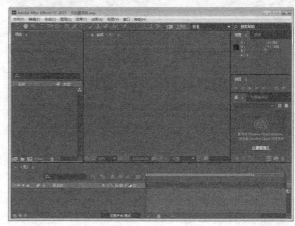

图2-43

02 在"合成"面板中，单击按钮选择"浮动面板"命令，如图2-44所示，执行命令后"合成"面板就以独立的对话框显示，如图2-45所示。

图2-44

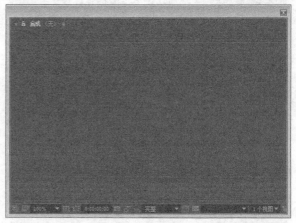

图2-45

03 单击"合成"对话框的关闭按钮，然后在

工作区：标准 ▼ 下拉菜单中选择"重置'标准'"命令，如图2-46所示。

图2-46

`04` 这时，After Effects CC的界面就恢复到初始状态了，效果如图2-47所示。

图2-47

2.5 文件的基本操作

在菜单栏下的文件菜单里，包含了一些关于文件的操作命令，如"新建""打开项目""保存""另存为""导入"和"导出"等命令。

本节知识概要

知识名称	作用	重要程度	所在页
新建项目/文件夹	创建一个新的项目文件或文件夹	高	P27
打开文件	打开项目文件	高	P28
导入素材	导入素材	高	P28
管理素材	复制、重命名和分类素材	高	P30
撤销/重做操作	返回上一步操作或重回撤销操作	高	P31
保存文件	保存项目文件	高	P31
设置自动保存	设置自动保存文件	中	P32
设置缓存	设置媒体和磁盘缓存	中	P32

2.5.1 新建项目/文件夹

在工作中经常会新建项目，执行"文件>新建>新建项目"可以创建一个空白项目，操作步骤如图2-48所示。

图2-48

文件夹可以将执行"文件>新建>新建文件夹"可以创建一个文件夹，操作步骤如图2-49所示，效果如图2-50所示。

图2-49

图2-50

技巧与提示

在"项目"面板的素材列表中的空白区域，单击鼠标右键可以快速地新建、导入文件，如图2-51所示。

图2-51

2.5.2 打开文件

在制作后期特效的时候，通常会打开已有的项目文件，执行"文件>打开项目"命令或按快捷键Ctrl+O，如图2-52所示，接着在"打开"对话框中选择项目文件，再单击"打开"按钮，即可打开项目文件，如图2-53所示，此时标题栏中就显示选择的文件，如图2-54所示。

图2-52

图2-53

图2-54

技巧与提示

在工作中，常使用直接拖曳的方法来打开文件。在文件夹中选择要打开的场景文件，然后使用鼠标左键将其直接拖曳到After Effects CC的"项目"面板或"合成"面板即可将其打开，如图2-55所示。

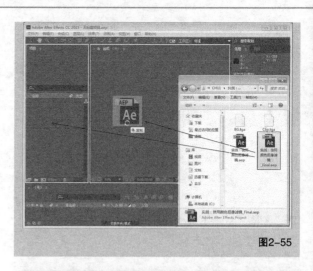

图2-55

2.5.3 导入素材

素材是After Effects的基本构成元素，在After Effects中可导入的素材包括动态视频、静帧图像、静帧图像序列、音频文件、Photoshop分层文件、Illustrator文件、After Effects工程中的其他合成、Premiere工程文件以及Flash输出的swf文件等。在工作中，将素材导入到"项目"面板中有5种方式。

1.一次性导入一个或多个素材

第1步： 执行"文件>导入>文件"菜单命令打开"导入文件"对话框，如图2-56所示。

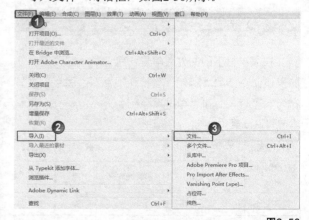

图2-56

技巧与提示

在工作中，常使用快捷键Ctrl+I打开"导入文件"对话框。

第2步： 在磁盘中选择需要导入的素材，然后单击"导入"按钮即可将素材导入到"项目"面板中，如图2-57所示，导入素材文件后，在"项目"面板中，会出现导入的文件，如图2-58所示。

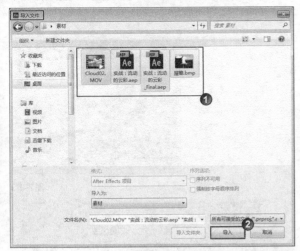

图2-57

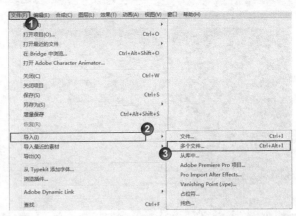

图2-59

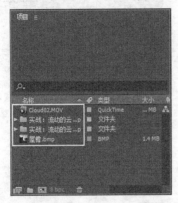

图2-58

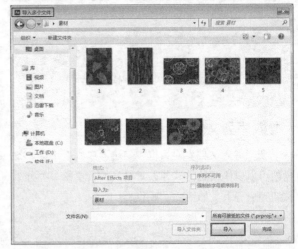

图2-60

技巧与提示

如果需要导入多个单一的素材文件，可以配合使用Ctrl键加选素材。

在"项目"面板的空白区域单击鼠标右键，然后在弹出的菜单中执行"导入>文件"命令也可以导入素材。

在"项目"面板的空白区域双击鼠标左键可以打开"导入文件"对话框。

2.连续导入单个或多个素材

第1步：执行"文件>导入>多个文件"菜单命令或使用快捷键Ctrl+Alt+I，可以打开"导入多个文件"对话框，如图2-59所示。

第2步：在"导入多个文件"对话框中，选择需要的单个或多个素材，然后单击"导入"按钮即可导入素材，如图2-60所示。

技巧与提示

在"项目"面板的空白区域单击鼠标右键，然后在弹出的菜单中执行"导入>多个文件"命令也可以达到相同的效果。

从图2-57和图2-60中不难发现这两种导入素材方式的差别。图2-57中显示的是"导入"和"取消"按钮，也就是说在导入素材的时候只能一次性完成，选择好素材后单击"导入"按钮就可以导入素材。

而图2-60中显示的是"导入"和"完成"按钮，选择好素材后单击"导入"按钮即可导入素材，但是"导入多个文件"对话框仍然不会关闭，此时还可以继续导入其他的素材，只有单击"完成"按钮后才能完成导入操作。

3.以拖曳方式导入素材

在Windows系统资源管理器或Adobe Bridge窗口中，选择需要导入的素材文件或文件夹，然后直接将其拖曳到"项目"面板中，即可完成导入素材的操作，如图2-61所示。

图2-61

> **技巧与提示**
>
> 如果通过执行"文件>在Bridge中浏览"菜单命令方式来浏览素材，则可以直接用双击素材的方法把素材导入到"项目"面板中。

4.导入序列文件

在"导入文件"对话框中勾选"序列"选项，这样就可以以序列的方式导入素材，最后单击"打开"按钮完成导入，如图2-62所示。

图2-62

> **技巧与提示**
>
> 如果只需导入序列文件中的一部分，可以在勾选"序列"选项后，框选需要导入的部分素材，最后单击"导入"按钮即可。

5.导入含有图层的素材

在导入含有图层的素材文件时，After Effects可以保留文件中的图层信息，如Photoshop的psd文件和

Illustrator的ai文件，可以选择以"素材"或"合成"的方式进行导入，如图2-63所示。

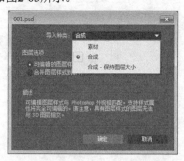

图2-63

> **技巧与提示**
>
> "合成"方式和"素材"方式的区别。
>
> 当以"合成"方式导入素材时，After Effects会将整个素材作为一个合成。在合成里面，原始素材的图层信息可以得到最大限度的保留，用户可以在这些原有图层的基础上再次制作一些特效和动画。此外，采用"合成"方式导入素材时，还可以将"图层样式"信息保留下来，也可以将图层样式合并到素材中。
>
> 如果以"素材"方式导入素材时，用户可以选择以"合并图层"的方式将原始文件的所有图层合并后一起进行导入，用户也可以选择"选择图层"的方式选择某些特定图层作为素材进行导入。
>
> 另外，选择单个图层作为素材进行导入时，还可以选择导入的素材尺寸是按照"文档大小"还是按照"图层大小"进行导入，如图2-64所示。

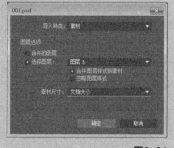

图2-64

2.5.4 管理素材

在实际工作中"项目"通常会有大量的素材，为了便于管理，会将导入的素材重命名和分类，这样不仅可以快速地查找素材，而且还能让其他制作人员明白素材的用途，在团队制作中起到了至关重要的作用。

1.复制素材

选择要复制的素材，按快捷键Ctrl+C和Ctrl+V，

来进行复制和粘贴，如图2-65所示。

图2-65

技巧与提示

用快捷键Ctrl+X，可对素材进行剪切操作。

在实际工作中通常不会直接复制素材，而是将素材导入到"时间轴"面板成为图层，然后再对图层进行复制。

2.重命名素材

在"项目"面板的素材列表中，选择素材并单击鼠标右键，可以为该素材重命名，如图2-66所示。

图2-66

3.分类素材

选择"背景合成"合成，按住鼠标左键并拖曳至Comp文件夹上，如图2-67所示，可将合成文件放置在Comp文件夹内，如图2-68所示。

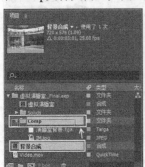

图2-67

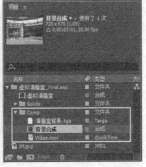

图2-68

2.5.5 撤销/重做操作

在制作过程中，常常会遇到错误操作，这时可执行通过"编辑>撤销"菜单命令或按快捷键Ctrl+Z，来返回上一步操作，执行"编辑>重做"菜单命令或按快捷键Ctrl+Shift+Z，可将撤销的操作恢复，如图2-69所示。

图2-69

2.5.6 保存文件

在进行特效制作的过程中，我们会对项目进行不定时的保存，将当前操作结果保存为项目文件，防止文件因不确定因素而丢失，执行"文件>保存"命令或按快捷键Ctrl+S，可保存为项目文件，如图2-70所示。

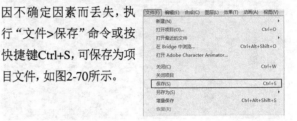

图2-70

若要在不影响当前项目文件的情况下，重新保存为另一个项目文件，可以执行"文件>另存为>另存为"命令，如图2-71所示，完成上述操作后，会弹出一个"另存为"对话框，通过设置保存的路径、文件名，可保存为一个新文件，如图2-72所示。

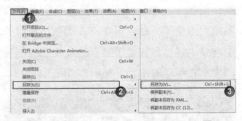

图2-71

图2-72

技巧与提示

对于"保存"命令，如果计算机硬盘中已经有这个文件，那么执行该命令可以直接覆盖掉这个文件；如果计算机硬盘中没有这个文件，那么执行该命令会打开"文件另存为"对话框，设置好文件保存位置、保存命令和保存类型后才能保存文件，这种情况与"另存为"命令的工作原理是一样的。

2.5.7 设置自动保存

After Effects提供了自动保存功能，以防止系统崩溃造成不必要的损失。在"首选项"窗口的左侧列表中选择"自动保存"选项，在右侧可以设置保存的时间间隔和保存的路径等参数，如图2-73所示。

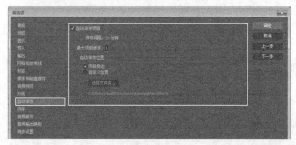

图2-73

2.5.8 设置缓存

After Effects对内存容量的要求较高，因此软件支持将磁盘空间作为虚拟内存（即磁盘缓存）使用。默认情况下，After Effects缓存路径在系统盘，如果系统盘的空间不足，可在"首选项"窗口的左侧列表中选择"媒体和磁盘缓存"选项，在右侧设置缓存空间大小和缓存的路径，如图2-74所示。

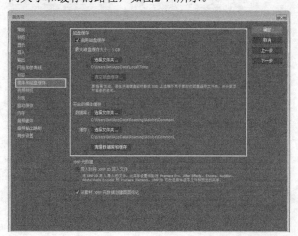

图2-74

功能实战02：操作文件

素材位置	实例文件>CH02>功能实战02：操作文件
实例位置	实例文件>CH02>操作文件_F.aep
视频位置	多媒体教学＞CH02>操作文件.mp4
难易指数	★☆☆☆☆
技术掌握	掌握"打开""导入""保存""新建"命令的具体应用

本实例主要介绍文件的操作方法，通过对本实例的学习，读者可以掌握如何应用文件操作命令。

01 双击After Effects CC快捷方式图标 Ae，启动After Effects CC程序，进入其界面，如图2-75所示。

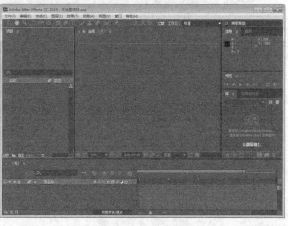

图2-75

02 执行"文件>打开项目"菜单命令，然后在素材路径下在找到"01.aep"文件，接着单击"打开"按钮，如图2-76所示。

图2-76

03 执行"文件>导入>文件"菜单命令，在"导入文件"对话框中选择好素材，然后单击"导入"按钮即可将素材导入到"项目"面板中，如图2-77所示，导入素材文件后，在"项目"面板中会出现导入的文件，如图2-78所示。

图2-77

图2-80

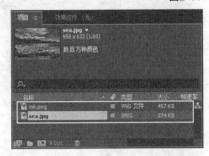

图2-78

图2-81

04 执行"文件>另存为>另存为"命令或按快捷键 Ctrl+S，在"另存为"对话框中设置保存的路径和保存的文件名，然后单击"保存"按钮即可保存，如图2-79所示。

图2-79

05 在保存的路径下，可看到已被保存的项目文件，如图2-80所示。

06 执行"文件>新建>新建项目"，"项目"面板就恢复到默认状态，如图2-81所示。

2.6 After Effects的工作流程

使用After Effects CC制作特技效果需要遵循一个工作流程，正确的工作流程不仅可以提升工作效率，还能够避免出现不必要的错误和麻烦。使用After Effects制作项目，一般遵循"导入素材→创建项目合成→添加效果→设置关键帧→预览画面→输出视频"这一流程。

本节知识概要

知识名称	作用	重要程度	所在页
导入素材	制作特效合成时的准备工作	高	P33
创建项目合成	制作特效合成时的准备工作	高	P34
添加效果	制作特殊效果的重要工具	高	P34
设置关键帧	制作动画的基础工具	高	P35
预览画面	确认动画效果是否达到理想状态	高	P35
输出视频	将动画输出为视频	高	P36

2.6.1 导入素材

关于导入素材的具体方法，可以参考2.5.3小节中的内容。

2.6.2 创建项目合成

将素材导入"项目"面板之后，就需要创建项目合成。没有项目合成，就无法正常地对素材进行特技处理。在After Effects CC中，一个工程项目中允许创建多个合成，而且每个合成都可以作为一段素材应用到其他的合成中，一个素材可以在单个合成中被多次使用，也可以在多个不同的合成中同时使用，如图2-82所示。

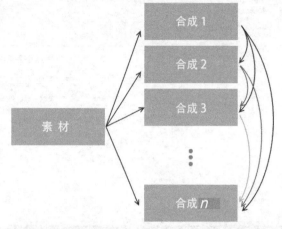

图2-82

2.6.3 添加效果

在After Effects CC 2015中，自带丰富的效果滤镜（效果菜单下的命令），将效果应用到图层中可以产生各种各样的特技效果。

技巧与提示

默认情况下，效果文件存放在After Effects CC安装路径下的"Adobe After Effects CC>Support Files>Plug-ins"文件夹中，因为效果都是作为插件的方式引入到After Effects CC中，所以在After Effects CC的Plug-ins文件夹中添加各种效果（前提是效果必须与当前软件的版本相兼容）后，在重启After Effects CC时，系统会自动将效果加载到"效果和预设"面板中。

在After Effects CC中，主要有以下6种滤镜效果的方法。

第1种：在"时间轴"面板中选择图层，然后在菜单栏中选择"效果"菜单中的子命令，如图2-83所示。

第2种：在"时间轴"面板中选择图层，然后单击鼠标右键，接着在弹出的菜单中选择"效果"菜单中的子命令，如图2-84所示。

图2-83

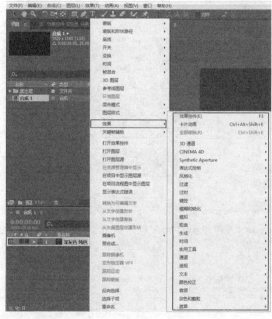

图2-84

第3种：在"效果和预设"面板中选择效果，然后将其拖曳到"时间轴"面板上图层中，如图2-85所示。

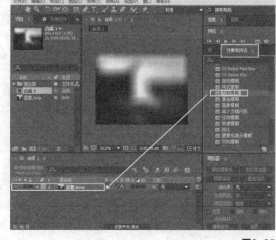

图2-85

第4种: 在"效果和预设"面板中选择效果, 然后将其拖曳到图层的"效果控件"面板中, 如图2-86所示。

图2-86

第5种: 在"时间轴"面板中选择图层, 然后在"效果控件"面板中单击鼠标右键, 接着在菜单中选择需要应用的效果, 如图2-87所示。

图2-87

第6种: 在"效果和预设"面板中选择效果, 然后将其拖曳到"合成"面板的图层中(在拖曳的时候要注意"信息"面板中显示的图层信息), 如图2-88所示。

图2-88

2.6.4 设置关键帧

动画是在不同的时间段改变对象运动状态的过程, 如图2-89所示。在After Effects中, 动画的制作也遵循这个原理, 就是为图层的"位置""旋转""遮罩"和"效果"等参数设置关键帧动画。

图2-89

After Effects可以使用"关键帧""表达式""关键帧助手"和"图表编辑器"等技术来制作动画。此外, After Effects还可以使用"运动稳定"和"跟踪控制"来生成关键帧, 并且可以将这些关键帧应用到其他图层中产生动画, 同时也可以通过嵌套关系来让子图层跟随父图层产生动画。

2.6.5 预览画面

预览是为了让用户确认制作效果, 如果不通过预览, 就没有办法确认制作效果是否达到要求。在预览的过程中, 可以通过改变播放帧速率或画面的分辨率来改变预览的质量和预览等待的时间。执行"合成>预览"菜单命令可以预览画面效果, 如图2-90所示。

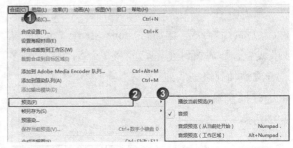

图2-90

预览参数介绍

• **播放当前预览**: 对视频和音频进行内存预览, 内存预览的时间跟合成的复杂程度以及内存的大小相关，其快捷键为小键盘数字0键。

- **音频预览（从当前处开始）**：是对当前时间指示滑块之后的声音进行渲染，其快捷键为小键盘.键。
- **音频预览（工作区域）**：对声音进行单独预览，是对整个工作区的声音进行渲染，其快捷键是Alt+.。

> **技巧与提示**
> 如果要在"时间轴"面板中实现简单的视频和音频同步预览，可以在拖曳当前时间指示滑块的同时按住Ctrl键。

2.6.6 输出视频

项目制作完成之后，就可以进行视频的渲染输出了。根据每个合成的帧数量、质量、复杂程度和输出的压缩方法，输出影片可能会花费几分钟甚至数小时的时间。注意，当After Effects开始渲染项目时，就不能在After Effects中进行任何其他的操作。

用After Effects把合成项目渲染输出成视频、音频或序列文件的方法主要有以下两种。

第1种：在"项目"面板中选择需要渲染的合成文件，然后执行"文件>导出"菜单中的子命令，输出单个合成项目，如图2-91所示。

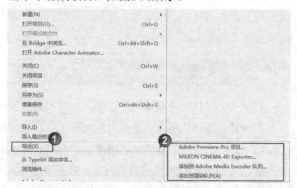

图2-91

第2种：在"项目"面板中选择需要渲染的合成文件，然后执行"合成> 添加到Adobe Media Encoder队列"或"合成>添加到渲染队列"菜单命令，将一个或多个合成添加到渲染队列中进行批量输出，如图2-92所示。

图2-92

> **技巧与提示**
> 执行"添加到渲染队列"菜单命令，即视频的输出可以使用快捷键Ctrl+M。

执行 "合成>添加到渲染队列"菜单命令，会打开"渲染队列"面板如图2-93所示。

图2-93

1.渲染设置

在"渲染队列"面板中的"渲染设置"选项后面的单击"最佳设置"选项，可以打开"渲染设置"对话框，如图2-94所示。

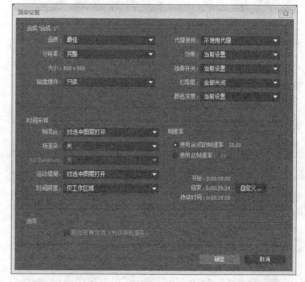

图2-94

> **提交与提示**
> 单击"渲染设置"选项后面的 按钮，在弹出的菜单中可以选择不同的"渲染设置"选项，如图2-95所示。

图2-95

2.日志类型

日志是用来记录After Effects处理时文件的信息，从"日志"选项后面的下拉列表中选择日志类型，如图2-96所示。

图2-96

3.输出模块参数

在"渲染队列"面板中的"输出模块"选项后面单击"无损"选项，打开"输出模块设置"对话框，如图2-97所示。

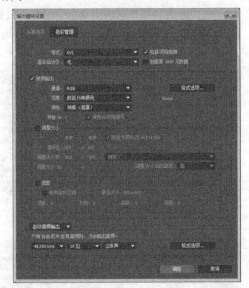

图2-97

> **技巧与提示**
>
> 单击"输出模块"选项后面的■按钮，可以在弹出的菜单中选择相应的音视频格式，如图2-98所示。

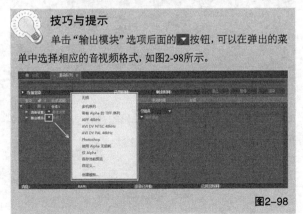

图2-98

4.设置输出路径和文件名

单击"输出到"选项后面的"尚未指定"选项，可以打开"将影片输出到"对话框，在该对话框中可以设置影片的输出路径和文件名，如图2-99所示。

图2-99

5.开启渲染

在"渲染"栏下勾选要渲染的合成，这时"状态"栏中会显示为"已加入队列"状态，如图2-100所示。

图2-100

6.渲染

单击"渲染"按钮进行渲染输出，如图2-101所示。

图2-101

最后，我们以图表的形式来来总结归纳一下After Effects的基本工作流程，如图2-102所示。

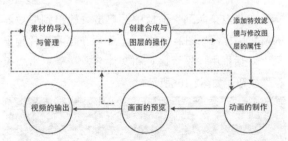

图2-102

> **技巧与提示**
>
> 在After Effects中，无论是为视频制作一个简单的字幕还是制作一段复杂的动画，一般都遵循以上的基本工作流程。当然，因为设计师个人喜好，有时候也会先创建项目合成再执行素材的导入操作。

功能实战03：视频输出

素材位置	实例>CH02>功能实战03：视频输出
实例位置	实例文件>CH02>视频输出_F.aep
视频位置	多媒体教学>CH02>视频输出.mp4
难易指数	★☆☆☆☆
技术掌握	掌握After Effects CC的视频输出

本实例主要介绍视频输出的操作方法，通过对本实例的学习，读者可以掌握设置"渲染队列"面板，以达到输出要求。

01 启动After Effects CC，执行"文件>打开项目"菜单命令，然后在素材路径下在找到"功能实战03：视频输出_F.aep"文件，接着单击"打开"按钮，如图2-103所示。

图2-103

02 执行"合成>添加到渲染队列"命令或按快捷键Ctrl+M，打开"渲染队列"面板，如图2-104所示。

图2-104

03 在"渲染队列"面板中，单击"输出到"后面的蓝色字样，如图2-105所示，然后在"将影片输出到"对话框中，设置路径和文件名，接着单击"保存"按钮，如图2-106所示。

图2-105

图2-106

04 在"渲染队列"面板中单击"渲染"按钮，如图2-107所示，这时顶端的进度条开始运作，如图2-108所示，待进度完成后，视频输出即完成。

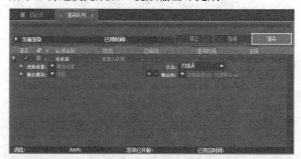

图2-107

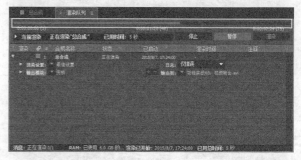

图2-108

05 在输出路径下，可查看到输出的视频文件，如图109所示。

图2-109

2.7 本章总结

　　本章主要讲解了After Effects CC界面组成、各种界面元素的功能和文件的基本操作。本章是初学者认识After Effects CC的入门章节，希望大家对After Effects CC的基础操作多加练习，为后面的技术章节打下坚实的基础。

2.8 综合实例：素材的操作

素材位置	实例文件>CH02>综合实例：素材的操作
实例位置	实例文件>CH02>素材的操作_F.aep
视频位置	多媒体教学>CH02>素材的操作.mp4
难易指数	★☆☆☆☆
技术掌握	掌握素材文件的基础操作

　　本实例主要介绍After Effects素材的操作方法，通过对本实例的学习，读者可以掌握如何打开、导入、分类和保存文件。

01　启动After Effects CC，执行"文件>导入>文件"菜单命令，如图110所示。

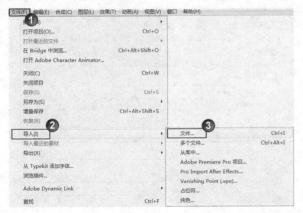

图2-110

02　在"导入文件"对话框中，选择左侧列表中的路径，然后在右侧的列表中选择"底纹""图片1"和"图片2"素材，接着单击"导入"按钮，如图2-111所示。

图2-111

03　在界面左侧的"项目"列表中，可以看到导入的素材，然后选择"图片1"文件，单击鼠标右键选择"重命名"命令，如图2-112所示，接着将文件名改为"夜景"，如图2-113所示。

图2-112

图2-113

04　在"项目"面板素材列表中，单击鼠标右键选择"新建文件夹"命令，如图2-114所示，然后为其命名为"背景"，如图2-115所示。

图2-114

图2-115

图2-116

05 选择"夜景"文件，按住鼠标左键并拖曳至背景文件夹，如图2-116所示。

06 执行"文件>保存"命令，如图2-117所示，然后在"另存为"对话框中，设置保存的路径和文件名，接着单击"保存"按钮，如图2-118所示。

图2-117

图2-118

After Effects

第 3 章　图层的操作及应用

本章知识索引

知识名称	作用	重要程度	所在页
合成的操作	确定项目文件的属性	高	P44
图层的基本原理	图层的基本操作	高	P52
图层的混合模式	不同模式叠加后产生不同的效果	高	P63
关键帧动画	创建和编辑关键帧动画	高	P73
合成的嵌套	多个合成的结合使用	高	P78

本章实例索引

实例名称	所在页
引导实例：转场动画	P42
功能实战01：调整图像	P51
功能实战02：倒计时动画	P62
功能实战03：散射光线	P72
功能实战04：定版动画	P77
练习实例01：流动的云彩	P78
功能实战05：水波动画	P79
练习实例02：位移动画	P81
综合实例：动态玻璃特效	P81

3.1 概述

After Effects是一个层级式的影视后期处理软件，所以"层"的概念贯穿整个软件，本章介绍层的基础操作，使读者掌握项目工作流、图层的属性和操作方法、动画关键帧的原理和设置方法、图表编辑器的原理和操作方法。通过使用这些方法可以有条理地管理素材文件，以及高效率地制作关键帧动画。

3.2 引导实例：转场动画

素材位置	实例文件>CH03>引导实例：转场动画
实例位置	实例文件>CH03>转场动画_F.aep
视频位置	多媒体教学>CH03>转场动画.mp4
难易指数	★★☆☆☆
技术掌握	学习"序列图层"命令、"旋转"属性、"锚点工具"完成勺子的转场动画

本实例主要使用"序列图层"和"锚点工具"来完成镜头的转场切换，如图3-1所示，这也是一种常用的镜头切换特效。

图3-1

01 执行"文件>导入>文件"菜单命令，打开素材文件中的"勺子组.psd"文件，然后双击"项目"窗口中的"勺子组"合成，接着在"勺子组"合成的时间轴面板中按快捷键Ctrl+K，修改整个项目时间长度为20帧，最后将合成重新命名为"勺子组01"，如图3-2所示，画面的预览效果如图3-3所示。

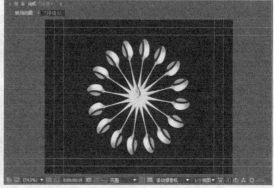

图3-2   图3-3

02 选择所有图层，执行"动画>关键帧辅助>序列图层"菜单命令，然后在"序列图层"对话框中设置"持续时间"为19帧，如图3-4所示，设置每个图层之间的时间入点为相差一帧，如图3-5所示。

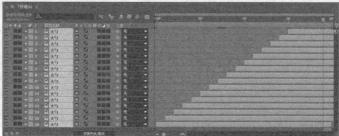

图3-4   图3-5

03 在项目窗口中选择"勺子组01"合成，然后按快捷键Ctrl+D将其复制一份，得到"勺子组02"合成，如图3-6所示，接着双击"勺子组02"合成，将所有图层的入点都设置在第0帧处；最后按快捷键Ctrl+K，修改整个项目时间长度为15帧，如图3-7所示。

图3-6

图3-7

04 使用"锚点工具" ，将每一个图层的锚点移动到勺子的顶点处，如图3-8所示。

05 执行"图层>新建>空对象"菜单命令，创建一个"空1"图层，然后将所有的"大勺"图层作为"空1"的子物体，接着设置"空1"图层的"旋转"属性的关键帧动画，在第0帧处设置"旋转"属性的值为0×－229°；在第14帧处设置"旋转"属性的值为0×-8°，如图3-9所示。

图3-8

图3-9

06 选择所有"大勺"图层，然后在第0帧处设置"旋转"属性的值为0×－131°；在第14帧处设置"旋转"属性的值为0×－95°，如图3-10所示。

07 执行"合成>新建合成"菜单命令，创建一个预设为PAL D1/DV的合成，设置"持续时间"为1秒3帧，并将其命名为"转场动画"，如图3-11所示。

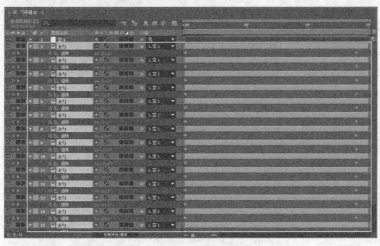

图3-10

图3-11

08 将"勺子组01"和"勺子组02"合成添加到"转场动画"合成中，修改"勺子组01"合成的"伸缩"为

66%，将"勺子组02"图层的
入点时间设置为第13帧处，如
图3-12所示。

图3-12

09 执行"文件>导入>文件"菜单命令，打开素材文件中的"背景.mov、菜.mov"文件，并将这两个素材添加到"转场动画"合成的时间轴上，如图3-13所示。

10 按小键盘上的数字键0，预览最终效果，如图3-14所示。

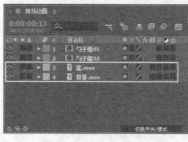

图3-13

图3-14

3.3 合成的操作

合成是After Effects特效制作中的一个框架，不仅决定了输出文件的分辨率、帧式、帧速率和时间等信息，而且所有素材都需要先转换为合成下的图层再进行处理，因此，合成对于特效处理来说是至关重要的。

本节知识概要

知识名称	作用	重要程度	所在页
认识合成面板	合成的显示和操作区域	高	P44
创建设置合成	制作特效合成时的准备工作	高	P48
使用快捷工具	制作特效合成是的操作工具	高	P49

3.3.1 认识合成面板

在"合成"面板中能够直观地观察要处理的素材文件，同时"合成"面板并不只是一个效果的显示窗口，还可以在其中对素材进行直接处理，而且在After Effects中的绝大部分操作都要依赖该面板来完成，如图3-15所示。

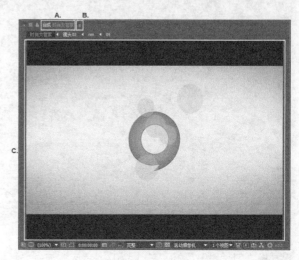

图3-15

合成面板参数介绍

- **A. 名称:** 显示当前正在进行操作的合成的名称。
- **B. 选项菜单按钮:** 单击该按钮可以打开如图 3-16所示的菜单，其中包含了"合成"面板的一些设置命令，例如关闭面板、扩大面板等，"视图选项"命令还可以设置是否显示"图层控制"的"手柄"和"遮罩"等，如图3-17所示。

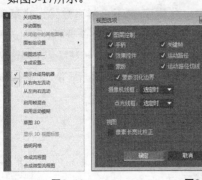

图3-16   图3-17

- **C. 预览窗口:** 显示当前合成工作进行的状态，即画面合成的效果、遮罩显示、安全框等所有相关的内容。
- **D. 放大率弹出式菜单 (100%):** 显示从预览窗口看到的图像的显示大小。用鼠标单击这个图标以后，会显示出可以设置的数值，如图3-18所示，直接选择需要的数值即可。

图3-18

> **技巧与提示**
>
> 通常，除了在进行细节处理的时候要调节大小以外，一般都按照100%或者50%的大小显示进行制作即可。

- **选择网格和参考线选项 ▦:** 该选项下包括"标题/动作安全""对称网格""网格""参考线""标尺"和"3D参考轴"5个选项，如图3-19所示。

图3-19

> **技巧与提示**
>
> "安全框"的主要目的是表明显示在 TV 监视器上的工作的安全区域。安全框由内线框和外线框两部分构成，如图3-20所示。

图3-20

内线框是标题安全框，也就是在画面上输入文字的时候不能超出这个部分。如果超出了这个部分，那么从电视上观看的时候就会被裁切掉。

外线框是操作安全框，运动的对象或者图像等所有的内容都必须显示在给线条的内部。如果超出了这个部分，就不会显示在电视的画面上。

- **切换蒙版和形状路径可见性 ▣:** 该按钮用于确定是否制作成显示遮罩。在使用"钢笔工具" ✐、"矩形工具" ▣或"椭圆工具" ●制作遮罩的时候，使用"蒙版和形状路径可见性"功能可以确定是否在预览窗口中显示遮罩，如图3-21所示。

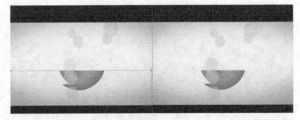

图3-21

- **当前时间 0:00:00:00:** 显示当前时间指针所在位置的时间。单击这个按钮，会弹出一个如图3-22所示的对话框，在对话框中输入一个时间段，时间指针就会移动到输入的时间段上，预览窗口中就会显示出当前时间段的画面。

图3-22

上图中的0:00:00:00按照顺序显示的分别是时、分、秒、帧，如果要移动的位置是1分30秒10帧，只要输入0:01:30:10就可以移动到该位置了。

"快照"和"显示快照"。

• **快照** ◎：快照意思是把当前正在制作的画面，也就是预览窗口的图像画面拍摄成照片。单击 ◎ 图标后会发出拍摄照片的提示音，拍摄的静态画面可以保存在内存中，以便以后使用。在进行这个操作的时候，也可以使用快捷键Shift+F5，如果想要多保存几张快照以便以后使用，只要按顺序按快捷键Shift+F5、Shift+F6、Shift+F7和Shift+F8就可以了。

• **显示快照** ◎：在保存了快照的以后，这个图标才会被激活。它显示的是保存为快照的最后一个文件。当依次按下快捷键Shift+F5、Shift+F6、Shift+F7和Shift+F8，保存好几张快照以后，只要按顺序按F5、F6、F7和F8键，就可以按照保存顺序查看快照了。

因为快照要占据计算机的内存，所以在不使用的时候，最好把它删除。删除的方法是执行"编辑>清除>快照"菜单命令，如图3-23所示。使用快捷键Ctrl+Shift+F5、Ctrl+Shift+F6、Ctrl+Shift+F7和Ctrl+Shift+F8也可以进行清除。

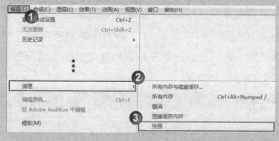

图3-23

"清除"命令，可以在运行程序的时候删除保存在内存中的内容，包括可以删除"所有内存与磁盘缓存""所有内存""撤消""图像缓存内存""快照"保存的内容。

• **显示通道及色彩管理设置** ■：这里显示的是有关通道的内容，通道是RGBA，按照"红色""绿色""蓝色""Alpha"的顺序依次显示。Alpha通道的特点是不具有颜色属性，只具有与选区有关的信息。因此，Alpha通道的颜色与"灰阶"是统一的，Alpha通道的基本背景是黑色，而白色的部分则表示是选区。另外，灰色系列的颜色会显示成半透明状态。在层中可以提取这些信息并加以使用，或者应用

在选区的编辑工作中，如图3-24所示。

图3-24

• **分辨率/向下采样系数弹出式菜单** ▼：在这个下拉列表中包括6个选项，用于选择不同的分辨率，如图3-25所示。该分辨率只是在预览窗口中，用来显示图像的显示质量，不会影响最终图像输出的画面质量。

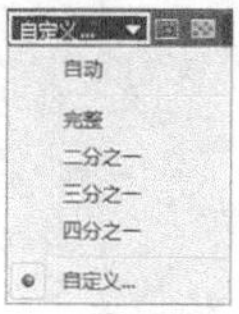

图3-25

• **自动**：根据预览窗口的大小自动适配图像的分辨率。

• **完整**：显示最好状态的图像，这种方式预览时间相对较长，计算机内存比较小的时候，有可能会无法预览全部内容。

• **二分之一**：显示的是整体分辨率拥有像素的1/4。在工作的时候，一般都会选择"二分之一"选项，而需要修改细节部分的时候，再使用"完整"选项。

• **三分之一**：显示的是整体分辨率拥有像素的1/9，渲染时间会比设定为整体分辨率快9倍。

• **四分之一**：显示的是整体分辨率拥有像素的1/16。

• **自定义**：自定义分辨率，如图3-26所示，用户可以直接设定纵横的分辨率。

图3-26

选择分辨率时，最好能够根据工作效率来决定，这样会对制作过程中的快速预览有很大的帮助。因此，与将分辨率设定为完整相比，设定为二分之一会在图像质量显示没有太大损失的情况下加快制作速度。

• **目标区域** ■：在预览窗口中只查看制作内容的某一个部分的时候，可以使用这个图标。另外，在计算机配置较低、预览时间过长的时候，使用这个图标也可以达到不错的效果。使用方法是单击图标，然后在预览窗口中拖曳鼠标，绘制出一个矩形区域就可以了。制作好区域以后，就可以只对设定了区域的部分

进行预览了。如果用鼠标再次单击该图标，又会恢复成原来的整个区域显示，如图3-27所示。

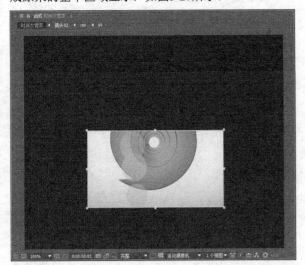

图3-27

• **切换透明网格** :可以将预览窗口的背景从黑色转换为透明显示（前提是图像带有Alpha通道），如图3-28所示。

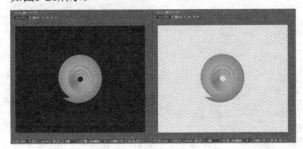

图3-28

• **3D视图弹出式菜单** :单击该按钮，可以在弹出的下拉列表中变换视图，如图3-29所示。

图3-29

> 💡 **技巧与提示**
>
> 只有当"时间轴"面板中存在3D层的时候，变换视图显示方式才有实际效果；当层全部都是2D层的时候则无效。关于这部分内容，在以后使用3D层的时候，会做详细讲解。

• **选择视图布局** 1个视图▼:在这个下拉菜单中可以按照当前的窗口操作方式进行多项设置组合，如图3-30所示。选择视图布局可以将预览窗口设置成三维软件中视图窗口那样，拥有多个参考视图，如图3-31所示。这个对于After Effects中三维视图的操作特别有用，关于三维视图的操作会在后面详细讲解。

图3-30

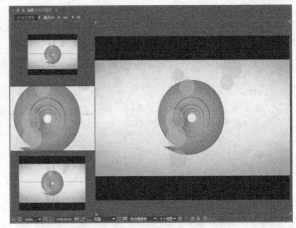

图3-31

• **切换像素长宽比校正** :单击这个按钮可以改变像素的纵横比例。但是，激活这个按钮不会对层、预览窗口以及素材产生影响。如果在操作图像的时候使用，即使把最终结果制作成电影，也不会产生任何影响。如果目的是预览，为了获得最佳的图像质量，最好将窗口关闭。下面的图像显示了变化的状态，单击该按钮后观察它们之前和之后的差异，如图3-32所示。

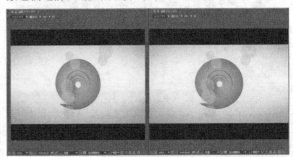

图3-32

• **快速预览** :用来设置预览素材的速度，其下拉菜单如图3-33所示。

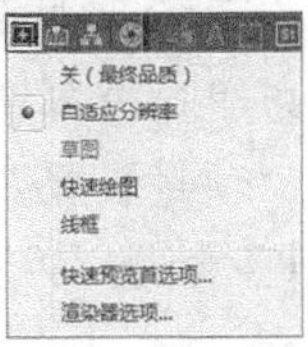

图3-33

• **时间轴** :当"合成"面板占据了显示器画面的大部分位置时，又必须要选择"时间轴"面板，就会出现互相遮盖的情况。这时，单击这个按钮就可以快速移动到"时间轴"面板上。这个功能用得比较少，大家了解即可。

- **合成流程图🔳**：这是用于显示"流程图"窗口的快捷按钮。利用这个功能，整个合成的各个部分一目了然，如图3-34所示。

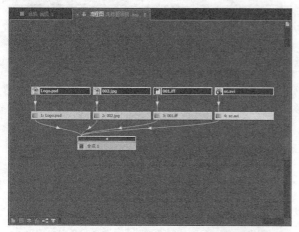

图3-34

- **重置曝光◉**：该功能主要是使用HDR影片和曝光控制，设计师可以在预览窗口中轻松调节图像的显示，而曝光控制并不会影响到最终的渲染。其中，◉按钮用来恢复初始曝光值，+0.0用来设置曝光值的大小。

3.3.2 创建设置合成

在了解了项目的结构后，接下来需要对项目和合成设置参数，尤其是合成的参数，它直接影响了最终输出的影片。

1. 设置项目

正确的项目设置可以帮助用户在输出影片时避免发生一些不必要的错误和结果，执行"文件>项目设置"菜单命令可以打开"项目设置"对话框，如图3-35所示。

图3-35

在"项目设置"对话框中的参数主要分为3个部分，分别是"时间显示样式""颜色管理"和"音频设置"。其中，"颜色设置"是在设置项目时必须考虑的，因为它决定了导入的素材的颜色将如何被解析，以及最终输出的视频颜色数据将如何被转换。

2.创建合成

创建合成的方法主要有以下3种。

第1种：执行"合成>新建合成"菜单命令，如图3-36所示。

图3-36

第2种：在"项目"面板中单击"新建合成工具"按钮🔲，如图3-37所示。

图3-37

第3种：按快捷键Ctrl+N，新建合成。创建合成时，系统会弹出"合成设置"对话框，默认显示"基本"参数设置，如图3-38所示。创建完合成后，"项目"面板中就会显示创建的合成文件，如图3-39所示。

图3-38

图3-39

基本参数介绍

• **合成名称**：设置要创建的合成的名字。

• **预设**：选择预设的影片类型，用户也可以选择"自定义"选项来自行设置影片类型。

• **宽度/高度**：设置合成的尺寸，单位为px（px就是像素）。

• **锁定长宽比**：勾选该选项时，将锁定合成尺寸的宽高比，这样当调节"宽度"和"高度"中的某一个参数时，另外一个参数也会按照比例自动进行调整。

• **像素长宽比**：用于设置单个像素的宽高比例，可以在右侧的下拉列表中选择预设的像素宽高比，如图3-40所示。

图3-40

• **帧速率**：用来设置项目合成的帧速率。

• **分辨率**：设置合成的分辨率，共有4个预设选项，分别是"完整""二分之一""三分之一"和"四分之一"，另外用户还可以通过"自定义"选项来自行设置合成的分辨率。

• **开始时间码**：设置合成项目开始的时间码，默认情况下从第0帧开始。

• **持续时间**：设置合成的总共持续时间。

• **背景颜色**：用来设置创建的合成的背景色。

在"合成设置"对话框中单击"高级"选项卡，切换到"高级"参数设置，如图3-41所示。

图3-41

高级参数介绍

• **锚点**：设置合成图像的轴心点。当修改合成图像的尺寸时，锚点位置决定了如何裁切和扩大图像范围。

• **渲染器**：设置渲染引擎。用户可以根据自身的显卡配置来进行设置，其后的"选项"属性可以设置阴影的尺寸来决定阴影的精度。

• **在嵌套时或在渲染队列中，保留帧速率**：勾选该选项后，在进行嵌套合成或在渲染队列中时可以继承原始合成设置的帧速率。

• **在嵌套时保留分辨率**：勾选该选项后，在进行嵌套合成时可以保持原始合成设置的图像分辨率。

• **快门角度**：如果开启了图层的运动模糊开关，该参数可以影响到运动模糊的效果。图3-42所示的是为同一个圆制作的斜角位移动画，在开启了运动模糊后，不同的"快门角度"产生的运动模糊效果也是不相同的（当然运动模糊的最终效果还取决于对象的运动速度）。

快门角度=0（最小值）　快门角度=180（默认值）　快门角度=720（最大值）

图3-42

• **快门相位**：设置运动模糊的方向。

• **每帧样本**：该参数可以控制3D图层、形状图层和包含有特定效果图层的运动模糊效果。

• **自适应采样限制**：当图层运动模糊需要更多的帧取样时，可以通过提高该参数值来增强运动模糊效果。

> **技巧与提示**
>
> "快门角度"和快门之间的关系可以用"快门速度=1/[帧速率×（360/快门角度）]"这个公式来表达。例如，当"快门角度"为180，PAL的帧速率为25帧/秒，那么快门速度就是1/50秒。

3.3.3 使用快捷工具

在制作项目的过程中，用户经常要用到"工具"面板中的一些工具，如图3-43所示。这些都是项目操作中使用频率极高的工具，读者必须熟练掌握。

图3-43

"工具"面板参数介绍

• **选择工具（快捷键V）**：主要作用就是选择图层和素材等，在"合成"面板中被选中的图层四周会出现多个点，如图3-44所示。

图3-44

• **手抓工具（快捷键H）** ：能够在预览窗口中整体移动画面，如图3-45所示。

图3-45

• **缩放工具（快捷键Z）** ：可以放大与缩小画面显示的功能，激活放大工具后，默认的是放大工具，鼠标指针呈 状，用鼠标在预览窗口中单击后会放大画面，每次的单击都会2倍放大画面。如果缩小画面，按住Alt键鼠标指针呈 状，这时候单击鼠标就会缩小画面，如图3-46所示。

图3-46

> **技巧与提示**
> 双击工具面板的"缩放工具"按钮 ，画面会100%显示。

• **旋转工具（快捷键W）**：该工具可以旋转选择的图层。激活该工具后将鼠标移动到合成显示区域，鼠标指针会呈 状。将鼠标指针移动到选择的图层区域，按住鼠标左键并拖曳，可旋转图层，如图3-47所示。

图3-47

> **技巧与提示**
> 当在"工具"面板中选择了"旋转工具"之后，会发现工具箱的右侧会出现如图3-48所示的两个选项。这两个选项表示在使用三维图层的时候，将通过什么方式进行旋转操作，它们只适合于三维图层，因为只三维层才具有x轴、y轴和z轴，在"方向"的属性中只能改动x轴、y轴和z轴中的一个，而"旋转"则可以旋转各个轴。

图3-48

• **摄像机工具（快捷键C）** ：在After Effects的"工具"面板中有4个摄像机控制工具，分别可以来调节摄像机的位移、旋转和推拉等操作，如图3-49所示。

图3-49

• **轴心点工具（快捷键Y）** ：主要用于改变图层中心点的位置。确定了中心点就意味着将按照哪个轴点进行旋转、缩放等操作。如图3-50所示，图中演示了不同位置的轴心点对画面元素缩放的影响。

图3-50

• **矩形遮罩工具（快捷键Q）** ：使用矩形遮罩工具可以创建相对比较规整的遮罩。在该工具上单击鼠标左键不放，将弹出子菜单，其中包含5个子工具，如图3-51所示。

图3-51

• **钢笔工具（快捷键G）** ：使用钢笔工具可以

创建出任意形状的遮罩。在该工具上单击鼠标左键不放，等待少许时间将弹出子菜单，其中包含5个子工具，如图3-52所示。

图3-52

• **文字工具（快捷键Ctrl+T）**：在该工具上按住鼠标左键不放，等待少许时间将弹出子菜单，其中包含两个子工具，分别为"横排文字工具"和"竖排文字工具"，如图3-53所示。

图3-53

• **绘图工具（快捷键Ctrl+B）**：绘图工具由"画笔工具"、"仿制图章工具"和"橡皮擦工具"组成。

使用"画笔工具"可以在图层上绘制出需要的图像，但"画笔工具"并不能单独使用，而是要配合"绘画"面板、"笔刷"面板一起使用。

"仿制图章工具"和Photoshop中的"仿制图章工具"一样，可以复制需要的图像并应用到其他部分生成相同的内容。

"橡皮擦工具"可以擦除图像，可以调节它的笔触大小，加宽或者缩小区域等属性来控制擦除区域的大小。

• **Roto（快捷键Alt+W）**：可以对画面进行自动抠像处理。例如，把非蓝幕式绿幕拍摄的人物从背景里分离开来，如图3-54所示。

图3-54

• **操控点工具（快捷键Ctrl+P）**：在该工具上单击鼠标左键不放，等待少许时间将弹出子菜单，其中包含3个子工具，如图3-55所示。使用"操控点工具"可以为光栅图像或矢量图形快速创建出非常自然的动画。

图3-55

功能实战01：调整图像

素材位置	实例文件>CH03>功能实战01：调整图像
实例位置	实例文件>CH03>调整图像_F.aep
视频位置	多媒体教学>CH03>调整图像.mp4
难易指数	★☆☆☆☆
技术掌握	掌握"新建合成""选择工具""旋转工具"的应用

本实例主要使用了"新建合成"和快捷工具，通过对本实例的学习，读者可以掌握合成的基本操作，效果如图3-56所示。

图3-56

01 执行"合成>新建合成"菜单命令，将其命名为"背景1"，然后设置"预设"为PAL D1/DV的合成，接着设置"持续时间"为1帧，如图3-57所示。

图3-57

02 执行"文件>导入>文件"菜单命令，打开素材文件中的nature.jpg文件，然后将按住鼠标左键并拖曳到"时间轴"面板中，如图3-58所示。这时，素材文件就成了图层文件，在"合成"面板中会显示导入的素材，如图3-59所示。

图3-58

图3-59

技巧与提示

下一节将会详细讲解图层的概念和操作方法。

03 使用"选择工具" 调整图层在"合成"面板中的位置，效果如图3-60所示。

图3-60

04 按住Shift键同时按住鼠标左键并拖曳，使图层等比例缩放，效果如图3-61所示。

图3-61

05 使用"旋转工具" 旋转图层，使图像中的桥身水平，如图3-62所示。

图3-62

3.4 图层的基本原理

After Effects的图层基本操作包括改变图层的排列顺序、对齐和分布图层、设置图层时间以及分离、基础和提取图层，这些操作都需要在"时间轴"面板中操作。

本节知识概要

知识名称	作用	重要程度	所在页
时间轴面板	对图层进行操作的区域	高	P52
图层的类型	After Effects中图层的种类	中	P56
图层的五大属性	对图层进行变换操作	高	P59
排列层级	使图层按顺序排列	中	P60
对齐和分布图层	在"合成"面板中对图层进行对齐	中	P60
排序图层	自动排列图层的入点和出点	中	P60
设置图层时间	调整图层存在的时间	中	P61
拆分图层	将一个图层拆分为多个图层	中	P61
提升/提取图层	提取图层中的片段	中	P61
关于父子关系	建立图层间的属性关联	中	P62

3.4.1 时间轴面板

当将"项目"面板中的素材拖到时间轴上并确定好时间点后，位于"时间轴"面板上的素材将会以图层的方式存在并显示。此时的每个图层都有属于自己的时间和空间，而"时间轴"面板就是控制图层的效果或运动的平台，它是After Effects软件的核心部分，本节将对"时间轴"面板的各个重要功能和按钮进行详细的讲解。

"时间轴"面板在标准状态下的全部内容如图3-63所示。

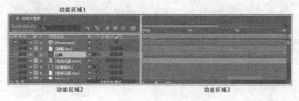

图3-63

1.功能区域1

"功能区域1"如图3-64所示。

图3-64

- A．显示当前合成项目的名称。
- B．当前合成中时间指针所处的时间位置以及该项目的帧速率。按住Ctrl键的同时，单击该区域，可以改变时间显示的方式，如图3-65和图3-66所示。

图3-65　图3-66

- **图层查找栏** ：利用该功能可以快速查找到指定的图层。
- **合成微型流程图** ：单击该按钮可以快速查看合成与图层之间的嵌套关系或快速在嵌套合成间切换，如图3-67所示。

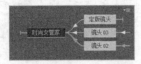

图3-67

- **草图** ：开启该功能后，可以忽略掉合成中所有的灯光、阴影、摄像机景深等效果，如图3-68所示。

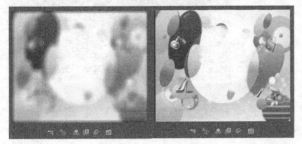

图3-68

- **消隐开关** ：用来隐藏指定的图层。当项目的图层特别多的时候，该功能的作用尤为明显。选择需要隐藏的图层，单击图层上的 按钮，如图3-69所示，这时并没有任何变化，然后再单击 总按钮，如图3-70所示，图层就被隐藏了，再次单击 按钮，刚才隐藏的层又会重新显示出来。

图3-69

图3-70

- **帧混合开关** ：在渲染的时候，该功能可以对影片进行柔和处理，一般是在使用"时间伸缩"以后进行应用。使用方法是：选择需要加载帧融合的图层，单击图层上的帧融合按钮，最后再单击 总按钮，如图3-71所示。

图3-71

- **运动模糊开关** ：该功能是在After Effects中移动层的时候应用模糊效果。其使用方法跟帧融合一样，必须先单击图层上的运动模糊按钮，然后单击 总按钮才能开启运动模糊效果。如图3-72所示是一段文字从左到右的位移，在运用运动模糊前后的区别。

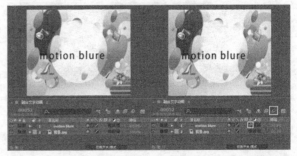

图3-72

技巧与提示

　　对于"隐藏所有图层""帧混合"和"运动模糊"来说，这3项功能都能分别在"功能区域1"和"功能区域2"有控制按钮，其中"功能区域1"的控制按钮是一个总开关，而"功能区域2"的控制按钮是针对单一图层，操作时必须把两个地方的控制按钮同时开启才能产生作用。

- **图表编辑器** ：单击该按钮可以打开曲线编辑器窗口。单击 按钮，然后激活"缩放"属性，这时候可以在曲线编辑器中看到一条可编辑曲线，如图3-73所示。

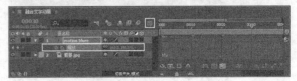

图3-73

2.功能区域2

　　"功能区域2"如图3-74所示。

图3-74

- **显示图标**：其作用是在预览窗口中显示或者隐藏图层的画面内容。当打开"眼睛"时，图层的画面内容会显示在预览窗口中；相反，当关闭"眼睛"时，在预览窗口看不到图层的画面内容。

- **音频图标**：在时间轴中添加了音频文件以后，图层上会生成"音频"图标，单击"音频"图标就会消失，再次预览的时候就听不到声音了。

- **独奏图标**：在图层中激活"独奏"图标以后，其他层的显示图标就会从黑色变成灰色，在"合成"面板上就只会显示出应用"独奏"功能的图层，其他图层则暂停显示画面内容，如图3-75所示。

图3-75

- **锁定图标**：显示该图标表示相关的图层处于锁定状态，再次单击该图标就可以解除锁定。一个图层被锁定后，就不能再通过鼠标来选择这个层了，也不能再应用任何效果。这个功能通常会应用在已经完成全部制作的图层上，从而避免由于失误而删除或者损坏制作完成的内容。

- **三角图标**：用鼠标单击三角形图标以后，三角形指向下方，同时显示出图层的相应属性，如图3-76所示。

图3-76

- **标签颜色图标**：单击标签颜色图标色块后，会有多种颜色选项，如图3-77所示。用户只要从中选择自己需要的颜色就可以改变标签的颜色。其中，"选择标签组"命令是用来选择所有具有相同颜色的层。

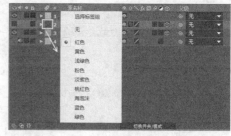

图3-77

- **编号图标**：用来标注图层的编号，它会从上到下依次显示出图层的编号，如图3-78所示。

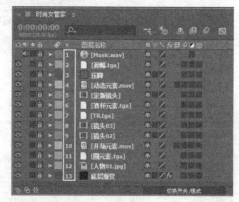

图3-78

- **源名称 源名称 /图层名称 图层名称**：用鼠标单击"源名称"后，就会变成"图层名称"。这里，素材的名称不能更改，而图层的名称则可以更改，只要按Enter键就可以改变图层的名称。

- **隐藏图层**：用来隐藏指定的图层。当项目的图层特别多的时候，该功能的作用尤为明显。

- **栅格化**：当图层是"合成"或*.ai文件时才可以使用"栅格化"命令。应用该命令后，"合成"图层的质量会提高，渲染时间会减少。也可以不使用"栅格化"命令，以使*.ai文件在变形后保持最高分辨率与平滑度。

- **抗锯齿**：这里显示的是从预览窗口中看到的图像的"质量"，单击可以在"低质量"和"高质量"这两种显示方式之间切换，如图3-79所示。

- **特效图标**：在图层上添加了特效滤镜以后，就会显示出该图标。用鼠标单击后就会消失，也就取消了特效滤镜的应用，要注意这里取消的是应用于该层的所有特效滤镜效果，如图3-80所示。

图3-79

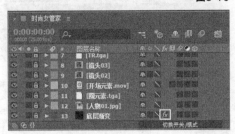

图3-80

• **帧融合、运动模糊** ：帧融合功能在视频快放或慢放时，进行画面的帧补偿应用。添加运动模糊的目的就在于增强快速移动场景或物体的真实感。

• **调节图层** ：调节图层在一般情况下是不可见的，它的主要作用是调节图层下面所有的图层都会受到调节图层上添加的特效滤镜的控制，一般在进行画面色彩校正的时候用得比较多，如图3-81所示。

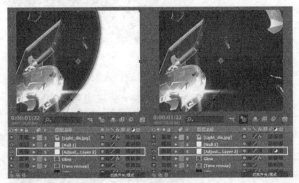

图3-81

• **三维空间按钮** ：其作用是将二维图层转换成带有深度空间信息的三维图层。

• **父子控制面板** ：将一个图层设置为父图层时，对父图层的操作（位移、旋转、缩放等）将影响到它的子图层，而对子图层的操作则不会影响到父图层。父子图层犹如一个太阳系，如图3-82所示。在太阳系中，行星围绕着恒星（太阳）旋转，太阳带着这些行星在银河系中运动，因此太阳就是这些行星的父图层，而行星就是太阳的子图层。

图3-82

• ：用来展开或折叠如图3-83所示的"开关"面板，也就是矩形框选的部分。

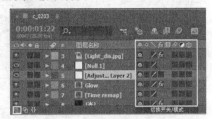

图3-83

• ：用来展开或折叠如图3-84所示的"样式"面板，也就是矩形框选的部分。

图3-84

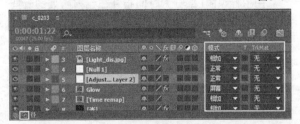

• ：用来展开或折叠如图3-85所示的"入点""出点""持续时间"和"伸缩"面板。

图3-85

• ：单击该按钮可以在"开关"面板和"模式"面板间切换。执行该操作，在"时间轴"面板中只能显示其中的一个面板。当然，如果同时打开了"开关"和"模式"按钮，那么该选项将会被自动隐藏掉。

3.功能区域3

"功能区域3"如图3-86所示。

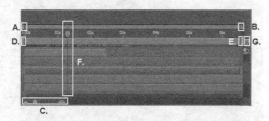

图3-86

图中标识的A、B和C部分用来调节时间轴标尺的放大与缩小显示。这里所谓的放大和缩小与"合成"窗口中预览时的缩放操作不一样，这里是指显示时间段的精密程度。如图3-87所示，移动滑块，时间标尺开始以帧为单位进行显示，此时可以进行更加精确的操作。

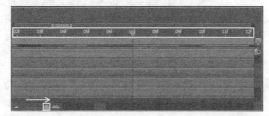

图3-87

图中标识的D和E部分用来设置项目合成工作区域的开始点和结束点。

图中标识的F部分为时间指针在当前所处的时间位置点。用鼠标点按滑块，然后左右移动，通过移动时间标签可以确定当前所在的时间位置。

图中标识的G部分为标记点按钮。在"时间轴"面板右侧单击"合成标记素材箱"，这样就会在时间指针当前的位置上显示出数字1，还可以拖曳标记滑块到所需要的位置，这时释放鼠标就可以生成新的标记滑块了，生成的标记滑块会按照顺序显示，如图3-88所示。

图3-88

3.4.2 图层的类型

使用After Effects制作画面特效合成时，它的直接操作对象就是图层，无论是创建合成、动画还是特效都离不开图层。After Effects中的图层和Photoshop

中的图层一样，在"时间轴"面板可以直观地观察到图层的分布。图层按照从上向下的顺序依次叠放，上一层的内容将遮住下一层的内容，如果上一层没有内容，将直接显示出下一层的内容，如图3-89所示。

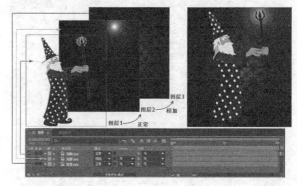

图3-89

能够用在After Effects软件中的合成元素非常多，这些合成元素体现为各种图层，在这里将其归纳为9种。

第1种： "项目"面板中的素材，After Effects支持多种视频、音频、图像格式，如图3-90所示。

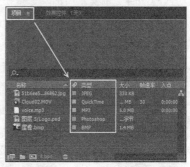

图3-90

第2种： 项目中的其他合成，After Effects可以在一个项目中创建多个合成，多个合成也可组合成一个新的合成，如图3-91所示。

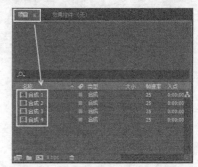

图3-91

第3种： 文字图层，为了制作酷炫的文字动画，After Effects提供了强大的文本工具，如图3-92所示。

图3-92

第4种：纯色层、摄像机层和灯光层。纯色层是一种单一颜色的基本图层，因为After Effects的效果都是基于"层"上的，所以纯色层经常用到。摄像机层，为了模拟真实的镜头效果，After Effects提供了摄像机层，该层有多种镜头效果。灯光层，用于模拟真实的灯光效果，After Effects提供了灯光层，如图3-93所示。

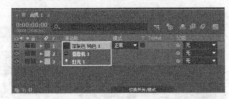

图3-93

第5种：形状图层，是制作遮罩动画的重要图层，使用"矩形工具"和"钢笔工具"时绘制遮罩后，会自动创建形状图层，如图3-94所示。

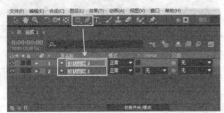

图3-94

第6种：调整图层，通常情况下不可见，对其添加特效，影响下级图层的效果，调整图层如图3-95所示。

图3-95

第7种：已经存在图层的复制层，可对现有的图层进行复制，生成新的图层即副本图层，如图3-96所示。

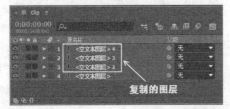

图3-96

第8种：拆分的图层，一个图层可拆分为多个图层，相当于剪辑功能，拆分的图层如图3-97所示。

图3-97

第9种：空对象图层，关联到其他图层，修改空对象层，可影响与其关联的图层，空对象图层如图3-98所示。

图3-98

1.素材图层和合成图层

素材图层和合成图层是After Effects中最常见的图层。要将素材图层转换为合成图层，只需要将"项目"面板中的素材或合成项目拖曳到"时间轴"面板中即可。

技巧与提示

如果要一次性创建多个素材或合成图层，只需要在"项目"面板中按住Ctrl键的同时连续选择多个素材图层或合成图层，然后将其拖曳到"时间轴"面板中。"时间轴"面板中的图层将按照之前选择素材的顺序进行排列。另外，按住Shift键也可以选择多个连续的素材或合成项目。

2.颜色纯色层

在After Effects中，可以创建任何颜色和尺寸（最大尺寸可达30000像素×30000像素）的纯色层。纯色层和其他素材图层一样，可以在纯色层上创建"遮罩"，也可以修改图层的"变换"属性，还可以对其添加特效效果。创建纯色层的方法主要有以下两种。

第1种：执行"文件>导入>纯色"菜单命令，如图3-99所示，此时创建的纯色层只显示在面板中，作为素材使用。

第2种：执行"图层>新建>纯色"菜单命令或按快捷键Ctrl+Y，如图3-100所示，纯色层除了显示在"项目"面板的"固态层"文件夹中以外，还会自动放置在当前"时间轴"面板中的顶层位置。

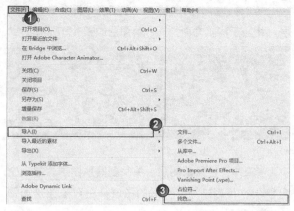

图3-99

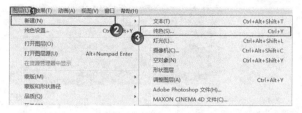

图3-100

图3-102

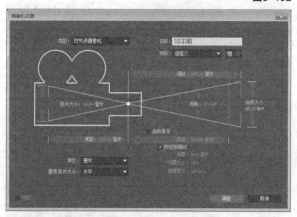

图3-103

技巧与提示

通过以上两种方法创建纯色层时，系统都会弹出"纯色设置"对话框，在该对话框中可以设置纯色层的名称、大小、像素长宽比、画面长宽比及颜色等，如图3-101所示。

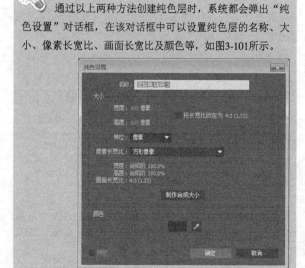

图3-101

技巧与提示

在创建调整图层时，除了可以通过执行"图层>新建>调整图层"菜单命令来完成外，还可以通过"时间轴"面板来把选择的图层转换为调整图层，其方法就是单击图层后面的"调整图层"按钮，如图3-104所示。

图3-104

3.灯光、摄像机和调整图层

灯光、摄像机和调整图层的创建方法与纯色层的创建方法类似，可以通过"图层>新建"菜单下面的子命令来完成。在创建这类图层时，系统也会弹出相应的参数对话框。图3-102和图3-103所示的分别为"灯光设置"和"摄像机设置"对话框（这部分知识点将在后面的章节内容中进行详细讲解）。

4.Photoshop图层

执行"图层>新建>Adobe Photoshop文件"菜单命令，可以创建一个和当前合成尺寸一致的Photoshop图层，该图层会自动放置在"时间轴"面板的最上层，并且系统会自动打开这个Photoshop文件。

技巧与提示
执行"文件>新建>Adobe Photoshop文件"菜单命令，也可以创建Photoshop文件，不过这个Photoshop文件只是作为素材显示在"项目"面板中，这个Photoshop文件的尺寸大小和最近打开的合成的大小一致。

3.4.3 图层的五大属性

在After Effects中，图层属性在制作动画特效时占据着非常重要的地位。除了单独的音频图层以外，其余的所有图层都具有5个基本"变换"属性，它们分别是"锚点""位置""缩放""旋转"和"不透明度"，如图3-105所示。通过在"时间轴"面板中单击▶按钮，可以展开图层变换属性。

图3-105

变换属性参数介绍

• **锚点**：图层的轴心点心坐标。图层的位置、旋转和缩放都是基于锚点来操作的，展开"锚点"属性的快捷键为A。当进行位移、旋转或缩放操作时，选择不同位置的轴心点将得到完全不同的视觉效果。图3-106所示的是将"锚点"位置设在树根部，然后通过设置"缩放"属性制作圣诞树生长动画。

图3-106

• **位置**：图层的位置坐标。"位置"属性主要用来制作图层的位移动画，展开"位置"属性的快捷键为P。普通的二维图层包括x轴和y轴两个参数，三维图层包括x轴、y轴和z轴3个参数。图3-107所示的是利用图层的"位置"属性制作的大楼移动动画效果。

图3-107

• **缩放**：图层的缩放百分比。"缩放"属性可以以轴心点为基准来改变图层的大小，展开"缩放"属性的快捷键为S。普通二维层的缩放属性由x轴和y轴两个参数组成，三维图层包括x轴、y轴和z轴3个参数。在缩放图层时，可以开启图层缩放属性前面的"锁定缩放"按钮，这样可以进行等比例缩放操作。图3-108所示的是利用图层的缩放属性制作的球体放大动画。

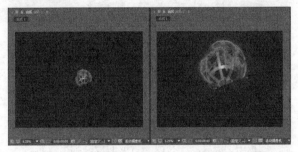

图3-108

• **旋转**：图层的旋转角度。"旋转"属性是以轴心点为基准旋转图层，展开"旋转"属性的快捷键为R。普通二维层的旋转属性由"圈数"和"度数"两个参数组成，如1×+45°就表示旋转了1圈又45°（也就是405°）。图3-109所示的是利用旋转属性制作的枫叶旋转动画。

图3-109

技巧与提示
如果当前图层是三维图层，那么该图层有4个旋转属性，分别是"方向"（可同时设定x、y、z3个轴的方向）、"x轴旋转"（仅调整x轴方向的旋转）、"y轴旋转"（仅调整y轴方向的旋转）和"z轴旋转"（仅调整z轴方向的旋转）。

- **不透明度**：图层的不透明百分比。"不透明度"属性是以百分比的方式来调整图层的不透明度，展开"不透明度"属性的快捷键为T。图3-110所示的是利用不透明度属性制作的渐变动画。

图3-110

> **技巧与提示**
>
> 在一般情况下，按一次图层属性的快捷键每次只能显示一种属性。如果要一次显示两种或以上的图层属性，可以在显示一个图层属性的前提下按住Shift键，然后按其他图层属性的快捷键，这样就可以显示出多个图层的属性。

3.4.4 排列层级

在"时间轴"面板中可以观察到图层的排列顺序。合成中的最上面的图层显示在"时间轴"面板的最上层，然后依次为第2层、第3层……往下排列。改变"时间轴"面板中的图层顺序将改变合成的最终输出效果。

执行"图层>排列"菜单下的子命令可以调整图层的顺序，如图3-111所示。

图3-111

排列参数介绍

- **将图层置于顶层**：可以将选择的图层调整到最上层，快捷键为Ctrl+Shift+]。
- **使图层前移一层**：可以将选择的图层向上移动一层，快捷键为Ctrl+]。
- **使图层后移一层**：可以将选择的图层向下移动一层，快捷键为Ctrl+[。
- **将图层置于底层**：可以将选择的图层调整到最底层，快捷键为Ctrl+Shift+[。

> **技巧与提示**
>
> 当改变"调整图层"的排列顺序时，位于调整图层下面的所有图层的效果都将受到影响。在三维图层中，由于三维图层的渲染顺序是按照z轴的远近深度来进行渲染，所以在三维图层组中，即使改变这些图层在"时间轴"面板中的排列顺序，但显示出来的最终效果还是不会改变的。

3.4.5 对齐和分布图层

使用"对齐"面板可以对图层进行对齐和平均分布操作。执行"窗口>对齐"菜单命令可以打开"对齐"面板，如图3-112所示。

图3-112

3.4.6 排序图层

当使用"关键帧辅助"中的"序列图层"命令来自动排列图层的入点和出点时，在"时间轴"面板中依次选择作为序列图层的图层，然后执行"动画>关键帧辅助>序列图层"菜单命令，打开"序列图层"对话框，在该对话框中可以进行两种操作，如图3-113所示。

图3-113

序列图层参数介绍

- **重叠**：用来设置否则执行图层的交叠。
- **持续时间**：主要用来设置层之间相互交叠的时间。
- **过渡**：主要用来设置交叠部分的过渡方式。

使用"序列图层"命令后，图层会依次排列，如图3-114所示。

未使用【序列图层】命令的效果

使用【序列图层】命令的效果

图3-114

如果勾选"重叠"选项，序列图层的首尾将产生交叠现象，并且可以设置交叠时间和交叠之间的过渡是否产生淡入淡出效果，如图3-115所示。

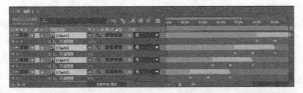

图3-115

技巧与提示

选择的第1个图层是最先出现的图层，后面图层的排列顺序将按照该图层的顺序进行排列。另外，"持续时间"参数主要用来设置图层之间相互交叠的时间，"变换"参数主要用来设置交叠部分的过渡方式。

3.4.7 设置图层时间

设置图层时间的方法有很多种，可以使用时间设置栏对时间的出入点进行精确设置，也可以使用手动方式来对图层时间进行直观的操作，主要有以下两种方法。

第1种: 在"时间轴"面板中的时间出入点栏的出入点数字上拖曳鼠标左键或单击这些数字，然后在弹出的对话框中直接输入数值来改变图层的出入点时间，如图3-116所示。

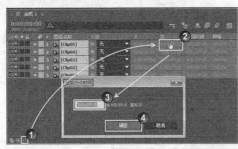

图3-116

第2种： 在"时间轴"面板的图层时间栏中，通过在时间标尺上拖曳图层的出入点位置进行设置，如图3-117所示。

图3-117

技巧与提示

设置素材的入点快捷键为Alt+[，设置出点的快捷键为Alt+]。

3.4.8 拆分图层

拆分图层就是将一个图层在指定的时间处，拆分为多段图层。

选择需要分离/打断的图层，然后在"时间轴"面板中将当前时间指示滑块拖曳到需要分离的位置，如图3-118所示，接着执行"编辑>拆分图层"菜单命令或按快捷键Ctrl+Shift+D，如图3-119所示，这样就把图层在当前时间处分离开，如图3-120所示。

图3-118

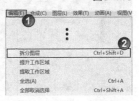

图3-119

图3-120

3.4.9 提升/提取图层

在一段视频中，有时候需要移除其中的某几个片段，这时就需要使用到"提升"和"提取"命令，这两个命令都具备移除部分镜头的功能，但是它们也有一定的区别。

使用"提升"命令可以移除工作区域内被选择图层的帧画面，但是被选择图层所构成的总时间长度不变，中间会保留删除后的空隙，如图3-121所示。

图3-121

使用"提取"命令可以移除工作区域内被选择图层的帧画面,但是被选择图层所构成的总时间长度会缩短,同时图层会被剪切成两段,后段的入点将连接前段的出点,不会留下任何空隙,如图3-122所示。

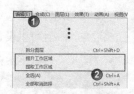

图3-124

图3-122

提升/提取图层的操作有以下2个步骤。

第1步:在"时间轴"面板中拖曳"时间标尺",以确定要提升或提取的片段,如图3-123所示。

图3-123

> **技巧与提示**
> 设置工作区域起点的快捷键是B,设置工作区域出点的快捷键是N。

第2步:选择需要提取和挤出的图层,然后选择"编辑>提升工作区域(或提取工作区域)"菜单命令进行相应的操作,如图3-124所示。

3.4.10 关于父子关系

当移动一个图层时,如果要使其他的图层也跟随该图层发生相应的变化,此时可以将该图层设置为父图层,如图3-125所示。

图3-125

当为父图层设置"变换"属性时("不透明度"属性除外),子图层也会随着父图层产生变化。父图层的变换属性会导致所有子图层发生联动变化,但子图层的变换属性不会对父图层产生任何影响。

> **技巧与提示**
> 一个父图层可以同时拥有多个子图层,但是一个子图层只能有一个父图层。在三维空间中,图层的运动通常会使用一个"空对象"图层来作为一个三维图层组的父图层,利用这个空图层可以对三维图层组应用变换属性。
> 若"时间轴"面板中没有"父级"属性,可按快捷键Shift + F4可以打开父子关系控制面板。

功能实战02:倒计时动画

素材位置	实例文件>CH03>功能实战02:倒计时动画
实例位置	实例文件>CH03>倒计时动画_F.aep
视频位置	多媒体教学>CH03>倒计时动画.mp4
难易指数	★★☆☆☆
技术掌握	掌握"序列图层"具体应用

本实例主要使用了"序列图层"命令,通过对本实例的学习,读者可以掌握图层排序的操作技法,效果如图3-126所示。

图3-126

01 执行"合成>新建合成"命令，然后在"合成设置"对话框中，设置"宽度"为850、"高度"为567、"持续时间"为8秒，如图3-127所示。

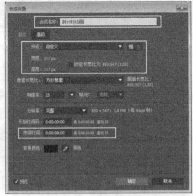

图3-127

02 执行"文件>导入>文件"菜单命令，将素材文件中的"胶片.jpg和1.png~8.png"导入到"项目"面板中，然后新建一个名为"数字"的文件夹，将导入的8张PNG图像拖曳到"数字"文件夹中，如图3-128所示。

图3-128

03 将图像素材拖曳至"时间轴"面板中，使之成为图层，然后将胶片放置在最底层，如图3-129所示。

图3-129

04 选中所有PNG图像，然后将图层时间设置为1秒，如图3-130所示。

图3-130

05 执行"动画>关键帧辅助>序列图层"菜单命令，然后单击"确定"按钮，如图3-131所示，这时8个PNG图层依次排列，如图3-132所示。

图3-131

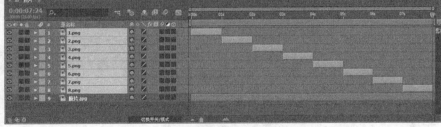

图3-132

3.5 图层的混合模式

在After Effects中，系统提供了较为丰富的图层混合模式，所谓图层混合模式就是一个图层与其下面的图层发生颜色叠加关系，并产生特殊的效果，最终将该效果显示在视频合成窗口中。

本节知识概要

知识名称	作用	重要程度	所在页
打开混合模式选项	显示混合模式的方法	中	P64
关于普通模式	图层的一种混合模式	中	P64
关于变暗模式	图层的一种混合模式	中	P65
关于变亮模式	图层的一种混合模式	中	P66
关于叠加模式	图层的一种混合模式	中	P68
关于差值模式	图层的一种混合模式	中	P69
关于色彩模式	图层的一种混合模式	中	P70
关于蒙版模式	图层的一种混合模式	中	P71
关于共享模式	图层的一种混合模式	中	P72

3.5.1 打开混合模式选项

在After Effects中，显示或隐藏混合模式选项有3种方法。

第1种：在"时间轴"面板中的类型名称区域，如图3-133所示，单击鼠标右键，然后选择"列数>模式"，可显示或隐藏混合模式选项，如图3-134所示。

图3-133　　　　　　图3-134

第2种：在"时间轴"面板中单击"切换开关/模式"按钮，可显示或隐藏混合模式选项，如图3-135所示。

图3-135

第3种：在"时间轴"面板中，按快捷键F4可以显示或隐藏混合模式选项，如图3-136所示。

图3-136

After Effects提供了很多种混合模式，每种混合模式都有各自的特点，通过不同模式的图层叠加，可以产生各种特技效果，下面使用如图3-137所示的两个素材，来解析After Effects的混合模式。

图3-137

3.5.2 关于普通模式

在普通模式中，主要包括"正常""溶解"和"动态抖动溶解"3种混合模式。

在没有透明度影响的前提下，这种类型的混合模式产生最终效果的颜色不会受底层像素颜色的影响，除非底层像素的不透明度小于当前图层。

1. "正常"模式

"正常"模式是After Effects中的默认模式，当图层的不透明度为100%时，合成将根据Alpha通道正常显示当前图层，并且不受下一层的影响，如图3-138所示。当图层的不透明度小于100%时，当前图层的每个像素点的颜色将受到下一层的影响。

图3-138

2. "溶解"模式

在图层有羽化边缘或不透明度小于100%时，"溶解"模式才起作用。"溶解"模式是在当前图层选取部分像素，然后采用随机颗粒图案的方式用下一层图层的像素来取代，当前图层的不透明度越低，溶解效果越明显，效果如图3-139所示。

图3-139

当图层的"不透明度"为60%时,如图3-140所示,
"溶解"模式的效果如图3-141所示。

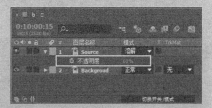

图3-140

图3-141

3. "动态抖动溶解"模式

"动态抖动溶解"模式和"溶解"模式的原理相似,
只不过"动态抖动溶解"模式可以随时更新值,而"溶
解"模式的颗粒都是不变的。当图层的"不透明度"为
50%时,"动态抖动溶解"模式的效果如图3-142所示。

图3-142

 技巧与提示

在普通模式中,"正常"模式是日常工作中最常用
的图层混合模式。

3.5.3 关于变暗模式

在变暗模式中,主要包括"变暗""相乘""颜

色加深""经典颜色加深""线性加深"和"较深的
颜色"6种混合模式,这种类型的混合模式都可以使
图像的整体颜色变暗。

1. "变暗"模式

"变暗"模式是通过比较当前图层和底图层的
颜色亮度来保留较暗的颜色部分。如一个全黑的图层
与任何图层的变暗叠加效果都是全黑的,而白色图层
和任何图层的变暗叠加效果都是透明的,效果如图
3-143所示。

图3-143

2. "相乘"模式

"相乘"模式是一种减色模式,它将基本色与叠
加色相乘形成一种光线透过两张叠加在一起的幻灯片
效果。任何颜色与黑色相乘都将产生黑色,与白色相
乘将保持不变,而与中间的亮度颜色相乘可以得到一
种更暗的效果,如图3-144所示。

图3-144

 技巧与提示

"相乘"模式的相乘法产生的不是线性变暗效果,
因为它是一种类似于抛物线变化的效果。

3. "颜色加深"模式

"颜色加深"模式是通过增加对比度来使颜色变暗（如果叠加色为白色，则不产生变化），以反映叠加色，效果如图3-145所示。

图3-145

4. "经典颜色加深"模式

"经典颜色加深"模式是通过增加对比度来使颜色变暗，以反映叠加色，它要优于"颜色加深"模式，效果如图3-146所示。

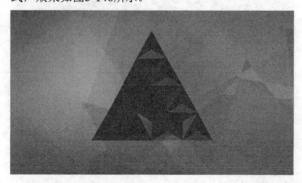

图3-146

5. "线性加深"模式

"线性加深"模式是比较基色和叠加色的颜色信息，通过降低基色的亮度来反映叠加色。与"相乘"模式相比，"线性加深"模式可以产生一种更暗的效果，效果如图3-147所示。

图3-147

6. "较深的颜色"模式

"较深的颜色"模式与"变暗"模式的效果相似，不同的是该模式不对单独的颜色通道起作用，效果如图3-148所示。

图3-148

技巧与提示

在变暗模式中，"变暗"和"相乘"是使用频率较高的图层混合模式。

3.5.4 关于变亮模式

"变亮"模式中，主要包括"相加""变亮""屏幕""颜色减淡""经典颜色减淡""线性减淡"和"较浅的颜色"7种混合模式，这种类型的混合模式都可以使图像的整体颜色变亮。

1. "相加"模式

"相加"模式是将上下层对应的像素进行加法运算，可以使画面变亮，效果如图3-149所示。

图3-149

 技巧与提示

"相加"模式的合成功能。

一些火焰、烟雾和爆炸等素材需要合成到某个场景中时，将该素材图层的混合模式修改为"相加"模式，这样该素材与背景进行叠加时，就可以直接去掉黑色背景，效果如图3-150所示。

图3-150

2. "变亮"模式

"变亮"模式与"变暗"模式相反，它可以查看每个通道中的颜色信息，并选择基色和叠加色中较亮的颜色作为结果色（比叠加色暗的像素将被替换掉，而比叠加色亮的像素将保持不变），效果如图3-151所示。

图3-151

3. "屏幕"模式

"屏幕"模式是一种加色混合模式，与"相乘"模式相反，可以将叠加色的互补色与基色相乘，以得到一种更亮的效果，效果如图3-152所示。

图3-152

4. "颜色减淡"模式

"颜色减淡"模式是通过减小对比度来使颜色变亮，以反映叠加色（如果叠加色为黑色则不产生变化），效果如图3-153所示。

图3-153

5. "经典颜色减淡"模式

"经典颜色减淡"模式是通过减小对比度来使颜色变亮，以反映叠加色，其效果要优于"颜色减淡"模式，效果如图3-154所示。

图3-154

6. "线性减淡"模式

"线性减淡"模式可以查看每个通道的颜色信息，并通过增加亮度来使基色变亮，以反映叠加色（如果与黑色叠加则不发生变化），效果如图3-155所示。

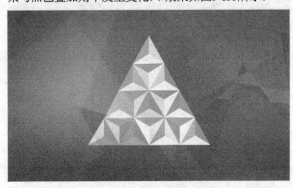

图3-155

7. "较亮颜色"模式

"较亮颜色"模式与"变亮"模式相似，略有区别的是该模式不对单独的颜色通道起作用，效果如图3-156所示。

图3-156

技巧与提示

在变亮模式中，"加法"和"屏幕"模式是使用频率较高的图层混合模式。

3.5.5 关于叠加模式

在叠加模式中，主要包括"叠加""柔光""强光""线性光""亮光""点光"和"纯色混合"7种叠加模式。在使用这种类型的混合模式时，需要比较当前图层的颜色和底层的颜色亮度是否低于50%的灰度，然后根据不同的叠加模式创建不同的混合效果。

1. "叠加"模式

"叠加"模式可以增强图像的颜色，并保留底层图像的高光和暗调，效果如图3-157所示。"叠加"模式对中间色调的影响比较明显，对于高亮度区域和暗调区域的影响不大。

图3-157

2. "柔光"模式

"柔光"模式可以使颜色变亮或变暗（具体效果要取决于叠加色），这种效果与发散的聚光灯照在图像上很相似，效果如图3-158所示。

图3-158

3. "强光"模式

使用"强光"模式时，当前图层中比50%灰色亮的像素会使图像变亮；比50%灰色暗的像素会使图像变暗。这种模式产生的效果与耀眼的聚光灯照在图像上很相似，效果如图3-159所示。

图3-159

4. "线性光"模式

"线性光"模式可以通过减小或增大亮度来加深或减淡颜色，具体效果要取决于叠加色，效果如图3-160所示。

5. "亮光"模式

"亮光"模式可以通过增大或减小对比度来加深或减淡颜色，具体效果要取决于叠加色，效果如图3-161所示。

图3-160

图3-161

6. "点光"模式

"点光"模式可以替换图像的颜色。如果当前图层中的像素比50%灰色亮，则替换暗的像素；如果当前图层中的像素比50%灰色暗，则替换亮的像素，这对于为图像中添加特效时非常有用，效果如图3-162所示。

图3-162

7. "纯色混合"模式

在使用"纯色混合"模式时，如果当前图层中的像素比50%灰色亮，会使底层图像变亮；如果当前图层中的像素比50%灰色暗，则会使底层图像变暗。这

种模式通常会使图像产生色调分离的效果，效果如图3-163所示。

图3-163

 技巧与提示

在混合模式中，"叠加"和"柔光"模式是使用频率较高的图层混合模式。

3.5.6 关于差值模式

在差值模式中，主要包括"差值""经典差值""排除""相减"和"排除"5种混合模式。这种类型的混合模式都是基于当前图层和底层的颜色值来产生差异效果。

1. "差值"模式

"差值"模式可以从基色中减去叠加色或从叠加色中减去基色，具体情况要取决于哪个颜色的亮度值更高，效果如图3-164所示。

图3-164

2. "经典差值"模式

"经典差值"模式可以从基色中减去叠加色或从叠加色中减去基色，其效果要优于"差值"模式，效果如图3-165所示。

图3-165

3. "排除" 模式

"排除" 模式与 "差值" 模式比较相似, 但是该模式可以创建出对比度更低的叠加效果, 如图3-166所示。

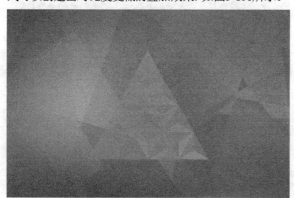

图3-166

4. "相减" 模式

从基础颜色中减去源颜色, 如果源颜色是黑色, 则结果颜色是基础颜色, 效果如图3-167所示。

图3-167

5. "相除" 模式

基础颜色除以源颜色, 如果源颜色是白色, 则结果颜色是基础颜色, 效果如图3-168所示。

图3-168

3.5.7 关于色彩模式

在色彩模式中, 主要包括 "色相" "饱和度" "颜色" 和 "发光度" 4种混合模式。这种类型的混合模式会改变底层颜色的一个或多个色相、饱和度和明度值。

1. "色相" 模式

"色相" 模式可以将当前图层的色相应用到底层图像的亮度和饱和度中, 可以改变底层图像的色相, 但不会影响其亮度和饱和度。对于黑色、白色和灰色区域, 该模式将不起作用, 效果如图3-169所示。

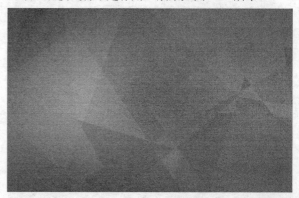

图3-169

2. "饱和度" 模式

"饱和度" 模式可以将当前图层的饱和度应用到底层图像的亮度和色相中, 可以改变底层图像的饱和度, 但不会影响其亮度和色相, 效果如图3-170所示。

3. "颜色" 模式

"颜色" 模式可以将当前图层的色相与饱和度应用到底层图像中, 但保持底层图像的亮度不变, 效果如图3-171所示。

图3-170

图3-171

4. "发光度"模式

"发光度"模式可以将当前图层的亮度应用到底层图像的颜色中，可以改变底层图像的亮度，但不会对其色相与饱和度产生影响，效果如图3-172所示。

图3-172

💡 **技巧与提示**

在色彩模式中，"发光度"模式是使用频率较高的图层混合模式。

3.5.8 关于蒙版模式

在蒙版模式中，主要包括"模板Alpha""模板亮度""轮廓Alpha"和"轮廓亮度"4种混合模式。这种类型的混合模式可以将当前图层转化为底图层的一个遮罩。

1. "模板Alpha"模式

"模板Alpha"模式可以穿过蒙版层的Alpha通道来显示多个图层，效果如图3-173所示。

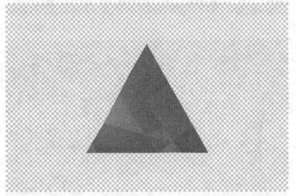

图3-173

2. "模板亮度"模式

"模板亮度"模式可以穿过蒙版层的像素亮度来显示多个图层，效果如图3-174所示。

图3-174

3. "轮廓Alpha"模式

"轮廓Alpha"模式可以通过当前图层的Alpha通道来影响底层图像，使受影响的区域被剪切掉，效果如图3-175所示。

4. "轮廓亮度"模式

"轮廓亮度"模式可以通过当前图层上的像素亮度来影响底层图像，使受影响的像素被部分剪切或被

71

全部剪切掉，如图3-176所示。

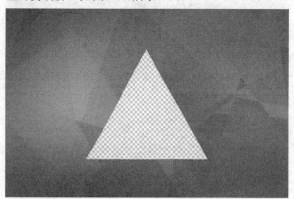

图3-175

图3-176

3.5.9 关于共享模式

在共享模式中，主要包括"Alpha添加"和"冷光预乘"两种混合模式。这种类型的混合模式都可以使底层与当前图层的Alpha通道或透明区域像素产生相互作用。

1."Alpha添加"模式

"Alpha添加"模式可以使底层与当前图层的Alpha通道共同建立一个无痕迹的透明区域，效果如图3-177所示。

图3-177

2."冷光预乘"模式

"冷光预乘"模式可以使当前图层的透明区域像素与底层相互产生作用，可以使边缘产生透镜和光亮效果，效果如图3-178所示。

图3-178

 技巧与提示

使用快捷键Shift+"-"或Shift+"+"可以快速切换图层的混合模式。

功能实战03：散射光线

素材位置	实例文件>CH03>功能实战03：散射光线
实例位置	实例文件>CH03>散射光线_F.aep
视频位置	多媒体教学>CH03>散射光线.mp4
难易指数	★☆☆☆☆
技术掌握	图层混合的应用

本实例主要使用了"序列图层"命令，通过对本实例的学习，读者可以掌握图层混合的操作技法，效果如图3-179所示。

图3-179

01 执行"文件>打开项目"菜单命令，然后选择素材文件中的"散射光线_I.aep"项目文件，接着在"项目"面板中双击"合成1"合成文件，在"合成"面板中就会显示该合成内容，如图3-180所示。

02 通过观察发现，画面中的光线颜色暗淡无光，这里需要多层叠加增强光线的效果。在"时间轴"面板中选择Noise图层，然后按快捷键Ctrl+D复制出两个图层，一共就有3个Noise图层，如图3-181所示。

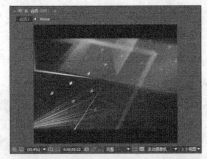

图3-180

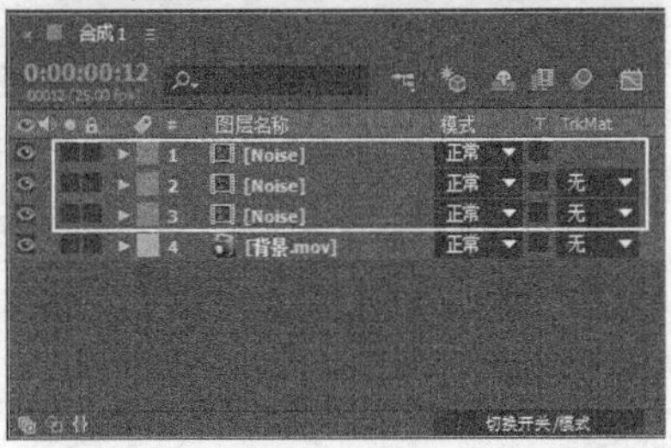

图3-181

03 如图3-182所示的效果，可发现画面中的光线亮度增强了，但效果仍不是太好。选择第1个和第2个图层，然后在将混合模式设置为"相加"，如图3-183所示。

图3-182

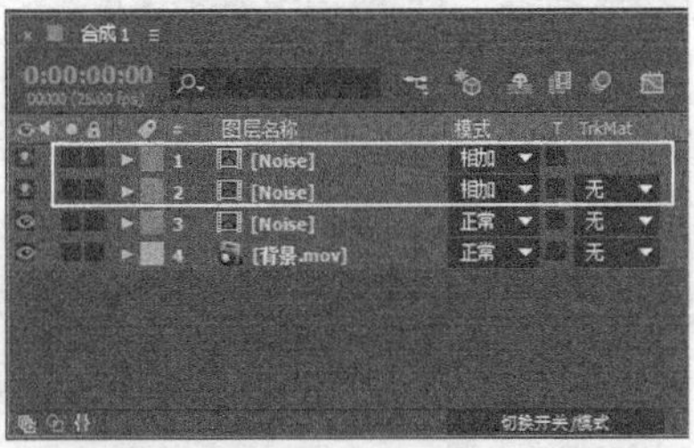

图3-183

04 在"合成"面板中可以观察到，光线的效果变强了，而且色彩也更艳丽了，效果如图3-184所示。

图3-184

3.6 关键帧动画

关键帧动画是After Effects中最常用的制作动画的方式之一，在制作特效时，可为图层的各个属性设置关键帧，以达到让用户满意的效果。

本节知识概要

知识名称	作用	重要程度	所在页
关于关键帧	关键帧的概念	中	P73
创建关键帧	制作关键帧	高	P74
使用导航器	创建关键帧的一种方法	高	P74
编辑关键帧	调整关键帧	高	P75
插值关键帧	制作流畅、自然的关键帧动画	中	P76

3.6.1 关于关键帧

关键帧的概念来源于传统的卡通动画。在早期的迪斯尼工作室中，动画设计师负责设计卡通片中的关键帧画面，即关键帧，如图3-185所示，然后由动画设计师助理来完成中间帧的制作，如图3-186所示。

图3-185

图3-186

在计算机动画中，中间帧可以由计算机来完成，插值代替了设计中间帧的动画师，所有影响画面图像的参数都可以成为关键帧的参数。After Effects可以依据前后两个关键帧来识别动画的起始和结束状态，并自动计算中间的动画过程来产生视觉动画，如图3-187所示。

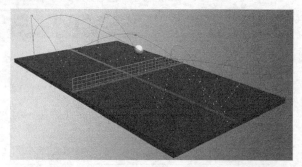

图3-187

在After Effects的关键帧动画中，至少需要两个关键帧才能产生作用，第1个关键帧表示动画的初始状态，第2个关键帧表示动画的结束状态，而中间的动态则由计算机通过插值计算得出，如图3-188所示的钟摆动画中，其中状态1是初始状态，状态9是结束状态，中间的状态2~8是通过计算机插值来生成的中间动画状态。

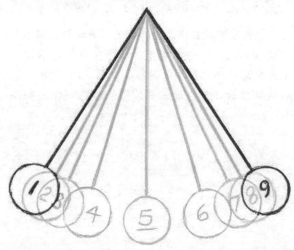

图3-188

技巧与提示

在After Effects中，还可以通过Expression（表达式）来制作动画。表达式动画是通过程序语言来实现动画，它可以结合关键帧来制作动画，也可以完全脱离关键帧，完全由程序语言来控制动画的过程。

3.6.2 创建关键帧

在After Effects中，每个可以制作动画的图层参数前面都有一个"时间变化秒表"按钮，单击该按钮，使其呈凹陷状态就可以开始制作关键帧动画了。

一旦激活"时间变化秒表"按钮，在"时间轴"面板中的任何时间进程都将产生新的关键帧；关闭"时间变化秒表"按钮后，所有设置的关键帧属性都将消失，参数设置将保持当前时间的参数值，如图3-189所示，分别是激活与未激活的"时间变化秒表"按钮。

图3-189

生成关键帧的方法主要有两种，分别是激活"时间变化秒表"按钮，如图3-190所示；制作动画曲线关键帧，如图3-191所示。

图3-190

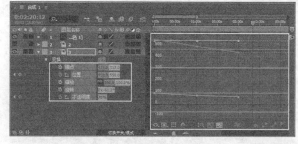

图3-191

3.6.3 使用导航器

当为图层参数设置了第1个关键帧时，After Effects会显示出关键帧导航器，通过导航器可以方便地从一个关键帧快速跳转到上一个或下一个关键帧，如图3-192所示，同时也通过关键帧导航器来设置和删除关键帧，如图3-193所示。

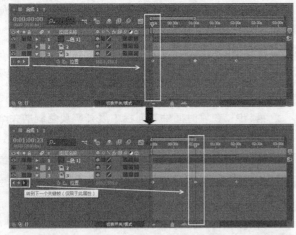

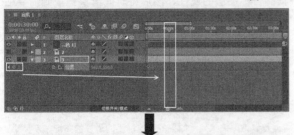

图3-192

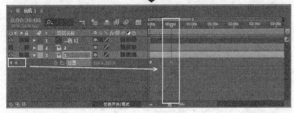

图3-193

导航器参数介绍

• **转到上一个关键帧◀**：单击该按钮可以跳转到上一个关键帧的位置，快捷键为J。

• **转到下一个关键帧▶**：单击该按钮可以跳转到下一个关键帧的位置，快捷键为K。

• **◇**：表示当前没有关键帧，单击该按钮可以添加一个关键帧。

• **◆**：表示当前存在关键帧，单击该按钮可以删除当前选择的关键帧。

> **技巧与提示**
>
> 关键帧导航器是针对当前属性的关键帧导航，而J键和K键是针对画面上展示的所有关键帧进行导航。
>
> 在"时间轴"面板中选择图层，然后按U键可展开该图层中的所有关键帧属性，再次按U键将取消关键帧属性的显示。
>
> 如果在按住Shift键的同时移动当前的时间指针，那么时间指针将自动吸附对齐到关键帧上。同理，如果在按住Shift键的同时移动关键帧，那么关键帧将自动吸附对齐当前时间指针处。

3.6.4 编辑关键帧

在设置关键帧动画时，会有很多设置技巧，让用户高效、快速地完成项目，也可以让用户制作出复杂、酷炫的特技效果。

1.选择关键帧

在选择关键帧时，主要有以下5种情况。

第1种：如果要选取单个关键帧，只需要单击关键帧即可。

第2种：如果要选择多个关键帧，可以在按住Shift键的同时连续单击需要选择的关键帧，或是按住鼠标左键拉出一个选框，就能选择选框区域内的关键帧。

第3种：如果要选择图层属性中的所有关键帧，只需单击"时间轴"面板中的图层属性的名字。

第4种：如果要选择一个图层中的属性里面数值相同的关键帧，只需要在其中一个关键帧上单击鼠标右键，然后选择"选择相同关键帧"命令即可，如图3-194所示。

图3-194

第5种：如果要选择某个关键帧之前或之后的所有关键帧，只需要在该关键帧上单击鼠标右键，然后选择"选择前面的关键帧"命令或"选择跟随关键帧"命令即可，如图3-195所示。

图3-195

2.设置关键帧数值

如果要调整关键帧的数值，可以在当前关键帧上双击，然后在弹出的对话框中调整相应的数值即可，如图3-196所示。另外，在当前关键帧上单击鼠标右键，在弹出的菜单中选择"编辑值"命令也可以调整关键帧数值，如图3-197所示。

图3-196　　　　图3-197

不同图层属性的关键帧编辑对话框是不相同的，图3-198显示的是"位置"关键帧对话框，而有些关键帧没有关键帧对话框（如一些复选项关键帧或下拉列表关键帧）。

对于涉及空间的一些图层参数的关键帧，可以使用"钢笔工具"进行调整，具体操作步骤如下。

第1步：在"时间轴"面板中选择需要调整的图层参数。

第2步：在"工具"面板中单击"钢笔工具"按钮 。

第3步：在"合成"面板或"图层"窗口中使用"钢笔工具"添加关键帧，以改变关键帧的插值方式。如果结合Ctrl键还可以移动关键帧的空间位置，如图3-198所示。

图3-198

3.移动关键帧

选择关键帧后，按住鼠标左键并拖曳关键帧就可以移动关键帧的位置。如果选择的是多个关键帧，在移动关键帧后，这些关键帧之间的相对位置将保持不变。

4.对一组关键帧进行时间整体缩放

同时选择3个以上的关键帧，在按住Alt键的同时使用鼠标左键拖曳第1个或最后1个关键帧，可以对这组关键帧进行整体时间缩放。

5.复制和粘贴关键帧

可以将不同图层中的相同属性或不同属性（但是需要具备相同的数据类型）关键帧进行复制和粘贴操作，可以进行互相复制的图层属性包括以下4种。

第1种：具有相同维度的图层属性，如Opacity（不透明度）和Rotation（旋转）属性。

第2种：效果的角度控制属性和具有滑块控制的图层属性。

第3种：效果的颜色属性。

第4种：蒙版属性和图层的空间属性。

一次只能从一个图层属性中复制关键帧，把关键帧粘贴到目标图层的属性中时，被复制的第1个关键帧出现在目标图层属性的当前时间中。而其他关键帧将以被复制的顺序依次进行排列，粘贴后的关键帧继续处于被选择状态，以方便继续对其进行编辑，复制和粘贴关键帧的步骤如下。

第1步：在"时间轴"面板中展开需要复制的关键帧属性。

第2步：选择单个或多个关键帧。

第3步：执行"编辑>复制"菜单命令或按快捷键Ctrl+C，复制关键帧。

第4步：在"时间轴"面板中展开需要粘贴关键帧的目标图层的属性，然后将时间滑块拖曳到需要粘贴的时间处。

第5步：选中目标属性，然后执行"编辑>粘贴"菜单命令或按快捷键Ctrl+V，粘贴关键帧。

如果复制相同属性的关键帧，只需要选择目标图层就可以粘贴关键帧，如果复制的是不同属性的关键帧，需要选择目标图层的目标属性才能粘贴关键帧。特别注意，如果粘贴的关键帧与目标图层上的关键帧在同一时间位置，将覆盖目标图层上原有的关键帧。

6.删除关键帧

删除关键帧的方法主要有以下4种。

第1种：选中一个或多个关键帧，然后执行"编辑>清除"菜单命令。

第2种：选中一个或多个关键帧，然后按Delete键执行删除操作。

第3种：当时间指针对齐当前关键帧时，单击"添加或删除关键帧"按钮 可以删除当前关键帧。

第4种：如果需要删除某个属性中的所有关键帧，只需要选中属性名称（这样就可以选中该属性中的所有关键帧），然后按Delete键或单击"时间变化秒表"按钮 即可。

3.6.5 插值关键帧

插值就是在两个预知的数据之间以一定方式插入未知数据的过程，在数字视频制作中就意味着在两个关键帧之间插入新的数值，使用插值方法可以制作出更加自然的动画效果。

常见的插值方法有两种，分别是"线性"插值和

"贝塞尔"插值。"线性"插值就是在关键帧之间对数据进行平均分配，"贝塞尔"插值是基于贝塞尔曲线的形状，来改变数值变化的速度。

如果要改变关键帧的插值方式，可以选择需要调整的一个或多个关键帧，然后执行"动画>关键帧插值"菜单命令，在"关键帧插值"对话框中可以进行详细设置，如图3-199所示。

从"关键帧插值"对话框中可以看到调节关键帧的插值有3种运算方法。

第1种："临时插值"运算方法可以用来调整与时间相关的属性、控制进入关键帧和离开关键帧时的速度变化，同时也可以实现匀速运动、加速运动和突变运动等。

第2种："空间插值"运算方法仅对"位置"属性起作用，主要用来控制空间运动路径。

第3种："漂浮"运算方法对漂浮关键帧及时漂浮以弄平速度图标，第一个和最后一个关键帧无法漂浮。

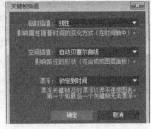

图3-199

功能实战04：定版动画

素材位置	实例文件>CH03>功能实战04：定版动画
实例位置	实例文件>CH03>定版动画_F.aep
视频位置	多媒体教学>CH03>定版动画.mp4
难易指数	★★☆☆☆
技术掌握	掌握关键帧动画的基础应用

本实例主要应用了图层的关键帧来制作动画，通过对本实例的学习，读者可以掌握关键帧动画的操作技法，效果如图3-200所示。

图3-200

[01] 执行"文件>打开项目"，然后选择素材文件中的"定版动画_I.aep"，然后在"项目"面板中双击"厚重感文字"合成，如图3-201所示。

[02] 选择"文字整体效果"图层，然后展开其属性卷展栏，接着在第0帧出设置"位置"为-250；在第2秒处，设置"位置"为360，如图3-202所示。

图3-201

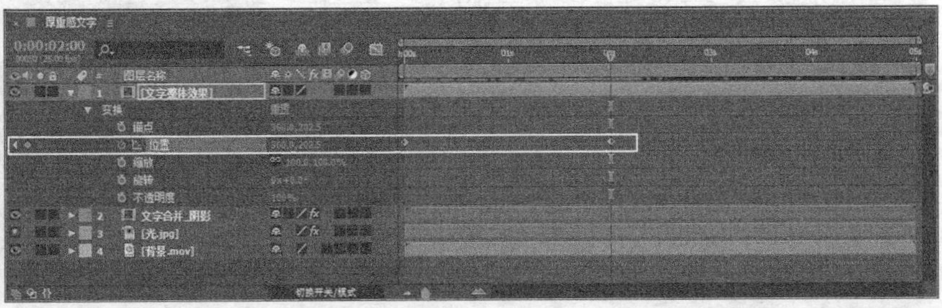

图3-202

[03] 在第2秒12帧处，设置"缩放"为100%；在第4秒12帧处，设置"缩放"为200%，如图3-203所示。

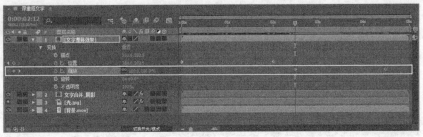

图3-203

04 在第3秒12帧处，设置"不透明度"为100%；在第5秒处，设置"不透明度"为0%，如图3-204所示，最终效果如图3-205所示。

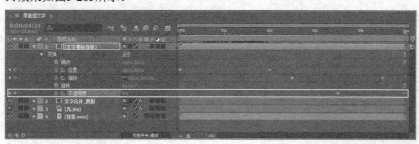

图3-204　　　　　　　　　　　　　　　　　图3-205

练习实例01：流动的云彩

素材位置	实例文件>CH03>练习实例01：流动的云彩
实例位置	实例文件>CH03>流动的云彩_F.aep
视频位置	多媒体教学>CH03>流动的云彩.mp4
难易指数	★★☆☆☆
技术掌握	掌握变速剪辑的具体应用

本实例主要应用到了"缓入"命令来制作流动的云彩动画，效果如图3-206所示。

图3-206

【制作提示】

• 第1步：打开项目文件"流动的云彩_I.aep"。

• 第2步：加载"流动的云彩"合成，然后为图层"流云素材"执行"启动时间重映射"命令，添加入点和出点的关键帧。

• 第3步：移动关键帧使播放时间压缩，然后执行"缓入"命令使素材能够平滑地进行过渡。

• 第4步：保存文件，并渲染输出。

• 制作流程如图3-207所示。

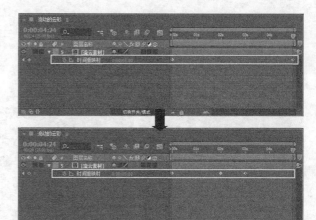

图3-207

3.7 合成的嵌套

嵌套就是将一个合成作为另外一个合成的一个素材进行相应操作，当希望对一个图层使用两次及以上的相同变换属性时（也就是说在使用嵌套时，用户可以使用两次蒙版、效果和变换属性），就需要使用到嵌套功能。

本节知识概要

知识名称	作用	重要程度	所在页
嵌套的方法	制作合成的嵌套	高	P79
优化显示质量	提高嵌套合成的显示质量	中	P79

3.7.1 嵌套的方法

嵌套的方法主要有以下两种。

第1种：在"项目"面板中将某个合成项目作为一个图层拖曳到"时间轴"面板中的另一个合成中，如图3-208所示。

第2种：在"时间轴"面板中选择一个或多个图层，然后执行"图层>预合成"菜单命令（或按快捷键Ctrl+Shift+C），如图3-209所示，打开Pre-compose（预合成）对话框，设置好参数后，单击"确定"按钮即可完成嵌套合成操作，如图3-210所示。

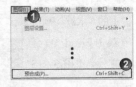

图3-209

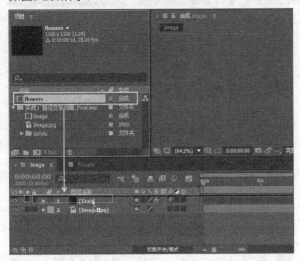

图3-208

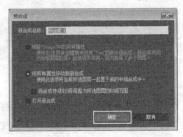

图3-210

预合成参数介绍

- **保留Image中的所有属性**：将所有的属性、动画信息以及效果保留在合成中，只是将所选的图层进行简单的嵌套合成处理。

- **将所有属性移动到新合成**：将所有的属性、动画信息以及效果都移入到新建的合成中。

- **打开新合成**：执行完嵌套合成后，决定是否在"时间轴"面板中立刻打开新建的合成。

3.7.2 优化显示质量

在进行嵌套时，如果不继承原始合成项目的分辨率，那么在对被嵌套合成制作"缩放"之类的动画时就有可能产生马赛克效果，这时就需要开启"折叠变换/连续栅格化"，该功能可以使图层提高分辨率，使图层画面清晰。

如果要开启"折叠变换/连续栅格化"，可在"时间轴"面板的图层开关栏中单击"折叠变换/连续栅格化"按钮，如图3-211所示。

图3-211

功能实战05：水波动画

素材位置	实例文件>CH03>功能实战05：水波动画
实例位置	实例文件>CH03>水波动画_F.aep
视频位置	多媒体教学>CH03>水波动画.mp4
难易指数	★☆☆☆☆
技术掌握	掌握合成嵌套的基础应用

本实例主要使用合成嵌套来制作水波动画，通过对本实例的学习，读者可以掌握合成嵌套的操作技法，效果如图3-212所示。

图3-212

01 执行"文件>打开项目"菜单命令,然后选择素材文件中的"水波动画_I.aep"项目文件,接着在"项目"面板中双击Final_01合成文件,如图3-213所示。

图3-213

图3-217

技巧与提示

如果在"项目"面板中没有"效果控件"选项卡,可执行"窗口>效果控件"菜单命令,打开"效果控件"面板。

02 选择合成文件"波浪置换",并按鼠标左键拖曳至"时间轴"面板中,如图3-214所示。

图3-214

04 在"时间轴"面板中选择图层"水波荡漾",将混合模式设置为"屏幕",然后将图层"波浪置换"隐藏,如图3-218所示。

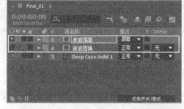

图3-218

03 在"合成"面板中,可以看到此时效果如图3-215所示。选择图层"水波荡漾",然后在"项目"面板处选择"效果控件"选项卡,接着在"水"卷展栏下,设置"水面"选项为"2.波浪置换",如图3-216所示。在"合成"面板中,可以看到此时效果如图3-217所示。

05 在"图层开关"窗格中,单击"折叠变换/连续栅格化"按钮,如图3-219所示,最终的效果如图3-220所示。

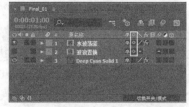

图3-219

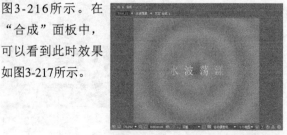

图3-215

图3-216

图3-220

练习实例02：位移动画

素材位置	实例文件>CH03>练习实例02：位移动画
实例位置	实例文件>CH03>位移动画_F.aep
视频位置	多媒体教学>CH03>位移动画.mp4
难易指数	★★☆☆☆
技术掌握	掌握位移动画的应用

本实例主要应用"位置"和"不透明度"制作一个位移动画，效果如图3-221所示。

图3-221

【制作提示】

- 第1步：打开项目文件"位移动画_l.aep"。
- 第2步：选择"元素合成"图层，然后设置"位移"的关键帧，使图层从画面的左上方移动到中间。
- 第3步：设置"不透明度"的关键帧，使图层有一个淡入和淡出的效果。
- 第4步：保存文件，并渲染输出。
- 制作流程如图3-222所示。

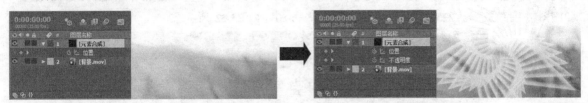

图3-222

3.8 本章总结

本章主要介绍了合成的操作、图层的种类、图层的创建方法、图层的属性参数设置和合成嵌套等内容。通过对本章的学习，读者会对After Effects的基础操作有一个全面的掌握。

3.9 综合实例：动态玻璃特效

素材位置	实例>CH03>综合实例：动态玻璃特效
实例位置	实例文件>CH03>动态玻璃特效_F.aep
视频位置	多媒体教学>CH03>动态玻璃特效.mp4
难易指数	★★☆☆☆
技术掌握	学习图层叠加模式的运用

本实例主要介绍After Effects图层叠加模式的高级运用，通过对本实例的学习，读者可以掌握动态玻璃特效的制作方法用，如图3-223所示。

图3-223

01 执行"合成>新建合成"菜单命令，创建一个预设为PAL D1/DV的合成，设置"持续时间"为10秒，并将其命名为"玻璃01"，如图3-224所示。

02 执行"文件>导入>文件"菜单命令，打开素材文件中的"玻璃01.psd、玻璃02.psd、玻璃03.psd、玻璃04.psd和玻璃05.psd"文件，然后将这些素材全部添加到"玻璃01"合成的时间轴上，如图3-225所示。

03 修改"玻璃01""玻璃02""玻璃03"和"玻璃04"图层的叠加方式为"相乘"，如图3-226所示。

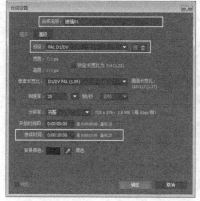
图3-224

图3-225

图3-226

04 在第0帧处，设置"玻璃01"图层的"缩放"为（100%，100%）、"旋转"为0×+50.0°；在第9秒24帧处，设置"玻璃01"图层的"缩放"为（225%，225%）、"旋转"为0×-50.0°，如图3-227所示。

图3-227

05 在第0帧处，设置"玻璃02"图层的"缩放"为（100%，100%）、"旋转"为0×-40.0°；在第9秒24帧处，设置"玻璃02"图层的"缩放"为（200%，200%）、"旋转"为0×+40.0°，如图3-228所示。

图3-228

06 在第0帧处，设置"玻璃03"图层的"缩放"为（100%，100%）、"旋转"为0×+30.0°；在第9秒24帧处，设置"玻璃03"图层 的"缩放"为（175%，175%）、"旋转"为0×-30.0°，如图3-229所示。

07 在第0帧处，设置"玻璃04"图层的"缩放"为（100%，100%）、"旋转"为0×-20.0°；在第9秒24帧处，设置"玻璃04"图层的"缩放"为（150%，150%）、"旋转"为0×+20.0°，如图3-230所示。

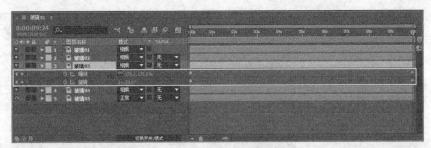

图3-229

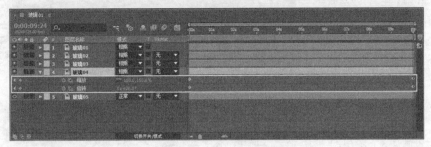

图3-230

08 在第0帧处，设置"玻璃05"图层的"缩放"为（100%，100%）、"旋转"为0×＋10.0°；在第9秒24帧处，设置"玻璃05"图层的"缩放"为（125%，125%）、"旋转"的为0×－10.0°，如图3-231所示，画面的预览效果如图3-232所示。

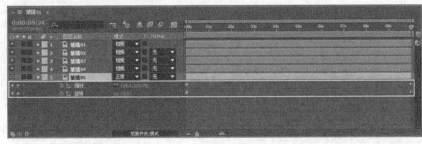

图3-231

图3-232

09 执行"合成>新建合成"菜单命令，创建一个预设为PAL D1/DV的合成，设置"持续时间"为10秒，并将其命名为"玻璃02"，如图3-233所示。

10 将项目窗口中的"玻璃01"合成添加到"玻璃02"合成的时间轴上，选择"玻璃01"图层，连续按3次Ctrl+D快捷键复制图层，然后把复制得到的这3个图层的图层叠加模式修改为"差值"，如图3-234所示。

图3-233

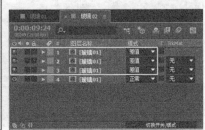

图3-234

11 设置上一步中复制得到的3个图层的
"缩放"属性的关键帧动画,在第0帧处,
设置第1个图层"缩放"为(140%, 140%);
在第9秒24帧处,设置第1个图层"缩放"为
(200%, 200%),如图3-235所示。

图3-235

12 在第0帧处,设置第2个图层的"缩
放"为(140%, 140%);在第9秒24帧处,
设置第2个图层的"缩放"为(300%,
300%),如图3-236所示。

图3-236

13 在第0帧处,设置第3个图层的
"缩放"值为(100%, 100%);在
第9秒24帧处,设置第3个图层的"缩
放"值为(400%, 400%),如图
3-237所示。

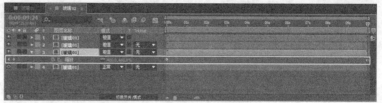

图3-237

14 按快捷键Ctrl+Y,创建一个与合成大
小一致的纯色图层,颜色为蓝色(R:75,
G:120, B:180),然后设置该图层的叠加
模式为"亮光",如图3-328所示,画面的
预览效果如图3-239所示。

图3-238　　　　　　　　图3-239

15 执行"合成>新建合成"菜单命令,创建一个预设为PAL D1/DV的合成,设置"持续时间"为10秒,并将其命名为"玻璃
03",如图3-240所示。

16 将项目窗口中的"玻璃02"合成添加到"玻璃03"合成的时间轴上,选择"玻璃02"图层,按快捷键Ctrl+D复制一个新
图层,然后修改第1个图层的"缩放"为0×+180°,接着修改其图层的叠加模式为"相加",如图3-241所示。

17 按小键盘上的数字键0,预览最终效果,如图3-242所示。

图3-240

图3-241

图3-242

After Effects

第 4 章 蒙版与路径动画

本章知识索引

知识名称	作用	重要程度	所在页
蒙版的基础操作	熟悉使用关键帧制作动画	高	P87
形状的应用	制作特效动画	高	P99
绘画工具与路径动画	制作特效动画	高	P106

本章实例索引

4.1 概述

本章涉及的内容较多，主要讲解了蒙版、形状、绘画工具以及路径动画等重点知识。在进行项目合成的时候，由于有的元素本身不具备Alpha通道信息，因而无法通过常规的方法将这些元素合成到一个场景中。而蒙版就可以解决这个问题，当素材不含有Alpha通道时，则可以通过蒙版来建立透明区域。形状工具的应用，为我们在影片制作中提供了无限的可能，尤其是形状组中的颜料属性和路径变形属性。"画笔工具"可以用来对素材进行润色，逐帧加工以及创建新的元素。通过对本章的学习，可制作出酷炫的蒙版和路径动画。

4.2 引导实例：蒙版动画

素材位置　实例文件>CH04>引导实例：蒙版动画
实例位置　实例文件>CH04>蒙版动画_F.aep
视频位置　多媒体教学>CH04>蒙版动画.mp4
难易指数　★★☆☆☆
技术掌握　掌握"矩形工具"的使用方法

本实例主要介绍了使用"矩形工具"来制作蒙版动画。通过对本实例的学习，读者可以掌握"矩形工具"属性在制作蒙版动画时的使用技法，如图4-1所示。

图4-1

01 执行"文件>打开项目"菜单命令，然后在素材文件夹中选择"蒙版动画_I.aep"，接着双击"遮罩动画"合成文件加载到时间轴，如图4-2所示。

图4-2

02 选择第1个图层，使用"矩形工具" ▣绘制一个矩形蒙版，如图4-3所示，然后展开该图层的蒙版属性，接着勾选"反转"选项，最后设置"蒙版羽化"为9、"蒙版扩展"为7，如图4-4所示。

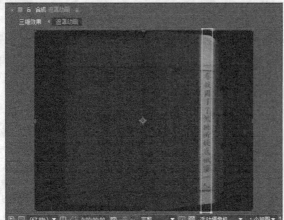

图4-3

图4-4

03 展开"蒙版路径"属性,然后为该属性制作遮罩位移关键帧动画。在第0帧处,设置蒙版的位置如图4-5所示;在第5秒处,设置蒙版的位置如图4-6所示。

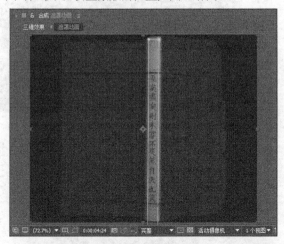

图4-5

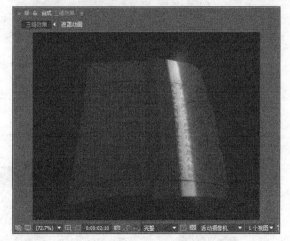

图4-6

04 双击"三维效果"合成文件加载到时间轴,按数字键0预览动画,效果如图4-7所示。

图4-7

4.3 蒙版的基础操作

在进行项目合成的时候,由于有的素材本身不具备Alpha通道信息,因而无法通过常规的方法将这些素材合成到镜头中。当素材没有Alpha通道时,可以通过创建蒙版来建立透明的区域。

本节知识概要

知识名称	作用	重要程度	所在页
关于蒙版	蒙版和路径的区别	高	P87
形状工具	绘制蒙版的工具	高	P88
钢笔工具	绘制蒙版和路径的工具	高	P90
创建蒙版	创建蒙版的方法	高	P91
编辑蒙版属性	调整蒙版	高	P94
叠加蒙版	蒙版的叠加效果	高	P95
创建跟踪遮罩	生成蒙版的一种方式	高	P96

4.3.1 关于蒙版

After Effects中的"蒙版"其实就是一个封闭的贝塞尔曲线所构成的路径轮廓,轮廓之内或之外的区域可以作为控制图层透明区域和不透明区域的依据,如图4-8所示。如果不是闭合曲线,那就只能作为路径来使用,如图4-9所示。

图4-8

图4-9

4.3.2 形状工具

在After Effects中，使用形状工具既可以创建形状图层，也可以创建形状路径遮罩。形状工具包括"矩形工具" ■、"圆角矩形工具" ■、"椭圆工具" ◯、"多边形工具" ◯ 和"星形工具" ★，如图4-10所示。

图4-10

选择一个形状工具后，在"工具"面板中会出现创建形状或遮罩的选择按钮，分别是"工具创建形状"按钮 ★ 和"工具创建遮罩"按钮 ■，如图4-11所示。

图4-11

在未选择任何图层的情况下，使用形状工具创建出来的是形状图层，而不是遮罩；如果选择的图层是形状图层，那么可以继续使用形状工具创建图形或是为当前图层创建遮罩；如果选择的图层是素材图层或固态层，那么使用形状工具只能创建遮罩。

> 💡 **技巧与提示**
>
> 形状图层与文字图层一样，在"时间轴"面板中都是以图层的形式显示出来的，但是形状图层不能在图层预览窗口进行预览，同时它也不会显示在"项目"面板的素材文件夹中，所以也不能直接在其上面进行绘画操作。

当使用形状工具创建形状图层时，还可以在"工具"面板右侧设置图形的"填充""描边"以及"描边宽度"，如图4-12所示。

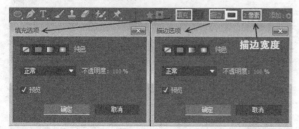

图4-12

1.矩形工具

使用"矩形工具" ■ 可以绘制出矩形和正方形，如图4-13所示，也可以为图层绘制遮罩，如图4-14所示。

图4-13

图4-14

2.圆角矩形工具

使用"圆角矩形工具" ■ 可以绘制出圆角矩形和圆角正方形，如图4-15所示，也可以为图层绘制遮罩，如图4-16所示。

图4-15

图4-16

技巧与提示

如果要设置圆角的半径大小，可以在形状图层的矩形路径选项组下修改"圆度"参数，如图4-17所示。

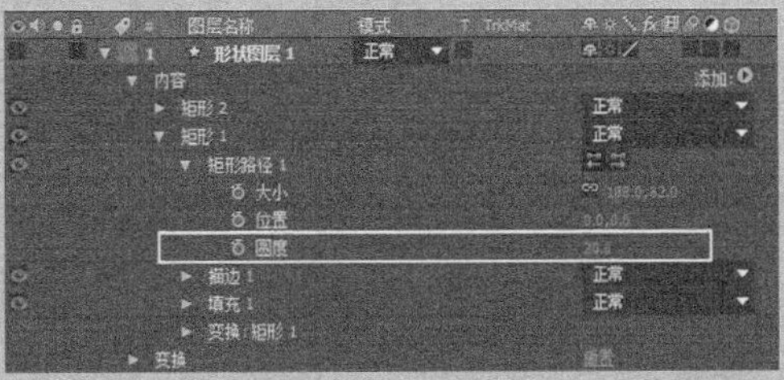

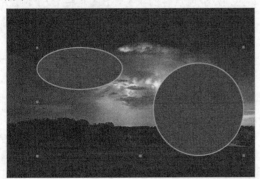

图4-17

3.椭圆工具

使用"椭圆工具" ◎可以绘制出椭圆和圆，如图4-18所示，也可以为图层绘制椭圆形和圆形遮罩，如图4-19所示。

图4-18

图4-20

图4-21

技巧与提示

如果要设置多边形的边数，可以在形状图层的"多边星形路径"卷展栏下修改"点"参数，如图4-22所示。

图4-22

5.星形工具

使用"星形工具" ☆可以绘制出边数至少为3边的星形路径和图形，如图4-23所示，也可以为图层绘制星形遮罩，如图4-24所示。

技巧与提示

如果要绘制圆形路径或圆形图形，可以在按住Shift键的同时使用"椭圆工具" ◎进行绘制。

4.多边形工具

使用"多边形工具" ◎可以绘制出边数至少为5边的多边形路径和图形，如图4-20所示，也可以为图层绘制多边形遮罩，如图4-21所示。

图4-19

图4-23

图4-24

4.3.3 钢笔工具

使用"钢笔工具" ✍可以在合成或"图层"预览窗口中绘制出各种路径,它包含4个辅助工具,分别是"添加顶点工具" ✍、"删除顶点工具" ✍、"转换顶点工具" ✎和"蒙版羽化工具" ✐。

在"工具"面板中选择"钢笔工具" ✍后,在面板的右侧会出现一个RotoBezier选项,如图4-25所示。

图4-25

> **技巧与提示**
>
> 在默认情况下,RotoBezier选项处于关闭状态,这时使用钢笔工具绘制的贝塞尔曲线的顶点包含有控制手柄,可以通过调整控制手柄的位置来调节贝塞尔曲线的形状。
>
> 如果勾选RotoBezier选项,那么绘制出来的贝塞尔曲线将不包含控制手柄,曲线的顶点曲率是After Effects自动计算的。
>
> 如果要将非平滑贝塞尔曲线转换成平滑贝塞尔曲线,可以通过执行"图层>蒙版和形状路径>RotoBezier"菜单命令来完成。

在实际工作中,使用"钢笔工具" ✍绘制的贝塞尔曲线主要包含直线、U型曲线和S型曲线3种,下面分别讲解如何绘制这3种曲线。

第1种:绘制直线。使用"钢笔工具" ✍单击确定第1个点,然后在其他地方单击确定第2个点,这两个点形成的线就是一条直线。如果要绘制水平直线、

垂直直线或是与45°成倍数的直线,可以在按住Shift键的同时进行绘制,如图4-26所示。

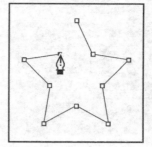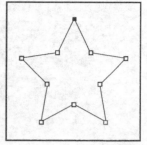

图4-26

第2种:绘制U型曲线。如果要使用"钢笔工具" ✍绘制U型的贝塞尔曲线,可以在确定好第2个顶点后拖曳第2个顶点的控制手柄,使其方向与第1个顶点的控制手柄的方向相反。在图4-27中,A图为开始拖曳第2个顶点时的状态,B图是将第2个顶点的控制手柄调节成与第1个顶点的控制手柄方向相反时的状态,C图为最终结果。

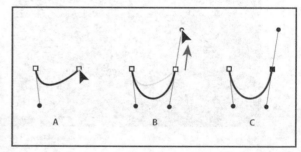

图4-27

第3种:绘制S型曲线。如果要使用"钢笔工具" ✍绘制S型的贝塞尔曲线,可以在确定好第2个顶点后拖曳第2个顶点的控制手柄,使其方向与第1个顶点的控制手柄的方向相同。在图4-28中,A图为开始拖曳第2个顶点时的状态,B图是将第2个顶点的控制手柄调节成与第1个顶点的控制手柄方向相同时的状态,C图为最终结果。

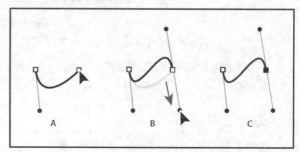

图4-28

技巧与提示

在使用"钢笔工具" ![icon]时，需要注意以下3种情况。

第1种：改变顶点位置。在创建顶点时，如果想在未松开鼠标左键之前改变顶点的位置，这时可以按住空格键，然后拖曳光标即可重新定位顶点的位置。

第2种：封闭开放的曲线。如果在绘制好曲线形状后，想要将开放的曲线设置为封闭曲线，这时可以通过执行"图层>蒙版和形状路径>已关闭"菜单命令来完成。另外也可以将光标放置在第1个顶点处，当光标变成![icon]形状时，单击鼠标左键即可封闭曲线。

第3种：结束选择曲线。在绘制好曲线后，如果想要结束对该曲线的选择，这时可以激活工具面板中的其他工具或按F2键。

4.3.4 创建蒙版

蒙版有很多种创建方法和编辑技巧，通过"工具"面板中的按钮和菜单中的命令，都可以快速地创建和编辑蒙版。

1.使用形状工具创建蒙版

使用形状工具创建蒙版的方法很简单，在"工具"面板中选择形状工具可创建蒙版，形状工具包括"矩形工具""圆角矩形工具""椭圆工具""多边形工具"和"星形工具"，如图4-29所示。

图4-29

技巧与提示

"矩形工具"是默认的蒙版工具，如果要切换成其他形状，将鼠标指针移至蒙版工具按钮的图标上，然后长按鼠标左键，在子菜单中选择其他类型的工具。

使用形状工具可以快速地创建标准形状的蒙版，通过以下3个步骤可创建蒙版。

第1步：在"时间轴"面板中选择需要创建蒙版的图层。

第2步："工具"面板中选择合适的形状工具，如图4-30所示。

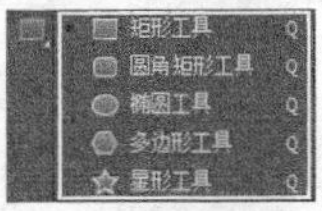

图4-30

第3步：保持对蒙版工具的选择，在"合成"面板或"图层"面板中，单击鼠标左键并拖曳就可以创建出蒙版，如图4-31所示。

图4-31

技巧与提示

在选择好的蒙版工具上双击鼠标左键可以在当前图层中自动创建一个最大的蒙版。

在"合成"面板中，按住Shift键的同时使用蒙版工具可以创建出等比例的蒙版形状。如使用"矩形工具"![icon]可以创建出正方形的蒙版，"椭圆工具"![icon]可以创建出圆形的蒙版。

如果在创建蒙版时按住Ctrl键，可以创建一个以单击鼠标左键确定的第1个点为中心的蒙版。

2.使用钢笔工具创建蒙版

在"工具"面板中选择"钢笔工具" ![icon]，如图4-32所示。可以创建出任意形状的蒙版，在使用"钢笔工具"创建蒙版时，必须使蒙版成为闭合的状态。

图4-32

使用"钢笔工具"可以快速地创建不规则形状的蒙版，通过以下3个步骤可创建蒙版。

第1步：在"时间轴"面板中选择需要创建蒙版的图层。

第2步：在"工具"面板中选择"钢笔工具"![icon]。

第3步：在"合成"面板或"图层"面板中单击鼠标左键确定第1个点，然后继续单击鼠标左键绘制出一个闭合的贝塞尔曲线，如图4-33所示。

图4-33

3.使用新建蒙版命令创建蒙版

使用"图层>蒙版>新建蒙版"菜单命令可以创建蒙版,如图4-34所示,该命令与使用蒙版工具的效果相似,蒙版形状都比较单一。

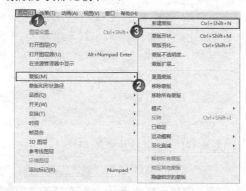

图4-34

使用"新建蒙版"命令通过以下3个步骤可创建蒙版。

第1步: 在"时间轴"面板中选择需要创建蒙版的图层。

第2步: 执行"图层>蒙版>新建蒙版"菜单命令,这时可以创建一个与图层大小一致的矩形蒙版,如图4-35所示。

图4-35

第3步: 如果需要对蒙版进行调节,可以使用"选择工具" 选择蒙版,然后执行"图层>蒙版>蒙版形状"菜单命令,打开"蒙版形状"对话框,在该对话框中可以对蒙版的位置、单位和形状进行调节,如图4-36所示。

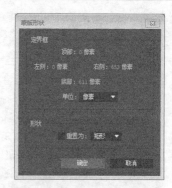

图4-36

4.使用自动追踪命令创建蒙版

执行"图层>自动追踪"菜单命令,如图4-37所示,可以根据图层的Alpha通道、红、绿、蓝和亮度信息来自动生成路径蒙版,如图4-38所示。

图4-37

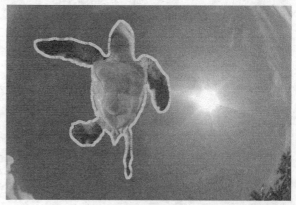

图4-38

执行"图层>自动追踪"菜单命令将会打开"自动追踪"对话框,如图4-39所示。

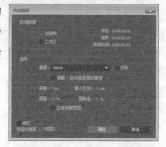

图4-39

自动追踪参数介绍

- **时间跨度**：设置"自动追踪"的时间区域。
- **当前帧**：只对当前帧进行自动跟踪。
- **工作区**：对整个工作区进行自动跟踪，使用这个选项可能需要花费一定的时间来生成蒙版。
- **选项**：设置自动跟踪蒙版的相关参数。
- **通道**：选择作为自动跟踪蒙版的通道，共有"Alpha""红色""绿色""蓝色"和"明亮度"5个选项。
- **反转**：勾选该选项后，可以反转蒙版的方向。
- **模糊**：在自动跟踪蒙版之前，对原始画面进行虚化处理，这样可以使跟踪蒙版的结果更加平滑。
- **容差**：设置容差范围，可以判断误差和界限的范围。

- **最小区域**：设置蒙版的最小区域值。
- **阈值**：设置蒙版的阈值范围。高于该阈值的区域为不透明区域，低于该阈值的区域为透明区域。
- **圆角值**：设置跟踪蒙版的拐点处的圆滑程度。
- **应用到新图层**：勾选此选项时，最终创建的跟踪蒙版路径将保存在一个新建的固态层中。
- **预览**：勾选该选项时，可以预览设置的结果。

5.其他蒙版的创建方法

在After Effects中，还可以通过复制Adobe Illustrator和Adobe Photoshop的路径来创建蒙版，这对于创建一些规则的蒙版或有特殊结构的蒙版非常有用。

功能实战01：炫光动画

素材位置	实例文件>CH04>功能实战01：炫光动画
实例位置	实例文件>CH04>炫光动画_F.aep
视频位置	多媒体教学>CH04>炫光动画.mp4
难易指数	★★☆☆☆
技术掌握	掌握"自动追踪"的用法

本实例主要介绍了使用"自动追踪"来制作蒙版动画。通过对本实例的学习，读者可以掌握"自动追踪"属性在制作炫光动画时的使用技法，如图4-40所示。

图4-40

01 执行"文件>打开项目"菜单命令，然后在素材文件夹中选择"炫光动画_I.aep"，接着双击Comp1合成文件加载到时间轴，如图4-41所示。

图4-41

02 选择图层"自动追踪"，执行"图层>自动追踪"菜单命令，然后在"自动追踪"对话框中，设置"通道"为"红色"，接着设置容差为2，并勾选"预览"选项，如图4-42所示，效果如图4-43所示。

图4-42

图4-43

技巧与提示

在"自动追踪"对话框中勾选"预览"选项，可预览到最终生成的蒙版效果，如图4-44所示。

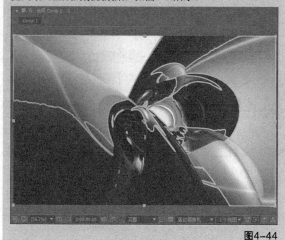

图4-44

03 展开图层"自动追踪"的蒙版选项组，然后选择所有的蒙版的"蒙版扩展"属性，为其设置关键帧动画。在第0帧处，设置"蒙版扩展"为-180；在第7秒24帧处，设置"蒙版扩展"为98，如图4-45所示，效果如图4-46所示。

图4-45

图4-46

04 按小键盘0键预览效果，如图4-47所示。

图4-47

4.3.5 编辑蒙版属性

在"时间轴"面板中连续按两次M键可以展开蒙版的所有属性，如图4-48所示。

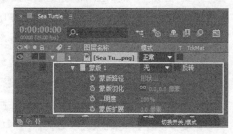

图4-48

蒙版属性参数介绍

• **蒙版路径**：设置蒙版的路径范围和形状，也可以为蒙版节点制作关键帧动画。

• **反转**：反转蒙版的路径范围和形状，如图4-49所示。

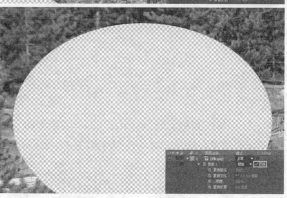

图4-49

• **蒙版羽化**：设置蒙版边缘的羽化效果，这样可以使蒙版边缘与底层图像完美地融合在一起，如图4-50所示。单击"锁定"按钮，将其设置为"解锁"状态后，可以分别对蒙版的x轴和y轴进行羽化。

图4-50

- **蒙版不透明度**: 设置蒙版的不透明度, 如图4-51所示。

图4-51

- **蒙版扩展**: 调整蒙版的扩展程度。正值为扩展蒙版区域, 负值为收缩蒙版区域, 如图4-52所示。

图4-52

4.3.6 叠加蒙版

当一个图层中具有多个蒙版时, 这时就可以通过选择各种混合模式, 来使蒙版之间产生叠加效果, 如图4-53所示。

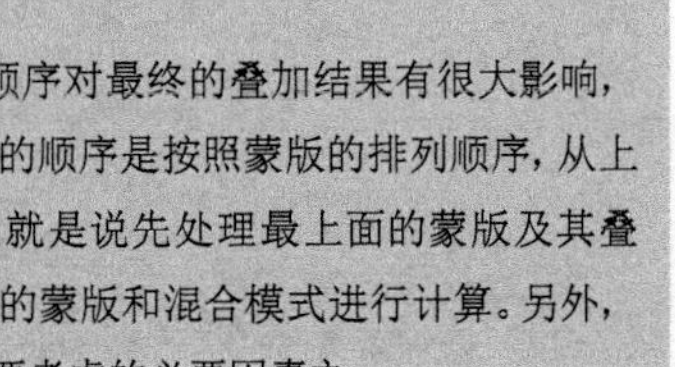

图4-53

> **技巧与提示**
>
> 另外蒙版的排列顺序对最终的叠加结果有很大影响, After Effects在处理蒙版的顺序是按照蒙版的排列顺序, 从上往下依次进行处理的, 也就是说先处理最上面的蒙版及其叠加效果, 再将结果与下面的蒙版和混合模式进行计算。另外, "蒙版不透明度" 也是需要考虑的必要因素之一。

蒙版的混合模式参数介绍

- **无**: 选择"无"模式时, 路径将不作为蒙版使用, 而是作为路径存在, 如图4-54所示。

图4-54

- **相加**: 将当前蒙版区域与其上面的蒙版区域进行相加处理, 如图4-63所示。

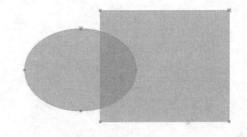

图4-55

> **技巧与提示**
>
> 为了便于观察混合后的效果, 这里将椭圆和矩形蒙版的不透明度都设置为60%。

- **相减**: 将当前蒙版上面的所有蒙版的组合结果进行相减处理, 如图4-55所示。

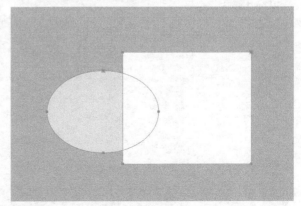

图4-56

• **交集：** 只显示当前蒙版与上面所有蒙版的组合结果相交的部分，如图4-57所示。

• **差值：** 采取并集减去交集的方式，也就是说，先将所有蒙版的组合进行并集运算，然后再将所有蒙版组合的相交部分进行相减运算，如图4-60所示。

图4-60

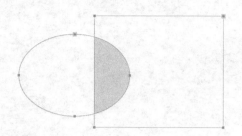

图4-57

• **变亮：** "变亮"模式与"加法"模式相同，对于蒙版重叠处的不透明度则采用不透明度较高的值，如图4-58所示。

4.3.7 创建跟踪遮罩

"跟踪遮罩"属于特殊的一种蒙版类型，它可以将一个图层的Alpha信息或亮度信息作为另一个图层的透明度信息，同样可以完成建立图像透明区域或限制图像局部显示的工作。

当遇到有特殊要求的时候（如在运动的文字轮廓内显示图像），则可以通过"跟踪遮罩"来完成镜头的制作，如图4-61所示。

图4-58

• **变暗：** "变暗"模式与"相交"模式相同，对于蒙版重叠处的不透明度则采用不透明度较低的值，如图4-59所示。

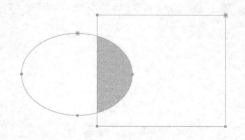

图4-59

图4-61

第4章 蒙版与路径动画

在"时间轴"面板中，单击"切换开关/模式"按钮，在TrkMat下面的下拉列表中，选择遮罩的类型，如图4-62所示，可使合成产生不同效果。

图4-62

跟踪遮罩参数介绍

• **没有轨道遮罩**：不创建透明度，上方接下来的图层充当普通图层。

• **Alpha遮罩**：将蒙版图层的Alpha通道信息作为最终显示图层的蒙版参考。

• **Alpha反转遮罩**：与Alpha遮罩结果相反。

• **亮度遮罩**：将蒙版图层的亮度信息作为最终显示图层的蒙版参考。

• **亮度反转遮罩**：与"亮度遮罩"结果相反。

> **技巧与提示**
>
> 使用"跟踪遮罩"时，蒙版图层必须位于最终显示图层的上一图层，并且在应用了轨道遮罩后，将关闭蒙版图层的可视性，如图4-63所示。另外，在移动图层顺序时一定要将蒙版图层和最终显示的图层一起进行移动。

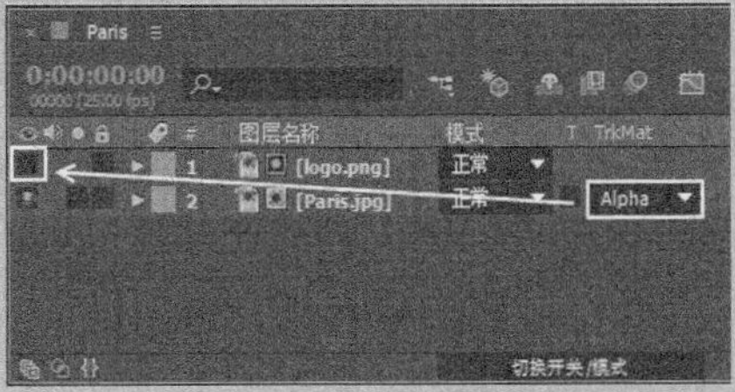

图4-63

功能实战02：片头动画

素材位置	实例文件>CH04>功能实战02：片头动画
实例位置	实例文件>CH04>片头动画_F.aep
视频位置	多媒体教学>CH04>片头动画.mp4
难易指数	★★☆☆☆
技术掌握	掌握"轨道遮罩"的用法

本实例主要介绍了使用"轨道遮罩"的应用。通过对本实例的学习，读者可以掌握"轨道遮罩"属性在制作片头动画时的使用技法，如图4-64所示。

图4-64

01 执行"文件>打开项目"菜单命令，然后在素材文件夹中选择"片头动画_I.aep"，接着双击Track合成文件加载到时间轴，如图4-65所示。

02 选择"文字"图层，按快捷键Ctrl+D复制出一个名为"文字2"的图层，然后将图层"文字2"移至顶层，接着设置Mask图层的"轨道遮罩"为"Alpha遮罩 文字2"，如图4-66所示。

图4-65

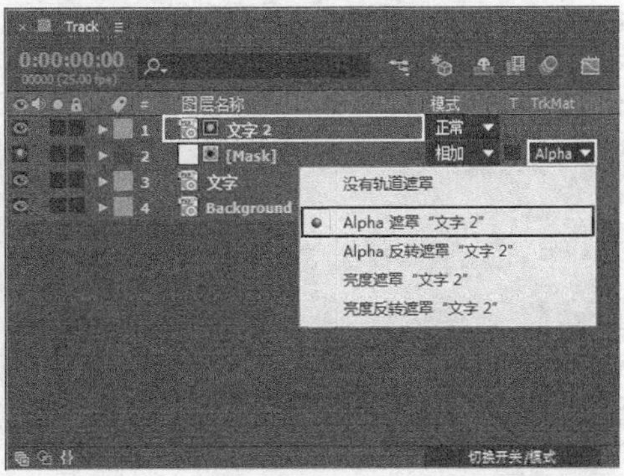

图4-66

97

03 选择 Mask图层，使用"椭圆工具"◯绘制蒙版，如图4-67所示。

图4-67

04 选择 Mask图层，将该图层的叠加模式修改为"相加"，然后为"蒙版扩展"设置关键帧动画，在第0帧处设置"蒙版扩展"为-50，在第24帧处设置"蒙版扩展"为200，如图4-68所示。

05 按小键盘0键预览动画，如图4-69所示。

图4-68

图4-69

练习实例01：遮罩动画

素材位置	实例文件>CH04>练习实例01：遮罩动画
实例位置	实例文件>CH04>遮罩动画_F.aep
视频位置	多媒体教学>CH04>遮罩动画.mp4
难易指数	★★☆☆☆
技术掌握	遮罩动画的应用

本实例主要应用到了"矩形工具"来制作遮罩动画，效果如图4-70所示。

图4-70

【制作提示】

- 第1步：打开项目文件"遮罩动画_l.aep"。
- 第2步：选择Image图层，然后复制图层并更名为Animation。
- 第3步：使用"矩形工具"为Animation图层绘制蒙版。
- 第4步：为蒙版制作关键帧动画。
- 制作流程如图4-71所示。

第0帧　　　　　　　第2秒　　　　　　第2秒24帧

图4-71

4.4 形状的应用

使用形状工具可以很容易地绘制出矢量图形，并且可以为这些形状制作动画效果。形状工具的升级与优化为我们在影片制作中提供了无限的可能，尤其是形状组中的颜料属性和路径变形属性。

本节知识概要

知识名称	作用	重要程度	所在页
关于形状	形状的概念	高	P99
创建文字轮廓形状	创建文字轮廓形状的方法	高	P100
设置形状组	将形状成组以便于操作	高	P101
编辑形状属性	调整形状	高	P101

4.4.1 关于形状

形状工具可以处理矢量图形、位图图像和路径，如果绘制的路径是封闭的，可将封闭的路径作为蒙版，因此形状工具常用与绘制蒙版和路径。

1.矢量图形

矢量图形都是由计算机中的数学算法来定义的，通过运算可体现出矢量图形。矢量图形的特点是，将其放大很多倍，仍然可以清楚地观察到图形边缘依然是光滑平整的，如图4-72所示。

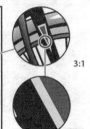

3:1

24:1

图4-72

2.位图图像

位图图像也叫光栅图像，它是由许多带有不同颜色信息的像素点构成，其图像质量取决于图像的分辨率。图像的分辨率越高，图像看起来就越清晰，图像文件需要的存储空间也越大，所以当放大位图图像时，图像的边缘会出现锯齿现象，如图4-73所示。

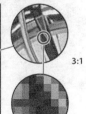

3:1

24:1

图4-73

After Effects可以导入其他软件（如Illustrator、CorelDRAW等）生成的矢量图形文件，在导入这些文件后，After Effects会自动将这些矢量图形位图化处理。

3.路径

蒙版和形状都是基于路径的概念。一条路径是由点和线构成的，线可以是直线也可以是曲线，由线来连接点，而点则定义了线的起点和终点。

在After Effects中，可以使用形状工具来绘制标准的几何形状路径，也可以使用钢笔工具来绘制复杂的形状路径，通过调节路径上的点或调节点的控制手柄可以改变路径的形状，如图4-74所示。

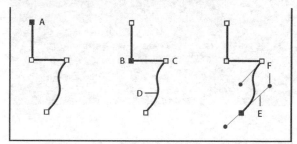

图4-74

技巧与提示

在After Effects中，路径具有两种不同的点，即角点和平滑点。平滑点连接的是平滑的曲线，其出点和入点的方向控制手柄在同一条直线上，如图4-75所示。

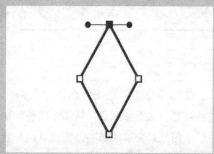

图4-75

对于角点而言，连接角点的两条曲线在角点处发生了突变，曲线的出点和入点的方向控制手柄不在同一条直线上，如图4-76所示。

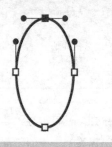

图4-76

用户可以结合使用角点和平滑点来绘制各种路径形状，也可以在绘制完成后对这些点进行调整，如图4-77所示。

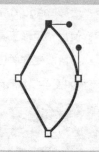

图4-77

当调节平滑点上的一个方向控制手柄时，另外一个方向的控制手柄也会跟着进行相应的调节，如图4-78所示。

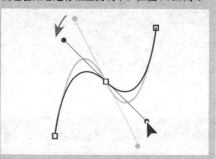

图4-78

当调节角点上的一个方向控制手柄时，另外一个方向的控制手柄不会发生改变，如图4-79所示。

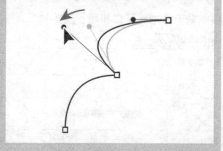

图4-79

4.4.2 创建文字轮廓形状

在After Effects中，可以将文字的外形轮廓提取出来，形状路径将作为一个新图层出现在"时间轴"面板中。新生成的轮廓图层会继承源文字图层的变换属性、图层样式、滤镜和表达式等。

如果要将一个文字图层的文字轮廓提取出来，可以先选择该文字图层，然后执行"图层>从文本创建形状"菜单命令即可，如图4-80所示。

图4-80

4.4.3 设置形状组

在After Effects中，每条路径都是一个形状，而每个形状都包含有一个单独的"填充"属性和一个"描边"属性，这些属性都在形状图层的"内容"栏下，如图4-81所示。

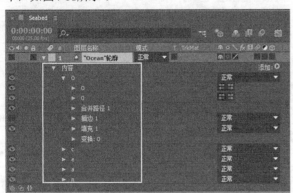

图4-81

在实际工作中，有时需要绘制比较复杂的路径，如在绘制字母i时，至少需要绘制两条路径才能完成操作，而一般制作形状动画都是针对整个形状来进行制作。因此如果要为单独的路径制作动画，那将是相当困难，这时就需要使用到"组"功能。

如果要为路径创建组，可以先选择相应的路径，然后按快捷键Ctrl+G将其进行群组操作（解散组的快捷键为Ctrl+Shift+G），当然也可以通过执行"图层>组合形状"菜单命令来完成。

完成群组操作后，被群组的路径就会被归入到相应的组中，另外还会增加一个"变换：组"属性，如图4-82所示。

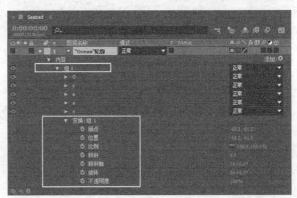

图4-82

从图4-82中的"变换：组"属性中可以观察到，处于组里面的所有形状路径都拥有一些相同的变换属性，如果对这些属性制作动画，那么处于该组中的所有形状路径都将拥有动画属性，这样就大大减少了制作形状路径动画的工作量。

图4-83

4.4.4 编辑形状属性

创建完一个形状后，可以在"时间轴"面板或通过"添加"选项的下拉菜单中，为形状或形状组添加属性，如图4-84所示。

图4-84

101

关于路径属性,前面的内容已经讲过,在这里就不再重复,下面只针对颜料属性和路径变形属性进行讲解。

1.颜料属性

颜料属性包含"填充""描边""渐变填充""渐变描边"4种,下面简要介绍。

第1种:填充,该属性主要用来设置图形内部的固态填充颜色。

第2种:描边,该属性主要用来为路径进行描边。

第3种:渐变填充,该属性主要用来为图形内部填充渐变颜色。

第4种:渐变描边,该属性主要用来为路径设置渐变描边色。

上述4种属性的效果,如图4-85所示。

图4-85

2.路径变形属性

在同一个群组中,路径变形属性可以对位于其上的所有路径起作用,另外可以对路径变形属性进行复制、剪切、粘贴等操作。

路径变形属性参数介绍

• **合并路径**:该属性主要针对群组形状,为一个路径组添加该属性后,可以运用特定的运算方法将群组里面的路径合并起来。为群组添加"合并路径"属性后,可以为群组设置5种不同的模式,如图4-86所示。

图4-86

图4-87~图4-91的模式分别为"合并""相加""相减""相交"和"排除相交"。

合并

图4-87

相加

图4-88

相减

图4-89

相交

图4-90

排除相交

图4-91

• **位移路径**:使用该属性可以对原始路径进行缩放操作,如图4-92所示。

原始图像

数量:-10

数量:15

图4-92

• **收缩和膨胀**:使用该属性可以将原始曲线中向外凸起的部分往内塌陷,向内凹陷的部分往外凸出,如图4-93所示。

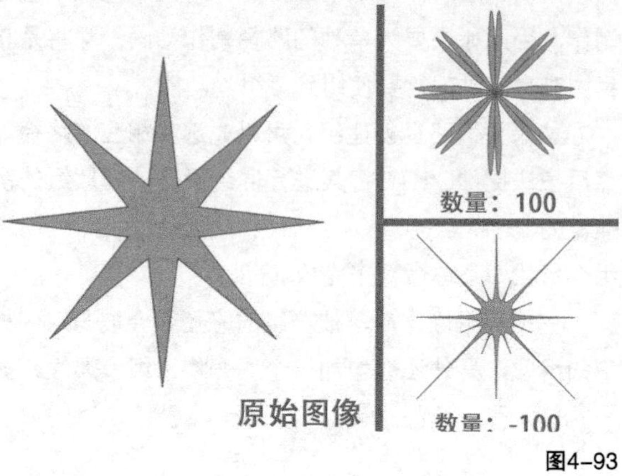

数量:100

原始图像

数量:-100

图4-93

· **中继器**：使用该属性可以复制一个形状，然后为每个复制对象应用指定的变换属性，如图4-94所示。

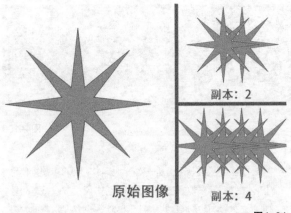

图4-94

· **圆角**：使用该属性可以对图形中尖锐的拐角点进行圆滑处理，如图4-95所示。

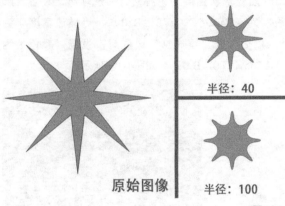

图4-95

· **修剪路径**：该属性主要用来为路径制作生长动画，如图4-96所示。

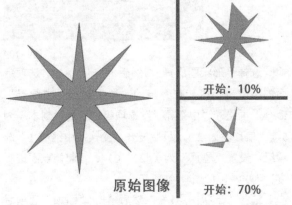

图4-96

· **扭转**：使用该属性可以以形状中心为圆心来对图形进行扭曲操作。正值可以使形状按照顺时针方向进行扭曲，负值可以使形状按照逆时针方向进行扭

曲，如图4-97所示。

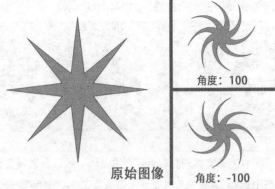

图4-97

· **摆动路径**：该属性可以将路径形状变成各种效果的锯齿形状路径，并且该属性会自动记录下动画，如图4-98所示。

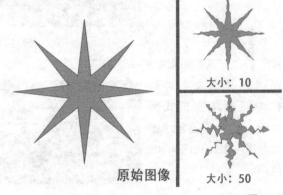

图4-98

· **Z字形**：该属性可以将路径变成具有统一规律的锯齿状路径，如图4-99所示。

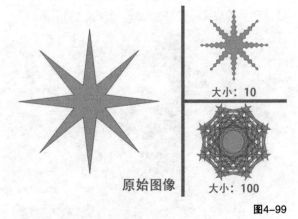

图4-99

功能实战03：人像阵列

素材位置	实例文件>CH04>功能实战03：人像阵列
实例位置	实例文件>CH04>人像阵列_F.aep
视频位置	多媒体教学>CH04>人像阵列.mp4
难易指数	★★★☆☆
技术掌握	掌握形状属性的组合使用

本实例主要介绍了使用形状属性制作动画的应用。通过对本实例的学习，读者可以掌握形状属性在制作阵列动画时的使用技法，如图4-100所示。

图4-100

01 执行"文件>打开项目"菜单命令，然后在素材文件夹中选择"人像列阵_I.aep"，接着双击"人像列阵"合成文件加载到时间轴，如图4-101所示。

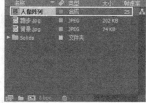

图4-101

02 在"工具"面板中选择"钢笔工具" ，然后在"填充选项"对话框中设置填充模式为"无"，接着设置"描边宽度"为2，如图4-102所示。

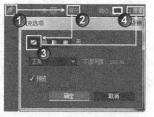

图4-102

03 在"时间轴"面板中按快捷键Ctrl+Shift+A（这样可以不选择任何图层），然后使用"钢笔工具" 将运动员的边缘轮廓勾勒出来，如图4-103所示。

图4-103

技巧与提示

因为本实例使用的是一张静帧素材，所以可以直接使用"钢笔工具" 来勾勒形状。如果是动态素材，要获得运动轮廓可以先执行"图层>自动追踪"菜单命令，对运动对象的轮廓边缘进行蒙版跟踪操作，然后将跟踪后的蒙版路径复制给形状图层的"路径"属性，这样就可以制作出动态的形状图层。

04 展开形状图层的"描边 1"选项组，设置"颜色"为（R:255，G:78，B:0）、"描边宽度"为5，然后展开"填充 1"选项组，设置"颜色"为（R:155，G:0，B:0），如图4-104所示。

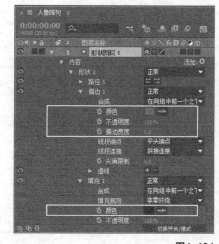

图4-104

05 选择"形状图层1"，然后单击"添加"选项后面的 按钮，接着在弹出的菜单中选择"中继器"命令，再展开"中继器 1"选项组，设置"副本"为5、"偏移"为-2.4，最后展开"变换：中继器 1"选项组，设置"位置"为（422，0）、"起始点不透明度"为99%，如图4-105所示。

06 选择"形状图层1"，然后单击"添加"选项后面的 按钮，接着在弹出的菜单中选择"中继器"命令，最后展开"变换：中继器 2"选项组，设置"位置"为（-19，-1）、"缩放"为90%，如图4-106所示，效果如图4-107所示。

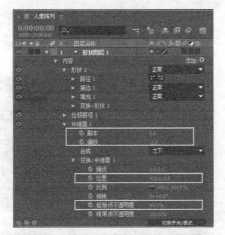

图4-105

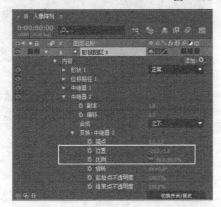

图4-106

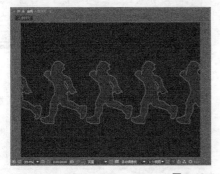

图4-107

07 为"中继器 2"选项组中的"副本"属性设置关键帧动画。在第0帧处，设置"副本"为1，在第4秒24帧处，设置"副本"为8，如图4-108所示，效果如图4-109所示。

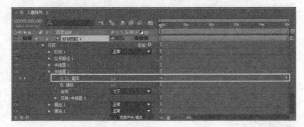

图4-108

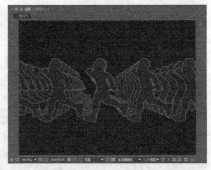

图4-109

08 选择"形状图层1"，按快捷键Ctrl+D复制，然后更名为Reflect，接着展开"变换：中继器 2"选项组，设置"位置"为（19，48），最后展开"变换"选项组，设置"位置"为（427.7，555.6）、"缩放"为（47，-47），如图4-110所示，效果如图4-111所示。

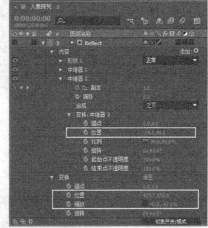

图4-110

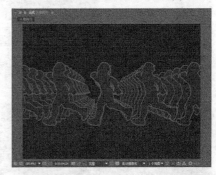

图4-111

09 绘制一个矩形形状图层，如图4-112所示，然后将该图层移至第2层，并更名为Matte，接着在"填充选项"对话框中，设置填充模式为"线性渐变"，如图4-113所示。

10 展开在"线性渐变 1"选项组，设置起始点为（0，89.3）、"结束点"为（-4，-248.8），如图4-114所示。

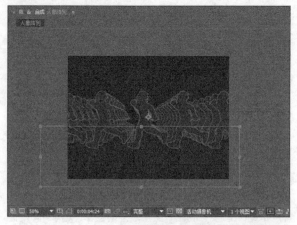

图4-112

图4-113

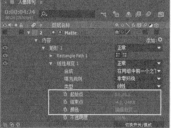

图4-114

11 展开"变换：矩形1"选项组，设置"位置"为
（-39.3，201.8）、"比例"为（100，135%），如
图4-115所示，效果如图4-116所示。

图4-115

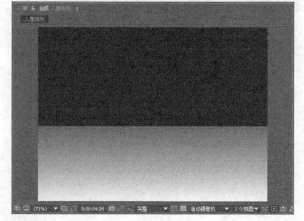

图4-116

12 设置图层Reflect的"轨道遮罩"模式为"亮度反
转遮罩 Matte"，然后隐藏图层"跑步.jpg"，如图
4-117所示，效果如图4-118所示。

图4-117

图4-118

4.5 绘画工具与路径动画

本节知识概要

知识名称	作用	重要程度	所在页
绘画面板与笔刷面板	相关面板的使用	高	P107
画笔工具	画笔的使用方法	高	P108
仿制图章工具	仿制图章的使用方法	高	P109
橡皮擦工具	橡皮擦的使用方法	高	P109

After Effects中提供的绘画工具是以Photoshop
的绘画工具为原理，可以对指定的素材进行润色，
逐帧加工以及创建新的图像元素。在使用绘画工具
进行创作时，每一步的操作都可以被记录成动画，
并能实现动画的回放。使用绘画工具还可以制作出
一些独特的、变化多端的图案或花纹，如图4-119和
图4-120所示。

图4-119

PLANTGLOWTH
THE APPLICATION OF SHAPE LAYER

图4-120

在After Effects中，绘画工具由"画笔工具" 、"仿制图章工具" 和"橡皮擦工具" 组成，如图4-121所示。

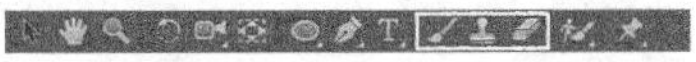

图4-121

> **技巧与提示**
>
> 使用这些工具可以在图层中添加或擦除像素，但是这些操作只影响最终结果，不会对图层的源素材造成破坏，并且可以对笔刷进行删除或制作位移动画。

4.5.1 绘画面板与笔刷面板

画笔工具通过在"绘画"面板和"笔刷"面板进行设置，可自由地制作各种笔刷特效。

1.绘画面板

"绘画"面板主要用来设置绘画工具的"不透明度""流量""模式""通道"和"持续时间"等。每个绘画工具的"绘画"面板都具有一些共同的特征，如图4-122所示。

图4-122

绘画面板参数介绍

• **不透明度**：对于"画笔工具" 和"仿制图章工具" ，该属性主要是用来设置画笔笔刷和仿制图章工具的最大不透明度；对于"橡皮擦工具" ，该属性主要是用来设置擦除图层颜色的最大量。

• **流量**：对于"画笔工具" 和"仿制图章工具" ，该属性主要用来设置笔画的流量；对于"橡皮擦工具" ，该属性主要是用来设置擦除像素的速度。

> **技巧与提示**
>
> "不透明度"和"流量"这两个参数很容易混淆，在这里简单讲解一下这两个参数的区别。
>
> "不透明度"参数主要用来设置绘制区域所能达到的最大不透明度，如果设置其值为50%，那么以后不管经过多少次绘画操作，笔刷的最大不透明度都只能达到50%。
>
> "流量"参数主要用来设置涂抹时的流量，如果在同一个区域不断地使用绘画工具进行涂抹，其不透明度值会不断地进行叠加，按照理论来说，最终不透明度值可以接近100%。

• **模式**：设置画笔或仿制笔刷的混合模式，这与图层中的混合模式是相同的。

• **通道**：设置绘画工具影响的图层通道。如果选择Alpha通道，那么绘画工具只影响图层的透明区域。

> **技巧与提示**
>
> 如果使用纯黑色的"画笔工具" 在Alpha通道中绘画，相当于使用"橡皮擦工具" 擦除图像。

• **持续时间**：设置笔刷的持续时间，共有以下4个选项。

• **固定:** 使笔刷在整个笔刷时间段都能显示出来。

• **写入**：根据手写时的速度再现手写动画的过程。其原理是自动产生"开始"和"结束"关键帧，可以在"时间轴"面板中对图层绘画属性的"开始"

和"结束"关键帧进行设置。

- **单帧：** 仅显示当前帧的笔刷。
- **自定义：** 自定义笔刷的持续时间。

其他参数在涉及相关具体应用的时候，再做详细说明。

2.笔刷面板

对于绘画工作而言，选择和使用笔刷是非常重要的。在"笔刷"面板中可以选择绘画工具预设的一些笔刷，也可以通过修改笔刷的参数值来快捷地设置笔刷的尺寸、角度和边缘羽化等属性，如图4-123所示。

图4-123

笔刷面板的参数介绍

- **直径：** 设置笔刷的直径，单位为像素，图4-124所示是使用不同直径的笔刷的绘画效果。

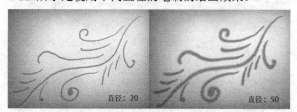

图4-124

- **角度：** 设置椭圆形笔刷的旋转角度，单位为度（°），图4-125所示是笔刷旋转角度为45°和－45°时的绘画效果。

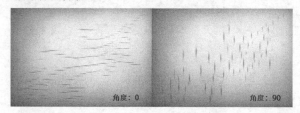

图4-125

- **圆度：** 设置笔刷形状的长轴和短轴比例。其中圆形笔刷为100%，线形笔刷为0%，介于0%~100%的笔刷为椭圆形笔刷，如图4-126所示。

图4-126

- **硬度：** 设置画笔中心硬度的大小。该值越小，画笔的边缘越柔和，如图4-127所示。

图4-127

- **间距：** 设置笔刷的间隔距离（鼠标的绘图速度也会影响笔刷的间距大小），如图4-128所示。

图4-128

- **画笔动态：** 当使用手绘板进行绘画时，该属性可以用来设置对手绘板的压笔感应。

关于其他参数，等后面涉及相关应用时，再做详细说明。

4.5.2 画笔工具

使用"画笔工具"可以在当前图层的图层预览窗口中进行绘画操作，如图4-129所示。

图4-129

使用"画笔工具" 绘画的基本流程如下。

01 在"时间轴"面板中双击要进行绘画的图层，将该图层在图层预览窗口打开。

02 在"工具"面板中选择"画笔工具"，然后单击"工具"面板中间的"切换绘画面板"按钮 ，打开"绘画"面板和"笔刷"面板。

> **技巧与提示**
>
> 如果在"工具"面板勾选了"自动打开面板"选项 ✓自动打开面板 ，那么在"工具"面板选择"画笔工具" 时，系统会自动打开"绘画"面板和"笔刷"面板。

03 在"笔刷"面板中选择预设的笔刷或是自定义笔刷的形状。

04 在"绘画"面板中设置好画笔的颜色、不透明度、流量及混合模式等参数。

05 使用"画笔工具" 在图层预览窗口中进行绘制，每次松开鼠标左键即可完成一个笔触效果，并且每次绘制的笔触效果都会在图层的绘画属性栏下以列表的形式显示出来，如图4-130所示。

图4-130

4.5.3 仿制图章工具

"仿制图章工具" 是通过取样源图层中的像素，然后将取样的像素直接复制应用到目标图层中。也可以将某一时间某一位置的像素复制并应用到另一时间的另一位置中。在这里，目标图层可以是同一个合成中的其他图层，也可以是源图层自身。

在使用"仿制图章工具" 前也需要设置"绘画"参数和"笔刷"参数，在仿制操作完成后也可以在"时间轴"面板中的"仿制"属性中制作动画。图4-131所示是"仿制图章工具" 的特有参数。

图4-131

仿制图章工具参数介绍

· **预设**：仿制图像的预设选项，共有5种。

· **源**：选择仿制的源图层。

· **已对齐**：设置不同笔画采样点的仿制位置的对齐方式，勾选该项与未勾选该项时的对比效果如图4-132和图4-133所示。

勾选Aligned（对齐）选项

图4-132

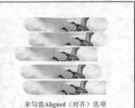

未勾选Aligned（对齐）选项

图4-133

· **锁定源时间**：控制是否只复制单帧画面。

· **偏移**：设置取样点的位置。

· **源时间转移**：设置源图层的时间偏移量。

· **仿制源叠加**：设置源画面与目标画面的叠加混合程度。

> **技巧与提示**
>
> 选择"仿制图章工具" ，然后在图层预览窗口中按住Alt键对采样点进行取样，设置好的采样点会自动显示在"偏移"中。

4.5.4 橡皮擦工具

使用"橡皮擦工具" 可以擦除图层上的图像或笔刷，还可以选择仅擦除当前的笔刷。选择该工具后，在"绘画"面板中就可以设置擦除图像的模式了，如图4-134所示。

图4-134

橡皮擦工具参数介绍

- **图层源和绘画**：擦除源图层中的像素和绘画笔刷效果。

- **仅绘画**：仅擦除绘画笔刷效果。

- **仅最后描边**：仅擦除之前的绘画笔刷效果。

如果设置为擦除源图层像素或笔刷，那么擦除像素的每个操作都会在"时间轴"面板的"绘画"属性

中留下擦除记录，这些擦除记录对擦除素材没有任何破坏性，可以对其进行删除、修改或是改变擦除顺序等操作。

技巧与提示

如果当前正在使用"画笔工具" 绘画，要将当前的"画笔工具" 切换为"橡皮擦工具" 的"仅最后描边"擦除模式，可以按快捷键Ctrl+Shift进行切换。

功能实战04：手写字动画

素材位置	实例文件>CH04>功能实战04：手写字动画
实例位置	实例文件>CH04>手写字动画_F.aep
视频位置	多媒体教学>CH04>手写字动画.mp4
难易指数	★★★☆☆
技术掌握	掌握"橡皮擦工具"的运用

本实例主要介绍了"橡皮擦工具"的使用方法。通过对本实例的学习，读者可以掌握"橡皮擦工具"在制作阵列动画时的使用技法，如图4-135所示。

图4-135

01 执行"文件>打开项目"菜单命令，然后在素材文件夹中选择"手写字动画_I.aep"，接着双击"文字"合成文件加载到时间轴，如图4-136所示。

图4-136

02 双击Text Paint图层，打开其"图层"面板，然后在"工具"面板中单击"画笔工具"按钮，接着在"绘画"面板中设置"持续时间"为"写入"、"前景颜色"为白色，如图4-137所示。

图4-137

03 使用"画笔工具"，按照汉字的笔画顺序，将"江南人家"勾勒出来，如图4-138所示。

04 展开Text Paint图层的"绘画"选项组，然后选择

所有"画笔"选项组，设置"结束"属性关键帧动画，在第0帧处设置"结束"为0%；在第6帧处设置"结束"为100%，如图4-139所示。

图4-138

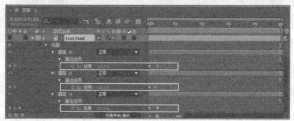

图4-139

05 将"笔画"属性以6帧为单位，依次向后拉开间距，如图4-140所示。

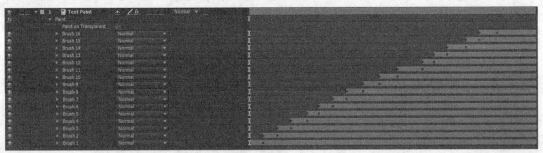

图4-140

06 选Text图层，设置"轨道遮罩"模式为"Alpha遮罩Text"，如图4-141所示。

07 在"项目"面板中，双击"手写字动画"加载合成，然后按小键盘0键预览合成，效果如图4-142所示。

图4-141　　　　　　　　　　　　　　　　　　　　　图4-142

练习实例02：克隆虾动画

素材位置	实例文件>CH04>练习实例02：克隆虾动画
实例位置	实例文件>CH04>克隆虾动画_F.aep
视频位置	多媒体教学>CH04>克隆虾动画.mp4
难易指数	★★★☆☆
技术掌握	掌握仿制图章工具的使用方法

本实例主要应用"仿制图章工具"来制作克隆虾动画，效果如图3-143所示。

图4-143

【制作提示】

• 第1步：打开项目文件"克隆虾动画_l.aep"。

• 第2步：新建一个纯色层，然后使用"仿制图章工具"克隆出一只虾。

- **第3步**：使用"矩形工具"为Animation图层绘制蒙版。
- **第4步**：为克隆虾设置相关属性。
- 制作流程如图3-144所示。

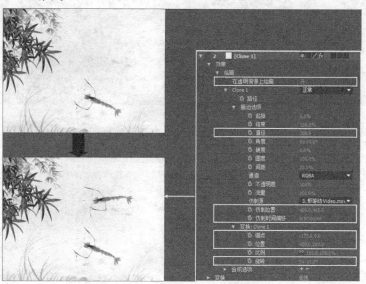

图4-144

4.6 本章总结

本章主要介绍了蒙版的基础操作、形状的应用、绘画工具及路径动画等内容。通过对本章的学习，可制作出效果震撼的阵列动画、蒙版动画以及路径动画。

4.7 综合实例：生长动画

素材位置	实例文件>CH04>综合实例：生长动画
实例位置	实例文件>CH04>生长动画_F.aep
视频位置	多媒体教学>CH04>生长动画.mp4
难易指数	★★★☆☆
技术掌握	使用蒙版制作生长动画效果

本实例主要介绍蒙版动画的应用。通过对本实例的学习，读者可以掌握生长动画效果的制作方法，如图4-145所示。

图4-145

01 执行"文件>打开项目"菜单命令，然后在素材文件夹中选择"生长动画_I.aep"，接着双击"花纹"合成文件加载到时间轴，如图4-146所示。

图4-146

02 执行"图层>新建>纯色"菜单命令，创建一个黑色的纯色图层，将其命名为Grow，设置"宽度"为600像素、"高度"为600像素、"像素长宽比"为D1/DV PAL（1.09），如图4-147所示。

图4-147

03 选择Grow图层，然后使用"钢笔工具" 为该图层绘制花纹蒙版，设置蒙版的叠加模式为"差值"，如图4-148所示，预览效果如图4-149所示。

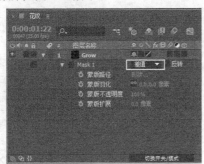

图4-148

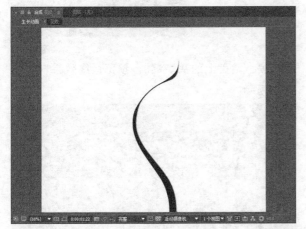

图4-149

04 在"时间轴"面板中按快捷键Ctrl+Shift+A，确保没有选择任何图层，然后使用"钢笔工具" 顺

着花纹的形状绘制一条曲线，如图4-150所示，接着在"工具"面板中修改"描边颜色"为红色（R:0，G:0，B:255）、"描边宽度"为30 px，如图4-151所示，最终效果如图4-152所示。

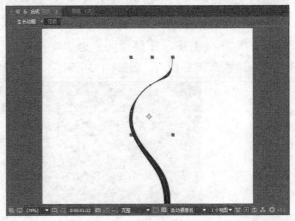

图4-150

图4-151

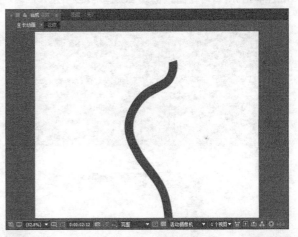

图4-152

05 展开形状图层，添加一个"修剪路径"属性，如图4-153所示。

图4-153

06 展开"修剪路径"属性，设置"结束"属性的关键帧动画，在第0帧处设置"结束"为0%，在第2秒处设置"结束"为100%，如图4-154所示。

113

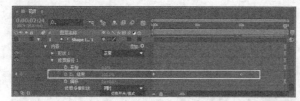

图4-154

07 选择Grow图层，设置"轨道遮罩"模式为"Alpha遮罩 形状图层1"，如图4-155所示。

图4-155

08 使用同样的方法，制作出其他花纹的生长动画，如图4-156所示，画面预览效果如图4-157所示。

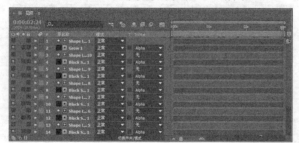

图4-156

图4-157

09 在"项目"面板中，双击"生长动画"加载合成，如图4-158所示。

图4-158

10 从"项目"面板中把"花纹"合成拖曳到"时间轴"上，放到"背景"图层的上一层。选择"花纹"图层，按快捷键Ctrl+D复制图层，如图4-159所示。

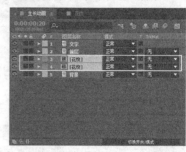

图4-159

11 选择第3个图层（花纹层），然后设置"位置"值为（56，290）、"缩放"值为（-45，45%）、"不透明度"值为90%；修改第4个图层（花纹层）"位置"值为（650，190）、"缩放"值为（70，70%），如图4-160所示。

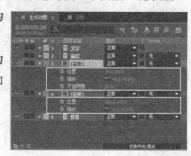

图4-160

12 按小键盘上的数字键0，预览最终效果，如图4-161所示。

图4-161

After Effects

第 5 章　创建文字与文字动画

本章知识索引

知识名称	作用	重要程度	所在页
创建与编辑文字	创建与编辑文字的方法	高	P117
创建文字动画	制作文字动画的方法	高	P123
文字的其他应用	制作文字蒙版和路径动画	中	P128

本章实例索引

实例名称	所在页
引导实例：文字动画	P116
功能实战01：飞舞文字	P121
功能实战02：模糊文字	P126
练习实例01：逐字动画	P127
功能实战03：轮廓文字	P129
练习实例02：文字蒙版	P131
综合实例：多彩文字	P132

5.1 概述

　　文字是人类用来记录语言的符号系统，也是文明社会产生的标志。在影视后期合成中，文字不仅仅担负着补充画面信息和媒介交流的角色，而且也是设计师们常常用来作为视觉设计的辅助元素。本章主要讲解After Effects 的文字功能，包括创建文字、优化文字和文字动画等功能，熟练使用After Effects中的文字功能，是作为一个特效合成师最基本和必备的技能。

5.2 引导实例：文字动画

素材位置	实例文件>CH05>引导实例：文字动画
实例位置	实例文件>CH05>文字动画_F.aep
视频位置	多媒体教学>CH05>文字动画.mp4
难易指数	★★☆☆☆
技术掌握	掌握创建文字的方法

　　本实例主要介绍了文字动画的制作。通过对本实例的学习，读者可以深入掌握文本的创建和编辑的操作方法，如图5-1所示。

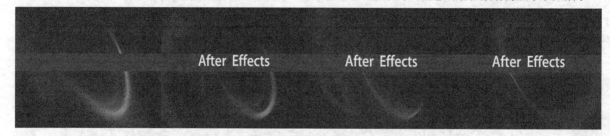

After Effects　　　After Effects　　　After Effects

图5-1

01 执行"文件>打开项目"菜单命令，然后在素材文件夹中选择项目文件"文字动画_I.aep"，接着在"项目"面板中，双击"文字动画"加载合成，如图5-2所示。

图5-2

02 使用"横排文字工具" **T** 在"合成"面板中输入"After Effects"，如图5-3所示。

图5-3

03 在"时间轴"面板中选择文字图层，然后展开其"文本"选项组，接着单击"动画"选项后面的 ▶ 按钮，并在弹出的菜单中选择"不透明度"命令，最后设置"不透明度"为0%，如图5-4所示。

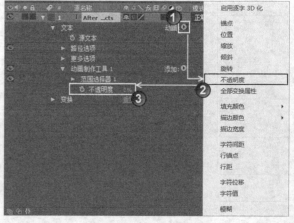

图5-4

04 展开"范围选择器1"选项组，然后在第0帧处设置"偏移"为0%，接着在第10帧处，设置"偏移"为100%，最后按0键预览动画，如图5-5所示，效果如图5-6所示。

图5-5

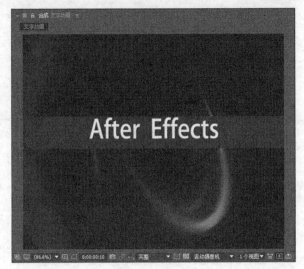

图5-6

5.3 创建与编辑文字

在After Effects 中有很多方法可以创建文字，包括使用工具按钮创建、使用菜单命令创建和使用效果创建。After Effects不仅可以快速创建文字，还能导入Photoshop或者Illustrator中设计好的文字。

本节知识概要

知识名称	作用	重要程度	所在页
使用工具按钮创建	文字的创建方法	高	P117
使用菜单命令创建	文字的创建方法	高	P117
使用效果滤镜创建	文字的创建方法	高	P118
编辑文字的内容	修改文字的方法	高	P120
设置文字的属性	修改文字的显示效果	高	P120

5.3.1 使用工具按钮创建

在"工具"面板中单击"文字工具"按钮即

可创建文字。在该工具上单击鼠标左键不放，将弹出一个扩展的工具栏，其中包含两个子工具，分别为"横排文字工具"和"竖排文字工具"，如图5-7所示，两种文字工具的效果如图5-8所示。

图5-7

横排文字工具   直排文字工具

图5-8

选择相应的文字工具后，在"合成"面板中单击鼠标左键确定文字的输入位置，当显示文字光标后，就可以输入相应的文字，按小键盘上的"回车键"完成操作，这时在"时间轴"面板中，系统自动新建了一个文字图层，如图5-9所示。

图5-9

5.3.2 使用菜单命令创建

使用菜单创建文字的方法有以下两种。

第1种： 执行"图层>新建>文本"菜单命令或按快捷键Ctrl+Alt+Shift+T，如图5-10所示，新建一个文字图层，然后在"合成"面板中单击鼠标左键确定文字的输入位置，当显示文字光标后，就可以输入相应的文字，最后按小键盘上的Enter键确认完成。

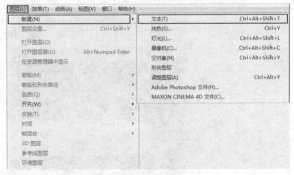

图5-10

第2种：在"时间轴"面板的空白处单击鼠标右键，然后在弹出的菜单中选择"新建>文本"命令，如图5-11所示，新建一个文字图层，然后在"合成"面板中单击鼠标左键确定文字的输入位置，当显示文字光标后，就可以输入相应的文字，最后按小键盘上的Enter键确认完成。

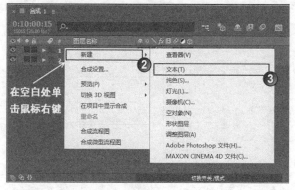

图5-11

5.3.3 使用效果滤镜创建

使用效果滤镜命令可创建文字，使用的滤镜包括"基本文字""路径文字""编号"和"时间码"4个滤镜。

1.使用基本文字滤镜创建

"基本文字"滤镜，主要用来创建比较规整的文字，可以设置文字的大小、颜色以及文字间距等。

执行"效果>过时>基本文字"菜单命令，如图5-12所示，然后在"基本文字"对话框中输入相应文字，如图5-13所示。

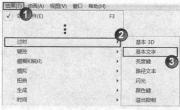

图5-12

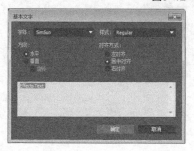

图5-13

基本文字对话框参数介绍

- **字体**：设置文字的字体。
- **样式**：设置文字的风格。
- **方向**：设置文字的方向，有"水平""垂直"和"旋转"3个选项。
- **对齐方式**：设置文字的对齐方式，有"左对齐""居中对齐"和"右对齐"3个选项。

在"效果控件"面板中，可以对文字设置"位置""填充和描边""大小""字符间距"和"行距"等属性，如图5-14所示。

图5-14

基本文字的效果控件参数介绍

- **位置**：用来指定文字的位置。
- **填充和描边**：用来设置文字颜色和描边的显示方式。
- **显示选项**：在其下拉列表中提供了4种方式供选择。"仅选择"，只显示文字的填充颜色；"仅描边"，只显示文字的描边颜色；"仅描边上填充"，文字的填充颜色覆盖描边颜色；"仅填充上描边"，文字的描边颜色覆盖填充颜色。
- **填充颜色**：设置文字的填充色。
- **描边颜色**：设置文字的描边颜色。
- **描边宽度**：设置文字描边的宽度。
- **大小**：设置字体的大小。
- **字符间距**：设置文字的间距。
- **行距**：设置文字的行间距。
- **在原始图像上合成**：用来设置与原图像合成。

2.使用路径文字滤镜创建

"路径文字"滤镜可以让文字在自定义的遮罩路径上产生一系列的运动效果，还可以使用该滤镜完成"逐一打字"的效果。

执行"效果>过时>路径文字"菜单命令，如图5-15所示，然后在"路径文字"对话框中输入相应文字，如图5-16所示。

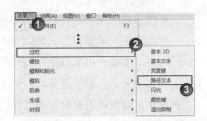

图5-15

图5-16

在"效果控件"面板中，可以对文字设置"信息""路径选项""填充和描边""字符""段落"和"高级"等属性，如图5-17所示。

图5-17

路径文字的效果控件参数介绍

- **信息**：可以查看文字的相关信息。
- **Font（字体）**：显示所使用的字体名称。
- **文本长度**：显示输入文字的字符长度。
- **路径长度**：显示输入的路径的长度。
- **路径选项**：用来设置路径的属性。
- **形状类型**：设置路径的形状类型。
- **控制点**：设置控制点的位置。
- **自定义路径**：选择创建的自定义的路径。
- **反转路径**：反转路径。
- **填充和描边**：用来设置文字颜色和描边的显示方式。
- **选项**：选择文字颜色和描边的显示方式。

- **填充颜色**：设置文字的填充色。
- **描边颜色**：设置文字的描边颜色。
- **描边宽度**：设置文字描边的宽度。
- **字符**：用来设置文字的相关属性，如文字的大小、间距和旋转等。
- **大小**：设置文字的大小。
- **字符间距**：设置文本之间的间距。
- **字偶间距**：设置字与字之间的间距。
- **字符旋转**：设置文字的旋转。
- **水平切变**：设置文字的倾斜。
- **水平缩放**：设置文字的宽度缩放比例。
- **垂直缩放**：设置文字的高度缩放比例。
- **段落**：用来设置文字的段落属性。
- **对齐方式**：设置文字段落的对齐方式。
- **左边距**：设置文字段落的左对齐的值。
- **右边距**：设置文字段落的右对齐的值。
- **行距**：设置文字段落的行间距。
- **基线偏移**：设置文字段落的基线。
- **高级**：用来设置文字的高级属性。
- **可视字符**：设置文字的可见属性。
- **淡化时间**：设置文字显示的时间。
- **抖动设置**：设置文字的抖动动画。

3.使用编号滤镜创建

"编号"滤镜主要用来创建各种数字效果，尤其对创建数字的变化效果非常有用。

执行"效果>文本> 编号"菜单命令，如图5-18所示，打开"编号"滤镜对话框设置其选项，如图5-19所示。

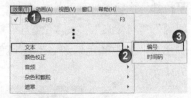

图5-18

图5-19

在"效果控件"面板中，可以对文字设置"类型""随机值""数值/位移/随机最大""小数位数""当前时间/日期"和"比例间距"等属性，如图5-20所示。

图5-20

编号的效果控件参数介绍

- **类型**：用来设置数字类型，可以选数字、时间码、日期、时间和十六进制数字。
- **随机值**：用来设置数字的随机变化。
- **数值/位移/随机最大**：用来设置数字随机离散的范围。
- **小数位数**：用来设置小数点后的位数。
- **当前时间/日期**：用来设置当前系统的时间和日期。
- **比例间距**：用来设置均匀的间距。

4.使用时间码滤镜创建

"时间码"滤镜主要用来创建各种时间码动画，与"编号"滤镜中的时间码效果比较类似。

"时间码"是影视后期制作的时间依据，由于我们渲染的影片还要拿去配音或加入特效等，每一帧包含时间码就会有利于其他制作方面的配合。

执行"效果>文本>时间码"菜单命令，在"效果控件"面板中，可以对文字设置"显示格式""时间源""自定义""文本位置""文字大小""文字颜色""方框颜色"和"不透明度"等属性，如图5-21所示。

图5-21

时间码的效果控件参数介绍

- **显示格式**：用来设置时间码格式。

- **时间源**：用来设置时间码的来源。
- **自定义**：用来自定义时间码的单位。
- **文本位置**：用来设置时间码显示的位置。
- **文字大小**：用来设置时间码大小。
- **文字颜色**：用来设置时间码的颜色。
- **方框颜色**：用来设置外框的颜色。
- **不透明度**：用来设置透明度。

5.3.4 编辑文字的内容

要修改文字的内容，可以在"工具"面板中单击"文字工具" T，然后在"合成"面板中单击需要修改的文字；接着按住鼠标左键拖动，选择需要修改的部分，被选中的部分将会以高亮的形式显示出来，最后只需要输入新的文字信息即可，如图5-22所示。

图5-22

5.3.5 设置文字的属性

执行"窗口>字符"命令，可打开"字符"面板，如图5-23所示，在"字符"面板中，可修改文字的"字体""颜色""风格""间距""行距"和其他的基本属性，如图5-24所示。

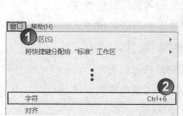 

图5-23　　图5-24

字符面板参数介绍

- Adobe 黑体 Std **字体**：设置文字的字体（字体必

须是用户计算机中已经存在的字体）。

- ▼**字体样式**：设置字体的样式。

- **吸管工具**：通过这个工具可以吸取当前计算机界面上的颜色，吸取的颜色将作为字体的颜色或描边的颜色。

- **纯黑/纯白颜色**：单击相应的色块可以快速地将字体或描边的颜色设置为纯黑或纯白色。

- **不填充颜色**：单击这个图标可以不对文字或描边填充颜色。

- **颜色切换**：快速切换填充颜色和描边的颜色。

- **字体/描边颜色**：设置字体的填充、描边颜色。

- **文字大小**：设置文字的大小。

- **文字行距**：设置上下文本之间的行间距。

- **字偶间距**：增大或缩小当前字符之间的间距。

- **文字间距**：设置文本之间的间距。

- **勾边粗细**：设置文字描边的粗细。

- ▼**描边方式**：设置文字描边的方式，共有"在描边上填充""在填充上描边""全部填充在全部描边之上"和"全部描边在全部填充之上"4个选项。

- **文字高度**：设置文字的高度缩放比例。

- **文字宽度**：设置文字的宽度缩放比例。

- **文字基线**：设置文字的基线。

- **比例间距**：设置中文或日文字符之间的比例间距。

- **文本粗体**：设置文本为粗体。

- **文本斜体**：设置文本为斜体。

- **强制大写**：强制将所有的文本变成大写。

- **强制大写但区分大小**：无论输入的文本是否有大小写区别，都强制将所有的文本转化成大写，但是对小写字符采取较小的尺寸进行显示。

- **文字上下标**：设置文字的上下标，适合制作一些数学单位。

执行"窗口>段落"命令，可打开"段落"面板，如图5-25所示，在"段落"面板中，可修改文字的"字体""颜色""风格""间距""行距"和其他的基本属性，如图5-26所示。

图5-25　　　　图5-26

段落面板参数介绍

- **对齐文本**：分别为文本居左、居中、居右对齐。

- **最后一行对齐**：分别为文本居左、居中、居右对齐，并且强制两边对齐。

- **两端对齐**：强制文本两边对齐。

- **缩进左边距**：设置文本的左侧缩进量。

- **缩进右边距**：设置文本的右侧缩进量。

- **段前添加空格**：设置段前间距。

- **段后添加空格**：设置段末间距。

- **首行缩进**：设置段落的首行缩进量。

功能实战01：飞舞文字

素材位置	实例文件>CH05>功能实战01：飞舞文字
实例位置	实例文件>CH05>飞舞文字_F.aep
视频位置	多媒体教学>CH05>飞舞文字.mp4
难易指数	★★☆☆☆
技术掌握	掌握创建文字形状轮廓的方法

本实例主要介绍了飞舞文字特效的制作。通过对本实例的学习，读者可以深入掌握"路径文字"效果的具体应用，如图5-27所示。

图5-27

01 执行"文件>打开项目"菜单命令，然后在素材文件夹中选择"飞舞文字_I.aep"，接着双击"文字"合成文件加载到时间轴，如图5-28所示。

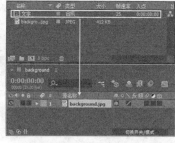

图5-28

02 按快捷键Ctrl+Y，新建一个黑色的纯色图层，并将其命名为"文字"图层。选择该图层，执行"效果>过时>路径文本"菜单命令，在打开的"路径文字"对话框中输入After Effects，设置"字体"为Adobe Arial，"样式"为Regular，如图5-29所示。

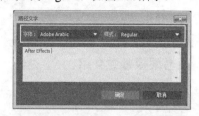

图5-29

03 选择"文字"图层，使用"钢笔工具"绘制一条文字的运动路径，如图5-30所示。

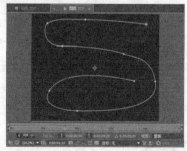

图5-30

04 在"路径文本"效果中，设置"自定义路径"为"蒙版1"；在"填充和描边"选项组中，设置"选项"为"在描边上填充"、"填充颜色"为（R:166，G:214，B:255）、"描边颜色"为（R:53，G:35，B:102）、"描边宽度"为6；在"字符"选项组中，修改"字符间距"为5，如图5-31所示。

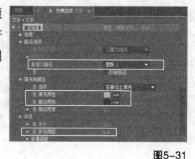

图5-31

技巧与提示

结尾处线的方向一定要保持水平，这样才可以保证文字最后停留时是水平放置的。

05 展开文字层的"效果>路径文本>字符、段落"属性，在第0帧处，设置"大小"为0；在第3秒18帧处，设置"大小"为80；在第4秒24帧，设置"大小"为100。在第0帧处，设置"左边距"为0；在第23帧处，设置"左边距"为300；在第1秒16帧处，设置"左边距"为1500；第2秒13帧处，设置为2200，如图5-32所示。

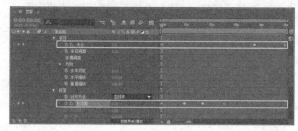

图5-32

06 展开文字层的"效果>路径文本>高级>抖动设置"属性，在第1秒16帧处，设置"基线抖动最大值"为120、"字偶间距抖动最大值"为300、"旋转抖动最大值"为300、"缩放抖动最大值"为250；第3秒18帧，分别设置这4个属性为0，如图5-33所示。

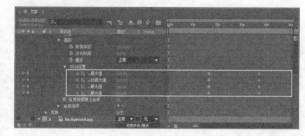

图5-33

技巧与提示

为了让文字能够飞舞起来，需要调整它的高级属性栏中的参数，设置"基线抖动最大值""字偶间距抖动最大值""旋转抖动最大值"和"缩放抖动最大值"等参数的关键帧，使文字产生缩放、跳跃、旋转的随机动画，就好像文字在三维空间中互相盘旋、旋转等，表现的立体感非常强。

07 按小键盘上的数字键0，预览最终效果，如图5-34所示。

图5-34

5.4 创建文字动画

After Effects的文字图层具有丰富的属性,通过设置属性和添加效果,可以制作丰富多彩的文字特效,使得影片的画面更加鲜活,更具生命力。

本节知识概要

知识名称	作用	重要程度	所在页
使用图层属性制作动画	创建文字动画的方法	高	P123
关于动画制作工具	创建文字动画的方法	高	P123
创建文字路径动画	创建文字动画的方法	高	P125
调用文字的预置动画	创建文字动画的方法	高	P126

After Effects的图层基本操作包括改变图层的排列顺序、对齐和分布图层、设置图层时间以及分离、基础和提取图层,这些操作都需要在"时间轴"面板中操作,如图5-35所示。

图5-35

5.4.1 使用图层属性制作动画

使用"源文本"属性可以对文字的内容、段落格式等属性制作动画,不过这种动画只能是突变性的动画,片长较短的视频字幕可以使用此方法来制作。

5.4.2 关于动画制作工具

创建一个文字图层以后,可以使用"动画制作工具"功能方便快速地创建出复杂的动画效果,一个"动画制作工具"组中可以包含一个或多个动画选择器以及动画属性,如图5-36所示。

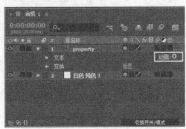

图5-36

1.动画属性

单击"动画"选项后面的 ▶ 按钮,打开"动画属性"菜单,"动画属性"主要用来设置文字动画的主要参数(所有的动画属性都可以单独对文字产生动画效果),如图5-37所示。

图5-37

动画属性参数介绍

• **启用逐字3D化**:控制是否开启三维文字功能。如果开启了该功能,在文字图层属性中将新增一个Material Options(材质选项),用来设置文字的漫反射、高光以及是否产生阴影等效果,同时Transform(变换)属性也会从二维变换属性转换为三维变换属性。

• **锚点**:用于制作文字中心定位点的变换动画。

• **位置**:用于制作文字的位移动画。

• **缩放**:用于制作文字的缩放动画。

• **倾斜**:用于制作文字的倾斜动画。

• **旋转**:用于制作文字的旋转动画。

• **不透明度**:用于制作文字的不透明度变化动画。

• **全部变换属性**:将所有的属性一次性添加到"动画制作工具"中。

• **填充颜色**:用于制作文字的颜色变化动画,包括"RGB""色相""饱和度""亮度"和"不透明度"5个选项。

• **描边颜色**:用于制作文字描边的颜色变化动画,包括"RGB""色相""饱和度""亮度"和"不透明度"5个选项。

• **描边宽度**:用于制作文字描边粗细的变化动画。

• **字符间距**:用于制作文字之间的间距变化动画。

• **行距**:用于制作多行文字的行距变化动画。

• **行锚心**:用于制作文字的对齐动画。值为0%时,表示左对齐;值为50%时,表示居中对齐;值为100%时,表示右对齐。

• **字符位移**:按照统一的字符编码标准(即Unicode标准)为选择的文字制作偏移动画。如设置英文bathell的"字符位移"为5，那么最终显示的英文就是gfymjqq（按字母表顺序从b往后数，第5个字母是g；从字母a往后数，第5个字母是f，以此类推），如图5-38所示。

图5-38

• **字符值**：按照Unicode文字编码形式，用设置的"字符值"所代表的字符统一替换原来的文字。如设置"字符值"为100，那么使用文字工具输入的文字都将以字母d进行替换，如图5-39所示。

图5-39

• **模糊**：用于制作文字的模糊动画，可以单独设置文字在水平和垂直方向的模糊数值。

2.动画选择器

每个"动画制作工具"组中都包含一个"范围选择器"，可以在一个"动画制作工具"组中继续添加"选择器"或是在一个"选择器"中添加多个动画属性。如果在一个"动画制作工具"组中添加了多个"选择器"，那么可以在这个动画器中对各个选择器进行调节，这样可以控制各个选择器之间相互作用的方式。

添加"选择器"的方法是在"时间轴"面板中选择一个"动画制作工具"组，然后在其右边的"添加"选项后面单击 按钮，如图5-40所示，接着在弹出的菜单中选择需要添加的选择器，包括"范围""摆动"和"表达式"3种，如图5-41所示。

图5-40

图5-41

第1种："范围选择器"可以使文字按照特定的顺序进行移动和缩放，如图5-42所示。

图5-42

范围选择器参数介绍

• **起始**：设置选择器的开始位置，与"字符""词"或"行"的数量以及"单位""依据"选项的设置有关。

• **结束**：设置选择器的结束位置。

• **偏移**：设置选择器的整体偏移量。

• **单位**：设置选择范围的单位，有"百分比"和"索引"两种。

• **依据**：设置选择器动画的基于模式，包含"字符""排除空格字符""词"和"行"4种模式。

• **模式**：设置多个选择器范围的混合模式，包括"相加""相减""相交""最小值""最大值"和"差值"6种模式。

• **数量**：设置"属性"动画参数对选择器文字的影响程度。0%表示动画参数对选择器文字没有任何作用，50%表示动画参数只能对选择器文字产生一半的影响。

• **形状**：设置选择器边缘的过渡方式，包括"正方形""上斜坡""下斜坡""三角形""圆形"和"平滑"6种方式。

• **平滑度**：在设置"形状"类型为"正方形"方式时，该选项才起作用，它决定了一个字符到另一个字符过渡的动画时间。

• **缓和高**：特效缓入设置。例如，当设置"缓和高"值为100%时，文字特效从完全选择状态进入部分选择状态的过程就很平缓；当设置"缓和高"值为－100%时，文字特效从完全选择状态到部分选择状态的过程就会很快。

• **缓和低**：原始状态缓出设置。例如，当设置"缓和低"值为100%时，文字从部分选择状态进入完全不选择状态的过程就很平缓；当设置"缓和低"

值为-100%时，文字从部分选择状态到完全不选择状态的过程就会很快。

- **随机排序**：决定是否启用随机设置。

> **技巧与提示**
> 在设置选择器的开始和结束位置时，除了可以在"时间轴"面板中对"开始"和"结束"选项进行设置外，还可以在"合成"面板中通过范围选择器光标进行设置，如图5-43所示。

图5-43

第2种："摆动选择器"可以让选择器在指定的时间段产生摇摆动画，如图5-44所示，其参数选项如图5-45所示。

图5-44

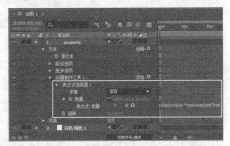

图5-45

摆动选择器参数介绍

- **模式**：设置"摆动选择器"与其上层"选择器"之间的混合模式，类似于多重遮罩的混合设置。
- **最大/最小量**：设定选择器的最大/最小变化幅度。
- **摇摆/秒**：设置文字摇摆的变化频率。
- **关联**：设置每个字符变化的关联性。当其值为100%时，所有字符在相同时间内的摆动幅度都是一致的；当其值为0%时，所有字符在相同时间内的摆动幅度都互不影响。
- **时间/空间相位**：设置字符基于时间还是基于

空间的相位大小。

- **锁定维度**：设置是否让不同维度的摆动幅度拥有相同的数值。
- **随机植入**：设置随机的变数。

第3种：在使用"表达式选择器"时，可以很方便地使用动态方法来设置动画属性对文本的影响范围。可以在一个"动画制作工具"组中使用多个"表达式选择器"，并且每个选择器也可以包含多个动画属性，如图5-46所示。

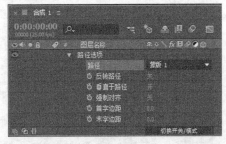

图5-46

5.4.3 创建文字路径动画

如果在文字图层中创建了一个蒙版，那么就可以利用这个蒙版作为一个文字的路径来制作动画。作为路径的蒙版可以是封闭的，也可以是开放的，但是必须要注意一点，如果使用闭合的蒙版作为路径，必须设置蒙版的模式为"无"。

在文字图层下展开文字属性下面的"路径选项"参数，如图5-47所示。

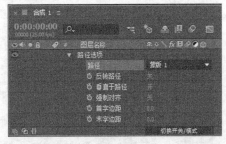

图5-47

路径选项介绍

- **路径**：在后面的下拉列表中可以选择作为路径的蒙版。
- **反转路径**：控制是否反转路径。
- **垂直于路径**：控制是否让文字垂直于路径。
- **强制对齐**：将第1个文字和路径的起点强制对齐，或与设置的"首字边距"对齐，同时让最后1个文字和路径的结尾点对齐，或与设置的"末字边距"对齐。

• **首字边距**：设置第1个文字相对于路径起点处的位置，单位为像素。

• **末字边距**：设置最后1个文字相对于路径结尾处的位置，单位为像素。

5.4.4 调用文字的预置动画

通俗地讲，预置的文字动画就是系统预先做好的文字动画，用户可以直接调用这些文字动画效果。

在After Effects中，系统提供了丰富的"效果和预设"来创建文字动画。此外，用户还可以借助Adobe Bridge软件可视化地预览这些预置文字动画。

01 在"时间轴"面板中，选择需要应用文字动画的文字图层，将时间指针放到动画开始的时间点上。

02 执行"窗口>效果和预设"菜单命令，打开特效预置面板，如图5-48所示。

图5-48

03 在特效预置面板中，找到合适的文字动画，然后直接将其拖曳到被选择的文字图层上即可。

💡 **技巧与提示**

想要更加直观和方便地看到预置的文字动画效果，可以通过执行"动画>浏览预设"菜单命令，打开Adobe Bridge软件就可以动态预览各种文字动画效果了。最后，在合适的文字动画效果上双击鼠标左键，就可以将动画添加到选择的文字图层上，如图5-49所示。

图5-49

功能实战02：模糊文字

素材位置	实例文件>CH05>功能实战02：模糊文字
实例位置	实例文件>CH05>模糊文字_F.aep
视频位置	多媒体教学>CH05>模糊文字.mp4
难易指数	★★☆☆☆
技术掌握	掌握使用文字"浏览预设"的方法

本实例主要使用文字的动画预设来完成模糊文字效果的制作。通过学习，读者可以掌握文字动画预设的使用方法，如图5-50所示。

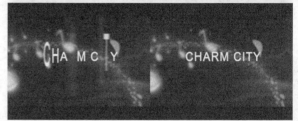

图5-50

01 执行"文件>打开项目"菜单命令，然后在素材文件夹中选择"模糊文字_I.aep"，接着双击"模糊文字"合成文件加载到时间轴，如图5-51所示。

图5-51

02 使用"横排文字工具" T 创建一个内容为CHARM CITY的文字图层，然后设置字体为Arial、字体大小为60像素、字符间距为50、字体的颜色为白色、字体加粗，接着将该文字图层拖曳到第二层，如图5-52所示，画面的预览效果如图5-53所示。

图5-52

图5-53

03 选择文字图层，执行"动画>浏览预设"菜单命令，这时会自动启动Adobe Bridge CC。在"内容"栏中双击Text（文字），进入文字动画预设模块，如图5-54所示。

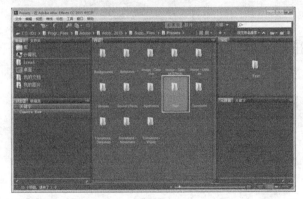

图5-54

04 双击Blurs（模糊）文件夹，打开文字模糊的动画预设，如图5-55所示。

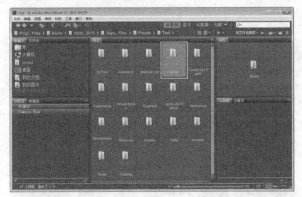

图5-55

05 双击"子弹头列车.ffx"动画预设，将其效果添加到CHARM CITY文字图层上，如图5-56所示。

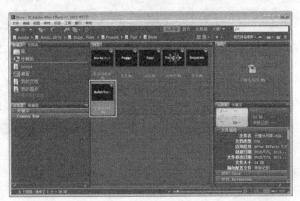

图5-56

06 选择文字图层，展开"动画制作工具 1 >范围选择器 1"属性下，然后在第0帧处，设置关键帧"偏移"为－100%；在第3秒处，设置"偏移"为100%，接着设置"模糊"为（100，25），如图5-57所示。

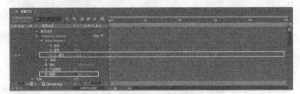

图5-57

07 按小键盘上的数字键0，预览最终效果，如图5-58所示。

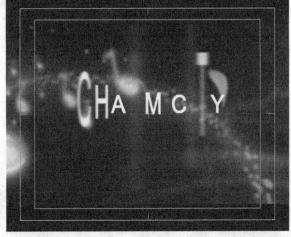

图5-58

练习实例01：逐字动画

素材位置	实例文件>CH05>练习实例01：逐字动画
实例位置	实例文件>CH05>逐字动画_F.aep
视频位置	多媒体教学>CH05>逐字动画.mp4
难易指数	★★☆☆☆
技术掌握	掌握"源文本"的具体应用

本实例主要应用到了"源文本"属性来制作逐字动画，效果如图5-59所示。

图5-59

【制作提示】

- 第1步：打开项目文件"逐字动画_l.aep"。
- 第2步：选择"花样年华"图层，然后设置文字的"源文本"的关键帧动画。
- 第3步：调整文字的"字体大小"和"填充颜色"属性，每隔1秒设置一个字的关键帧动画。

制作流程如图5-60所示。

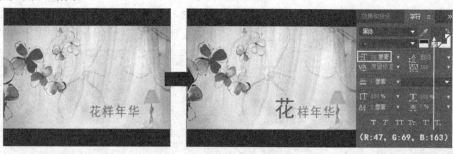

图5-60

5.5 文字的其他应用

After Effects旧版本中的"创建外轮廓"命令，在After Effects 新版本版本中被分成了"从文本创建形状"和"从文本创建蒙版"两个命令。其中"从文本创建蒙版"命令的功能和使用方法与原来的"创建外轮廓"命令完全一样。"从文本创建形状"命令可以建立一个以文字轮廓为形状的"形状图层"。

本节知识概要

知识名称	作用	重要程度	所在页
使用文字创建蒙版	制作文字蒙版	高	P128
创建文字形状动画	创建文字形状的方法	高	P129

5.5.1 使用文字创建蒙版

在"时间轴"面板中选择文本图层，执行"图层>从文本创建蒙版"菜单命令，系统自动生成一个新的白色的固态图层，并将蒙版创建到这个图层上，同时原始的文字图层将自动关闭显示，如图5-61和图5-62所示。

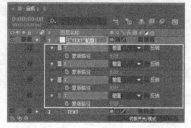

图5-61

图5-62

技巧与提示

在After Effects中，"从文本创建蒙版"的功能非常实用，可以在转化后的蒙版图层上应用各种特效，还可以将转化后的蒙版赋予其他图层使用。

5.5.2 创建文字形状动画

在"时间轴"面板中选择文本图层，执行"图层>从文本创建形状"菜单命令，系统自动生成一个新的文字形状轮廓图层，同时原始的文字图层将自动关闭显示，如图5-63和图5-64所示。

图5-63

图5-64

功能实战03：轮廓文字

素材位置	实例文件>CH05>功能实战03：轮廓文字
实例位置	实例文件>CH05>轮廓文字_F.aep
视频位置	多媒体教学>CH05>轮廓文字.mp4
难易指数	★★☆☆☆
技术掌握	掌握创建文字形状轮廓的方法

本实例主要介绍了"修剪路径"属性的使用方法。通过对本实例的学习，读者可以掌握"修剪路径"属性在制作文字特效时的应用方法，如图5-65所示。

图5-65

`01` 执行"合成>新建合成"菜单命令，输入名称为"轮廓文字"，然后选择一个预设为PAL D1/DV的合成，接着设置合成的"持续时间"为5秒，如图5-66所示。

图5-66

129

02 执行"文件>导入>文件"菜单命令，打开素材文件夹中的"背景.jpg"文件，然后将"背景"添加到"轮廓文字"合成的时间轴上，如图5-67所示。

03 使用"横排文字工具" ，创建内容为"清凉一夏"的文字图层，设置字体为"微软雅黑"、字体颜色为（R:77，G:171，B:14）、字体大小为50像素、字符间距的值为300，如图5-68所示。

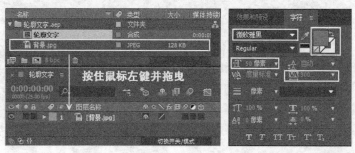

图5-67　　　　　　　　　　图5-68

04 选择"清凉一夏"图层，执行"图层>从文本创建形状"菜单命令，如图5-69所示。

05 系统在关闭"清凉一夏"文字图层的显示时，同时会自动生成一个新的轮廓图层，展开轮廓图层，单击"内容"选项组后面的"添加"按钮，在弹出的菜单中选择"修剪路径"命令，如图5-70所示。

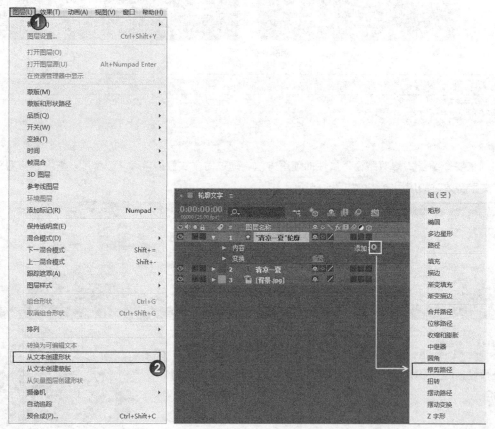

图5-69　　　　　　　　　　　　　　　　　　　　图5-70

06 展开"内容>修剪路径1"，在第0帧处设置关键帧动画"结束"其为0%；在第4秒处，设置其为100%。然后在"修剪多重形状"选项中选择"单独"属性，如图5-71所示。

07 按小键盘上的数字键0，预览最终效果，如图5-72所示。

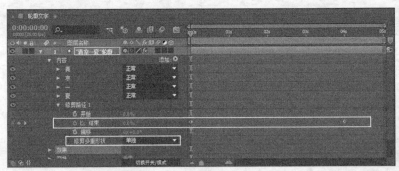

图5-71　　　　　　　　　　　　　　　　图5-72

练习实例02：文字蒙版

素材位置	实例文件>CH05>练习实例02：文字蒙版
实例位置	实例文件>CH05>文字蒙版_F.aep
视频位置	多媒体教学>CH05>文字蒙版.mp4
难易指数	★★☆☆☆
技术掌握	掌握创建文字遮罩的方法

本实例主要应用到了"从文本创建蒙版"属性来制作文字遮罩动画，效果如图3-73所示。

图5-73

【制作提示】

• 第1步：打开项目文件"文字蒙版_l"。

• 第2步：选择"历史的天空"图层，然后执行"从文本创建蒙版"命令

• 第3步：为图层执行"效果>生成>描边"命令，设置"描边"效果的参数。

• 第4步：为"描边"效果的"结束"属性设置关键帧动画，在第0帧处，设置"结束"为0%；在第4秒处，设置"结束"为100%。

• 制作流程如图5-74所示。

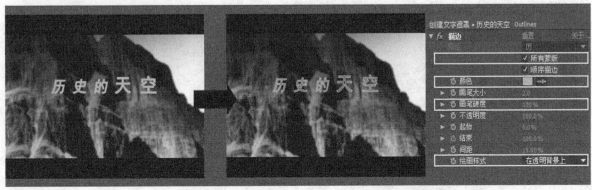

图5-74

5.6 本章总结

本章主要介绍了图层的应用，包括图层的种类、图层的创建方法、图层的属性参数设置和图层的基本操作的概念等。在实际工作中，正确的工作流可以确保项目制作的效率，图层的数量操作可以影响制作质量。对于这些常用的知识，读者必须掌握并能够运用自如，以便为后面的学习打下坚实的基础。

5.7 综合实例：多彩文字

素材位置	实例文件>CH05>综合实例：多彩文字
实例位置	实例文件>CH05>多彩文字_F.aep
视频位置	多媒体教学>CH05>多彩文字.mp4
难易指数	★★☆☆☆
技术掌握	掌握文本图层的属性、"动画制作工具"和"摆动选择器"

本实例主要介绍了文本图层的属性以及"动画制作工具"和"摆动选择器"的综合应用。通过对本实例的学习，读者可以掌握文本图层的属性以及"动画制作工具"和"摆动选择器"在制作文字特效时的应用方法，如图5-75所示。

图5-75

01 执行"文件>打开项目"菜单命令，然后在素材文件夹中选择项目文件"多彩文字_I.aep"，接着在"项目"面板中，双击Comp1加载合成，如图5-76所示。

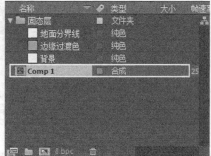

图5-76

02 使用"横排文字工具" T 创建一个内容为THE INTERNATIONAL CENTER FOR EARLY CHILDHOOD EDUCATION的文字图层，设置字体格式为微软雅黑、字体大小为50像素、行间距为95像素、字体颜色为橙色（R:255，G:84，B:0），如图5-77所示，效果如图5-78所示。

图5-77

图5-78

03 设置文字图层的"缩放"属性的关键帧动画，在第0帧处，设置"缩放"的值为63%；在第3秒处，设置
"缩放"的值为68%，如图5-79所示。

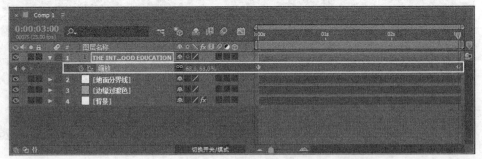

图5-79

04 展开"文字"图层，单击图层的"文本"属性，
然后执行"动画>锚点"命令，接着修改"锚点"属
性的值为（0，-30），如图5-80所示。

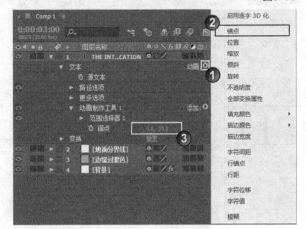

图5-80

05 选择"动画制作工具1"，按快捷键Ctrl+D进行复制，复制后将会得到"动画制作工具2"，然后展开"动画制作工
具2"属性项，修改"锚点"属性的值为（0，0），如图5-81所示，接着单击"添加"按钮，执行"选择器>摆动"命令，为
其添加"摆动选择器"，如图5-82所示。

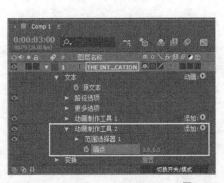

图5-81

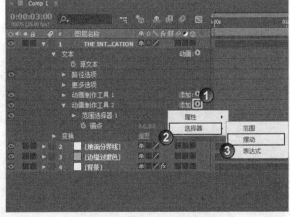

图5-82

06 展开"摆动选择器1"属性，修改"摇摆/秒"为0、"关联"为73%，然后设置关键帧动画，在第0帧处，设置"时
间相位"为2×+0°、"空间相位"为2×+0°；在第10帧处，设置"时间相位"为2×+200°、"空间相位"为2×+150°；第
20帧处，设置"时间相位"为4×+160°、"空间相位"为4×+125°；在第1秒05帧处，设置"时间相位"为4×+150°、"空
间相位"为4×+110°，如图5-83所示。

07 单击"动画制作工具2"后面的"添加"按钮，然后执行"属性>位置"命令，为图层添加"位置"属
性。用同样的方法完成"缩放""旋转"和"填充颜色>色相"属性的添加，如图5-84所示。

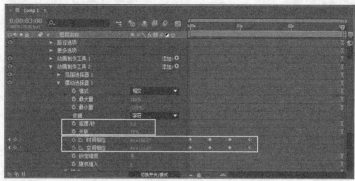
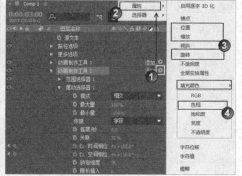

图5-83　　　　　　　　　　　　　　　　　　　　　　　　　　图5-84

08 展开"摆动选择器 1"选项组，在第1秒05帧处，设置"位置"为（400，400）、"缩放"为（600%，600%）、"旋转"为1×＋115.0°、"填充色相"为0×＋60.0°；在第2秒处，设置"位置"为（0，0）、"缩放"为（100%，100%）、"旋转"为0×＋0.0°、"填充色相"为0×＋0.0°，如图5-85所示，画面预览的效果如图5-86所示。

图5-85　　　　　　　　　　　　　　　　　　　　　　　　　　图5-86

After Effects

第 6 章　常用效果滤镜

本章知识索引

知识名称	作用	重要程度	所在页
过渡特效滤镜	滤镜的一种类型	高	P137
模糊特效滤镜	滤镜的一种类型	高	P141
常规特效滤镜	滤镜的一种类型	高	P145
透视特效滤镜	滤镜的一种类型	高	P153

本章实例索引

6.1 概述

After Effects 内置了大量的效果滤镜，这些滤镜种类繁多、效果强大，是衡量After Effects在行业中地位的有力保障。本章将介绍四大类型的特效滤镜，分别是过渡特效滤镜、模糊特效滤镜、常规特效滤镜和透视特效滤镜，这4类滤镜是工作中较为常用的滤镜，应用特别广泛。过渡滤镜用于制作画面切换时的特效，模糊滤镜用于制作模糊特效，常规滤镜综合了很多类型的特效，透视特效用于制作立体特效。通过本章的学习，可以为效果平淡的图像、影像，增添炫目的画面效果。

6.2 引导实例：镜头切换

素材位置	实例文件>CH06>引导实例：镜头切换
实例位置	实例文件>CH06>镜头切换_F.aep
视频位置	多媒体教学>CH06>镜头切换.mp4
难易指数	★★☆☆☆
技术掌握	使用"卡片擦除"制作图片之间的翻转过渡效果，以及使用"投影"制作阴影效果

本实例主要介绍"卡片擦除"效果的高级应用。通过对本实例的学习，读者可以掌握卡片翻转特效的制作方法，如图6-1所示。

图6-1

01 执行"合成>新建合成"菜单命令，创建一个预设为"自定义"的合成，设置"宽度"为640px、"高度"为480px、"持续时间"为4秒，"像素长宽比"为"方形像素"，并将其命名为"镜头切换"，如图6-2所示。

图6-2

02 执行"文件>导入>文件"菜单命令，打开素材文件夹中的"图片1.jpg、图片2.jpg和底纹.jpg"文件，将它们全部添加到"镜头切换01"合成的时间轴上，如图6-3所示。

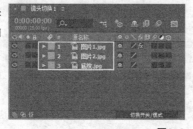

图6-3

03 关闭"图片2"图层的显示开关，设置"图片1"图层的"缩放"值为（79，90%）、"图片2"图层的"缩放"值为（177，79%），如图6-4所示。

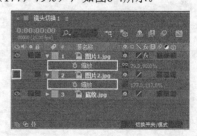

图6-4

04 选择"图片1"图层，执行"效果>过渡>卡片擦除"菜单命令，画面的预览效果如图6-5所示。

图6-5

05 展开"卡片擦除"选项组,设置"过渡完成"为84%、"过渡宽度"为17%、"背景图层"为"2.图片2.jpg"、"列数"为31、"翻转轴"为"随机"、"翻转方向"为"正向"、"翻转顺序"为"渐变"、"渐变图层"为"1.图片1.jpg"、"随机时间"为1,然后展开"摄像机位置"选项组,设置"Z位置"为1.26、"焦距"为27,如图6-6所示。

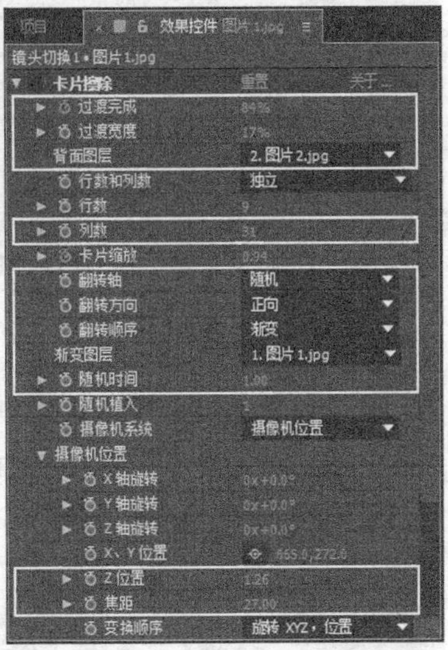

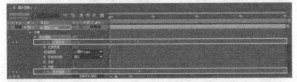

图6-6

06 展开"图片1"的"卡片擦除"选项组,在第0秒处设置"过渡完成"为100%、"卡片缩放"为1;在第20帧处,设置"卡片缩放"为0.94;在第3秒24帧处,设置"过渡完成"为0%、"卡片缩放"为1,如图6-7所示,画面预览效果如图6-8所示。

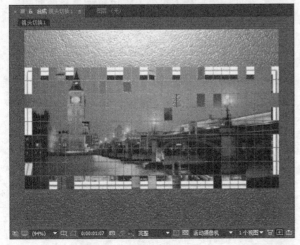

图6-7

图6-8

07 选择"图片1"图层,执行"效果>透视>投影"菜单命令,展开"投影"参数栏,设置"柔和度"为5,如图6-9所示。

图6-9

08 按小键盘上的数字键0,预览最终效果,如图6-10所示。

图6-10

6.3 过渡特效滤镜

在过渡组中,主要学习"过渡"滤镜组中的"块状融合""卡片擦除""线性擦除"和"百叶窗"滤镜的方法,通过使用这些滤镜,可以完成图层间的一些常见的过渡效果。

本节知识概要

知识名称	作用	重要程度	所在页
关于块融合	一种过渡类型的滤镜	高	P137
关于卡片擦除	一种过渡类型的滤镜	高	P138
关于线性擦除	一种过渡类型的滤镜	高	P139
关于百叶窗	一种过渡类型的滤镜	高	P139

6.3.1 关于块融合

"块融合"滤镜可以通过随机产生的板块(或条纹状)来溶解图像,在两个图层的重叠部分进行切换转场。

执行"效果>过渡>块融合"菜单命令,然后在"效果控件"面板中展开滤镜的参数,如图6-11所示。

图6-11

块融合参数介绍

• **过渡完成**：控制转场完成的百分比。值为0时，完全显示当前层画面，值为100%时完全显示切换层画面，效果如图6-12所示。

图6-12

• **块宽度**：控制融合块状的宽度，效果如图6-13所示。

图6-13

• **块高度**：控制融合块状的高度，效果如图6-14所示。

图6-14

• **羽化**：控制融合块状的羽化程度。

• **柔化边缘**：设置图像融合边缘的柔和控制（仅当质量为最佳时有效）。

6.3.2 关于卡片擦除

"卡片擦除"滤镜可以模拟卡片的翻转并通过擦除切换到另一个画面。执行"效果>过渡>卡片擦除"菜单命令，然后在"效果控件"面板中展开滤镜的参数，如图6-15所示。

图6-15

卡片擦除参数介绍

• **过渡完成**：控制转场完成的百分比。值为0时，完全显示当前层画面；值为100%时，完全显示切换层画面，效果如图6-16所示。

图6-16

• **过渡宽度**：控制卡片擦拭宽度，效果如图6-17所示。

图6-17

• **背面图层**：在下拉列表中设置一个与当前图层进行切换的背景。

• **行数和列数**：在"独立"方式下，"行数"和"列数"参数是相互独立的；在"列数受行数限制"方式下，"列数"参数由"行数"控制。

"行/列数"：设置卡片行/列的值，当在"列数受行数限制"方式下无效，效果如图6-18所示。

图6-18

• **卡片缩放**：控制卡片的尺寸大小，效果如图6-19所示。

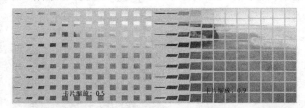

图6-19

• **翻转轴**：在下拉列表中设置卡片翻转的坐标轴向。*x/y*分别控制卡片在*x*轴或者*y*轴翻转，"随机"设置在*x*轴和*y*轴上无序翻转。

• **"翻转方向"**：在下拉列表中设置卡片翻转的方向。"正向"设置卡片正向翻转，"反向"设置卡片反向翻转，"随机"设置随机翻转。

• **翻转顺序**：设置卡片翻转的顺序。

• **渐变图层**：设置一个渐变层影响卡片切换效果。

• **随机时间**：可以对卡片进行随机定时设置，使所有的卡片翻转时间产生一定偏差，而不是同时翻转。

• **随机植入**：设置卡片以随机切换，不同的随机值将产生不同的效果。

• **摄像机系统**：控制用于滤镜的摄像机系统。选择不同的摄像机系统其效果也不同。选择"摄像机位置"后可以通过下方的"摄像机位置"参数控制摄像机观察效果；选择"边角定位"后将由"边角定位"参数控制摄像机效果；选择"合成摄像机"则通过合成图像中的摄像机控制其效果，比较适用于当滤镜层为3D层时的情况。

• **位置抖动**：可以对卡片的位置进行抖动设置，使卡片产生颤动的效果。在其属性中可以设置卡片在*x*轴、*y*轴、*z*轴的偏移颤动以及"抖动量"，还可以控制"抖动速度"，效果如图6-20所示。

图6-20

• **旋转抖动**：可以对卡片的旋转进行抖动设置，属性控制与"位置抖动"类似，效果如图6-21所示。

图6-21

6.3.3 关于线性擦除

"线性擦除"滤镜以线性的方式从某个方向形成擦除效果，以达到切换转场的目的。执行"效果>过渡>线性擦除"菜单命令，然后在"效果控件"面板中展开滤镜的参数，如图6-22所示。

图6-22

线性擦除参数介绍

• **过渡完成**：控制转场完成的百分比。

• **擦除角度**：设置转场擦除的角度，效果如图6-23所示。

图6-23

• **羽化**：控制擦除边缘的羽化。

6.3.4 关于百叶窗

"百叶窗"滤镜通过分割的方式对图像进行擦拭，以达到切换转场的目的，就如同生活中的百叶窗闭合一样。执行"效果>过渡>线性擦除"菜单命令，然后在"效果控件"面板中展开滤镜的参数，如图6-24所示。

图6-24

百叶窗滤镜参数介绍

- **过渡完成**：控制转场完成的百分比。
- **方向**：控制擦拭的方向。
- **宽度**：设置分割的宽度，效果如图6-25所示。

图6-25

- **羽化**：控制分割边缘的羽化。

功能实战01：卡片翻转式文字

素材位置	实例文件>CH06>功能实战01：卡片翻转式文字
实例位置	实例文件>CH06>卡片翻转式文字_F.aep
视频位置	多媒体教学>CH06>卡片翻转式文字.mp4
难易指数	★★☆☆☆
技术掌握	学习"卡片擦除"效果和"线性擦除"效果的应用

　　本实例主要介绍"卡片擦除"和"线性擦除"效果的配合使用，通过对本实例的学习，读者可以掌握卡片翻转式文字的制作方法，如图6-26所示。

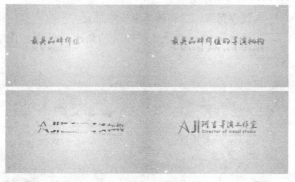

图6-26

　　01 执行"合成>新建合成"菜单命令，设置合成的"合成名称"为"卡片翻转式文字"、"宽度"为720px、"高度"为405px、"像素长宽比"为"方形像素"、"持续时间"为4秒，如图6-27所示。

图6-27

　　02 执行"文件>导入>文件"菜单命令，打开素材文件夹中的"背景.mov、Aji.mov和机构.mov"文件，并将其添加到"卡片翻转式文字"合成的时间轴上，如图6-28所示。

图6-28

　　03 关闭Aji.mov图层的显示，如图6-29所示。选择"机构.mov"图层，执行"效果>过渡>线性擦除"菜单命令，在"线性擦除"面板中设置"过渡完成"为95、"擦除角度"为0×-90.0°、"羽化"为100，如图6-30所示。

图6-29

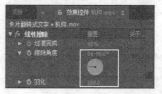

图6-30

　　04 设置"过渡完成"属性的动画关键帧。在第0帧处，设置"过渡完成"的值为95%；在第20帧处，设置"过渡完成"的值为0%，如图6-31所示。

图6-31

　　05 选择"机构.mov"图层，然后执行"效果>过渡>卡片擦除"菜单命令，接着设置"背面图层"的选项为2.Aji.mov、"翻转方向"为"反向"、"渐变图层"为2.Aji.mov，如图6-32所示。

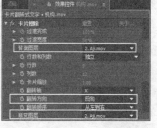

图6-32

06 设置"卡片擦除"效果中"过渡完成"属性的动画关键帧。在第1秒15帧处,设置"过渡完成"的值为0%;在第3秒处,设置"过渡完成"的值为100%,如图6-33所示。

07 按小键盘上的数字键0,预览最终效果,如图6-34所示。

图6-33

图6-34

练习实例01:镜头转场特技

素材位置	实例文件>CH06>练习实例01:镜头转场特技
实例位置	实例文件>CH06>镜头转场特技_F.aep
视频位置	多媒体教学>CH06>镜头转场特技.mp4
难易指数	★★☆☆☆
技术掌握	掌握"块状融合"滤镜的用法

本实例主要应用到了"块状融合"来制作镜头转场特技,效果如图6-35所示。

图6-35

【制作提示】

- **第1步**:新建项目,然后导入"图片01.jpg"和"图片02.jpg"。
- **第2步**:为"图片01.jpg"和"图片02.jpg"添加"块融合"滤镜,然后调整参数。
- **第3步**:为"图片01.jpg"和"图片02.jpg"的"过渡完成"和"缩放"属性,设置关键帧动画。
- 制作流程如图6-36所示。

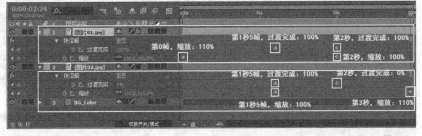

图6-36

6.4 模糊特效滤镜

在模糊组中,主要学习"模糊和锐化"滤镜组下的"快速模糊""高斯模糊""镜头模糊""复合模糊"和"径向模糊"滤镜的使用方法,通过使用这些滤镜,可以使图层产生模糊效果,这样即使是平面素材的后期合成处理,也能给人以对比和空间感,获得更好的视觉感受。

本节知识概要

知识名称	作用	重要程度	所在页
关于快速模糊/高斯模糊	一种模糊类型的滤镜	高	P142
关于摄像机镜头模糊	一种模糊类型的滤镜	高	P142
关于径向模糊	一种模糊类型的滤镜	高	P143

6.4.1 关于快速模糊/高斯模糊

"快速模糊"和"高斯模糊"这两个滤镜的参数都差不多，都可以用来模糊和柔化图像，去除画面中的杂点。

选择要添加效果的图层，然后执行"效果>模糊和锐化>快速模糊/高斯模糊"菜单命令，在"效果控件"面板中展开滤镜的参数，如图6-37所示。

图6-37

快速模糊/高斯模糊参数介绍

• **模糊度：** 用来设置画面的模糊强度，效果如图6-38所示。

图6-38

• **模糊方向：** 用来设置图像模糊的方向，有以下3个选项

• **水平和垂直：** 图像在水平和垂直方向都产生模糊。

• **水平：** 图像在水平方向上产生模糊，效果如图6-39所示。

• **垂直：** 图像在垂直方向上产生模糊，效果如图6-40所示。

图6-39

图6-40

• **重复边缘像素：** "快速模糊"滤镜中有该参数，主要用来设置图像边缘的模糊，效果如图6-41所示。

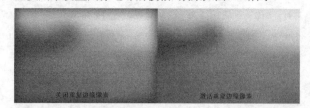

图6-41

通过上述参数对比，两个滤镜之间的区别在于"快速模糊"比"高斯模糊"多了"重复边缘像素"选项。当图像设置为高质量时，"快速模糊"滤镜与"高斯模糊"滤镜效果极其相似，只不过"快速模糊"对于大面积的模糊速度更快，且可以控制图像边缘的模糊重复值。

6.4.2 关于摄像机镜头模糊

"摄像机镜头模糊"滤镜可以用来模拟不在摄像机聚焦平面内物体的模糊效果（即用来模拟画面的景深效果），其模糊的效果取决于"光圈属性"和"模糊图"的设置。

执行"效果>模糊和锐化>摄像机镜头模糊"菜单命令，在"效果控件"面板中展开滤镜的参数，如图6-42所示。

图6-42

摄像机镜头模糊参数介绍

• **模糊半径：** 设置镜头模糊的半径大小。

• **光圈属性：** 设置摄像机镜头的属性。

• **形状：** 用来控制摄像机镜头的形状。一共有"三角形""正方形""五边形""六边形""七边形""八边形""九边形"和"十边形"8种。

• **圆度：** 用来设置镜头的圆滑度。

• **长宽比：** 用来设置镜头的画面比率。

• **模糊图：** 用来读取模糊图像的相关信息。

- **图层：** 指定设置镜头模糊的参考图层。
- **声道：** 指定模糊图像的图层通道。
- **位置：** 指定模糊图像的位置。
- **模糊焦距：** 指定模糊图像焦点的距离。
- **反转模糊图：** 用来反转图像的焦点。
- **高光：** 用来设置镜头的高光属性。
- **增益：** 用来设置图像的增益值。
- **阈值：** 用来设置图像的阈值。
- **饱和度：** 用来设置图像的饱和度。

6.4.3 关于径向模糊

"径向模糊"滤镜围绕自定义的一个点产生模糊效果，常用来模拟镜头的推拉和旋转效果。在图层高质量开关打开的情况下，可以指定抗锯齿的程度，在草图质量下没有抗锯齿作用。

执行"效果>模糊和锐化>径向模糊"菜单命令，在"效果控件"面板中展开滤镜的参数，如图6-43所示。

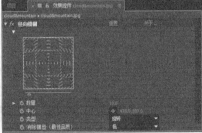

图6-43

径向模糊参数介绍

- **数量：** 设置径向模糊的强度，效果如图6-44所示。

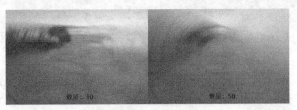

图6-44

- **中心：** 设置径向模糊的中心位置，效果如图6-45所示。

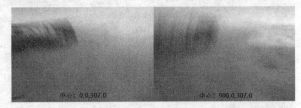

图6-45

- **类型：** 设置径向模糊的样式，共有两种样式。
- **旋转：** 围绕自定义的位置点，模拟镜头旋转的效果，如图6-46所示。
- **径向：** 围绕自定义的位置点，模拟镜头推拉的效果，如图6-47所示。

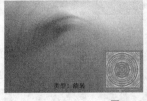

图6-46 图6-47

- **消除锯齿（最佳品质）：** 设置图像的质量，共有两种质量。
- **低：** 设置图像的质量为草图级别（低级别）。
- **高：** 设置图像的质量为高质量。

功能实战02：空间幻影

素材位置	实例文件>CH06>功能实战02：空间幻影
实例位置	实例文件>CH06>空间幻影_F.aep
视频位置	多媒体教学>CH06>空间幻影.mp4
难易指数	★★☆☆☆
技术掌握	使用"快速模糊"效果增加运动感

本实例主要介绍"快速模糊"效果的应用。通过对本实例的学习，读者可以掌握空间幻影特效的制作方法，如图6-48所示。

6-48

01 执行"文件>打开项目"菜单命令，然后在素材文件夹中选择"空间幻影_I.aep"，接着在"项目"面板中双击"空间幻影"加载合成，如图6-49所示，"合成"面板中的效果如图6-50所示。

02 选择图层"空间幻影"，然后执行"效果>模糊和锐化>快速模糊"，如图6-51所示。

图6-49

图6-50

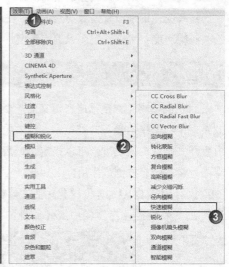

图6-51

03 在"时间轴"面板中，展开"效果>快速模糊"选项组，然后设置"模糊度"的动画关键帧。在第0帧处，设置"模糊度"为2；在第12帧处，设置"模糊度"为15；在第1秒12帧处，设置"模糊度"为15；在第2秒处，设置"模糊度"为2，如图6-52所示。

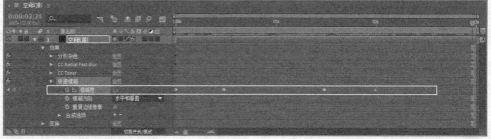

图6-52

04 设置"模糊方向"为"水平""重复边缘像素"为"开"，如图6-53所示。

05 按小键盘上的数字键0，预览最终效果，如图6-54所示。

图6-53

图6-54

练习实例02：镜头视觉中心

素材位置	实例文件>CH06>练习实例02：镜头视觉中心
实例位置	实例文件>CH06>镜头视觉中心_F.aep
视频位置	多媒体教学>CH06>镜头视觉中心.mp4
难易指数	★★★☆☆
技术掌握	掌握"摄像机镜头模糊"滤镜的用法

本实例主要应用到了"摄像机镜头模糊"来制作镜头视觉中心，效果如图6-55所示。

图6-55

【制作提示】

• 第1步：打开项目文件"镜头视觉中心_1.aep"。

• 第2步：在项目Blur Map Comp 2中，新建一个纯色层，然后为其添加一个"梯度渐变"滤镜，接着设置其属性。

• 第3步：在项目"摄像机镜头模糊"中，选择Clip.jpg图层，为其添加一个"摄像机镜头模糊"滤镜，然后设置属性。

• 制作流程如图6-56所示。

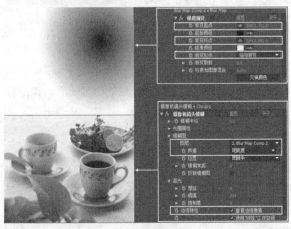

图6-56

6.5 常规特效滤镜

在常规组中，主要学习"生成"滤镜组下的"渐变"滤镜和"四色渐变"滤镜，以及"风格化"滤镜组下的"发光"滤镜，通过使用这些滤镜，可以使图层产生渐变和发光效果。

本节知识概要

知识名称	作用	重要程度	所在页
关于发光	一种风格化类型的滤镜	高	P145
关于勾画	一种生成类型的滤镜	高	P146
关于四色渐变	一种生成类型的滤镜	高	P150
关于梯度渐变	一种生成类型的滤镜	高	P150
分形杂色	一种杂色和颗粒的滤镜	高	P151

6.5.1 关于发光

"发光"滤镜在经常用于图像中的文字、LOGO和带有Alpha通道的图像，产生发光的效果。选择要添加效果的图层，然后执行"效果>风格化>发光"菜单命令，效果如图6-57所示，在"效果控件"面板中展开"发光"滤镜的参数，如图6-58所示。

图6-57

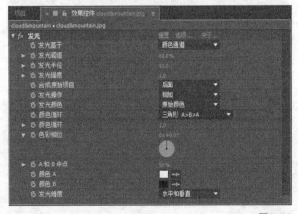

图6-58

发光参数介绍

• **发光基于**：设置光晕基于的通道，有以下两种类型。

• **Alpha通道**：基于Alpha通道的信息产生光晕，效果如图6-59所示。

• **颜色通道**：基于颜色通道的信息产生光晕，效果如图6-60所示。

图6-59　　　　　　　　　图6-60

• **发光阈值**：用来设置光晕的容差值，效果如图6-61所示。

图6-61

• **发光半径**：设置光晕的半径大小，效果如图6-62所示。

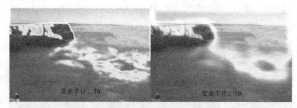

图6-62

• **发光强度**：设置光晕发光的强度值，效果如图6-63所示。

图6-63

• **合成原始项目**：用来设置源图层与光晕合成的位置顺序，有以下3种类型。

• **顶端**：源图层颜色信息在光晕的上面。

• **后面**：源图层颜色信息在光晕的后面。

• **无**：无。

• **发光操作**：用来设置发光的模式，类似层模式的选择。

• **发光颜色**：用来设置光晕颜色的控制方式，有以下3种类型。

• **原始颜色**：光晕的颜色信息来源于图像的自身颜色，效果如图6-64所示。

• **A和B颜色**：光晕的颜色信息来源于自定义的A

和B的颜色，效果如图6-65所示。

图6-64　　　　　　　　　图6-65

• **任意映射**：光晕的颜色信息来源于任意图像，效果如图6-66所示。

图6-66

• **颜色循环**：设置光晕颜色循环的控制方式。

• **颜色循环**：设置光晕的颜色循环。

• **色彩相位**：设置光晕的颜色相位。

• **A和B中点**：设置颜色A和B的中点百分比。

• **颜色A**：颜色A的颜色设置。

• **颜色B**：颜色B的颜色设置。

• **发光维度**：设置光晕作用方向。

6.5.2 关于勾画

"勾画"滤镜可在对象周围生成航行灯和其他基于路径的脉冲动画。选择要添加效果的图层，然后执行"效果>生成>勾画"菜单命令，效果如图6-67所示，在"效果控件"面板中展开"勾画"滤镜的参数，如图6-68所示。

图6-67

图6-68

发光参数介绍

• **描边**：描边基于的对象："图像等高线"或"蒙版/路径"。

• **图像等高线**：如果在"描边"菜单中选择"图像等高线"，则指定在其中获取图像等高线的图层，以及如何解释输入图层。

• **输入图层**：使用其图像等高线的图层。高对比度、灰度图层和Alpha通道均适用，且易于处理。

• **反转输入**：创建描边前反转输入图层。

• **如果图层大小不同**：确定输入图层的大小与应用有勾画效果的图层的大小不同时，调整图层的方式。"居中"用于将输入图层以其原始大小居中放置在合成图层中。"伸缩以适合"用于伸缩输入图层以匹配应用有勾画效果的图层。

• **通道**：用于定义等高线的输入图层的颜色属性。

• **阈值**：将低于或高于它的值映射到白色或黑色所使用的百分比值。

• **预模糊**：在对阈值采样之前使输入图层平滑。

• **容差**：定义描边适合输入图层的紧密程度。高值导致锐化转角，而低值使描边对杂色敏感。

• **渲染**：指定是将效果应用到图层中的所选等高线还是所有等高线。

• **选定等高线**：指定在"渲染"菜单中选择"选定等高线"时使用的等高线。

• **设置较短的等高线**：指定较短等高线的分段是否较少。默认情况下，效果将每个等高线分为相同数量的分段。

• **蒙版/路径**：用于描边的蒙版或路径。可以使用闭合或断开的蒙版。

• **片段**：用于设置描边的形态。

• **片段**：指定创建各描边等高线所用的段数。

• **长度**：确定与可能最大的长度有关的区段的描边长度。

• **片段分布**：确定区段的间距。

• **旋转**：为等高线周围的区段设置动画。

• **随机植入**：指定每个等高线的描边起始点都不同。默认情况下，效果在屏幕上的其最高点对等高线开端描边。如果高度相同，则从最左边的最高点开始。

• **正在渲染**：用于设置描边的外观。

• **混合模式**：确定描边应用到图层的方式。"透明"用于在透明背景上创建效果；"上面"用于将描边放置在现有图层上面；"下面"用于将描边放置在现有图层后面；"模板"用于使用描边作为Alpha通道蒙版，并使用原始图层的像素填充描边。

• **颜色**：在不选择"模板"作为"混合模式"时，指定描边的颜色。

• **宽度**：指定描边的宽度，以像素为单位。支持小数值。

• **硬度**：确定描边边缘的锐化程度或模糊程度。值为1，可创建略微模糊的效果；值为0.0，可使线条变模糊，以使纯色区域的颜色几乎不能保持不变。

• **起始点/中点/结束点不透明度**：指定描边起始点、中点或结束点的不透明度。

• **中点位置**：指定区段内中点的位置：值越低，中点越接近起始点；值越高，中点越接近结束点。

功能实战03：心电图特技

素材位置	实例文件>CH06>功能实战03：心电图特技
实例位置	实例文件>CH06>心电图特技_F.aep
视频位置	多媒体教学>CH06>心电图特技.mp4
难易指数	★★☆☆☆
技术掌握	掌握"蒙版"的绘制和编辑，掌握"勾画"特效参数的设置

本实例主要介绍"蒙版"和"勾画"特效的综合应用。通过对本实例的学习，读者可以掌握心电图特效的模拟方法，如图6-69所示。

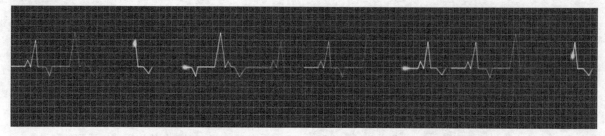

图6-69

01 执行"文件>打开项目"菜单命令，然后选择素材文件夹中的"心电图特技_I.aep"，接着在"项目"面板中双击"心电图"加载合成，如图6-70所示。

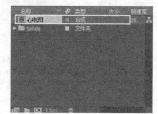

图6-70

02 执行"图层>新建>纯色"菜单命令，创建一个黑色的纯色图层，然后将其命名为"曲线"，如图6-71所示。

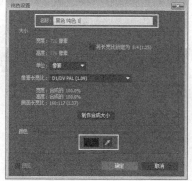

图6-71

03 选择"曲线"图层，使用"钢笔工具" 绘制一条波形的蒙版，如图6-72所示，最后将该图层的图层叠加模式设置为"相加"，如图6-73所示。

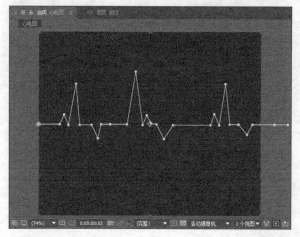

图6-72

04 选择"曲线"图层，执行"效果>生成>勾画"菜单命令，设置"描边"为"蒙版/路径"；展开"片段"选项组，设置"片段"为1、"长度"为0.9；展开"正在渲染"选项组，设置"宽度"为4.5，如图6-74所示，预览效果如图6-75所示。

图6-73

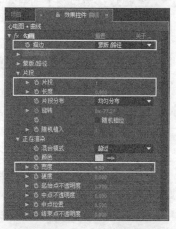

图6-74

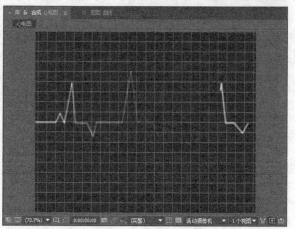

图6-75

05 设置"勾画"效果中"旋转"属性的关键帧动画,在第0秒处,设置其值为(0×-55°);在第4秒处,设置其值为(-2×-66°),如图6-76所示。

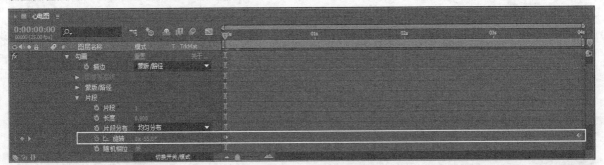

图6-76

06 选择"曲线"图层,然后按快捷键Ctrl+D复制出一个"曲线"图层,接着将其命名为"光点",选择"光点"图层,最后在"勾画"效果中设置"长度"为0.02、"宽度"为15,如图6-77所示。

07 修改"光点"图层的叠加模式为"相加",然后选择"光点"图层,按快捷键Ctrl+D复制出图层,如图6-78所示。

图6-77

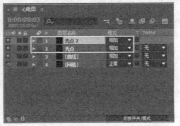

图6-78

08 按小键盘上的数字键0,预览最终效果,如图6-79所示。

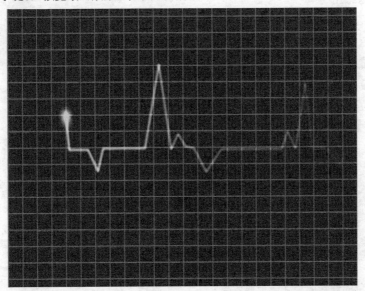

图6-79

6.5.3 关于四色渐变

"四色渐变"滤镜在一定程度上弥补了"梯度渐变"滤镜在颜色控制方面的不足。使用该滤镜还可以模拟霓虹灯、流光溢彩等迷幻效果。选择要添加效果的图层，然后执行"效果>生成>梯度渐变"菜单命令，效果如图6-80所示，在"效果控件"面板中展开"四色渐变"滤镜的参数，如图6-81所示。

图6-80

图6-81

四色渐变参数介绍

- **位置和颜色**：包含了4种颜色和每种颜色的位置。
- **点1**：设置颜色1的位置。
- **颜色1**：设置位置1处的颜色。
- **点2**：设置颜色2的位置。
- **颜色2**：设置位置2处的颜色。
- **点3**：设置颜色3的位置。
- **颜色3**：设置位置3处的颜色。
- **点4**：设置颜色4的位置。
- **颜色4**：设置位置4处的颜色。
- **混合**：设置4种颜色之间的融合度，效果如图6-82所示。

图6-82

- **抖动**：设置颜色的颗粒效果（或扩展效果）。

- **不透明度**：设置四色渐变的不透明度。
- **混合模式**：设置四色渐变与源图层的图层叠加模式。

> **技巧与提示**
> 在"效果控件"面板中，选择应用效果标题使之呈高亮显示，如图6-83所示，然后按Delete键可删除该滤镜

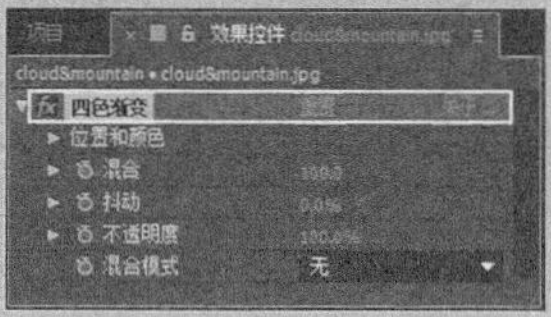

图6-83

6.5.4 关于梯度渐变

"梯度渐变"滤镜可以用来创建色彩过渡的效果，其应用频率非常高。选择要添加效果的图层，然后执行"效果>生成>梯度渐变"菜单命令，效果如图6-84所示，在"效果控件"面板中展开"梯度渐变"滤镜的参数，如图6-85所示。

图6-84

图6-85

梯度渐变参数介绍

- **渐变起点**：用来设置渐变的起点位置。
- **起始颜色**：用来设置渐变开始位置的颜色。
- **渐变终点**：用来设置渐变的终点位置。
- **结束颜色**：用来设置渐变终点位置的颜色。
- **渐变形状**：用来设置渐变的类型。
- **线性渐变**：沿着一根轴线（水平或垂直）改变颜色，从起点到终点颜色进行顺序渐变。
- **径向渐变**：从起点到终点颜色从内到外进行圆形渐变，效果如图6-86所示。

- **渐变散射**：用来设置渐变颜色的颗粒效果（或扩展效果）。
- **与原始图像混合**：用来设置与源图像融合的百分比，效果如图6-87所示。

图6-86　　　　　　　　　图6-87

- **交换颜色**：使"渐变起点"和"渐变终点"的颜色交换。

 技巧与提示

在"效果控件"面板中，单击应用效果标题前的 fx 按钮，可激活或关闭所应用的滤镜，如图6-88所示。

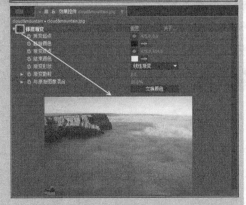

图6-88

6.5.5 分形杂色

"分形杂色"滤镜可使用柏林杂色创建用于自然景观背景、置换图和纹理的灰度杂色，或模拟云、火、熔岩、蒸汽、流水等效果。选择要添加效果的图层，然后执行"效果>杂色和颗粒>分形杂色"菜单命令，效果如图6-89所示，在"效果控件"面板中展开"分形杂色"滤镜的参数，如图6-90所示。

图6-89

图6-90

发光参数介绍

- **分形类型**：分形杂色是通过为每个杂色图层生成随机编号的网格来创建的。
- **杂色类型**：在杂色网格中的随机值之间使用的插值的类型。
- **对比度**：默认值为100，较高的值可创建较大的、定义更严格的杂色黑白区域，通常显示不太精细的细节，较低的值可生成更多灰色区域，以使杂色柔和，效果如图6-91所示。

图6-91

- **溢出**：重映射 0~1.0 之外的颜色值，包括以下4个参数。
- **剪切**：重映射值，以使高于 1.0 的所有值显示为纯白色，低于 0 的所有值显示为纯黑色。
- **柔和固定**：在无穷曲线上重映射值，以使所有值均在范围内。
- **反绕**：三角形式的重映射，以使高于 1.0 的值或低于 0 的值退回到范围内。
- **允许 HDR 结果**：不执行重映射，保留 0~1.0

以外的值。

• **变换**：用于旋转、缩放和定位杂色图层的设置。如果选择"透视位移"，则图层看起来像在不同深度一样。

• **复杂度**：为创建分形杂色合并的（根据"子设置"）杂色图层的数量，增加此数量将增加杂色的外观深度和细节数量，效果如图6-92所示。

图6-92

• **子设置**：用于控制此合并方式，以及杂色图层的属性彼此偏移的方式，包括以下3个参数。

• **子影响**：每个连续图层对合并杂色的影响。值

为100%，所有迭代的影响均相同。值为50%，每个迭代的影响均为前一个迭代的一半。值为0%，则使效果看起来就像"复杂度"为1时的效果一样。

• **子缩放/旋转/位移**：相对于前一个杂色图层的缩放百分比、角度和位置。

• **中心辅助比例**：从与前一个图层相同的点计算每个杂色图层。此设置可生成彼此堆叠的重复杂色图层的外观。

• **演化**：使用渐进式旋转，以继续使用每次添加的旋转更改图像。

• **演化选项**："演化"的选项。

• **循环演化**：创建在指定时间内循环的演化循环。

• **循环（旋转次数）**：指定重复前杂色循环使用的旋转次数。

• **随机植入**：设置生成杂色使用的随机值。

功能实战04：浮雕效果

素材位置	实例文件>CH06>功能实战04：浮雕效果
实例位置	实例文件>CH06>浮雕效果_F.aep
视频位置	多媒体教学>CH06>浮雕效果.mp4
难易指数	★★☆☆☆
技术掌握	掌握学习"分形杂色"效果的使用

本实例主要介绍"分形杂色"效果的使用方法。通过对本实例的学习，读者可以掌握浮雕效果的制作方法，如图6-93所示。

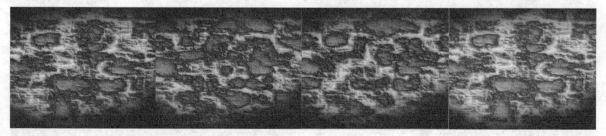

图6-93

01 执行"文件>打开项目"菜单命令，然后在素材文件夹中选择"浮雕效果_I.aep"，接着在"项目"面板中双击"浮雕空间"加载合成，如图6-94所示。

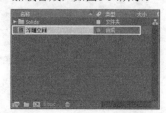

图6-94

02 在"时间轴"面板汇总选择"浮雕空间"图层，然后执行"效果>杂色和颗粒>分形杂色"菜单命令，如图6-95所示。

图6-95

03 然后在"效果控件"面板中，设置"分形类型"为"湍流锐化"、"杂色类型"为"柔和线性"、勾选"反转"选项、"对比度"为100、"亮度"为-20、设置"溢出"为"反绕"，接着在"变换"选项组中，设置"缩放宽度"为200、"缩放高度"为100、"偏移（湍流）"为（303.8，240），如图6-96所示。

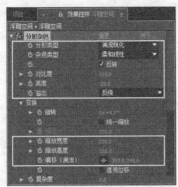

图6-96

04 设置"分形杂色"效果的关键帧动画。在第0帧处，设置"对比度"为100、"亮度"为-20、"旋转"为0×+0°、"演化"为0×+0°；在第3秒处，设置"对比度"为111.3、"亮度"为-8.7、"旋转"为0×+2.3°、"演化"为0×+162.2°，如图6-97所示，预览效果如图6-98所示。

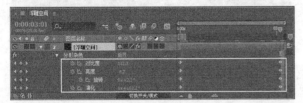

图6-97

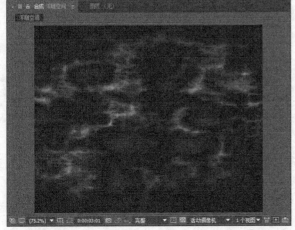

图6-98

05 在"效果控件"面板中，选择"分形杂色"效果，然后按住鼠标左键并拖曳至顶层，如图6-99所示。

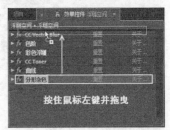

图6-99

06 按小键盘上的数字键0，预览最终效果，如图6-100所示。

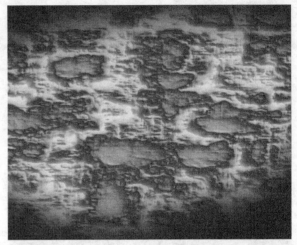

图6-100

6.6 透视特效滤镜

在透视组中，主要学习"透视"滤镜组中的"斜面Alpha""投影"和"径向投影"滤镜的使用方法，通过使用这些滤镜，可以使图层产生光影等立体效果。

本节知识概要

知识名称	作用	重要程度	所在页
关于斜面Alpha	一种透视类型的滤镜	高	P153
关于投影/径向投影	一种透视类型的滤镜	高	P154

6.6.1 关于斜面Alpha

"斜面Alpha"滤镜，通过二维的Alpha（通道）使图像出现分界，形成假三维的倒角效果。执行"效果>透视>斜面Alpha"菜单命令，然后在"效果控件"面板中展开滤镜的参数，如图6-101所示。

图6-101

斜面Alpha参数介绍

• **边缘厚度：**用来设置图像边缘的厚度，效果如图6-102所示。

图6-102

• **灯光角度：**用来设置灯光照射的角度。

• **灯光颜色：**用来设置灯光照射的颜色。

• **灯光强度：**用来设置灯光照射的强度，效果如图6-103所示。

图6-103

6.6.2 关于投影/径向投影

"投影"滤镜与"径向投影"滤镜的区别在于，"投影"滤镜所产生的图像阴影形状是由图像的Alpha（通道）所决定的，而"径向投影"滤镜则通过自定义光源点所在的位置并照射图像产生阴影效果。在"效果控件"面板中展开滤镜的参数，如图6-104所示。

图6-104

投影滤镜参数介绍

• **阴影颜色：**用来设置图像投影的颜色效果。

• **不透明度：**用来设置图像投影的透明度效果。

• **方向：**用来设置图像的投影方向。

• **距离：**用来设置图像投影到图像的距离，如图6-105所示。

图6-105

• **柔和度：**用来设置图像投影的柔化效果，效果如图6-106所示。

图6-106

• **仅阴影：**用来设置单独显示图像的投影效果。

径向滤镜参数介绍

• **光源：**用来设置自定义灯光的位置。

• **距离：**用来设置图像投影到图像的距离。

• **渲染：**用来设置图像阴影的渲染方式。

• **色彩影响：**可以调节有色投影的范围影响。

• **调整图层的大小：**用来设置阴影是否适用于当前图层而忽略当前层的尺寸。

功能实战05：镜头切换

素材位置	实例文件>CH06>功能实战05：镜头切换
实例位置	实例文件>CH06>镜头切换_F.aep
视频位置	多媒体教学>CH06>镜头切换.mp4
难易指数	★★☆☆☆
技术掌握	使用"斜面 Alpha"效果模拟图片的厚度，"投影"效果模拟阴影

本实例主要介绍"卡片擦除"效果的应用。通过对本实例的学习，读者可以掌握图片之间的随机舞动翻转过渡特效，如图6-107所示。

图6-107

01 执行"合成>新建合成"菜单命令，创建一个预设为"自定义"的合成，设置"宽度"为640px、"高度"为480px、"持续时间"为3秒，将其命名为"镜头切换"，如图6-108所示。

02 执行"文件>导入>文件"菜单命令，打开素材文件夹中的"图片1.jpg和图片2.jpg"文件，将它们全部添加到"镜头切换"合成的时间轴上，如图6-109所示。

03 关闭"图片2"图层的显示，设置"图片1"的"缩放"为(65, 65%)、"图片2"的"缩放"为(65, 65%)，如图6-110所示。

图6-108

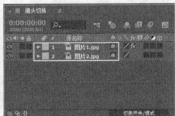

图6-109

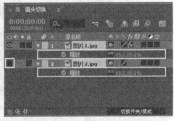

图6-110

04 选择"图片1"图层，执行"效果>过渡>卡片擦除"菜单命令，然后在"效果控件"面板中设置"过渡完成"为0%、"过渡宽度"为100%、"背面图层"为"2.图片2.jpg"、"行数"和"列数"为18、"翻转轴"和"翻转方向"为"随机"、"渐变图层"为"无"、"随机时间"为1；在"摄像机位置"属性中，设置"X轴旋转"为(0×－25°)、"Y轴旋转"为(0×＋22°)、"镜头焦距"为50，如图6-111所示。

05 设置"卡片擦除"效果的相关属性的关键帧动画，在第1秒处，设置"过渡完成"的值为0%；在第2秒处，设置"过渡完成"的值为100%，如图6-112所示。

图6-111

图6-112

06 在第15帧，设置"X/Y/Z抖动量""X/Y/Z旋转抖动量"分别为0；在第1秒8帧和第1秒22帧处，设置"X/Y抖动量"分别为5、"Z抖动量"为25、"X/Y/Z旋转抖动量"分别为360；在第2秒15帧处，设置"X/Y/Z抖动量""X/Y/Z旋转抖动量"分别为0，如图6-113所示，效果如图6-114所示。

07 接下来制作背景，按快捷键Ctrl+Y，创建一个灰白色的纯色图层，将其命名为"背景"，设置"宽度"为640像素、"高度"为480 像素，如图6-115所示。

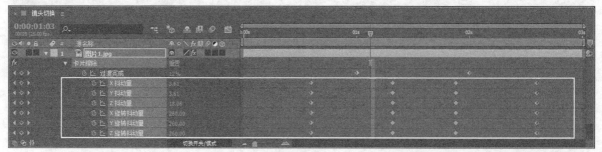

图6-113

图6-114

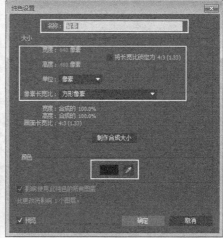

图6-115

08 选择"背景"图层，执行"效果>生成>梯度渐变"单命令，设置"渐变起点"为（320，238）、"起始颜色"为灰白色、"渐变终点"为（644，482）、"结束颜色"为灰色，"渐变形状"为"径向渐变"，如图6-116所示，画面的预览效果如图6-117所示。

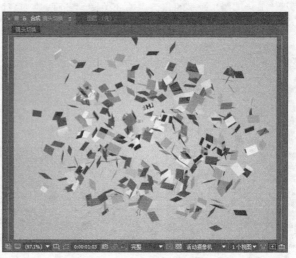

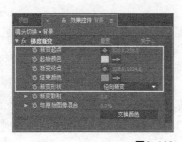

图6-116

图6-117

09 选择"图片1"图层,执行"效果>透视>斜面Alpha"菜单命令,然后执行"效果>透视>投影"菜单命令,接着在"效果控件"面板中展开"投影"效果,设置"距离"为18、"柔和度"为22,如图6-118所示。

10 按小键盘上的数字键0,预览最终效果,如图6-119所示。

图6-118   图6-119

6.7 本章总结

本章主要介绍了过渡特效滤镜、模糊特效滤镜、常规特效滤镜和透视特效滤镜4类滤镜。通过对本章的学习,可以制作一些效果丰富的特技。另外,在种类繁多的特效滤镜中,很多滤镜有共同之处,因此学习好本章的内容可以为其他滤镜做好铺垫,提升特效制作的技能。

6.8 综合实例:块状背景

素材位置	实例文件>CH06>综合实例:块状背景
实例位置	实例文件>CH06>块状背景_F.aep
视频位置	多媒体教学>CH06>块状背景.mp4
难易指数	★★★☆☆
技术掌握	学习"分形杂色"和"百叶窗"效果的运用

本实例主要介绍"分形杂色"和"百叶窗"效果的使用。通过对本实例的学习,读者可以掌握块状动态背景的制作方法,如图6-120所示。

图6-120

01 执行"文件>打开项目"菜单命令,然后在素材文件夹中选择"块状背景_I.aep",接着在"项目"面板中双击"背景"加载合成,如图6-121所示。

图6-121

02 选择Fractal Noise 2图层,然后执行"效果>杂色和颗粒>分形杂色"菜单命令,设置"分形类型"为"湍流基本"、"杂色类型"为"块"、"对比度"为85、"溢出"为"剪切";接着展开"变换"选项组,设置"缩放"为300、"偏移(湍流)"为(454,288)、"复杂度"为2.5;再展开"子设置"选项组，设置"子影响"为50、"子缩放"为35；最后展开"演变选项"选项组，勾选"循环演化"选项，如图6-122所示。

图6-122

03 展开"分形杂色"属性栏，为"演化"设置关键帧。在第0帧处，设置"演化"为（0×＋0°）；在第2秒24帧，设置"演化"为（0×＋270°），如图6-123所示，效果如图6-124所示。

图6-123

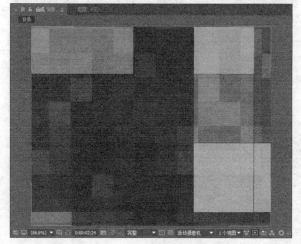

图6-124

04 选择图层Fractal Noise 2，然后在"效果控件"面板中，选择"分形杂色"效果并拖曳至顶层，如图6-125所示。

图6-125

05 执行"图层>新建>纯色"菜单命令，创建一个名为"优化1"的黑色纯色图层。选择该图层，执行"效果>过渡>百叶窗"菜单命令，设置"过渡完成"为55%、"方向"为（0×＋90°）、"宽度"为5、"羽化"为1，如图6-126所示。

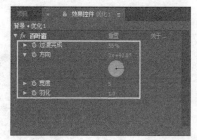

图6-126

06 设置该纯色图层的叠加模式为"叠加"，最后设置其"不透明度"的属性为10%，如图6-127所示。

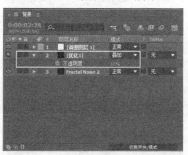

图6-127

07 按小键盘上的数字键0，预览最终效果，如图6-128所示。

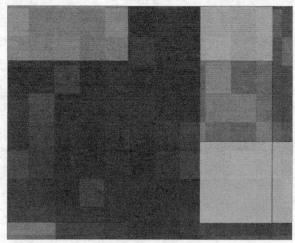

图6-128

After Effects

第 7 章 三维特效

本章知识索引

知识名称	作用	重要程度	所在页
After Effects的三维属性	开启与编辑三维效果	高	P163
灯光系统	创建与编辑灯光	高	P169
摄像机系统	创建与编辑摄像机	高	P173

本章实例索引

7.1 概述

After Effects是一款后期特效软件，但是也提供了强大的三维系统，在三维系统中可以创建三维图层、摄像机和灯光等进行三维特效合成。After Effects提供的三维图层虽然不能像专业的三维软件那样具有建模功能，但是在After Effects的三维空间中，图层之间同样可以利用三维景深来产生遮挡效果，并且三维图层自身也具备了接收和投射阴影的功能，因此After Effects也可以通过摄像机的功能来制作各种透视、景深及运动模糊等效果

7.2 引导实例：3D空间

素材位置	实例文件>CH07>引导实例：3D空间
实例位置	实例文件>CH07>3D空间_F.aep
视频位置	多媒体教学>CH07>3D空间.mp4
难易指数	★★★☆☆
技术掌握	掌握三维空间、摄像机和灯光的组合应用

本实例主要介绍了三维空间、摄像机和灯光的综合应用。通过对本实例的学习，读者可以掌握3D空间特效的制作方法，如图7-1所示。

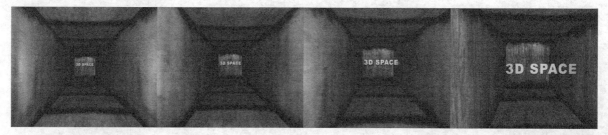

图7-1

01 执行"合成>新建合成"菜单命令，创建一个预置为PAL D1/DV的合成，然后设置"持续时间"为3秒，并将其命名为3D空间，如图7-2所示。

图7-3

图7-2

02 执行"文件>导入>文件"菜单命令，打开素材文件夹中的BG.jpg，然后将其拖曳到"时间轴"面板上，接着将图层重新命名为"左"，再打开图层的三维开关，设置"位置"为（193，320，-146）、"方向"为（0°，270°，0°），如图7-3和图7-4所示。

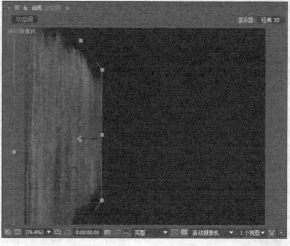

图7-4

03 选择"左"图层，然后按快捷键Ctrl+D复制出4个图层，并将其分别命名为"后""下""上"和"右"。修改"后"图层的"位置"为（440.6，320，2236）、"方向"为（0°，0°，0°），修改"下"图层的"位置"为（402，552，37）、"方向"为（270°，0°，0°），修改"上"图层的"位置"为（397，80，70）、"方向"为（270°，0°，0°），修改"右"图层的"位置"为（633，320，-132）、"方向"为（0°，270°，0°），如图7-5所示。

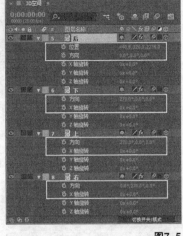

图7-5

04 选择"左"图层，执行"效果>风格化>动态拼贴"菜单命令，然后在"效果控件"面板中，设置"输出宽度"为500，如图7-6所示。

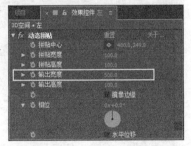

图7-6

05 使用同样的方法完成"右""上"和"下"图层的调节，调节之后的效果如图7-7所示。

图7-7

06 选择"上"图层，执行"效果>颜色校正>曲线"菜单命令，然后在"效果控件"面板中，调节在"绿色"通道中的曲线，如图7-8所示。

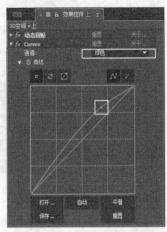

图7-8

07 使用同样的方法完成其他图层的调节，最后单独调整一下"后"图层的曲线设置，如图7-9和图7-10所示，效果如图7-11所示。

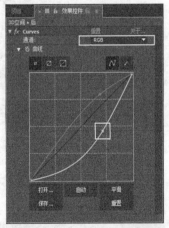

图7-9

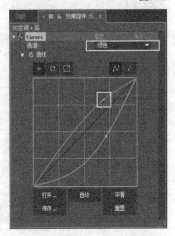

图7-10

图7-11

08 执行"图层>新建>灯光"菜单命令，创建一个灯光，然后设置"灯光类型"为"点"，接着设置"强度"为280%、"颜色"为（R:191，G:191，B:191），如图7-12所示。

图7-12

09 执行"图层>新建>摄像机"菜单命令，创建一个摄像机，设置"缩放"为263mm，如图7-13所示。

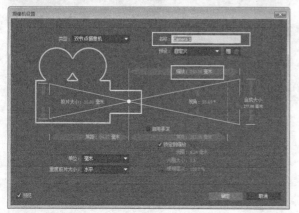

图7-13

10 设置摄像机的关键帧动画。在第0帧处，设置"目标点"为（397.5，320，-304）、"位置"为（397，320，-1050）；在第1秒处，设置"目标点"为（353，300，1405）、"位置"为（330，240，663），如图7-14所示。

图7-14

11 设置灯光位置的关键帧动画。在第0帧处，设置"位置"为（406，309，-575）；在第1秒处，设置"位置"为（406，255，925），如图7-15所示。

图7-15

12 使用"文字工具"■输入字母3D SPACE，然后在"字符"面板中设置"字体"为Arial、"字体大小"为48像素、"填充颜色"为（R:90，G:120，B:90）、"字符间"距为60，如图7-16所示。

图7-16

13 开启文字图层的三维开关，然后设置文字的"位置"为（280，300，1200），如图7-17所示。

图7-17

14 开启每个图层运动模糊的开关，如图7-18所示。

图7-18

15 按小键盘上的数字键0，预览最终效果，如图7-19所示。

图7-19

7.3 After Effects的三维属性

After Effects提供的三维图层功能，虽然不能像专业的三维软件那样具有建模能力，但在After Effects的三维空间系统中，图层之间同样可以利用三维属性来产生前后遮挡的效果，并且此时的三维图层自身也具备了接收和投射阴影的功能，因此在After Effects中通过摄像机的属性，就可以完成透视、景深及运动模糊等效果。

本节知识概要

知识名称	作用	重要程度	所在页
关于三维空间	三维空间的概念	中	P163
开启三维图层	开启三维图层的方法	中	P163
关于坐标系统	坐标的基础知识	中	P164
编辑三维图层	调整三维图层的属性	高	P165
设置材质属性	调整三维图层的材质	高	P166

7.3.1 关于三维空间

在三维空间中，"维"是一种度量单位，表示方向的意思，三维空间分为一维、二维和三维，如图7-20所示。由一个方向确立的空间为一维空间，一维空间呈现为直线型，拥有一个长度方向；由两个方向确立的空间为二维空间，二维空间呈现为面型，拥有长、宽两个方向；由3个方向确立的空间为三维空间，三维空间呈现为立体型，拥有长、宽、高3个方向。

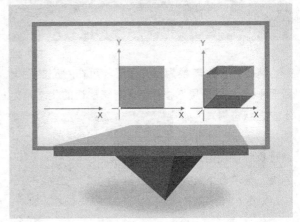

图7-20

对于三维空间，可以从多个不同的视角去观察空间结构，如图7-21所示。随着视角的变化，不同景深的物体之间也会产生一种空间错位的感觉，如在移动物体时可以发现处于远处的物体的变化速度比较缓慢，而近处的物体的变化速度则比较快。

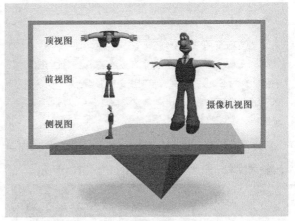

图7-21

7.3.2 开启三维图层

对于一些较复杂的三维场景，可以采用三维软件（如Maya、3ds Max、Cinema 4D等）与After Effects结

163

合来制作。只要方法恰当，再加上足够的耐心，就能制作非常漂亮和逼真的三维场景，如图7-22所示。

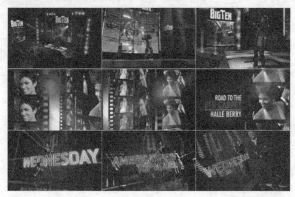

图7-22

将二维图层转换为三维图层，可在对应的图层后面单击“3D图层”按钮（系统默认的状态是处于空白状态），如图7-23所示，也可以通过执行“图层>3D图层”菜单命令来完成，如图7-24所示。

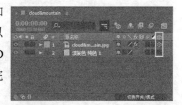

图7-23

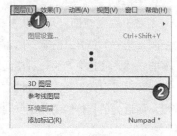

图7-24

> **技巧与提示**
>
> 在After Effects中，除了音频图层外，其他的图层都可以转换为三维图层。另外，使用文字工具创建的文字图层在激活了“启用逐字3D化”属性之后，还可以对单个的文字制作三维动画效果。

将二维图层转换为三维图层后，三维图层会增加一个z轴属性和一个“材质选项”属性，如图7-25所示。

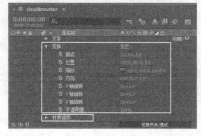

图7-25

> **技巧与提示**
>
> 在关闭图层的三维图层开关后，所增加的属性也会随之消失，所有涉及的三维参数、关键帧和表达式都将被自动删除，即使重新将二维图层转换为三维图层，这些参数设置也不会再恢复回来，因此将三维图层转换为二维图层时需要注意。

7.3.3 关于坐标系统

在After Effects的三维坐标系中，最原始的坐标系统的起点是在左上角，x轴从左向右不断增加，y轴从上到下不断增加，而z轴是从近到远不断增加，这与其他三维软件中的坐标系统有比较大的差别。

在操作三维图层对象时，可以根据轴向来对物体进行定位。在“工具”面板中，共有3种定位三维对象坐标的工具，分别是“本地轴模式”、“世界轴模式”和“视图轴模式”，如图7-26所示。

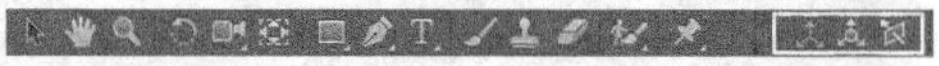

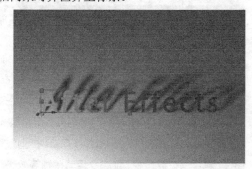

图7-26

1. 本地轴模式

“本地轴模式”是采用对象自身的表面作为对齐的依据，如图7-27所示。对于当前选择对象与世界坐标系不一致时特别有用，可以通过调节“本地轴模式”的轴向来对齐世界坐标系。

图7-27

> **技巧与提示**
>
> 如图7-27所示的操作手柄，红色箭头代表x轴，绿色箭头代表y轴，蓝色箭头代表z轴。

2. 世界轴模式

“世界轴模式”对齐于合成空间中的绝对坐标系，无论如何旋转3D图层，其坐标轴始终对齐于三维空间的三维坐标系，x轴始终沿着水平方向延伸，

*y*轴始终沿着垂直方向延伸，而*z*轴则始终沿着纵深方向延伸，如图7-28所示。

图7-28

3. 视图轴模式

"视图轴模式"对齐于用户进行观察的视图轴向。如在一个自定义视图中对一个三维图层进行了旋转操作，并且在后面还继续对该图层进行了各种变换操作，它的轴向仍然垂直于对应的视图。

对于摄像机视图和自定义视图，由于它们同属于透视图对于正交视图而言，由于它们没有透视关系，所以在这些视图中只能观察到*x*、*y*两个轴向，如图7-29所示。

图7-29

💡 **技巧与提示**

要显示或隐藏图层上的三维坐标轴、摄像机或灯光图层的线框图标、目标点和图层控制手柄，可以在"合成"面板的面板中，单击 ≡ 按钮选择"视图选项"命令，然后在弹出的对话框中进行相应的设置即可，如图7-30所示。

图7-30

如果要持久显示"合成"面板中的三维空间参考坐标系，可以在"合成"面板下方的栅格和标尺下拉菜单中选择"3D参考轴"命令来设置三维参考坐标，如图7-31和图7-32所示。

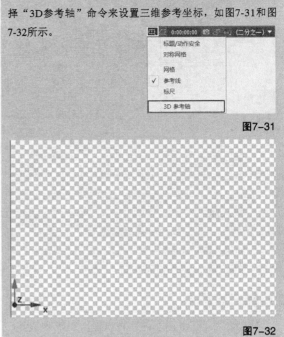

图7-31

图7-32

7.3.4 编辑三维图层

在三维空间中可以对对象进行移动和旋转操作，这样可以使对象具有更加丰富的三维效果。

1. 移动三维图层

在三维空间中移动三维图层、将对象放置在三维空间的指定位置或是在三维空间中为图层制作空间位移动画时，就需要对三维图层进行移动操作，移动三维图层的方法主要有以下两种。

第1种：在"时间轴"面板中对三维图层的"位置"属性进行调节，如图7-33所示。

图7-33

第2种：在"合成"面板中使用"选择工具"直接在三维图层的轴向上移动三维图层，如图7-34所示。

图7-34

2.旋转三维图层

按R键展开三维图层的旋转属性,可以观察到三
维图层的可操作旋转参数包含4个,分别是"方向"
和x/y/z旋转,而二维图层只有一个"旋转"属性,如
图7-35所示。

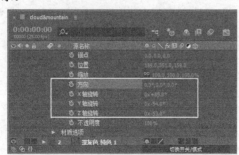

图7-35

旋转三维图层的方法主要有以下两种。

第1种:在"时间轴"面板中直接对三维图层
的"方向"属性或"旋转"属性进行调节,如图
7-36所示。

图7-36

第2种:在"合成"面板中使用"旋转工具"以
"方向"或"旋转"方式直接对三维图层进行旋转操
作,如图7-37所示。

图7-37

7.3.5 设置材质属性

将二维图层转换为三维图层后,该图层除了会新
增第3个维度的属性外,还增加一个"材质选项"属
性,该属性主要用来设置三维图层与灯光系统的相互
关系,如图7-38所示。

图7-38

材质选项参数介绍

- **投影**:决定三维图层是否投射阴影,包括

"关""开"和"仅"3个选项，其中"仅"选项表示三维图层只投射阴影，如图7-39所示。

图7-39

- **透光率**：设置物体接收光照后的透光程度，这个属性可以用来体现半透明物体在灯光下的照射效果，其效果主要体现在阴影上（物体的阴影会受到物体自身颜色的影响）。当"透光率"设置为0%时，物体的阴影颜色不受物体自身颜色的影响；当透光率设置为100%时，物体的阴影受物体自身颜色的影响最大，如图7-40所示。

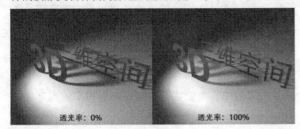

图7-40

- **接受阴影**：设置物体是否接受其他物体的阴影投射效果，包含"开"和"关"两种模式，如图7-41所示。

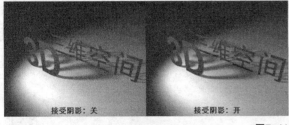

图7-41

- **接受灯光**：设置物体是否接受灯光的影响。设置为"开"模式时，表示物体接受灯光的影响，物体的受光面会受到灯光照射角度或强度的影响；设置为"关"模式时，表示物体表面不受灯光照射的影响，物体只显示自身的材质。
- **环境**：设置物体受环境光影响的程度，该属性只有在三维空间中存在环境光时才产生作用。
- **漫射**：调整灯光漫反射的程度，主要用来突出物体颜色的亮度。
- **镜面强度**：调整图层镜面反射的强度。
- **镜面反光度**：设置图层镜面反射的区域，其值越小，镜面反射的区域就越大。
- **金属质感**：调节镜面反射光的颜色。其值越接近100%，效果就越接近物体的材质；其值越接近0%，效果就越接近灯光的颜色。

> **技巧与提示**
> 只有当场景中使用了灯光系统，"材质选项"中的各个属性才能有作用。
> 使用"跟踪遮罩"时，蒙版图层必须位于最终显示图层的上一图层，并且在应用了轨道蒙版后，将关闭蒙版图层的可视性，如图7-42所示。另外，在移动图层顺序时一定要将蒙版图层和最终显示的图层一起进行移动。

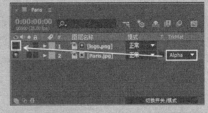

图7-42

功能实战01：展开盒子

素材位置	实例文件>CH07>功能实战01：展开盒子
实例位置	实例文件>CH07>展开盒子_F.aep
视频位置	多媒体教学>CH07>展开盒子.mp4
难易指数	★★★☆☆
技术掌握	掌握轴心点与三维图层控制的具体应用

本实例主要介绍掌握轴心点与三维图层控制的使用。通过对本实例的学习，读者可以掌握展开盒子动画的制作方法，如图3-43所示。

图7-43

01 执行"文件>打开项目"菜单命令，然后打开在素材文件夹中的"展开盒子_I.aep"，接着在"项目"面板中，双击"展开盒子"加载合成，如图7-44所示。

图7-44

02 执行"文件>导入>文件"菜单命令，然后导入在素材文件夹中的"风景A.jpg、风景B.jpg、标题.jpg、字母.jpg"，如图7-45所示。

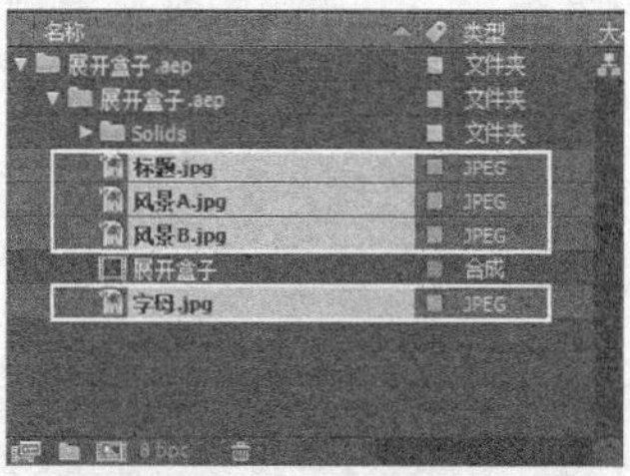

图7-45

03 将素材拖曳到"时间轴"窗口中，然后选择"风景B.jpg"和"字母.jpg"两个图层，按Ctrl+D组合键复制出两个副本图层，这样就正好是正方体的6个面，如图7-46所示。

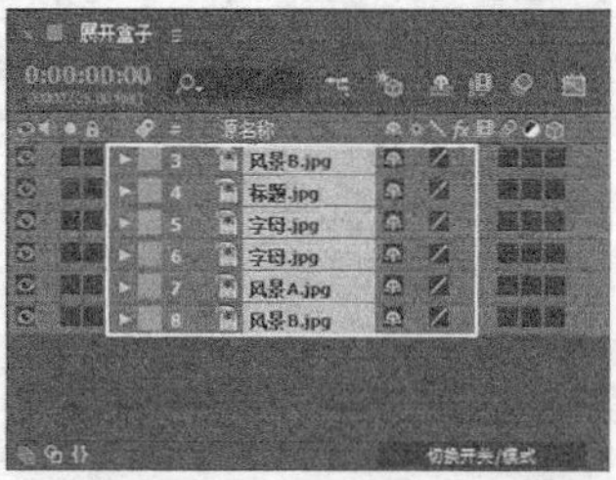

图7-46

04 依次将图层重新命名为"顶面""底面""侧面A""侧面B""侧面C"和"侧面D"，如图7-47所示。

图7-47

05 设置"顶面"图层的"位置"为（100，0）、"底面"图层的"位置"为（360，288）、"侧面A"图层的"位置"为（360，288）、"侧面B"图层的"位置"为（260，288）、"侧面C"图层的"位置"为（460，288）、"侧面D"图层的"位置"为（360，288），如图7-48所示。

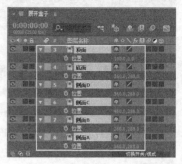

图7-48

06 选择所有的图层，然后将其设置为三维图层，接着以"底面"图层为基准，将其他5个图层摆放成一个盒子打开后的形状，再将侧面的4个图层的中心点分别放置在与"底面"图层相交的地方，最后将"顶面"图层的中心点设置在与侧面图层相交的地方，如图7-49所示。

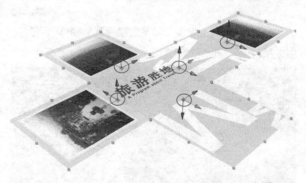

图7-49

技巧与提示

修改图层的"锚点"位置是为制作盒子打开动画做准备，因为新的图层中心点是图层进行旋转的依据，同时也是旋转的基准点和支撑点。

07 按快捷键Shift+F4打开父子控制面板。设置"顶面""底面""侧面A"和"侧面C"为"侧面B"的子物体，最后设置"侧面D"为"侧面C"的子物体，如图7-50所示。

图7-50

技巧与提示

设置父子图层关系是为了让父图层的变换属性能够影响到子图层的变换属性，以产生联动效应。就"顶面"图层而言，与它相交的侧面图层发生旋转时会使"顶面"图层也发生旋转，而"顶面"图层的旋转则不会影响到侧面图层。

08 设置图层的关键帧动画。在第0帧处，设置"顶面"图层的"X轴旋转"为0×+90°、"侧面"图层的"X轴旋转"为0×+0°、"侧面C"图层的"方向"为（90°，0°，0°）、"侧面B"图层的"方向"为（90°，0°，0°）、"侧面A"图层的"X轴旋转"为0×+0°，如图7-51所示。

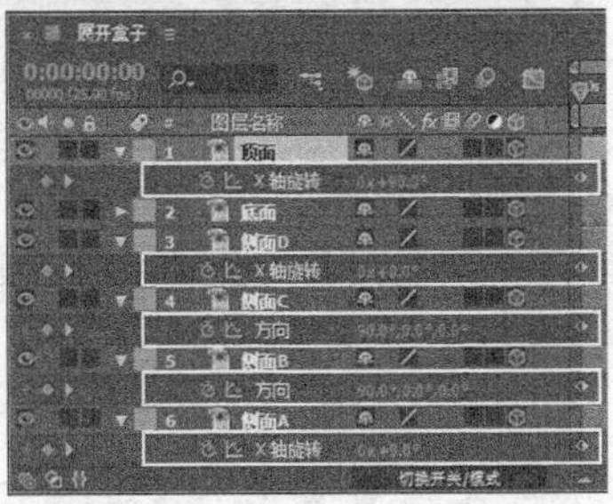

图7-51

09 在第5秒处，设置"顶面"图层的"X轴旋转"为0×+0°、"侧面"图层的"X轴旋转"为0×+90°、"侧面C"图层的"方向"为（90°，0°，90°）、"侧面B"图层的"方向"为（90°，0°，270°）、"侧面A"图层的"X轴旋转"为0×-90°，如图7-52所示。

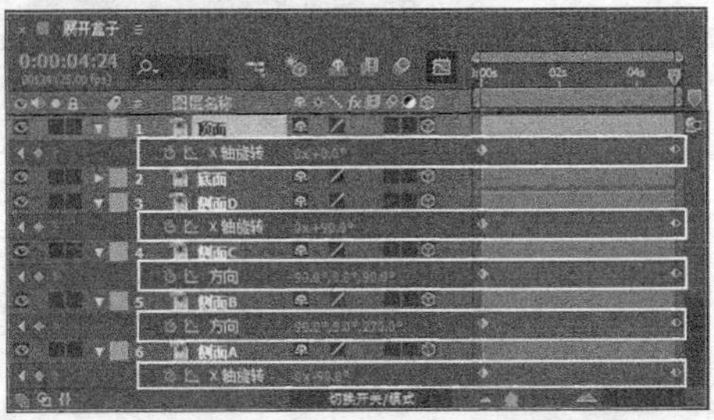

图7-52

10 按小键盘上的数字键0，预览最终效果，如图7-53所示。

图7-53

7.4 灯光系统

在前面的内容中已经介绍了三维图层的材质属性，结合三维图层的材质属性，可以让灯光影响三维图层的表面颜色，同时还可以为三维图层创建阴影效果。

本节知识概要

知识名称	作用	重要程度	所在页
创建灯光	创建灯光	中	P169
设置灯光的属性与类型	调整灯光的属性	中	P169
移动灯光	移动灯光	中	P171

7.4.1 创建灯光

执行"图层>新建>灯光"菜单命令或按快捷键Ctrl+Alt+Shift+L就可以创建一盏灯光，如图7-54所示。

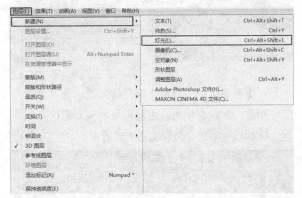
图7-54

7.4.2 设置灯光的属性与类型

执行"图层>新建>灯光"菜单命令或按快捷键Ctrl+Alt+Shift+L时，系统会弹出"灯光设置"对话框，在该对话框中可以设置灯光的类型、强度、角度和羽化等相关参数，如图7-55所示。

图7-55

灯光设置参数介绍

- **名称**：设置灯光的名字。
- **灯光类型**：设置灯光的类型，包括"平行""聚光""点"和"环境"4种类型。
- **强度**：设置灯光的光照强度。数值越大，光照越强，效果如图7-56所示。

图7-56

- **锥形角度**："聚光"特有的属性，主要用来设置"灯罩"的范围（即聚光灯遮挡的范围），效果如图7-57所示。

图7-57

- **锥形羽化**："聚光"特有的属性，与"锥形角度"参数一起配合使用，主要用来调节光照区与无光区边缘的过渡效果，效果如图7-58所示。

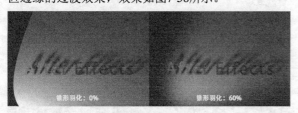

图7-58

- **颜色**：设置灯光照射的颜色。
- **半径**：灯光照射的范围，效果如图7-59所示。

图7-59

- **衰减距离**：控制灯光衰减的范围，效果如图7-60所示。
- **投影**：控制灯光是否投射阴影。该属性必须在三维图层的材质属性中开启了"投影"选项才能起作用，效果如图7-61所示。

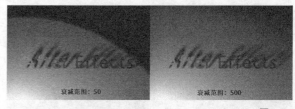

图7-60

图7-61

- **阴影深度**：设置阴影的投射深度，也就是阴影的黑暗程度。
- **阴影扩散**："聚光""点"灯光设置阴影的扩散程度，其值越高，阴影的边缘越柔和。

1.平行光

"平行光"类似于太阳光，具有方向性，并且不受灯光距离的限制，也就是光照范围可以是无穷大，场景中的任何被照射的物体都能产生均匀的光照效果，但是只能且产生尖锐的投影，如图7-62所示。

图7-62

2.聚光灯

"聚光灯"可以产生类似于舞台聚光灯的光照效果，从光源处产生一个圆锥形的照射范围，从而形成光照区和无光区。"聚光灯"同样具有方向性，并且能产生柔和的阴影效果和光线的边缘过渡效果，如图7-63所示。

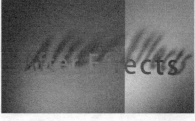

图7-63

3.点光源

"点光源"类似于没有灯罩的灯泡的照射效果，其光线以360°的全角范围向四周照射出来，并且会随着光源和照射对象距离的增大而发生衰减现象。虽然"点光源"不能产生无光区，但是也可以产生柔和的阴影效果，如图7-64所示。

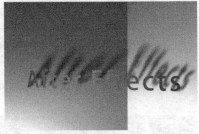

图7-64

4.环境光

"环境光"没有灯光发射点，也没有方向性，不能产生投影效果，不过可以用来调节整个画面的亮度，可以和三维图层材质属性中的"环境光"属性一起配合使用，以影响环境的色调，如图7-65所示。

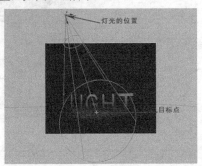

图7-65

7.4.3 移动灯光

可以通过调节灯光图层的"位置"和"目标点"来设置灯光的照射方向和范围。

在移动灯光时，除了直接调节参数以及移动其坐标轴的方法外，还可以通过直接拖曳灯光的图标来自由移动它们的位置，如图7-66所示。

图7-66

技巧与提示

灯光的"目标点"主要起到定位灯光方向的作用。在默认情况下，"目标点"的位置在合成的中央。

在使用"选择工具"移动灯光的坐标轴时，灯光的目标点也会跟着发生移动，如果只想让灯光的"位置"属性发生改变，而保持"目标点"位置不变，可以使用"选择工具"移动灯光的同时按住Ctrl键进行调整即可。

功能实战02：布置灯光

素材位置	实例文件>CH07>功能实战02：布置灯光
实例位置	实例文件>CH07>布置灯光_F.aep
视频位置	多媒体教学>CH07>布置灯光.mp4
难易指数	★★★☆☆
技术掌握	掌握灯光类型的使用和灯光属性的应用

本实例主要讲解创建灯光和调整灯光的属性。通过对本实例的学习，读者可以掌握三维效果中灯光的使用技法，如图7-67所示。

图7-67

01 执行"文件>打开项目"菜单命令，然后打开在素材文件夹中的"布置灯光_I.aep"，接着在"项目"面板中，双击"打开的盒子"加载合成，如图7-68所示。

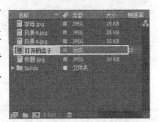

图7-68

02 执行"图层>新建>灯光"菜单命令，在"灯光设置"对话框中，设置"灯光类型"为"点"、设置"颜色"为白色、"强度"为81%，如图7-69所示。

图7-69

03 选择"灯光1"图层,然后在其属性里设置"位置"为(1059.7,-995,334),如图7-70所示,效果如图7-71所示。

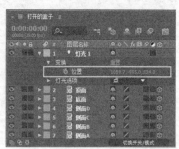

图7-70

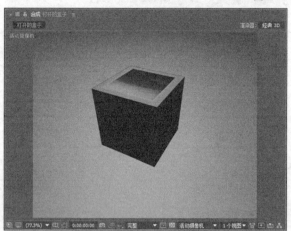

图7-71

04 执行"图层>新建>灯光"菜单命令,在"灯光设置"对话框中,设置"灯光类型"为"聚光"、"颜色"为白色、"强度"为30、"锥形角度"为90、"锥形羽化"为21%,然后勾选"投影"选项,设置"阴影深度"为100、"阴影扩散"为40,如图7-72所示。

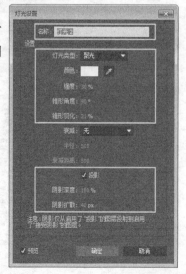

图7-72

05 选择"灯光2"图层,然后在其属性里设置"目标点"为(408,174,-49)、"位置"为(387.7,-212,-244),如图7-73所示,效果如图7-74所示。

图7-73

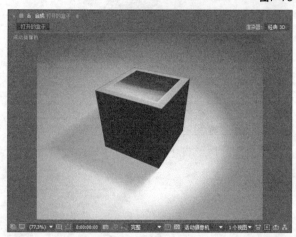

图7-74

06 执行"图层>新建>灯光"菜单命令,在"灯光设置"对话框中,设置"灯光类型"为"点"、"颜色"为白色、"强度"为110,如图7-75所示。

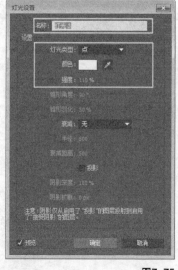

图7-75

07 选择"灯光3"图层,然后在其属性里设置"位置"为（394.1，268，－1260），如图7-76所示，效果如图7-77所示。

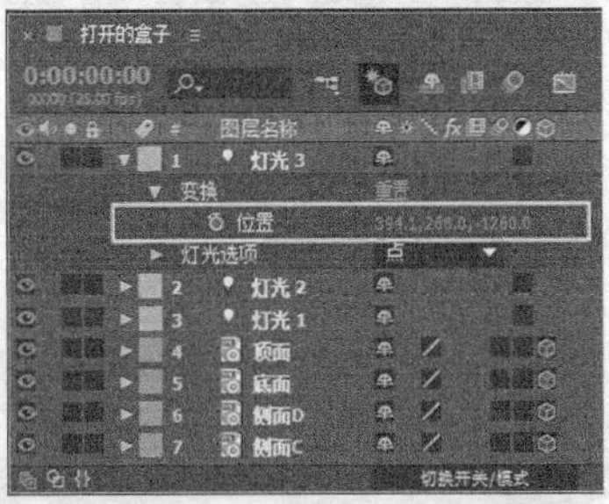

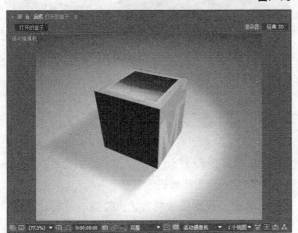

图7-76

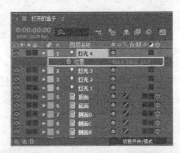

图7-79

图7-77

08 执行"图层>新建>灯光"菜单命令，在"灯光设置"对话框中，设置"灯光类型"为"点"、"颜色"为白色、"强度"为107，如图7-78所示。

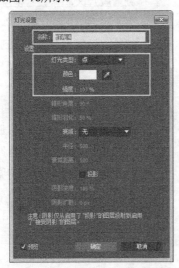

图7-78

09 选择"灯光3"图层，然后在其属性里设置"位置"为（－918.9，268，－26.7），如图7-79所示，效果如图7-80所示。

图7-80

> **技巧与提示**
>
> 如果已经创建好了一盏灯光，但是要修改该灯光的参数，可以在"时间轴"面板中双击该灯光图层，然后在弹出的"灯光设置"对话框中对这盏灯光的相关参数进行重新调节即可。
>
> 如果将"强度"参数设置为负值，灯光将成为负光源，也就是说这种灯光不会产生光照效果，而是要吸收场景中的灯光，通常使用这种方法来降低场景的光照强度。

7.5 摄像机系统

在After Effects中创建一个摄像机后，可以在摄像机视图以任意距离和任意角度来观察三维图层的效果，就像在现实生活中使用摄像机进行拍摄一样方便。

本节知识概要

知识名称	作用	重要程度	所在页
创建摄像机	创建摄像机	中	P174
设置摄像机的属性	调整摄像机的属性	中	P174
控制摄像机	控制摄像机的方式与方法	中	P175
设置镜头运动方式	移动摄像机的方式	中	P176

7.5.1 创建摄像机

执行"图层>新建>摄像机"菜单命令或按快捷键Ctrl+Alt+Shift+C可以创建一个摄像机，如图7-81所示。

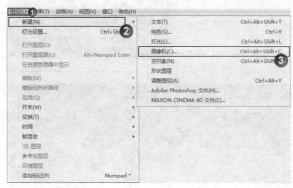

图7-81

After Effects中的摄机是以图层的方式引入到合成中的，这样可以在一个合成项目中对同一场景使用多台摄像机来进行观察和渲染，如图7-82所示。

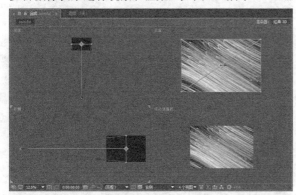

图7-82

> **技巧与提示**
>
> 如果要使用多台摄像机进行多视角展示，可以在同一个合成中添加多个摄像机图层来完成。如果在场景中使用了多台摄像机，此时应该在"合成"面板中将当前视图设置为"活动摄像机"视图。"活动摄像机"视图显示的是当前图层中最上面的摄像机，在对合成进行最终渲染或对图层进行嵌套时，使用的就是"活动摄像机"视图，如图7-83所示。

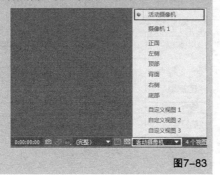

图7-83

7.5.2 设置摄像机的属性

执行"图层>新建>摄像机"菜单命令时，系统会弹出"摄像机设置"对话框，通过该对话框可以设置摄像机基本属性，如图7-84所示。

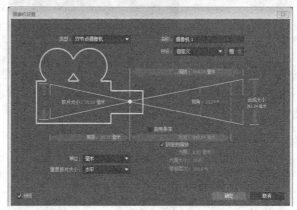

图7-84

摄像机设置参数介绍

• **名称**：设置摄像机的名字。

• **预设**：设置摄像机的镜头类型，包含9种常用的摄像机镜头，如15mm的广角镜头、35mm的标准镜头和200mm的长焦镜头等。

• **单位**：设定摄像机参数的单位，包括"像素""英寸"和"毫米"3个选项。

• **测量胶片大小**：设置衡量胶片尺寸的方式，包括"水平""垂直"和"对角"3个选项。

• **缩放**：设置摄像机镜头到焦平面（也就是被拍摄对象）之间的距离。"缩放"值越大，摄像机的视野越小。

• **视角**：设置摄像机的视角，可以理解为摄像机的实际拍摄范围，"焦距""胶片大小"以及"缩放"3个参数共同决定了"视角"的数值。

• **胶片大小**：设置影片的曝光尺寸，该选项与"合成大小"参数值相关。

• **启用景深**：控制是否启用景深效果。

• **焦距**：设置从摄像机开始到图像最清晰位置的距离。在默认情况下，"焦距"与"缩放"参数是锁定在一起的，它们的初始值也是一样的。

• **光圈**：设置光圈的大小。"光圈"值会影响到景深效果，其值越大，景深之外的区域的模糊程度也越大。

• **"光圈大小"**："焦距"与"光圈"的比值。其中，"光圈大小"与"焦距"成正比，与

"光圈"成反比。"光圈大小"越小，镜头的透光性能越好；反之，透光性能越差。

- **模糊层次**：设置景深的模糊程度。值越大，景深效果越模糊。

> **技巧与提示**
> 使用过三维软件（如3ds Max、Maya等）的设计师都知道，三维软件中的摄像机有目标摄像机和自由摄像机之分，但是在After Effects中只能创建一种摄像机，通过分析摄像机的参数发现，这种摄像机就是目标摄像机，因为它有"目标点"属性，如图7-85所示。

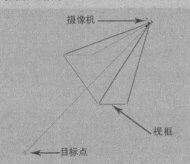

图7-85

在制作摄像机动画时，需要同时调节摄像机的位置和摄像机目标点的位置。如使用After Effects 中的摄像机跟踪一辆在S形车道上行驶的汽车，如图7-86所示。如果只使用摄像机位置和摄像机目标点位置来制作关键帧动画，就很难让摄像机跟随汽车一起运动。这时就需要引入自由摄像机的概念，可以使用"空对象"图层和父子图层来将目标摄像机变成自由摄像机。

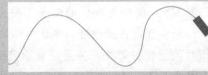

图7-86

新建一个摄像机图层，然后新建一个"空对象"图层，接着设置虚拟体图层为三维图层，并将摄像机图层设置为虚拟体图层的子图层，如图7-87所示，这样就制作出了一台自由摄像机，可以通过控制虚拟体图层的位置和旋转属性来控制摄像机的位置和旋转属性。

图7-87

7.5.3 控制摄像机

在After Effects中，控制摄像机有3种方式。

1.位置与目标点

对于摄像机图层，可以通过调节"位置"和"目标点"属性来设置摄像机的拍摄内容。在移动摄像机时，除了调节参数以及移动其坐标轴的方法外，还可以通过拖曳摄像机的图标来移动其位置。

摄像机的"目标点"主要起到定位摄像机的作用。在默认情况下，"目标点"的位置在合成的中央，可以使用调节摄像机的方法来调节目标点的位置。

> **技巧与提示**
> 在使用"选择工具"移动摄像机时，摄像机的目标点也会跟着发生移动，如果只想让摄像机的"位置"属性发生改变，而保持"目标点"位置不变，可以在使用"选择工具"的同时按住Ctrl键对"位置"属性进行调整。

2.摄像机工具

在After Effects中，有4个摄像机工具可以来调节摄像机的位移、旋转和推拉等操作，如图7-88所示。

图7-88

> **技巧与提示**
> 只在当合成中有三维图层和三维摄像机时，摄像机工具才能起作用。

摄像机工具参数介绍

- **统一摄像机工具**：选择该工具后，使用鼠标左键、中键和右键可以分别对摄像机进行旋转、平移和推拉操作。

- **轨道摄像机工具**：选择该工具后，可以以目标点为中心来旋转摄像机。

- **跟踪XY摄像机工具**：选择该工具后，可以在水平或垂直方向上平移摄像机。

- **跟踪Z摄像机工具**：选择该工具后，可以在三维空间中的z轴上平移摄像机，但是摄像机的视角不会发生改变。

> **技巧与提示**
> 按C键可以切换摄像机工具。

3.自动定向

在二维图层中，使用图层的"自动定向"功能可以使图层在运动过程中始终保持路径的方向，如图7-89所示。

图7-89

在三维图层中，使用"自动定向"功能不仅可以使三维图层在运动过程中保持路径的方向，还可以使三维图层在运动过程中始终朝向摄像机。下面讲解如何在三维图层中设置"自动定向"。选中需要进行"自动定向"设置的三维图层，然后执行"图层>变换>自动定向"菜单命令或按快捷键Ctrl+Alt+O打开"自动定向"对话框，接着在该对话框中勾选"定位于摄像机"选项就可以使三维图层在运动过程中始终朝向摄像机，如图7-90所示。

图7-90

自动朝向的参数介绍

- **关**：不使用自动朝向功能。
- **沿路径定向**：设置三维图层自动朝向路径的方向。
- **定位于摄像机**：设置三维图层自动朝向于摄像机或灯光的目标点，如图7-91所示。如果不勾选该选项，摄像机就变成了自由摄像机。

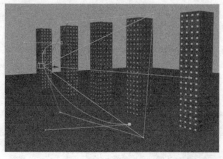

图7-91

7.5.4 设置镜头运动方式

常规摄像机的运动拍摄方式主要包含推、拉、摇、移等形式，而运动摄像符合人们观察事物的习惯，在表现固定景物较多的内容时运用运动镜头，可以让固定景物变为活动的画面，增强画面的活力和表现力。

1. 推镜头

推镜头是指摄像机正面拍摄时通过向前直线移动摄像机或旋转镜头使拍摄的景别从大景别向小景别变化的拍摄手法，在After Effects中有两种方法实现推镜头效果的制作。

第1种：增大摄像机图层"z轴位置"的数值来向前推摄像机，从而使视图中的主体物体变大，如图7-92和图7-93所示。

图7-92　　　　　　　　　　图7-93

💡 **技巧与提示**

使用改变摄像机位置的方式可以创建出主体进入焦点距离的效果，也可以产生突出主体的效果，通过这种方法来推镜头可以使主体和背景的透视关系不发生改变。

第2种：保持摄像机的位置不变，修改"缩放"值来实现。在推的过程中让主体和"焦距"的相对位置保持不变，并且可以让镜头在运动过程中保持主体的景深模糊效果不变，如图7-94和图7-95所示。

图7-94　　　　　　　　　　图7-95

💡 **技巧与提示**

使用这种变焦的方法推镜头有一个缺点，就是在整个推的过程中，画面的透视关系会发生变化。

2. 拉镜头

拉镜头是指摄像机正面拍摄时通过向后直线移动摄像机或旋转镜头使拍摄的景别从小景别向大景别变化的拍摄手法。拉镜头的操作方法与推镜头是完全相反的一套设置，这里不再演示。

图7-96　　　　　　　图7-97

3. 摇镜头

摇镜头是指摄像机在拍摄时，保持主体物体、摄像机的位置以及视角都不变，通过改变镜头拍摄的轴线方向来摇动画面的拍摄手法。在After Effects中，可以先定位好摄像机的"位置"不变，然后改变"目标点"来模拟摇镜头的效果，如图7-96和图7-97所示。

4. 移镜头

移镜头能够较好地展示环境和人物，常用的拍摄方法有水平方向的横移、垂直方向的升降和沿弧线方向的环移等。在After Effects中，移镜头可以使用摄像机移动工具来完成，移动起来也比较方便，这里就不再演示。

功能实战03：三维文字

素材位置	实例文件>CH07>功能实战03：三维文字
实例位置	实例文件>CH07>三维文字_F.aep
视频位置	多媒体教学>CH07>三维文字.mp4
难易指数	★★★☆☆
技术掌握	摄像机的创建方法和操作方式

本实例主要讲解创建摄像机和调整摄像机的属性。通过对本实例的学习，读者可以掌握三维效果中摄像机的使用技法，如图7-98所示。

图7-98

01 执行"文件>打开项目"菜单命令，然后打开在素材文件夹中的"三维文字_I.aep"，接着在"项目"面板中，双击text加载合成，如图7-99所示，效果如图7-100所示。

图7-99　　　　　　　　　　　　　　　　　　　　　　　图7-100

02 执行"图层>新建>摄像机"菜单命令，然后在"摄像机设置"对话框中，设置"缩放"为129，接着勾选"启用景深"选项，再设置"光圈"为8，最后单击"确定"按钮，如图7-101所示。

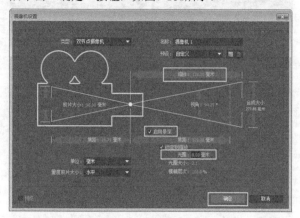

图7-101

03 开启图层text的"折叠变换/连续栅格化"选项，如图7-102所示。

图7-102

技巧与提示

　　开启塌陷开关后就可以继承之前图层的所有属性，包括运动模糊及三维属性，但是之前的图层会被当作一个整体进行操作。

04 选择图层"摄像机1"，设置摄像机动画。在第0帧、第1秒10帧、第4秒和第4秒24帧制作摄像机的"目标点"和"位置"属性关键帧动画，具体参数设置如图7-103~图7-106所示。

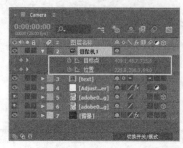

图7-103

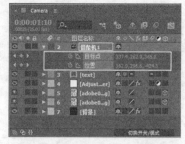

图7-104

图7-105

图7-106

技巧与提示

　　在制作摄像机动画时，可以先打开"目标点"和"位置"属性的关键帧码表开关，然后使用摄像机控制工具来制作关键帧动画，使用这种方法调节摄像机动画比较直观，也是最常用的方法。

05 按小键盘上的数字键0，预览最终效果，如图7-107所示。

图7-107

7.6 本章总结

本章主要介绍了After Effects的三维属性、灯光系统和摄像机系统，通过对本章的学习，可以对After Effects三维系统有一个全面的掌握，能够得心应手地制作三维特效合成。

7.7 综合实例：翻书动画

素材位置	实例文件>CH07>综合实战：翻书动画
实例位置	实例文件>CH07>翻书动画_F.aep
视频位置	多媒体教学>CH07>翻书动画.mp4
难易指数	★★★★☆
技术掌握	三维技术综合运用

本实例翻书动画将综合运用本章所学的知识，包括三维空间、灯光和摄像机技术，案例效果如图7-108所示。

图7-108

7.7.1 创建书的构架

01 执行"合成>新建合成"菜单命令，创建一个"宽度"为768 px、"高度"为576 px、"持续时间"为6秒的合成，将其命名为"翻书动画"，如图7-109所示。

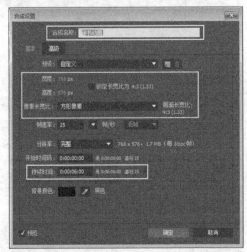

图7-109

02 执行"图层>新建>固态图层"菜单命令，然后在"纯色设置"对话框中，设置"宽度"为400像素、"高度"为500像素、"颜色"为灰色、名为"封面"，如图7-110所示。

图7-110

03 使用同样的操作完成"侧面"图层和"背面"图层的制作，如图7-111和图7-112所示。

图7-111

179

图7-112

04 开启这3个图层的三维开关，设置"侧面"图层的"位置"为（184，288，25）、"y轴旋转"为0×+90°，设置"底面"图层的"位置"为（384，538，25），"x轴旋转"为0×+90°，如图7-113和图7-114所示。

图7-113

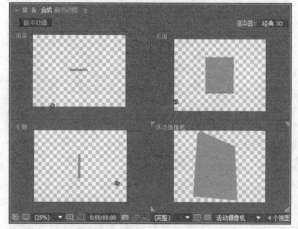

图7-114

7.7.2 制作翻书动画

01 选择"正面"图层，使用"锚点工具" 将该图层的轴心点拖曳到左边与侧面相交的地方，如图7-115所示。

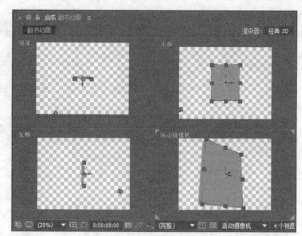

图7-115

02 执行"Layer（图层）>New（新建）>Camera（摄像机）"菜单命令，创建一台摄像机，设置Zoom（缩放）为376mm，如图7-116所示。

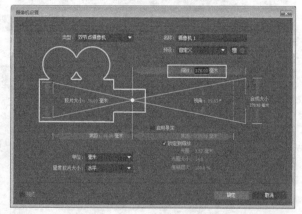

图7-116

03 选择摄像机图层，为其设置关键帧动画。在第0帧处，设置"目标点"为（385，288，0）、"位置"为（-240，650，-785）、"z轴旋转"为0×0°；在第2秒处，设置"目标点"为（385，288，80）、"位置"为（100，780，-550）、"z轴旋转"为0×+25°；在第6秒，设置"目标点"为（400，215，168）、"位置"为（98，678，-475），如图7-117所示。

图7-117

04 选择"正面"图层，按R键展开图层的旋转属性。在第2秒，设置"y轴旋转"为0×0°；在第2秒8帧，设置"y

轴旋转"为0×+60°；在第3秒，设置"y轴旋转"为0×+180°，如图7-118和图7-119所示。

图7-118

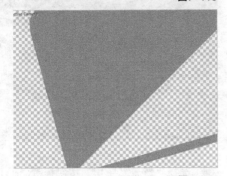

图7-119

05 为了增强翻页的效果，选择"正面"图层，执行"效果>扭曲>贝塞尔曲线变形"菜单命令，为其添加"贝塞尔曲线变形"滤镜。分别在第2秒、2秒8帧、2秒16帧和第3秒处设置翻页时的变形动画，具体参数设置如图7-120~图7-123所示。

图7-120

图7-121

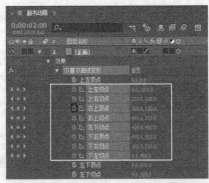

图7-122

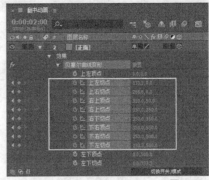

图7-123

06 继续选择"正面"图层，按两次快捷键Ctrl+D来复制图层，依次将名字改为"第1页""第2页"，然后将"第1页"图层的时间入点设置在第2秒处，将"第2页"图层的时间入点设置在第4秒处，如图7-124所示。

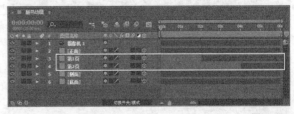

图7-124

07 通过预览效果可以发现在第2秒14帧后，书的封面翻过去露出了书的背面。选择"正面"图层，然后在第2秒14帧位置按快捷键Ctrl+Shift+D，将图层分成两段，接着将后半段的图层重新命名为"背面"，如图7-125所示。

图7-125

7.7.3 替换书的素材

01 执行"文件>导入>文件"菜单命令，打开光盘中的"封面.psd、背面.psd、第1页.psd、第2页.psd和侧面.psd"素材文件，如图7-126所示。

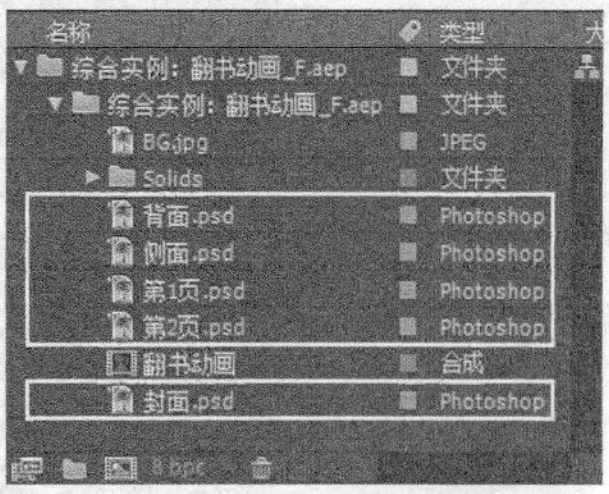

图7-126

02 在"时间轴"面板中，选择"正面"图层后按住Alt键不放，然后将"项目"面板中的"封面.psd"拖曳到"正面"图层上，即可完成图层的替换工作，如图7-127所示。

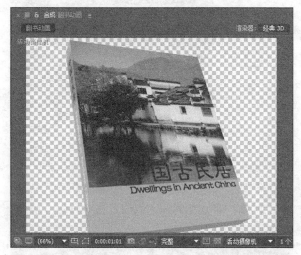

图7-127

03 使用同样的方法，将"项目"面板中的"背面.psd、第1页.psd、第2页.psd和侧面.psd"素材替换掉Timeline（时间线）面板中的"背面""第1页""第2页"和"侧面"图层，替换后的效果如图7-128所示。

图7-128

04 第1页翻过去后应该显示的是第1页的背面和第2页的内容，而此时在翻第1页的过程中，镜头出现了"穿帮"现象，如图7-129所示。

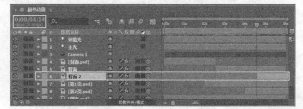

图7-129

05 选择"背景"图层，按快捷键Ctrl+D复制图层，将复制的"背景2"图层的时间入点设置在第4秒14帧处，如图7-130所示。

图7-130

7.7.4 镜头优化与输出

01 选择"底面"图层，执行"效果>生成>单元格图案"菜单命令，然后在"效果控件"面板中，设置"对比度"为150、"分散"的为0.8、"大小"为3，如图7-131所示。

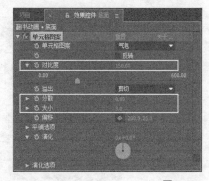

图7-131

02 选择"底面"图层,执行"效果>模糊和锐化>快速模糊"菜单命令,然后在"效果控件"面板中,设置"模糊度"为50、"模糊方向"为"水平",并勾选"重复边缘像素"选项,参数设置如图7-132所示,效果如图7-133所示。

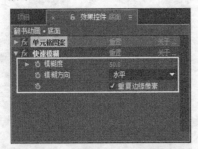

图7-132

图7-135

04 因为没有灯光阴影,所以画面看起来不是很真实,可以通过添加灯光的方式来解决。执行"图层>新建>灯光"菜单命令,新建一个名为"主光"的"聚光灯",设置"颜色"为白色、"强度"为100%、"锥形角度"为75°,勾选"投影"选项,设置"阴影深度"50%、"阴影扩散"为5px,如图7-136所示。

图7-133

03 执行"文件>导入>文件"菜单命令,打开光盘中的BG.jpg素材文件,将其添加到"时间轴"面板中并放到所有图层的底面,设置"缩放"为(150,150%),如图7-134和图7-135所示。

图7-134

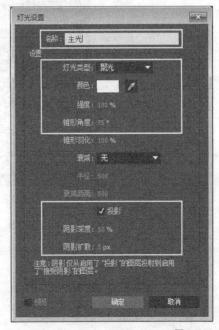

图7-136

05 设置主光的"目标点"为(384,288,0),"位置"为(100,350,-600),如图7-137和图7-138所示。

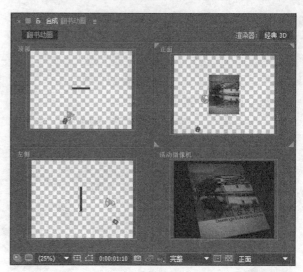

图7-138

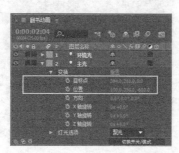

图7-137

06 执行"图层> 新建>灯光"菜单命令，新建一个名为"环境光"的环境光，设置"颜色"为白色、"强度"为50%，如图7-139所示。

07 开启所有书页图层的"投影"功能，画面最终效果如图7-140所示。

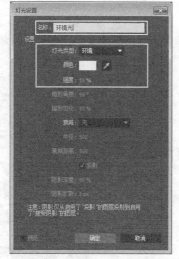

图7-139

图7-140

After Effects

第 8 章　图像的色彩调整

本章知识索引

知识名称	作用	重要程度	所在页
色彩的基础	了解色彩的基础知识	高	P188
高效调色滤镜	使用频率非常高的滤镜	高	P191
常用调色滤镜	使用频率较高的滤镜	高	P198

本章实例索引

8.1 概述

在影视制作中，不同的色彩会给我们带来不同的心理感受，舒服的色彩可以营造各种独特的氛围和意境，在拍摄过程中由于受到自然环境、拍摄设备以及摄影师等客观因素的影响，拍摄画面与真实效果有一定的偏差，这样就需要对画面进行色彩校正，最大限度还原色彩的本来面目。

8.2 引导实例：三维文字

素材位置	实例文件>CH08>引导实例：三维文字
实例位置	实例文件>CH08>三维文字_F.aep
视频位置	多媒体教学>CH08>三维文字.mp4
难易指数	★★☆☆☆
技术掌握	掌握"曲线""色相/饱和度"和"色阶"效果的组合应用

本实例主要介绍使用"色相/饱和度"和"色阶"效果完成三维金属质感文字的制作。通过对本实例的学习，读者可以掌握三维金属质感文字制作的相关技术，如图8-1所示。

图8-1

01 执行"文件>打开项目"菜单命令，然后在素材文件夹中选择"三维文字_I.aep"，接着在"项目"面板中，双击"文字"加载合成，如图8-2所示，效果如图8-3所示。

图8-2

图8-3

02 选择"最新动态"图层，执行"效果>颜色校正>曲线"菜单命令，然后在"效果控件"面板中，调整RGB（三原色通道）的曲线，如图8-4所示，效果如图8-5所示。

03 选择"最新动态"图层，执行"效果>颜色校正>色相/饱和度"菜单命令，然后在"效果控件"面板中，勾选"彩色化"选项，接着设置"着色色相"为0×+45°、"着色饱和度"为100，如图8-6所示，效果如图8-7所示。

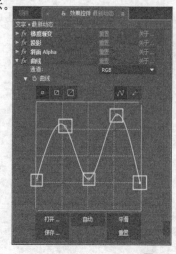

图8-4

图8-5

图8-6

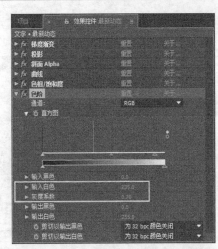

图8-8

图8-9

05 执行"合成>新建合成"菜单命令，选择一个预设为 PAL D1/DV的合成，设置合成的"持续时间"为3秒，最后将其命名为"三维文字"，如图8-10所示。

图8-10

图8-7

04 选择"最新动态"图层，执行"效果>颜色校正>色阶"菜单命令，然后在"效果控件"面板中，设置"输入白色"值为235、"灰度系数"值为0.7，如图8-8所示，效果如图8-9所示。

06 执行"文件>导入>文件"菜单命令，打开素材文件夹中的"背景.mov"文件。将项目窗口中的"背景.mov"素材和"文字"合成添加到"三维文字"合成的时间轴上,如图8-11所示。

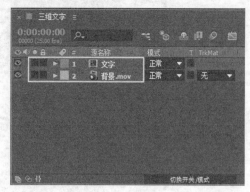

图8-11

07 按小键盘上的数字键0,预览最终效果,如图8-12所示。

图8-12

8.3 色彩的基础

有时候,导演会根据片子的情节、氛围或意境提出色彩上的要求,因此设计师需要根据要求对画面色彩进行处理。本章将重点讲解After Effects色彩修正中的三大核心滤镜和内置常用滤镜,并通过具体的案例来讲解常见的色相修正技法。

本节知识概要

知识名称	作用	重要程度	所在页
关于色彩模式	色彩的基础知识	高	P188
关于位深度	色彩的基础知识	高	P190

8.3.1 关于色彩模式

色彩修正是影视制作中非常重要的内容,也是后期合成中必不可少的步骤之一。在学习调色之前,我们需要对色彩的基础知识有一定的了解,下面将介绍几种常用的色彩模式。

1. HSB色彩模式

HSB是我们在学习色彩知识的时候认识的第一个色彩模式,在学习色彩的时候,或者在平时的日常生活中,我们能准确地说出红色、绿色,或者某人的衣服太艳、太灰、太亮等,是因为颜色具有色相、饱和度和亮度这3个基本属性特征。

色相取决于光谱成分的波长,它在拾色器中用度数来表示,0°表示红色,360°也表示红色,其中黑、白、灰属于无彩色,在色相环中找不到其位置,如图8-13和图8-14所示。

图8-13   **图8-14**

当调色的时候,如果说"这个画面偏蓝色一点",或者说"把这个模特的绿色衣服调整为红颜色",其实调整的都是画面的色相,图8-15所示是同一个物体在不同色相下的对比。

图8-15

饱和度也叫纯度,指的是颜色的鲜艳程度、纯净程度,饱和度越高,颜色越鲜艳,饱和度越低,颜色越偏向灰色。饱和度用百分比来表示,饱和度为0时,画面变为灰色,图8-16所示为同一物体在不同饱和度下的对比效果。

图8-16

亮度指的是物体颜色的明暗程度,亮度用百分比来表示。物体在不同强弱的照明光线下会产生明暗的差别,亮度越高,颜色越明亮,亮度越低,颜色越暗,图8-17所示的是同一物体在不同亮度下的对比。一个物体正是由于有了色相、饱和度和亮度,它的色彩才会丰富起来。

图8-17

2. RGB色彩模式

RGB(红,绿,蓝)色彩模式是工业界的一种颜色标准,这个标准几乎包括了人类视力所能感知的所有颜色,同时也是目前运用最广的颜色系统之一。在RGB模式下,计算机会按照每个通道256种(0~255)灰度色阶来表示,它们按照不同的比例混合,在屏幕上重现16777216(256×256×256)种颜色。

在常用的拾色器中,可以通过数据的变化来理解色彩的计算方式。打开拾色器,当RGB数值为(255,0,0)时,表示该颜色是一块纯红色,如图8-18所示。

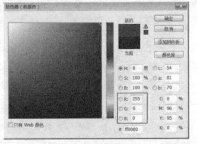

图8-18

同样的道理,当RGB数值为(0, 255, 0)时,表示该颜色是一块纯绿色;当RGB数值为(0, 0, 255)时,表示该颜色是一块纯蓝色,如图8-19和8-20所示。

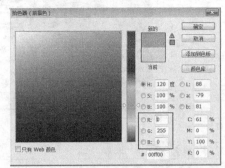

图8-19

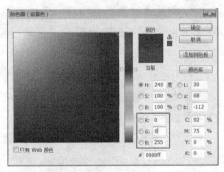

图8-20

当RGB的3种光色混合在一起的时候,3种光色的最大值可以产生白色,而且它们混合的颜色一般比原来的颜色亮度值要高,因此我们称这种模式为加色模式,加色常常用于光照、视频和显示器,如图8-21所示。

色光三原色

图8-21

当RGB的3个色光数值相等时,得出的是一块纯灰色。数值越小,颜色呈现深灰色;数值越大,灰色程度越偏向白色,呈现出浅灰色,如图8-22和图8-23所示。

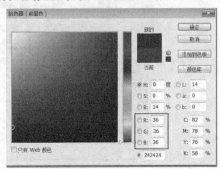

图8-22

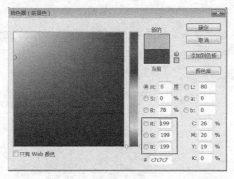

图8-23

3. CMYK色彩模式

CMY（青色、品红色、黄色）是印刷的三原色，印刷是通过油墨来印刷，通过油墨浓淡的不同配比可以产生出不同的颜色，它是按照0~100%来划分的。

打开拾色器，通过数据的变化来理解色值的计算方式。当CMY数值为（0，0，0）时，得到的是一块白色，如图8-24所示。

图8-24

如果要印刷一块黑色，那就要求CMY的数值为（100，100，100）。在一张白纸上，青色、品红色、黄色数值都为100的时候，这3种颜色混合到一起后得到的就是一块黑色，但是这块黑色并不是纯黑色，如图8-25所示。

图8-25

在理论上，通过CMY这3个色值的100%是可以调配出黑色的，但实际的印刷工艺却无法调配出非常纯正的黑色油墨，为了将黑色印刷得更漂亮，于是在印刷中专门生产了一种黑色油墨，英文用Black来表示，简称为K，所以印刷为四色而不是三色。

RGB的3种色光的最大值可以得到白色，而CMY的3种油墨的最大值得到的是黑色，由于青色、品红色和黄色3种油墨按照不同的浓淡百分比来混合的时候，光线的亮度会也越来越低，这种色彩模式被称为减色模式，如图8-26所示。

印刷三原色

图8-26

8.3.2 关于位深度

位深度称为像素深度或者色深度，即每像素/位，它是显示器、数码相机、扫描仪等使用的专业术语。一般处理的图像文件都是由RGB或者RGBA通道来组成的，用来记录每个通道颜色的量化位数就是位深度，也就是图像中有多少位的像素来表现颜色。

在计算机中，描述一个数据空间通常用2的多少次方来表示，通常情况下用到的图像一般都是8bit，即2的8次方来进行量化，这样每个通道就是256种颜色。

在普通的RGB图像中，每个通道都是8bit来进行量化，即256×256×256，约1678万种颜色。

在制作高分辨率项目时，为了表现更加丰富的画面，通常使用16bit高位量化的图像。每个通道的颜色用2的16次方来进行量化，这样每个通道有高达65000种颜色信息，比8bit图像包含了更多的颜色信息，所以它的色彩会更加平滑，细节也会非常丰富。

💡 **技巧与提示**

为了保证调色的质量，建议在调色时将项目的位深度设置为32bit，因为32bit的图像称之为HDR（高动态范围）图像，它的文件信息和色调比16bit图像还要丰富多，当然这主要用于电影级别的项目。

8.4 高效调色滤镜

After Effects的"颜色校正"滤镜包中提供了很多色彩校正滤镜，本节挑选了3个常用的滤镜来进行讲解，即"曲线""色阶"和"色相/饱和度"滤镜。这3个滤镜覆盖了色彩修正中的绝大部分需求，掌握好它们是十分重要和必要的。

本节知识概要

知识名称	作用	重要程度	所在页
曲线滤镜	一种色彩校正的滤镜	高	P191
色阶滤镜	一种色彩校正的滤镜	高	P191
色相/饱和度滤镜	一种色彩校正的滤镜	高	P195

8.4.1 曲线滤镜

使用"曲线"滤镜可以在一次操作中就精确地完成图像整体或局部的对比度、色调范围以及色彩的调节。

使用"曲线"滤镜进行色彩校正的处理，可以获得更多的自由度，甚至可以让那些很糟的镜头重新焕发光彩。

如果想让整个画面明朗一些，细节表现得更加丰富，暗调反差也拉开，"曲线"滤镜是不二的选择。

执行"效果＞颜色校正＞曲线"菜单命令，在"效果控件"面板中展开"曲线"滤镜的参数，如图8-27所示。

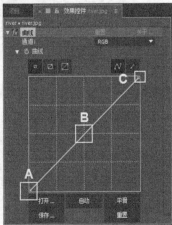

图8-27

曲线左下角的端点A代表暗调（黑场），中间的过渡B代表中间调（灰场），右上角的端点C代表高光（白场）。图形的水平轴表示输入色阶，垂直轴表示输出色阶。曲线初始状态的色调范围显示为45°的对角基线，因为输入色阶和输出色阶是完全相同的。

曲线往上移动就是加亮，往下移动就是减暗，加亮的极限是255，减暗的极限是0。"曲线"滤镜与Photoshop中的曲线命令功能极其相似。

曲线滤镜参数介绍

- **通道**：选择需要调整的色彩通道。包括RGB通道、"红色"通道、"绿色"通道、"蓝色"通道和Alpha通道。
- **曲线**：通过调整曲线的坐标或绘制曲线来调整图像的色调。
- **切换**：用来切换操作区域的大小。
- **曲线工具**：使用该工具可以在曲线上添加节点，并且可以移动添加的节点。如果要删除节点，只需要将选择的节点拖曳出曲线图之外即可。
- **铅笔工具**：使用该工具可以在坐标图上任意绘制曲线。
- **打开**：打开保存好的曲线，也可以打开Photoshop中的曲线文件。
- **自动**：自动修改曲线，增加应用图层的对比度，效果如图8-28所示。

图8-28

- **平滑**：使用该工具可以将曲折的曲线变得更加平滑。
- **保存**：将当前色调曲线存储起来，以便于以后重复利用。保存好的曲线文件可以应用在Photoshop中。
- **重置**：将曲线恢复到默认的直线状态。

8.4.2 色阶滤镜

色阶是以直方图的形式来调节图像亮度的强弱，使作用图层的对比度和亮度产生变化，是色彩校正中常用的方法。

1. 关于直方图

直方图就是用图像的方式来展示视频的影调构成。一张8bit通道的灰度图像可以显示256个灰度级，因此灰度级可以用来表示画面的亮度层次。

对于彩色图像，可以将彩色图像的R、G、B通道分别用8bit的黑白影调层次来表示，而这3个颜色通道共同构成了亮度通道；对于带有Alpha通道的图像，可以用4个通道来表示图像的信息，也就是通常所说的RGB+Alpha通道。

在图8-29中，直方图表示了在黑与白的256个灰度级别中，每个灰度级别在视频中有多少个像素。从图中可以直观地发现整个画面比较偏暗，所以在直方图中可以观察到直方图的绝大部分像素都集中在0~128个级别中，其中0表示纯黑，255表示纯白。

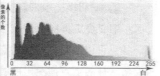

图8-29

通过直方图可以很容易地观察出视频画面的影调分布，如果一张照片中具有大面积的偏暗色，那么它的直方图的左边肯定分布了很多峰状的波形，如图8-30所示。

图8-30

如果一张照片中具有大面积的偏亮色，那么它的直方图的右边肯定分布了很多峰状波形，如图8-31所示。

图8-31

直方图除了可以显示图片的影调分布外，最为重要的一点是直方图还显示了画面上阴影和高光的位置。当使用"色阶"滤镜调整画面影调时，直方图可以寻找高光和阴影来提供视觉上的线索。

除此之外，通过直方图还可以很方便地辨别出视频的画质，如果在直方图上发现顶部被平切了，这就表示视频的一部分高光或阴影发生了损失现象。如果中间出现了缺口，那么就表示对这张图片进行了多次操作，并且画质受到了严重损失。

2.色阶滤镜

"色阶"滤镜，用直方图描述出的整张图片的明暗信息。通过调整图像的阴影、中间调和高光的关系，从而调整图像的色调范围或色彩平衡等。

使用"色阶"滤镜可以扩大图像的动态范围（动态范围是指相机能记录的图像的亮度范围），查看和修正曝光，提高对比度等。

执行"效果> 颜色校正>色阶"菜单命令，在"效果控件"面板中展开"色阶"滤镜的参数，如图8-32所示。

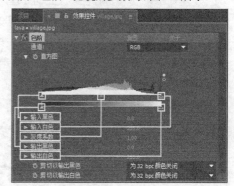

图8-32

色阶参数介绍

• **通道**：设置滤镜要应用的通道。可以选择"RGB""红色""绿色""蓝色"和"Alpha"进行单独色阶调整。

• **直方图**：通过直方图可以观察到各个影调的像素在图像中的分布情况。

• **输入黑色**：控制输入图像中的黑色阈值。

• **输入白色**：控制输入图像中的白色阈值。

• **灰度系数**：调节图像影调的阴影和高光的相对值。

• **输出黑色**：控制输出图像中的黑色阈值。

• **输出白色**：控制输出图像中的白色阈值。

技巧与提示

如果不对"输出黑色"和"输出白色"进行调整，只单独调整"灰度系数"数值，当"灰度系数"滑块 向右移动时，图像的暗调区域将逐渐增大，而高亮区域将逐渐减小，如图8-33所示。

图8-33

当"灰度系数"滑块 向左移动时，图像的高亮区域将逐渐增大，而暗调区域将逐渐减小，如图8-34所示。

图8-34

功能实战01：冷艳色调

素材位置	实例文件>CH08>功能实战01：冷艳色调
实例位置	实例文件>CH08>冷艳色调_F.aep
视频位置	多媒体教学>CH08>冷艳色调.mp4
难易指数	★★☆☆☆
技术掌握	学习"色阶"和"曲线"效果在调色中的应用

本实例主要介绍"色阶"和"曲线"效果，以及配合动态光线素材在画面校色中的应用。通过对本实例的学习，读者可以掌握常规画面校色处理的相关技术，如图8-35所示。

图8-35

01 执行"合成>新建合成"菜单命令，选择一个预置为PAL D1>DV的合成，然后设置合成的"持续时间"为1秒19帧，并将其命名为"冷艳色调"，如图8-36所示。

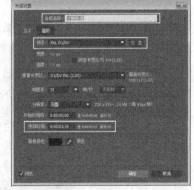

图8-36

02 执行"文件>导入>文件"菜单命令，打开素材文件夹中的"麦穗.mov"文件，然后将其拖曳到"冷艳色调"时间轴上，如图8-37所示。

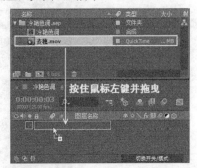

图8-37

03 选择"麦穗"图层，执行"效果>颜色校正>色阶"菜单命令,然后在RGB通道中修改"灰度系数"
为0.8,如图8-38所示。

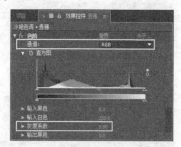

图8-38

04 在"红色"通道选项中,设置"红色灰度系数"
的值为0.6,如图8-39所示。

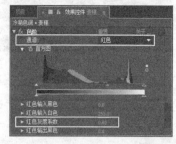

图8-39

05 选择"麦穗"图层,执行"效果>颜色校正>曲
线"菜单命令,然后
在RGB通道中调整曲
线,如图8-40所示,
接着在"蓝色"通道
中调整曲线,如图
8-41所示。

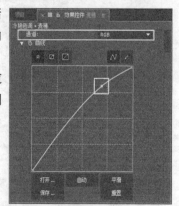

图8-40

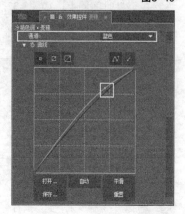

图8-41

06 执行"文件>导入>文件"菜单命令,打开素材
文件夹中的"光线.mov"文件,然后将其拖曳到"
冷艳色调"时间线上,如图8-42所示。

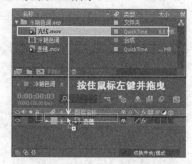

图8-42

07 使用"钢笔工具" 为该图层添加一个蒙版,
如图8-43所示,然后修改"蒙版羽化"为(400,400
像素),接着修改该图层的叠加模式为"相加",如
图8-44所示。

图8-43

图8-44

08 选择"光线"图层,执行"效果>颜色校正>色
阶"菜单命令,然后在RGB通道中修改"灰度系数"
的值为0.8,如图8-45所示。

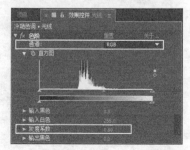

图8-45

09 执行"图层>新建>纯色"菜单命令,创建一个黑色的纯色图层,将其命名为"遮幅",如图8-46所示。

图8-46

10 选择"遮幅"图层,使用"矩形工具" ■ 为该图层添加一个蒙版,如图8-47所示,然后在"蒙版1"属性中勾选"反转"选项,如图8-48所示。

图8-47

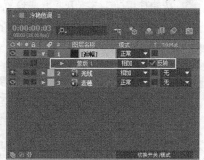

图8-48

11 按小键盘上的数字键0,预览最终效果,如图8-49所示。

图8-49

8.4.3 色相/饱和度滤镜

"色相/饱和度"滤镜是基于HSB颜色模式,因此使用"色相/饱和度"滤镜可以调整图像的色调、亮度和饱和度。具体来说,使用色相/饱和度滤镜可以调整图像中单个颜色成分的色相、饱和度和亮度,是一个功能非常强大的图像颜色调整工具。它改变的不仅是色相和饱和度,还可以改变图像的亮度。

执行"效果>颜色校正>色相/饱和度"菜单命令,在"效果控件"面板中展开"色相/饱和度"滤镜的参数,如图8-50所示。

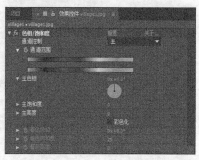

图8-50

色相/饱和度参数介绍

• **通道控制**:控制受滤镜影响的通道,默认设置为"主",表示影响所有的通道;如果选择其他通道,通过"通道范围"选项可以查看通道受滤镜影响的范围。

• **通道范围**:显示通道受滤镜影响的范围。

• **主色相**:控制所调节颜色通道的色调。

• **主饱和度**:控制所调节颜色通道的饱和度。

• **主亮度**:控制所调节颜色通道的亮度。

• **彩色化**:控制是否将图像设置为彩色图像。勾选该选项之后,将激活"着色色相""着色饱和度"和"着色亮度"属性。

• **着色色相**:将灰度图像转换为彩色图像。

• **着色饱和度**:控制彩色化图像的饱和度。

• **着色亮度**:控制彩色化图像的亮度。

> **技巧与提示**
> 在"主饱和度"属性中,数值越大饱和度越高,反之饱和度越低,其数值的范围为﹣100~100。
> 在"主亮度"属性中,数值越大,亮度越高,反之越低,数值的范围为﹣100~100。
> "颜色平衡(HLS)"滤镜可以理解为"色相/饱和度"滤镜的一个简化版本。
> "颜色平衡(HLS)"滤镜是通过调整"色相""亮

度"和"饱和度"参数
来调整图像的色彩平
衡效果,其滤镜参数
如图8-51所示。

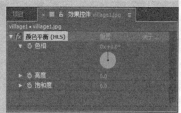

图8-51

图8-52所示的是未添加效果的素材,在分别添加"色相
/饱和度"滤镜和"颜色平衡(HLS)"滤镜后,"色相"和"饱
和度"使用统一参数,得到的如图8-53和图8-54所示效果是完
全一致的。

图8-52

图8-53

图8-54

功能实战02:季节更替

素材位置	实例文件>CH08>功能实战02:季节更替
实例位置	实例文件>CH08>季节更替_F.aep
视频位置	多媒体教学>CH08>季节更替.mp4
难易指数	★★☆☆☆
技术掌握	使用"色相/饱和度"效果为画面做局部调色

本实例主要介绍"色相/饱和度"和"镜头光晕"效
果的使用。通过对本实例的学习,读者可以掌握"色相/饱
和度"和"镜头光晕"效果的使用技法,如图8-55所示。

图8-55

01 执行"文件>导入>文件"菜单命令,打开素材
文件夹中的"季节更换.tga"文件,然后将其拖曳到
如图8-56所示的"创建合成"按钮 🔲 上,创建一个
与源素材同样分辨率的合成。

图8-56

02 按快捷键Ctrl+K打开"合成设置"对话框,将合
成重新命名为"季节更替"、"持续时间"为3秒,
如图8-57所示。

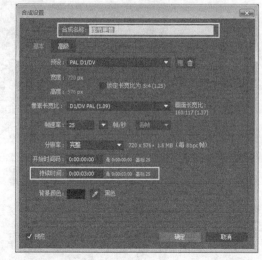

图8-57

03 选择"季节更换.tga"图层,设置其"位置"和"缩放"属性的关键帧动画。在第0帧处,设置"位置"为(360,288)、"缩放"为(100%,100%);在第3秒处,设置"位置"值为(396,288)、"缩放"值为(110%,110%),如图8-58所示。

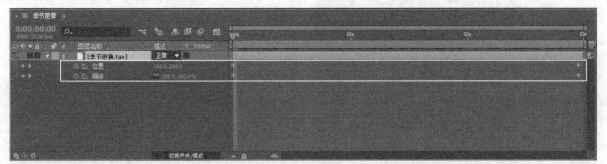

图8-58

04 选择"季节更换.tga"图层,执行"效果>颜色校正>色相/饱和度"菜单命令,然后在"效果控件"面板中,设置"通道控制"为"绿色"、"绿色色相"为(0×-80°)、"绿色饱和度"为15,如图8-59所示。

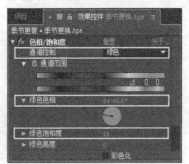

图8-59

05 执行"图层>新建>纯色图层"菜单命令,新建一个名为Light的黑色纯色图层,如图8-60所示。

图8-60

06 选择Light图层,执行"效果>生成>镜头光晕"菜单命令,然后在第0帧处,设置"光晕中心"为(160,70);在第3秒处,设置"光晕中心"为(4,70),接着修改Light图层的叠加模式为"相加",如图8-61所示。

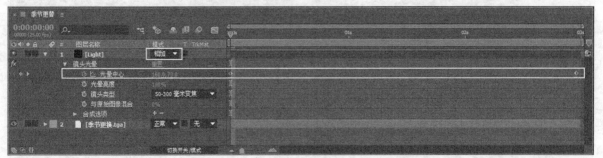

图8-61

07 执行"图层>新建>纯色"菜单命令,创建一个黑色的纯色图层,然后将其命名为"遮罩",如图8-62所示。

08 选择"遮罩"图层,使用"矩形工具" ▦为该图层添加一个蒙版,设置蒙版的叠加模式为"相减",如图8-63和图8-64所示。

09 按小键盘上的数字键0,预览最终效果,如图8-65所示。

图8-62

图8-63

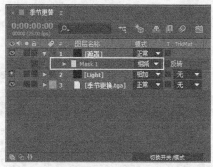

图8-64

图8-65

本实例主要应用到了"曲线"滤镜来制作曲线通道调色，效果如图8-66所示。

图8-66

【制作提示】

- **第1步**：打开项目文件"曲线通道调色_l.aep"。
- **第2步**：新建一个调整图层，为其添加"曲线"滤镜。
- **第3步**：在"曲线"滤镜的各个通道中调整曲线。
- 制作流程如图8-67所示。

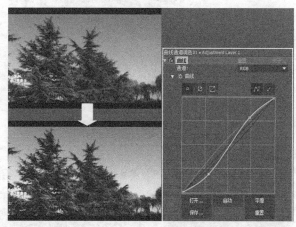

图8-67

8.5 常用调色滤镜

本节知识概要

知识名称	作用	重要程度	所在页
颜色平衡滤镜	一种色彩校正的滤镜	高	P199
色光滤镜	一种色彩校正的滤镜	高	P199
通道混合器滤镜	一种色彩校正的滤镜	高	P200
色调滤镜	一种色彩校正的滤镜	高	P200
照片滤镜	一种色彩校正的滤镜	高	P201
更改颜色滤镜	一种色彩校正的滤镜	高	P204

在本节，我们挑选了"颜色校正"滤镜包中最常见的滤镜来进行讲解，主要包括"颜色平衡""色光""通道混合器""色调""照片滤镜"和"更改颜色"等滤镜。

8.5.1 颜色平衡滤镜

"颜色平衡"滤镜主要依靠控制红、绿、蓝在中间色、阴影和高光之间的比重来控制图像的色彩，非常适合于精细调整图像的高光、暗部和中间色调，如图8-68所示。

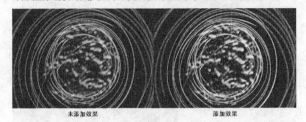

未添加效果　　　　　添加效果

图8-68

执行"效果>颜色校正>颜色平衡"菜单命令，在"效果控件"面板中展开"色彩平衡"滤镜的参数，如图8-69所示。

图8-69

颜色平衡参数介绍

- **阴影红/绿/蓝平衡:** 在暗部通道中调整颜色的范围。

- **中间调红/绿/蓝色平衡:** 在中间调通道中调整颜色的范围。

- **高光红/绿/蓝平衡:** 在高光通道中调整颜色的范围。

- **保持发光度:** 保留图像颜色的平均亮度。

8.5.2 色光滤镜

"色光"滤镜可以根据画面不同的灰度将选择的颜色映射到素材上，还可以选择素材进行置换，甚至通过黑白映射可以用来抠像，如图8-70所示。

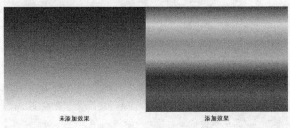

未添加效果　　　　　添加效果

图8-70

执行"效果>颜色校正>色光"菜单命令，在"效果控件"面板中展开"色光"滤镜的参数，如图8-71所示。

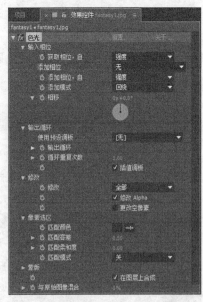

图8-71

色光参数介绍

- **输入相位:** 设置彩光的特性和产生彩光的图层。

- **获得相位，自:** 指定采用图像的哪一种元素来产生彩光。

- **添加相位:** 指定在合成图像中产生彩光的图层。

- **添加相位，自:** 指定用哪一个通道来添加色彩。

- **添加模式:** 指定彩光的添加模式。

- **相移:** 切换彩光的相位。

- **输出循环:** 用于设置彩光的样式。通过"输出循环"色轮可以调节色彩区域的颜色变化。

- **使用预设调板:** 从系统自带的30多种彩光效果中选择一种样式。

- **循环重复次数:** 控制彩光颜色的循环次数。数值越高，杂点越多，如果将其设置为0将不起作用。

- **插值调板:** 如果关闭该选项，系统将以256色在色轮上产生彩色光。

- **修改:** 在其下拉列表中可以指定一种影响当前图层色彩的通道。

- **像素选区:** 指定彩光在当前图层上影响像素的范围。

- **匹配颜色:** 指定匹配彩光的颜色。

- **匹配容差:** 指定匹配像素的容差度。

- **匹配柔和度:** 指定选择像素的柔化区域，使受影响的区域与未受影响的像素产生柔化的过渡效果。

• **匹配模式：**设置颜色匹配的模式。如果选择"关"模式，系统将忽略像素匹配而影响整个图像。

• **蒙版：**指定一个遮罩层，并且可以为其指定遮罩模式。

• **与原始图像混合：**设置当前效果层与原始图像的融合程度。

8.5.3 通道混合器滤镜

"通道混合器"滤镜可以通过混合当前通道来改变画面的颜色通道，使用该滤镜可以制作出普通色彩修正滤镜不容易达到的效果，如图8-72所示。

未添加效果　　　　　　添加效果

图8-72

执行"效果> 颜色校正>通道混合器"菜单命令，在"效果控件"面板中展开"通道混合器"滤镜的参数，如图8-73所示。

图8-73

通道混合器参数介绍

• **红色–红色/红色–绿色/红色–蓝色：**用来设置红色通道颜色的混合比例。

• **绿色–红色/绿色–绿色/绿色–蓝色：**用来设置绿色通道颜色的混合比例。

• **蓝色–红色/蓝色–绿色/蓝色–蓝色：**用来设置蓝色通道颜色的混合比例。

• **红色/绿色/蓝色恒量：**用来调整红、绿和蓝通道的对比度。

• **单色：**勾选该选项后，彩色图像将转换为灰度图。

8.5.4 色调滤镜

"色调"滤镜可以将画面中的暗部以及亮部替换成自定义的颜色，如图8-74所示。

未添加效果　　　　　　添加效果

图8-74

执行"效果> 颜色校正>色调"菜单命令，在"效果控件"面板中展开"色调"滤镜的参数，如图8-57所示，如图8-75所示。

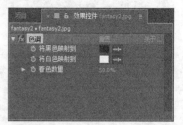

图8-75

色调参数介绍

• **将黑色映射到：**将图像中的黑色替换成指定的颜色。

• **将白色映射到：**将图像中的白色替换成指定的颜色。

• **着色数量：**设置染色的作用程度，0%表示完全不起作用，100%表示完全作用于画面。

技巧与提示

"三色调"滤镜可以理解为"色调"滤镜的一个强化版本，它可以将画面中的阴影、中间调和高光进行颜色映射，从而更换画面的色调，其滤镜参数如图8-76所示。

图8-76

其中，"高光"用来设置替换高光的颜色，"中间调"用来设置替换中间调的颜色，"阴影"用来设置替换阴影的颜色，"与原始图像混合"用来设置效果层与来源层的融合程度。

图8-77所示的是未添加效果的素材，在分别添加"三色调"滤镜和"色调"滤镜后，可以很明显观察到8-78比图8-79的效果细腻很多。

图8-77

图8-78

图8-79

8.5.5 照片滤镜

"照片"滤镜相当于为素材加入一个滤色镜，以达到颜色校正或光线补偿的作用，如图8-80所示。

未添加效果　　　　　　添加效果

图8-80

> **技巧与提示**
>
> 滤色镜也称"滤光镜"，是根据不同波段对光线进行选择性吸收（或通过）的光学器件，由镜圈和滤光片组成，常装在照相机或摄像机镜头前面。黑白摄影用的滤色镜主要用于校正黑白片感色性以及调整反差、消除干扰光等；彩色摄影用的滤色镜主要用于校正光源色温，对色彩进行补偿。

执行"效果> 颜色校正>照片滤镜"菜单命令，在"效果控件"面板中展开"照片"滤镜的参数，如图8-81所示。

图8-81

照片滤镜参数介绍

· **滤镜**：设置需要过滤的颜色，可以从其下拉列表中选择系统自带的18种过滤色。

· **颜色**：用户自己设置需要过滤的颜色。只有设置"滤镜"为"自定义"选项时，该选项才可用。

· **密度：**设置重新着色的强度，值越大，效果越明显。

· **保持发光度**：勾选该选项时，可以在过滤颜色的同时保持原始图像的明暗分布层次。

> **技巧与提示**
>
> 对于那些曝光不足和较暗的镜头，可以使用"曝光度"滤镜来修正颜色。"曝光度"滤镜主要用来修复画面的曝光度，其滤镜参数如图8-82所示。

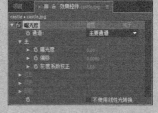

图8-82

其中，"通道"用来指定通道的类型，包括"主要通道"和"单个通道"两种类型。

"主要通道"选项是一次性调整整体通道，"单个通道"选项主要用来对RGB的各个通道进行单独调整。

"曝光度"用来控制图像的整体曝光度。

"偏移"用来设置图像整体色彩的偏移程度。

"灰度系数校正"用来设置图像整体的灰度值。

"红色/绿色/蓝色"分别用来调整RGB通道的"曝光度""偏移"和"灰度系数校正"数值，只有设置"通道"为"单个通道"时，这些属性才会被激活。

功能实战03：金属质感

素材位置	实例文件>CH08>功能实战03：金属质感
实例位置	实例文件>CH08>金属质感_F.aep
视频位置	多媒体教学>CH08>金属质感.mp4
难易指数	★★☆☆☆
技术掌握	学习"三色调""曲线"和"照片滤镜"效果在调色中的应用

本实例组合运用"曲线"和"照片滤镜"效果来制作金属质感的定版效果。通过对本实例的学习，读者可以掌握常规金属质感画面的表现技术，如图8-83所示。

图8-83

01 执行"文件>打开项目"菜单命令，然后在素材文件夹中选择"金属质感
_I.aep"，接着在"项目"面板中，双击"金属质感"加载合成，如图8-84所示，效果如图8-85所示。

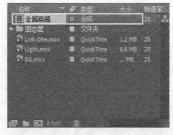

图8-84

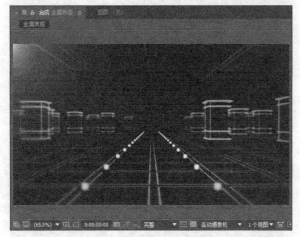

图8-85

02 在"时间轴"面板中选择BG图层，执行"效果>颜色校正>三色调"菜单命令，然后在"效果控件"面板中，设置"中间调"的颜色为（R:70，G:125，B:125），如图8-86所示，效果如图8-87所示。

图8-86

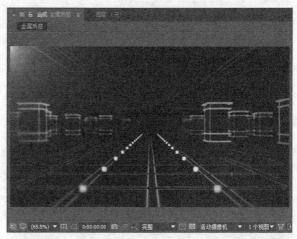

图8-87

03 选择"镜头光晕"图层，执行"效果>颜色校正>色调"菜单命令，如图8-88所示，然后执行"效果>颜色校正>曲线"菜单命令，接着在"效果控件"面板中，分别在RGB、"红色"和"蓝色"通道中调整曲线，如图8-89、图8-90和图8-91所示，效果如图8-92所示。

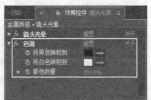

图8-88

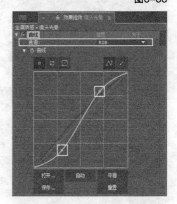

图8-89

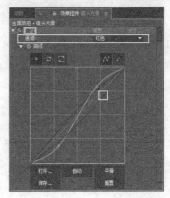

图8-90

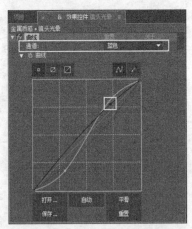

图8-91

图8-94

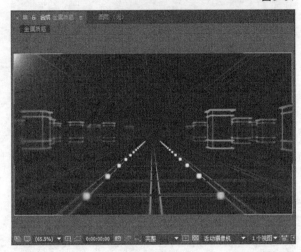

图8-92

图8-95

04　选择Line One图层，执行"效果>颜色校正>曲线"菜单命令，调整RBG通道的曲线，如图8-93所示，效果如图8-94所示。

05　选择Line One图层，执行"效果>颜色校正>照片滤镜"菜单命令，在滤镜类型中选择"深黄"，设置"密度"值为100%，如图8-96所示，效果如图8-96所示。

图8-96

06　按小键盘上的数字键0，预览最终效果，如图8-97所示。

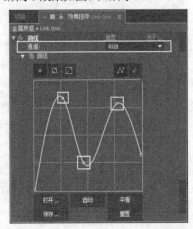

图8-93

图8-97

8.5.6 更改颜色滤镜

"更改颜色"滤镜可以改变某个色彩范围内的色调,以达到置换颜色的目的,如图8-98所示。

未添加效果　　　　　　添加效果

图8-98

执行"效果> 颜色校正>更改颜色"菜单命令,在"效果控件"面板中展开"更改颜色"滤镜的参数,如图8-99所示。

图8-99

更改颜色参数介绍

• **视图**:设置在"合成"面板中查看图像的方式。"校正的图层"显示的是颜色校正后的画面效果,也就是最终效果,"颜色校正蒙版"显示的是颜色校正后的遮罩部分的效果,也就是图像中被改变的部分。

• **色相变换**:调整所选颜色的色相。

• **亮度变换**:调节所选颜色的亮度。

• **饱和度变换**:调节所选颜色的色彩饱和度。

• **要更改的颜色**:指定将要被修正的区域的颜色。

• **匹配容差**:指定颜色匹配的相似程度,即颜色的容差度。值越大,被修正的颜色区域越大。

• **匹配柔和度**:设置颜色的柔和度。

• **匹配颜色**:指定匹配的颜色空间,共有"使用RGB""使用色相"和"使用色度"3个选项。

• **反转颜色校正蒙版**:反转颜色校正的遮罩,可以使用吸管工具拾取图像中相同的颜色区域来进行反转操作。

> 　**技巧与提示**
>
> "更改为颜色"滤镜类似于"更改颜色"滤镜,也可以将画面中某个特定颜色置换成另外一种颜色,只不过它的可控参数更多,得到的效果也更加精确,其参数如图8-100所示。

图8-100

"更改为颜色"的参数介绍如下

自:用来指定要转换的颜色。

至:用来指定转换成何种颜色。

更改:用来指定影响HLS色彩模式中的哪一个通道。

更改方式:用来指定颜色的转换方式,共有"设置为颜色"和"变换为颜色"两个选项。

容差:用来指定色相、亮度和饱和度的数值。

柔和度:用来控制转换后的颜色的柔和度。

查看校正蒙版:勾选该选项时,可以查看哪些区域的颜色被修改过。

功能实战04:冷色氛围处理

素材位置	实例文件>CH08>功能实战04:冷色氛围处理
实例位置	实例文件>CH08>冷色氛围处理_F.aep
视频位置	多媒体教学>CH08>冷色氛围处理.mp4
难易指数	★★☆☆☆
技术掌握	学习"色调""曲线"和"颜色平衡"效果的组合应用

本实例主要讲解"色调""曲线"和"颜色平衡"效果的应用。通过对本实例的学习,读者可以掌握将画面镜头处理成电影中常见的冷色调的方法,如图8-101所示。

图8-101

01 执行"文件>打开项目"菜单命令,然后在素材文件夹中选择"冷色氛围处理_I.aep",接着在"项目"面板中,双击"源素材"加载合成,如图8-102所示,效果如图8-103所示。

图8-102

图8-103

02 选择"源素材01"图层,执行"效果>颜色校正>色调"菜单命令,这样可以把更多的画面颜色信息控制在中间调部分(灰度信息部分),然后在"效果控件"面板中,设置"着色数量"的值为40%,如图8-104所示,效果如图8-105所示。

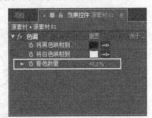

图8-104

图8-105

03 选择"源素材01"图层,执行"效果>颜色校正>曲线"菜单命令,然后在"效果控件"面板中,分别设置"RGB""红色""绿色"和"蓝色"通道中的曲线,如图8-106~图8-109所示,效果如图8-110所示。

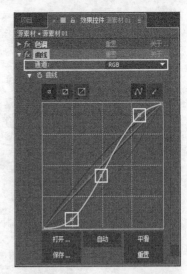

图8-106

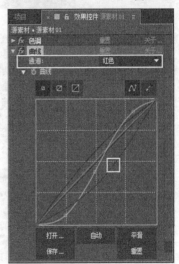

图8-107

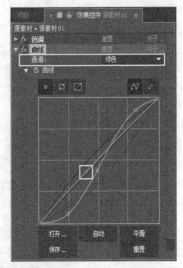

图8-108

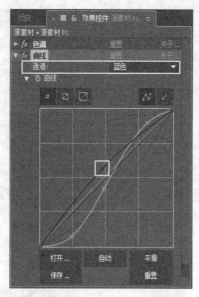

图8-109

图8-112

05 选择"源素材01"图层,执行"效果>颜色校正>颜色平衡"菜单命令,然后在"效果控件"面板中,分别设置其阴影、中间调和高光部分的参数,如图8-113所示,预览效果如图8-114所示。

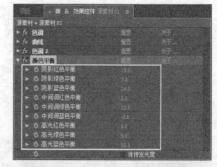

图8-113

图8-110

04 选择"源素材01"图层,执行"效果>颜色校正>色调"菜单命令,然后在"效果控件"面板中,设置"着色数量"为50%,这样可以让画面的颜色过渡更加柔和,如图8-111所示,效果如图8-112所示。

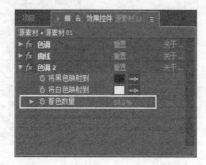

图8-111

图8-114

06 按小键盘上的数字键0,预览最终效果,如图8-115所示。

图8-115

练习实例02：镜头染色

素材位置	实例文件>CH08>镜头染色
实例位置	实例文件>CH08>镜头染色_F.aep
视频位置	多媒体教学>CH08>镜头染色.mp4
难易指数	★★☆☆☆
技术掌握	掌握"三色调"滤镜的用法

本实例主要应用到了"三色调"滤镜来制作镜头染色，效果如图8-116所示。

图8-116

【制作提示】

• 第1步：打开项目文件"镜头染色_l.aep"。

• 第2步：新建一个调整图层，为其添加"三色调"滤镜。

• 第3步：设置"三色调"滤镜的"中间调"为（R:192，G:232，B:136）。

• 制作流程如图8-117所示。

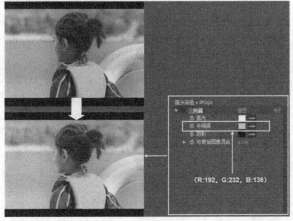

图8-117

8.6 本章总结

本章主要介绍了After Effects中校色滤镜，通过对本章的学习，可以把握好对影片的色彩的调整，以烘托气氛、表现意境。在学习软件的同时，也要注意对色彩感的培养，这样才能创作出画面优美、意境深远的作品。

8.7 综合实例：风格校色

素材位置	实例文件>CH08>综合实例：风格校色
实例位置	实例文件>CH08>风格校色_F.aep
视频位置	多媒体教学>CH08>风格校色.mp4
难易指数	★★★☆☆
技术掌握	掌握"曲线""色相/饱和度"和"色阶"效果的组合应用

本实例主要讲解"色阶""照片滤镜""色调""曲线"和"颜色平衡"效果的综合运用。通过对本实例的学习，读者可以掌握电影或电视剧风格校色的方法，如图8-118所示。

图8-118

01 执行"文件>导入>文件"菜单命令，打开素材文件夹中的"风格校色.mov"文件，然后将其拖曳到"创建合成"按钮上，释放鼠标后，系统自动创建名为"风格校色"的合成，如图8-119所示。

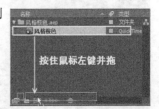

图8-119

02 选择"风格校色"图层，执行"效果>颜色校正>色阶"菜单命令，然后在"效果控件"面板中，设置"灰度系数"为0.88、"输出黑色"为30，如图8-120所示，效果如图8-121所示。

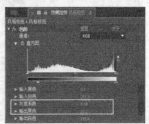

图8-120

图8-121

图8-125

03 选择"风格校色"图层，执行"效果>颜色校正>照片滤镜"菜单命令，然后在"效果控件"面板中，设置"滤镜"类型为"暖色滤镜（81）"、"密度"为30%，如图8-122所示，效果如图8-123所示。

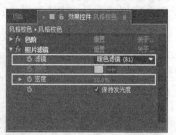

图8-122

05 选择"风格校色"图层，执行"效果>颜色校正>曲线"菜单命令，然后在"效果控件"面板中，分别调整"RGB""红色""绿色"和"蓝色"通道中的曲线，如图8-126~图8-129所示，画面预览效果如图8-130所示。

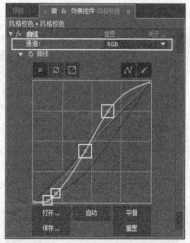

图8-126

图8-123

04 选择"风格校色"图层，执行"效果>颜色校正>色调"菜单命令，然后在"效果控件"面板中，设置"着色数量"为30%，如图8-124所示，效果如图18-25所示。

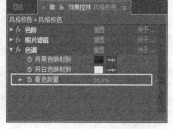

图8-124

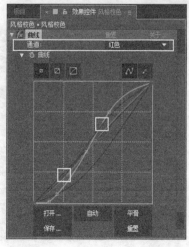

图8-127

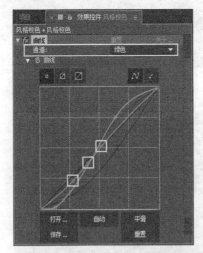

图8-128

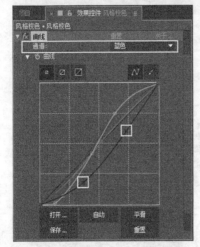

图8-129

图8-130

图8-131

图8-132

06 选择"风格校色"图层,执行"效果>颜色校正>色调"菜单命令,然后在"效果控件"面板中,设置"着色数量"为40%,如图8-131所示,效果如图8-132所示。

07 选择"风格校色"图层,执行"效果>颜色校正>颜色平衡"菜单命令,然后在"效果控件"面板中,设置"阴影红色平衡"为15、"阴影绿色平衡"为7、"阴影蓝色平衡"为24、"中间调红色平衡"为2、"中间调绿色平衡"为23、"中间调蓝色平衡"为-3、"高光红色平衡"为0、"高光绿色平衡"为5、"高光蓝色平衡"为18,如图8-133所示,效果如图8-134所示。

08 按小键盘上的数字键0,预览最终效果,如图8-135所示。

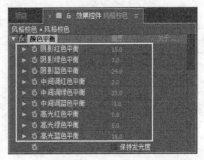

图8-133

图8-134

图8-135

After Effects

第 9 章 键控技术

本章知识索引

本章实例索引

9.1 概述

键控也就我们常说的抠像，是从早期电视制作中得来的，英文名称为Key，意思是吸取画面中的某一种颜色作为透明色，将它从画面中抠去，从而使背景透出来，形成两层画面的叠加合成。例如把一个人物抠出来之后和一段爆炸的素材合成到一起，那将是非常火爆的镜头，而这些特技镜头效果常常在荧屏中能见到。

9.2 引导实例：Keylight抠像

素材位置	实例文件>CH09>引导实例：Keylight抠像
实例位置	实例文件>CH09>Keylight抠像_F.aep
视频位置	多媒体教学>CH09> Keylight抠像.mp4
难易指数	★★★☆☆
技术掌握	掌握Keylight（1.2）滤镜的基本用法

本实例主要介绍Keylight（1.2）效果的应用。通过对本实例的学习，读者可以掌握Keylight（1.2）抠像的基础使用技法，如图9-1所示。

图9-1

01 执行"文件>打开项目"菜单命令，然后在素材文件夹中选择"Keylight抠像_I.aep"，接着在"项目"面板中，双击"Keylight"加载合成，如图9-2所示，效果如图9-3所示。

图9-2

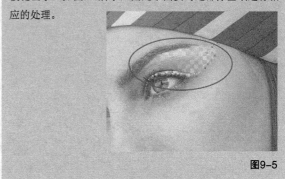

图9-3

02 选择20.jpg图层，执行"效果>键控>Keylight（1.2）"菜单命令，然后在"效果控件"面板中使用Screen Colour（屏幕颜色）后面的"吸管工具"，在"合成"面板中吸取浅蓝色背景，效果如图9-4所示。

图9-4

> **技巧与提示**
>
> 仔细观察人物的右眼处，可以发现有些蓝色像素也被键出了，如图9-5所示，因此下面要对这部分区域进行相应的处理。

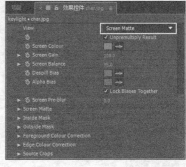

图9-5

03 在"效果控件"面板中，设置View（视图）方式为Screen Matte（屏幕蒙版）方式，如图9-6所示，然后在"合成"面板中观察图像，发现右眼、嘴唇和手指部分的键出效果并不完全，如图9-7所示。

图9-6

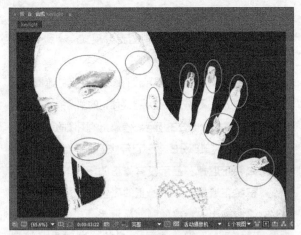

图9-7

04 使用Despill Bias（反溢出偏差）后面的"吸管工具"，吸取人物帽子上面的红色，如图9-8所示，效果如图9-9所示。

图9-11

图9-8

9.3 键控滤镜组

本节知识概要

知识名称	作用	重要程度	所在页
颜色差值键滤镜	一种抠图、抠像的滤镜	高	P214
颜色键滤镜	一种抠图、抠像的滤镜	高	P215
颜色范围滤镜	一种抠图、抠像的滤镜	高	P216
差值遮罩滤镜	一种抠图、抠像的滤镜	高	P216
提取滤镜	一种抠图、抠像的滤镜	高	P218
内部/外部键滤镜	一种抠图、抠像的滤镜	高	P219
线性颜色键滤镜	一种抠图、抠像的滤镜	高	P220
亮度键滤镜	一种抠图、抠像的滤镜	高	P221
溢出抑制滤镜	一种抠图、抠像的滤镜	高	P221

抠像是通过定义图像中特定范围内的颜色值或亮度值来获取透明通道，当这些特定的值被Key Out（抠出）时，那么所有具有这个相同颜色或亮度的像素都将变成透明状态。将图像抠出来后，就可以将其运用到特定的背景中，以获得镜头所需的视觉效果，如图9-12所示。

图9-9

05 设置Screen Shrink/Grow（屏幕收缩/扩张）为-0.9、Screen Softness（屏幕柔化）为5.9、Screen Despot Black（屏幕独占黑色）为3.8，如图9-10所示，效果如图9-11所示。

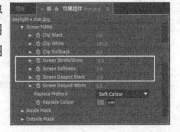

图9-10

图9-12

在After Effects CS6中，所有的"键控"滤镜都集中在"效果>键控"的子菜单中，如图9-13所示。

图9-13

9.3.1 颜色差值键滤镜

"颜色差值键"滤镜可以将图像分成A、B两个不同起点的蒙版来创建透明度信息。蒙版B基于指定抠出颜色来创建透明度信息，蒙版A则基于图像区域中不包含有第2种不同颜色来创建透明度信息，结合A、B蒙版就创建出了Alpha蒙版，通过这种方法，"颜色差值键"滤镜可以创建出很精确的透明度信息。尤其适合抠取具有透明和半透明区域的图像，如烟、雾、阴影等，如图9-14所示。

图9-14

执行"效果>键控>颜色差值键"菜单命令，在"效果控件"面板中展开"颜色差值键"滤镜的参数，如图9-15所示。

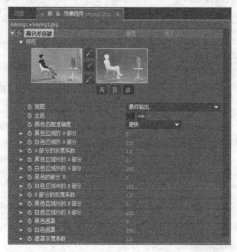

图9-15

颜色差值键参数介绍

- **视图**：共有以下9种视图查看模式。
- **源**：显示原始的素材。
- **未校正遮罩部分A**：显示没有修正的图像的遮罩A。
- **已校正遮罩部分A**：显示已经修正的图像的遮罩A。
- **未校正遮罩部分B**：显示没有修正的图像的遮罩B。
- **已校正遮罩部分B**：显示已经修正的图像的遮罩B。
- **未校正遮罩**：显示没有修正的图像的遮罩。
- **已校正遮罩**：显示修正的图像的遮罩。
- **最终输出**：最终的画面显示。
- **已校正[A，B，遮罩]，最终**：同时显示遮罩A、遮罩B、修正的遮罩和最终输出的结果。
- **主色**：用来采样拍摄的动态素材幕布的颜色。
- **颜色匹配准确度**：设置颜色匹配的精度，包含"更快"和"更准确"两个选项。
- **黑色区域的A部分**：控制A通道的透明区域。
- **白色区域的A部分**：控制A通道的不透明区域。
- **A部分的灰度系数**：用来影响图像的灰度范围。
- **黑色区域外的A部分**：控制A通道的透明区域的不透明度。
- **白色区域外的A部分**：控制A通道的不透明区域的不透明度。
- **黑色的部分B**：控制B通道的透明区域。
- **白色区域中的B部分**：控制B通道的不透明区域。
- **B部分的灰度系数**：用来影响图像的灰度范围。
- **黑色区域外的B部分**：控制B通道的透明区域的不透明度。
- **白色区域外的B部分**：控制B通道的不透明区域的不透明度。
- **黑色遮罩**：控制Alpha通道的透明区域。
- **白色遮罩**：控制Alpha通道的不透明区域。
- **遮罩灰度系数**：用来影响图像Alpha通道的灰度范围。

> **技巧与提示**
>
> 该滤镜在实际操作中非常简单，在指定完抠出颜色后，将"视图"模式切换为"已校正遮罩"后，修改"黑色遮罩""白色遮罩"和"遮罩灰度系数"参数，最后将"视图"模式切换为"最终输出"即可。

9.3.2 颜色键滤镜

"颜色键"滤镜可以通过指定一种颜色,将图像中处于这个颜色范围内的图像抠出,使其变为透明,如图9-16所示。

图9-16

执行"效果>过时>颜色键"菜单命令,在"效果控件"面板中展开"颜色键"滤镜的参数,如图9-17所示。

图9-17

颜色键参数介绍

- **颜色容差:** 设置颜色的容差值。容差值越高,与指定颜色越相近的颜色会变为透明。

- **薄化边缘:** 用于调整抠出区域的边缘。正值为扩大遮罩范围,负值为缩小遮罩范围。

- **羽化边缘:** 用于羽化抠出的图像的边缘。

> **技巧与提示**
>
> 使用"颜色键"滤镜进行抠像只能产生透明和不透明两种效果,所以它只适合抠出背景颜色变化不大、前景完全不透明以及边缘比较精确的素材。
>
> 对于前景为半透明,背景比较复杂的素材,"颜色键"滤镜就无能为力了。

功能实战01:颜色键抠像

素材位置	实例文件>CH09>功能实战01:颜色键抠像
实例位置	实例文件>CH09>颜色键抠像_F.aep
视频位置	多媒体教学>CH09>颜色键抠像.mp4
难易指数	★★☆☆☆
技术掌握	掌握"颜色键"滤镜的用法

本实例主要介绍"颜色键"效果的应用。通过对本实例的学习,读者可以掌握"颜色键"抠像的使用技法,如图9-18所示。

图9-18

01 执行"文件>打开项目"菜单命令,然后在素材文件夹中选择"颜色键抠像_I.aep",接着在"项目"面板中,双击"颜色键抠像"加载合成,如图9-19所示,效果如图9-20所示。

图9-19

图9-20

02 在"时间轴"面板中选择12.jpg图层,执行"效果>过时> 颜色键"菜单命令,然后在"效果控件"面板中使用"吸管工具"█吸取图像中的背景色,接着设置"颜色容差"为160、"羽化边缘"为3,如图9-21所示,效果如图9-22所示。

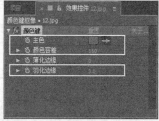

图9-21

图9-22

03 执行"文件>导入>文件"菜单命令,打开素材文件夹中的Noise01.mov文件,然后将其拖曳到"时间轴"面板中的顶层,接着将叠加模式设置为"屏幕",如图9-23所示,效果如图9-24所示。

图9-23

图9-24

9.3.3 颜色范围滤镜

"颜色范围"滤镜可以在Lab、YUV或RGB任意一个颜色空间中通过指定的颜色范围来设置抠出的颜色。

执行"效果>过时>颜色范围"菜单命令,在"效果控件"面板中展开"颜色范围"滤镜的参数,如图9-25所示。

图9-25

颜色范围参数介绍

• **模糊**:用于调整边缘的柔化度。

• **色彩空间**:指定抠出颜色的模式,包括Lab、YUV和RGB这3种颜色模式。

• **最小值(L,Y,R)**:如果Color Space(颜色空间)模式为Lab,则控制该色彩的第1个值L;如果是YUV模式,则控制该色彩的第1个值Y;如果是RGB模式,则控制该色彩的第1个值R。

• **最大值(L,Y,R)**:控制第1组数据的最大值。

• **最小值(a,U,G)**:如果Color Space(颜色空间)模式为Lab,则控制该色彩的第2个值a;如果是YUV模式,则控制该色彩的第2个值U;如果是RGB模式,则控制该色彩的第2个值G。

• **最大值(a,U,G)**:控制第2组数据的最大值。

• **最小值(b,V,B)**:控制第3组数据的最小值。

• **最大值(b,V,B)**:控制第3组数据的最大值。

💡 **技巧与提示**

如果镜头画面由多种颜色构成,或者是灯光不均匀的蓝屏或绿屏背景,那么"颜色范围"滤镜将会很容易帮你解决抠像问题。

9.3.4 差值遮罩滤镜

"差值遮罩"滤镜的基本思想是:先把前景物体和背景一起拍摄下来,然后保持机位不变,去掉前景物体,单独拍摄背景。这样拍摄下来的两个画面相比较,在理想状态下,背景部分是完全相同的,而前景出现的部分则是不同的,这些不同的部分就是需要的

Alpha通道，如图9-26所示。

人物和背景镜头

最后结果

背景镜头

图9-26

执行"效果>过时>差值遮罩"菜单命令，在"效果控件"面板中展开"差值遮罩"滤镜的参数，如图9-27所示。

图9-27

差值遮罩参数介绍

· **差值图层**：选择用于对比的差异图层，可以用于抠出运动幅度不大的背景。

· **如果图层大小不同**：当对比图层的尺寸不同时，该选项用于对图层进行相应处理，包括"居中"和"伸缩以合适"两个选项。

· **匹配容差**：用于指定匹配容差的范围。

· **匹配柔和度**：用于指定匹配容差的柔和程度。

· **差值前模糊**：用于模糊比较的像素，从而清除合成图像中的杂点（这里的模糊只是计算机在进行比较运算的时候进行模糊，而最终输出的结果并不会产生模糊效果）。

> **技巧与提示**
>
> 有时候没有条件进行蓝屏幕抠像时，就可以采用这种手段。但是即使机位完全固定，两次实际拍摄效果也不会是完全相同的，光线的微妙变化、胶片的颗粒、视频的噪波等都会使再次拍摄到的背景有所不同，所以这样得到的通道通常都很不干净。

功能实战02：差值遮罩抠像

素材位置	实例文件>CH09>功能实战02：差值遮罩抠像
实例位置	实例文件>CH09>差值遮罩抠像_F.aep
视频位置	多媒体教学>CH09>差值遮罩抠像.mp4
难易指数	★★☆☆☆
技术掌握	掌握"差值遮罩"滤镜的用法

本实例主要介绍"差值遮罩"效果的应用。通过对本实例的学习，读者可以掌握"差值遮罩"抠像的使用技法，如图9-28所示。

图9-28

01 执行"文件>打开项目"菜单命令，然后在素材文件夹中选择"差值遮罩抠像_I.aep"，接着在"项目"面板中，双击"城市镜头"加载合成，如图9-29所示，效果如图9-30所示。

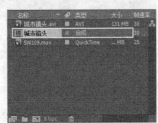

图9-29

图9-30

02 通过观察素材可以发现镜头始终是不动的，并且在第4秒之后鸟群飞出了画面。选择"城市镜头.avi"图层，然后按Ctrl+D组合键复制一个图层，接着选择底层的"城市镜头.avi"图层，在第4秒15帧处执行"图层>时间>启用时间重映射"菜单命令，如图9-31所示。

图9-31

03 单击"时间重映射"选项前面的"在当前时间添加或移除关键帧"按钮，在当前时间位置插入一个关键帧，然后选择首尾的两个关键帧，并按Delete键将其删除，如图9-32所示。

图9-32

04 隐藏底层的"城市镜头.avi"图层，然后选择顶层的"城市镜头.avi"图层，执行"效果>键控>差值遮罩"，接着在"效果控件"面板中，设置"差值图层"为"2.城市镜头.avi"、"匹配容差"为10%、"差值前模糊"为0.9，如图9-33所示，效果如图9-34所示。

图9-33

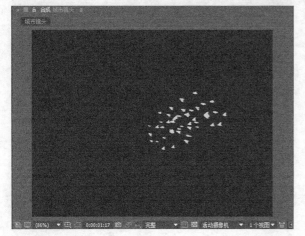

图9-34

技巧与提示

如果经过抠像后的蒙版包含其他像素，这时可以尝试调节Blur Before Difference（在差异前模糊）参数来模糊图像，以达到需要的效果。

05 执行"文件>导入>文件"菜单命令，打开素材文件夹中的"SW109.mov"文件，然后将其拖曳到如图9-35所示的位置，效果如图9-36所示。

图9-35

图9-36

9.3.5 提取滤镜

"提取"滤镜可以将指定的亮度范围内的像素抠出，使其变成透明像素。该滤镜适用于白色或黑色背景的素材，或前景和背景亮度反差比较大的镜头，如图9-37所示。

图9-37

执行"效果>过时>提取"菜单命令，在"效果控件"面板中展开"提取"滤镜的参数，如图9-38所示。

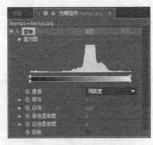

图9-38

提取参数介绍

• **通道：** 用于选择抠取颜色的通道，包括"明亮度""红色""绿色""蓝色"和"Alpha"这5个通道。

• **黑场：** 用于设置黑色点的透明范围，小于黑色点的颜色将变为透明。

• **白场：** 用于设置白色点的透明范围，大于白色点的颜色将变为透明。

• **黑色柔和度：** 用于调节暗色区域的柔和度。

• **白色柔和度：** 用于调节亮色区域的柔和度。

• **反转：** 反转透明区域。

 技巧与提示

"提取"滤镜还可以用来消除人物的阴影。

9.3.6 内部/外部键滤镜

"内部/外部键"滤镜特别适用于抠取毛发。使用该滤镜时需要绘制两个遮罩，一个用来定义抠出范围内的边缘，另外一个遮罩用来定义抠出范围之外的边缘，系统会根据这两个遮罩间的像素差异来定义抠出边缘并进行抠像，如图9-39所示。

图9-39

执行"效果>过时>内部/外部键"菜单命令，在"效果控件"面板中展开"内部/外部键"滤镜的参数，如图9-40所示。

图9-40

内部/外部键参数介绍

• **前景（内部）：** 用来指定绘制的前景蒙版。

• **其他前景：** 用来指定更多的前景蒙版。

• **背景（外部）：** 用来指定绘制的背景蒙版。

• **其他背景：** 用来指定更多的背景蒙版。

• **当个蒙版高光半径：** 当只有一个蒙版时，该选项才被激活，只保留蒙版范围里的内容。

• **清理前景：** 清除图像的前景色。

• **清理背景：** 清除图像的背景色。

• **边缘阈值：** 用来设置图像边缘的容差值。

• **反转提取：** 反转抠像的效果。

 **技巧与提示**

Inner/Outer Key（内/外轮廓抠像）滤镜还会修改边界的颜色，将背景的残留颜色提取出来，然后自动净化边界的残留颜色，因此把经过抠像后的目标图像叠加在其他背景上时，会显示出边界的模糊效果。

功能实战03：内部/外部键抠像

素材位置	实例文件>CH09>功能实战03：内部外部键抠像
实例位置	实例文件>CH09>内部外部键抠像_F.aep
视频位置	多媒体教学>CH09>内部外部键抠像.mp4
难易指数	★★☆☆☆
技术掌握	掌握"内部/外部键抠像"滤镜的用法

本实例主要介绍"内部/外部键抠像"效果的应用。通过对本实例的学习，读者可以掌握"内部/外部键抠像"抠像的使用技法，如图9-41所示。

图9-41

01 执行"文件>打开项目"菜单命令，然后在素材文件夹中选择"内部外部键抠像_I.aep"，接着在"项目"面板中，双击"内部/外部键抠像"加载合成，如图9-42所示，效果如图9-43所示。

图9-42

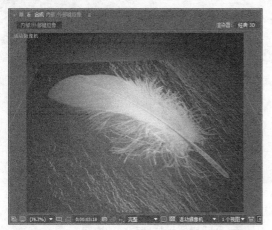

图9-43

02 在"时间轴"面板中，选择"羽毛.bmp"图层，然后使用"钢笔工具" ✐ 在"合成"窗口中绘制一个如图9-44所示的封闭蒙版（内部蒙版）。

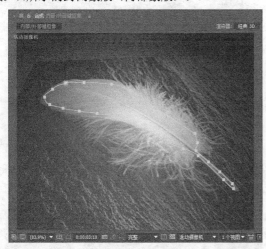

图9-44

03 使用"钢笔工具" ✐ 在"合成"窗口中绘制一个封闭蒙版（外部蒙版），如图9-45所示。

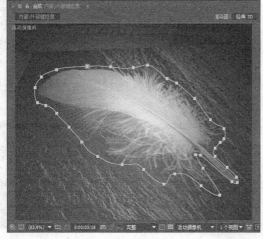

图9-45

04 选择"羽毛.bmp"图层，执行"效果>键控>内部/外部键"菜单命令，效果如图9-46所示。

图9-46

9.3.7 线性颜色键滤镜

"线性颜色键"滤镜可以将画面上每个像素的颜色和指定的抠出色进行比较，如果像素颜色和指定的颜色完全匹配，那么这个像素的颜色就会完全被抠出；如果像素颜色和指定的颜色不匹配，那么这些像素就会被设置为半透明；如果像素颜色和指定的颜色完全不匹配，那么这些像素就完全不透明。

执行"效果>过时>线性颜色键"菜单命令，在"效果控件"面板中展开"线性颜色键"滤镜的参数，如图9-47所示。

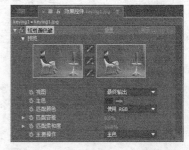

图9-47

在"预览"窗口中可以观察到两个缩略视图，左侧的视图窗口用于显示素材图像的缩略图，右侧的视图窗口用于显示抠像的效果。

线性颜色键参数介绍

· **视图：** 指定在"合成"面板中显示图像的方式。包括"最终输出""仅限源"和"仅限遮罩"3个选项。

· **主要操作：** 用于指定抠出色是"主色"，还是"保持颜色"。

9.3.8 亮度键滤镜

"亮度键"滤镜主要用来抠出画面中指定的亮度区域。使用"亮度键"滤镜对于创建前景和背景的明亮度差别比较大的镜头非常有用，如图9-48所示。

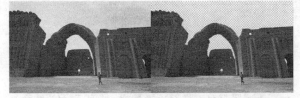

图9-48

执行"效果>过时>亮度键"菜单命令，在"效果控件"面板中展开"亮度键"滤镜的参数，如图9-49所示。

图9-49

亮度键参数介绍

- **键控类型**：指定亮度抠出的类型，共有以下4种。

- **抠出较亮区域**：使比指定亮度更亮的部分变为透明。

- **抠出较暗区域**：使比指定亮度更暗的部分变为透明。

- **抠出亮度相似的区域**：抠出Threshold（阈值）附近的亮度。

- **抠出亮度不同的区域**：抠出Threshold（阈值）范围之外的亮度。

- **阈值**：设置阈值的亮度值。

- **容差**：设定被抠出的亮度范围。值越低，被抠出的亮度越接近Threshold（阈值）设定的亮度范围；值越高，被抠出的亮度范围越大。

9.3.9 溢出抑制滤镜

通常情况下，抠像之后的图像都会有残留的抠出颜色的痕迹，而"溢出抑制"滤镜就可以用来消除这些残留的颜色痕迹，另外还可以消除图像边缘溢出的抠出颜色。

执行"效果>过时>溢出抑制"菜单命令，在"效果控件"面板中展开"溢出抑制"滤镜的参数，如图9-50所示。

图9-50

溢出抑制参数介绍

- **要抑制的颜色**：用来清除图像残留的颜色。

- **抑制**：用来设置抑制颜色强度。

> **技巧与提示**
>
> 这些溢出的抠出色常常是由于背景的反射造成的，如果使用"溢出抑制"滤镜还不能得到满意的结果，可以使用"色相/饱和度"降低饱和度，从而弱化抠出的颜色。

练习实例01：提取抠像滤镜

素材位置	实例文件>CH09>练习实例01：提取抠像滤镜
实例位置	实例文件>CH09>提取抠像滤镜_F.aep
视频位置	多媒体教学>CH09>提取抠像滤镜.mp4
难易指数	★★☆☆☆
技术掌握	掌握"提取"滤镜的用法

本实例主要应用到了"提取"来抠取素材，效果如图9-51所示。

图9-51

【制作提示】

- **第1步**：打开项目文件"提取抠像滤镜_l.aep"。

- **第2步**：选择Clip.mov图层，为其添加一个"提取"滤镜。

- **第3步**：设置"提取"滤镜的"白场"和"白色柔和度"属性。

- 制作流程如图9-52所示。

图9-52

练习实例02：色彩范围抠像滤镜

素材位置　实例文件>CH09>练习实例02：色彩范围抠像滤镜
实例位置　实例文件>CH09>色彩范围抠像滤镜_F.aep
视频位置　多媒体教学>CH09>色彩范围抠像滤镜.mp4
难易指数　★★☆☆☆
技术掌握　掌握"色彩范围"滤镜的用法

　　本实例主要应用到了"色彩范围"来抠取素材，效果如图9-53所示。

图9-53

【制作提示】

　　• **第1步**：打开项目文件"色彩范围抠像滤镜_l.aep"。

　　• **第2步**：选择Light.tga图层，为其添加一个"色彩范围"滤镜。

　　• **第3步**：设置"色彩范围"滤镜的属性。

　　• **第4步**：复制一个Light.tga图层，然后将复制出来的图层的叠加模式设置为"柔光"。

　　• 制作流程如图9-54所示。

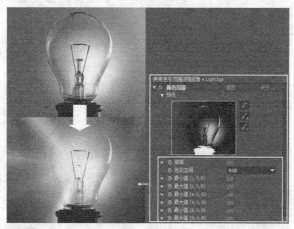

图9-54

9.4 遮罩滤镜组

　　抠像是一门综合技术，除了抠像滤镜本身的使用方法外，还包括抠像后图像边缘的处理技术、与背景合成时的色彩匹配技术等。在这一节，将介绍图像边缘的处理技术。

本节知识概要

知识名称	作用	重要程度	所在页
遮罩阻塞工具滤镜	一种优化抠图、抠像的滤镜	高	P222
调整实边遮罩滤镜	一种优化抠图、抠像的滤镜	高	P222
简单阻塞工具滤镜	一种优化抠图、抠像的滤镜	高	P223

9.4.1 遮罩阻塞工具滤镜

　　"遮罩阻塞工具"滤镜是功能非常强大的图像边缘处理工具，如图9-55所示。

边缘未处理　　　　　　　边缘处理

图9-55

　　执行"效果>遮罩>遮罩阻塞工具"菜单命令，在"效果控件"面板中展开"遮罩阻塞工具"滤镜的参数，如图9-56所示。

图9-56

遮罩阻塞工具参数介绍

　　• **几何柔和度1**：用来调整图像边缘的一级光滑度。

　　• **阻塞1**：用来设置图像边缘的一级"扩充"或"收缩"。

　　• **灰色阶柔和度1**：用来调整图像边缘的一级光滑度程度。

　　• **几何柔和度2**：用来调整图像边缘的二级光滑度。

　　• **阻塞2**：用来设置图像边缘的二级"扩充"或"收缩"。

　　• **灰色阶柔和度2**：用来调整图像边缘的二级光滑度程度。

　　• **迭代**：用来控制图像边缘"收缩"的强度。

9.4.2 调整实边遮罩滤镜

　　"调整实边遮罩"滤镜不仅仅可以用来处理图像的边缘，还可以用来控制抠出图像的Alpha噪波干净纯度，如图9-57所示。

边缘未处理　　　　　　　　边缘处理

图9-57

执行"效果>遮罩>调整实边遮罩"菜单命令，在"效果控件"面板中展开"调整实边遮罩"滤镜的参数，如图9-58所示。

图9-58

调整实边遮罩参数介绍

- **羽化：** 用来设置图像边缘的光滑程度。
- **对比度：** 用来调整图像边缘的羽化过渡。
- **减少震颤：** 用来设置运动图像上的噪波。
- **使用运动模糊：** 对于带有运动模糊的图像来说，该选项很有用处。
- **净化边缘颜色：** 可以用来处理图像边缘的颜色。

9.4.3 简单阻塞工具滤镜

"简单阻塞工具"属于边缘控制组中最为简单的一款滤镜，不太适合处理较为复杂或精度要求比较高的边缘。

执行"效果>遮罩>简单阻塞工具"菜单命令，在"效果控件"面板中展开"简单阻塞工具"滤镜的参数，如图9-59所示。

图9-59

简单阻塞工具参数介绍

- **视图：** 用来设置图像的查看方式。
- **阻塞遮罩：** 用来设置图像边缘的"扩充"或"收缩"。

9.5 Keylight（1.2）滤镜

本节知识概要

知识名称	作用	重要程度	所在页
常规抠像	Keylight（1.2）滤镜的基础功能	高	P223
扩展抠像	Keylight（1.2）滤镜的高级功能	高	P226

Keylight是一个屡获殊荣并经过产品验证的蓝绿屏幕抠像插件，同时Keylight是曾经获得学院奖的抠像工具之一。多年以来，Keylight不断进行改进和升级，目的就是为了使抠像能够更快捷、简单。

使用Keylight可以轻松地抠取带有阴影、半透明或毛发的素材，并且还有Spill Suppression（溢出抑制）功能，可以清除抠像蒙版边缘的溢出颜色，这样可以使前景和背景更加自然地融合在一起。

Keylight能够无缝集成到一些世界领先的合成和编辑系统中，包括Autodesk媒体和娱乐系统、Avid DS、Digital Fusion、Nuke、Shake和Final Cut Pro。当然也可以无缝集成到After Effects中，如图9-60所示。

图9-60

9.5.1 常规抠像

常规抠像的工作流程一般是先设置Screen Colour（屏幕色）参数，然后设置要抠出的颜色。如果在蒙版的边缘有抠除颜色的溢出，此时就需要调节Despill Bias（反溢出偏差）参数，为前景选择一个合适的表面颜色；如果前景颜色被抠除或背景颜色没有被完全抠除，这时就需要适当调节Screen Matte（屏幕遮罩）选项组下面的Clip Black（剪切黑色）和Clip

White（剪切白色）参数。

执行"效果>键控> Keylight（1.2）"菜单命令，在"效果控件"面板中展开Keylight（1.2）滤镜的参数，如图9-61所示。

图9-61

1.View（视图）

View（视图）选项用来设置查看最终效果的方式，在其下拉列表中提供了11种查看方式，如图9-62所示。下面将介绍View（视图）方式中的几个最常用的选项。

图9-62

> **技巧与提示**
> 在设置Screen Colour（屏幕色）时，不能将View（视图）选项设置为Final Result（最终结果），因为在进行第1次取色时，被选择抠除的颜色大部分都被消除了。

View（视图）参数介绍

• **Screen Matte（屏幕遮罩）**：在设置Clip Black（剪切黑色）和Clip White（剪切白色）时，可以将View（视图）方式设置为Screen Matte（屏幕遮罩），这样可以将屏幕中本来应该是完全透明的地方调整为黑色，将完全不透明的地方调整为白色，将半透明的地方调整为合适的灰色，如图9-63所示。

图9-63

> **技巧与提示**
> 在设置Clip Black（剪切黑色）和Clip White（剪切白色）参数时，最好将View（视图）方式设置为Screen Matte（屏幕遮罩）模式，这样可以更方便地查看蒙版效果。

• **Status（状态）**：将遮罩效果进行夸张、放大渲染，这样即便是很小的问题在屏幕上也将被放大显示出来，如图9-64所示。

图9-64

> **技巧与提示**
> 在Status（状态）视图中显示了黑、白、灰3种颜色，黑色区域在最终效果中处于完全透明状态，也就是颜色被完全抠除的区域，这个地方就可以使用其他背景来代替；白色区域在最终效果中显示为前景画面，这个地方的颜色将完全保留下来；灰色区域表示颜色没有被完全抠除，显示的是前景和背景叠加的效果，在画面前景的边缘需要保留灰色像素来达到一种完美的前景边缘过渡与处理效果。

• **Final Result（最终结果）**：显示当前抠像的最终效果。

• **Despill Bias（反溢出偏差）**：在设置Screen Colour（屏幕色）时，虽然Keylight滤镜会自动抑制前景的边缘溢出色，但在前景的边缘处往往还是会残留一些抠除色，该选项就是用来控制残留的抠除色。

> **技巧与提示**
> 一般情况下，Despill Bias（反溢出偏差）参数和Alpha Bias（Alpha偏差）参数是关联在一起的，不管调节其中的任何一个参数，另一个参数也会跟着发生相应的改变。

2.Screen Colour（屏幕色）

Screen Colour（屏幕色）用来设置需要被抠除的屏幕色，可以使用该选项后面的"吸管工具"在"合成"面板中吸取相应的屏幕色，这样就会自动创建一个Screen Matte（屏幕遮罩），并且这个遮罩会自动抑制遮罩边缘溢出的抠除颜色。

功能实战04：Keylight常规抠像

素材位置	实例文件>CH09>功能实战04：Keylight常规抠像
实例位置	实例文件>CH09> Keylight常规抠像_F.aep
视频位置	多媒体教学>CH09> Keylight常规抠像.mp4
难易指数	★★★☆☆
技术掌握	掌握Keylight（1.2）滤镜的常规用法

本实例主要介绍Keylight（1.2）效果的应用。通过对本实例的学习，读者可以掌握Keylight（1.2）抠像的常规使用技法，如图9-65所示。

图9-65

01 执行"文件>打开项目"菜单命令，然后在素材文件夹中选择"Keylight常规抠像_I.aep"，接着在"项目"面板中，双击"总合成"加载合成，如图9-66所示，效果如图9-67所示。

图9-66

图9-67

02 将Suzy.avi素材拖曳至"时间轴"面板中的顶层，然后使用 "矩形工具" 将镜头中右侧的拍摄设备勾选出来，如图9-68所示；然后展开图层的遮罩属性，勾选"反转"选项，如图9-69所示。

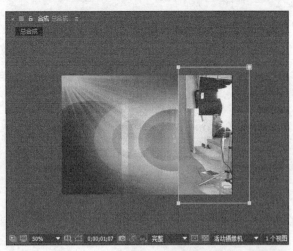

图9-68

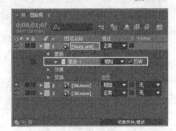

图9-69

03 选择Suzy.avi图层，执行"效果>键控> Keylight（1.2）"菜单命令，然后在"效果控件"面板中，使用Screen Colour（屏幕色）选项后面的"吸管工具" ，在"合成"面板中吸取绿色背景，如图9-70所示。

图9-70

04 画面的最终预览效果如图9-71所示。

图9-71

225

9.5.2 扩展抠像

常规抠像简单、快捷，但是在处理一些复杂图像、影像时，效果可能不尽如人意，这时应用Keylight（1.2）中的各个参数，可达到令人满意的效果。

1.Screen Colour（屏幕色）

无论是常规抠像还是高级抠像，Screen Colour（屏幕色）都是必须设置的一个选项。使用Keylight（键控）滤镜进行抠像的第1步就是使用Screen Colour（屏幕色）后面的"吸管工具" ▣ 在屏幕上对抠除的颜色进行取样，取样的范围包括主要色调（如蓝色和绿色）与颜色饱和度。

一旦指定了Screen Colour（屏幕色）后，Keylight（键控）滤镜就会在整个画面中分析所有的像素，并且比较这些像素的颜色和取样的颜色在色调和饱和度上的差异，然后根据比较的结果来设定画面的透明区域，并相应地对前景画面的边缘颜色进行修改。

> 💡 **技巧与提示**
>
> **背景像素**：如果图像中的像素的色相与Screen Colour（屏幕色）类似，并且饱和度与设置的抠除颜色的饱和度一致或更高，那么这些像素就会被认为是图像的背景像素，因此将会被全部抠出，变成完全透明的效果，如图9-72所示。

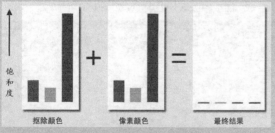

图9-72

> **边界像素**：如果图像中像素的色相与Screen Colour（屏幕色）的色相类似，但是它的饱和度要低于屏幕色的饱和度，那么这些像素就会被认为是前景的边界像素，这样像素颜色就会减去屏幕色的加权值，从而使这些像素变成半透明效果，并且会对它的溢出颜色进行适当的抑制，如图9-73所示。

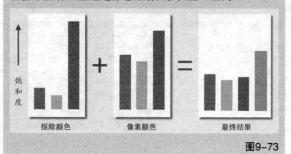

图9-73

> **前景像素**：如果图像中像素的色相与Screen Colour（屏幕色）的色相不一致，如在图9-74中，像素的色相为绿色，Screen Colour（屏幕色）的色相为蓝色，这样Keylight（键控）滤镜经过比较后就会将绿色像素当作为前景颜色，因此绿色将会完全被保留下来。

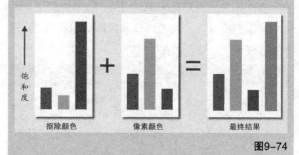

图9-74

2.Despill Bias（反溢出偏差）

Despill Bias（反溢出偏差）参数可以用来设置Screen Colour（屏幕色）的反溢出效果，如在图9-75（左）中直接对素材应用Screen Colour（屏幕色），然后设置抠除颜色为蓝色后的抠像效果并不理想，如图9-75（右）所示。此时Despill Bias（反溢出偏差）参数为默认值。

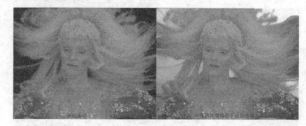

图9-75

从图9-75（右）中不难看出，头发边缘还有蓝色像素没有被完全抠除，这时就需要设置Despill Bias（反溢出偏差）颜色为前景边缘的像素颜色，也就是毛发的颜色，这样抠取出来的图像效果就会得到很大改善，如图9-76所示。

图9-76

3.Alpha Bias（Alpha偏差）

在一般情况下都不需要单独调节Alpha Bias（Alpha偏差）属性，但是在绿屏中的红色信息多于绿色信息时，并且前景的红色通道信息也比较多的情况下，就需要单独调节Alpha Bias（Alpha偏差）参数，否则很难抠除图像，如图9-77所示。

图9-77

技巧与提示

在选取Alpha Bias（Alpha偏差）颜色时，一般都要选择与图像中的背景颜色具有相同色相的颜色，并且这些颜色的亮度要比较高才行。

4.Screen Gain（屏幕增益）

Screen Gain（屏幕增益）参数主要用来设置Screen Colour（屏幕色）被抠除的程度，其值越大，被抠除的颜色就越多，如图9-78所示。

图9-78

技巧与提示

在调节Screen Gain（屏幕增益）参数时，其数值不能太小，也不能太大。在一般情况下，使用Clip Black（剪切黑色）和Clip White（剪切白色）两个参数来优化Screen Matte（屏幕遮罩）的效果比使用Screen Gain（屏幕增益）的效果要好。

5.Screen Balance（屏幕平衡）

Screen Balance（屏幕平衡）参数是通过在RGB颜色值中对主要颜色的饱和度与其他两个颜色通道的饱和度的平均加权值进行比较，所得出的结果就是Screen Balance（屏幕平衡）的属性值。例如，Screen Balance（屏幕平衡）为100%时，Screen Colour（屏幕色）的饱和度占绝对优势，而其他两种颜色的饱和度几乎为0。

技巧与提示

根据素材的不同，需要设置的Screen Balance（屏幕平衡）值也有所差异。在一般情况下，蓝屏素材设置为95%左右即可，而绿屏素材设置为50%左右就可以了。

6.Screen Pre-blur（屏幕预模糊）

Screen Pre-blur（屏幕预模糊）参数可以在对素材进行蒙版操作前，首先对画面进行轻微的模糊处理，这种预模糊的处理方式可以降低画面的噪点效果。

7.Screen Matte（屏幕遮罩）

Screen Matte（屏幕遮罩）参数组主要用来微调遮罩效果，这样可以更加精确地控制前景和背景的界线。展开Screen Matte（屏幕遮罩）参数组的相关参数，如图9-79所示。

图9-79

Screen Matte（屏幕遮罩）参数介绍

• Clip Black（剪切黑色）：设置遮罩中黑色像素的起点值。如果在背景像素的地方出现了前景像素，那么这时就可以适当增大Clip Black（剪切黑色）的数值，以抠除所有的背景像素，如图9-80所示。

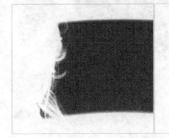

图9-80

• Clip White（剪切白色）：设置遮罩中白色像素的起点值。如果在前景像素的地方出现了背景像素，那么这时就可以适当降低Clip White（剪切白色）数值，以达到满意的效果，如图9-81所示。

图9-81

• **Clip Rollback（剪切削减）**：在调节Clip Black（剪切黑色）和Clip White（剪切白色）参数时，有时会对前景边缘像素产生破坏，如图9-82（左）所示，这时候就可以适当调整Clip Rollback（剪切削减）的数值，对前景的边缘像素进行一定程度的补偿，如图9-82（右）所示。

图9-82

• **Screen Shrink/Grow（屏幕收缩/扩张）**：用来收缩或扩大蒙版的范围。

• **Screen Softness（屏幕柔化）**：对整个蒙版进行模糊处理。注意，该选项只影响蒙版的模糊程度，不会影响到前景和背景。

• **Screen Despot Black（屏幕独占黑色）**：让黑点与周围像素进行加权运算。增大其值可以消除白色区域内的黑点，如图9-83所示。

图9-83

• **Screen Despot White（屏幕独占白色）**：让白点与周围像素进行加权运算。增大其值可以消除黑色区域内的白点，如图9-84所示。

图9-84

• **Replace Colour（替换颜色）**：根据设置的颜色来对Alpha通道的溢出区域进行补救。

• **Replace Method（替换方式）**：设置替换Alpha通道溢出区域颜色的方式，共有以下4种。

• **None（无）**：不进行任何处理。

• **Source（源）**：使用原始素材像素进行相应的补救。

• **Hard Colour（硬度色）**：对任何增加的Alpha通道区域直接使用Replace Colour（替换颜色）进行补救，如图9-85所示（为了便于观察，这里故意将替换颜色设置为红色）。

图9-85

• **Soft Colour（柔和色）**：对增加的Alpha通道区域进行Replace Colour（替换颜色）补救时，根据原始素材像素的亮度来进行相应的柔化处理，如图9-86所示。

图9-86

8.Inside Mask /Outside Mask（内/外侧蒙版）

使用Inside Mask（内侧蒙版）可以将前景内容隔离出来，使其不参与抠像处理，如前景中的主角身上穿有淡蓝色的衣服，但是这位主角又是站在蓝色的背景下进行拍摄的，那么就可以使用Inside Mask（内侧蒙版）来隔离前景颜色。使用Outside Mask（外侧蒙版）可以指定背景像素，不管遮罩内是何种内容，一律视为背景像素来进行抠出，这对于处理背景颜色不均匀的素材非常有用。

展开Inside Mask / Outside Mask（内/外侧蒙版）参数组的参数，如图9-87所示。

图9-87

Inside Mask /Outside Mask（内/外侧蒙版）参数介绍

• Inside Mask /Outside Mask（内/外侧蒙版）：选择内侧或外侧的蒙版。

• Inside Mask Softness /Outside Mask Softness（内/外侧蒙版柔化）：设置内/外侧蒙版的柔化程度。

• Invert（反转）：反转蒙版的方向。

• Replace Method（替换方式）：与Screen Matte（屏幕遮罩）参数组中的Replace Method（替换方式）属性相同。

• Replace Colour（替换颜色）：与Screen Matte（屏幕遮罩）参数组中的Replace Colour（替换颜色）属性相同。

• Source Alpha（源Alpha）：该参数决定了Keylight（键控）滤镜如何处理源图像中本来就具有的Alpha通道信息。

9.Foreground Colour Correction（前景颜色校正）

Foreground Colour Correction（前景颜色校正）参数用来校正前景颜色，可以调整的参数包括Saturation（饱和度）、Contrast（对比度）、Brightness（亮度）、Colour Suppression（颜色抑制）和Colour Balancing（色彩平衡）。

10.Edge Colour Correction（边缘颜色校正）

Edge Colour Correction（边缘颜色校正）参数与Foreground Colour Correction（前景颜色校正）参数相似，主要用来校正蒙版边缘的颜色，可以在View（视图）列表中选择Colour Correction Edge（边缘颜色校正）来查看边缘像素的范围。

11.Source Crops（源裁剪）

Source Crops（源裁剪）参数组中的参数可以使用水平或垂直的方式来裁切源素材的画面，这样可以将图像边缘的非前景区域直接设置为透明效果。

> **技巧与提示**
>
> 在选择素材时，要尽可能使用质量比较高的素材，并且尽量不要对素材进行压缩，因为有些压缩算法会损失素材背景的细节，这样就会影响到最终的抠像效果。
>
> 对于一些质量不是很好的素材，可以在抠像之前对其进行轻微的模糊处理，这样可以有效地抑制图像中的噪点。
>
> 另外在使用抠像滤镜之后，可以使用"通道模糊"

滤镜可以对素材的Alpha通道进行细微的模糊，这样可以让前景图像和背景图像更加完美地融合在一起。

功能实战05：Keylight扩展抠像

素材位置	实例文件>CH09>功能实战05：Keylight扩展抠像
实例位置	实例文件>CH09> Keylight扩展抠像_F.aep
视频位置	多媒体教学>CH09> Keylight扩展抠像.mp4
难易指数	★★★☆☆
技术掌握	掌握Keylight（键控）滤镜的高级用法

本实例主要介绍Keylight（1.2）效果的高级应用。通过对本实例的学习，读者可以掌握Keylight（1.2）抠像的扩展使用技法，如图9-88所示。

图9-88

01 执行"文件>打开项目"菜单命令，然后在素材文件夹中选择"Keylight扩展抠像_I.aep"，接着在"项目"面板中，双击"SaintFG"加载合成，如图所示，效果如图9-89所示。

图9-89

02 选择SaintFG.tif图层，执行"效果>键控>Keylight（1.2）"菜单命令，然后在"效果控件"面板中，使用Screen Colour（屏幕色）选项后面的"吸管工具" ，在"合成"面板中吸取绿蓝背景（建议取样汽车后面挡风玻璃上的蓝色），如图9-90所示。

03 设置View（查看）方式Status（状态）显示方式，效果如图9-91所示。从Status（状态）视图中可以观察到汽车后面的挡风玻璃中还有一些白色像素（这部分本应该全部为黑色像素），而车窗玻璃上因为有阴影，所以有灰色像素。

图9-90

图9-91

04 将Screen Gain（屏幕增益）从原来的100设置为115，如图9-92所示，这时可以观察到汽车尾部的挡风玻璃完全变成黑色像素了，并且左边的车窗玻璃保留有一些前景反射的灰色像素，效果如图9-93所示。

图9-92

图9-93

05 设置View（查看）方式为Final Result（最终结果）显示模式，然后仔细观察图像的细节，可以发现头发边缘处有蓝色的溢出效果，如图9-94所示。

图9-94

06 设置View（查看）方式为Screen Matte（屏幕遮罩），然后将Despill Bias（反溢出偏差）的颜色设置为皮肤的颜色，接着设置View（查看）方式为Screen Matte（屏幕蒙版）显示模式，最后设置Clip White（剪切白色）为72，如图9-95所示。

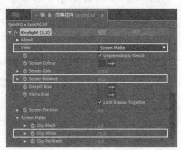

图9-95

07 设置View（查看）方式为Final Result（最终结果），最终效果如图9-96所示。

图9-96

9.6 本章总结

本章主要介绍了键控滤镜组、遮罩滤镜组以及Keylight（1.2）滤镜，通过本章的学习，读者可以轻松地抠取想要的图像和影像，再结合遮罩滤镜组中的滤镜，使最终的效果大大提高。尤其是Keylight（1.2）滤镜，在工作当中使用频率相当高。

9.7 综合实例：Keylight综合抠像

素材位置	实例文件>CH09>综合实例：Keylight综合抠像
实例位置	实例文件>CH09>Keylight综合抠像_F.aep
视频位置	多媒体教学>CH09>Keylight综合抠像.mp4
难易指数	★★★☆☆
技术掌握	掌握Keylight（键控）滤镜的综合应用

本实例主要介绍Keylight（1.2）效果各个参数的使用。通过对本实例的学习，读者可以掌握Keylight（1.2）抠像的综合使用技法，如图9-97所示。

图9-97

01 执行"文件>打开项目"菜单命令，然后在素材文件夹中选择"Keylight综合抠像_I.aep"，接着在"项目"面板中，双击"ExecFG"加载合成，效果如图9-98所示。

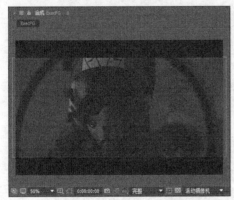

图9-98

02 选择ExecFG.tif图层，执行"效果>键控>Keylight（1.2）"菜单命令，然后在"效果控件"面板中，使用Screen Colour（屏幕色）选项后面的"吸管工具" ，在"合成"面板中吸取背景颜色，如图9-99所示，此时抠除后的画面效果如图9-100所示。

图9-100

03 修改View（视图）方式为Source（源）模式，然后使用Alpha Bias（Alpha偏差）选项后面的"吸管工具" ，如图9-101所示，接着在飞行员的头盔部位对棕色进行取样，如图9-102所示，最后设置View（视图）方式为Final Result（最终结果）模式。

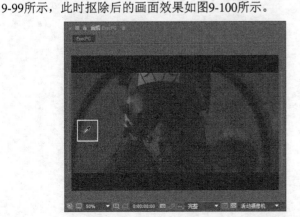

图9-99

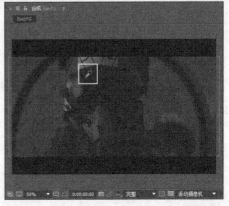

图9-102

图9-101

04 设置View（视图）方式为Screen Matte（屏幕蒙版）模式，效果如图9-103所示，然后在Screen Matte（屏幕蒙版）选项组下设置Clip Black（剪切黑色）为25、Clip White（剪切白色）为70、Screen Softness（屏幕柔化）为1、Screen Despot Black（屏幕独占黑色）为2、Screen Despot White（屏幕独占白色）为2，如图9-104所示，效果如图9-105所示。

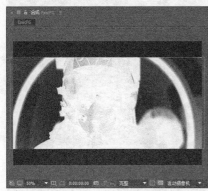
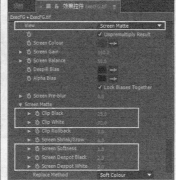
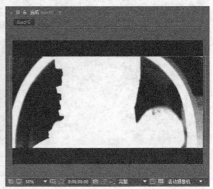

图9-103   图9-104   图9-105

05 最后修改View（视图）方式为Final Result（最终结果），画面的最终效果如图9-106所示。

图9-106

After Effects

第 10 章 镜头的稳定、跟踪和反求

本章知识索引

知识名称	作用	重要程度	所在页
跟踪的基础知识	了解跟踪的概念以及操作面板的参数	高	P235
镜头稳定	镜头稳定的使用方法	高	P237
跟踪运动	运动跟踪的使用方法	高	P241
镜头反求	镜头反求的使用方法	高	P244

本章实例索引

实例名称	所在页
引导实例：足球特效	P234
功能实战01：画面稳定	P239
练习实例01：镜头稳定	P240
功能实战02：尾灯光晕	P242
练习实例02：添加光晕	P243
功能实战03：镜头反求	P244
综合实例：更换画面	P246

10.1 概述

本章主要讲解跟踪的功能以及跟踪的方式等，以实例来讲解跟踪在镜头稳定、运动跟踪和镜头反求中的应用，内容包括跟踪的基础知识、镜头稳定、运动跟踪和镜头反求。其中，镜头反求后的数据，可以导入到三维动画制作软件（如Maya和3ds Max等），配合制作三维数字特效。通过对本章的学习，可以掌握到匹配其他素材与目标运动对象、稳定抖动的镜头影片以及计算拍摄素材中的镜头运动轨迹。

10.2 引导实例：足球特效

素材位置　实例文件>CH10>引导实例：足球特效
实例位置　实例文件>CH10>足球特效_F.aep
视频位置　多媒体教学>CH10>足球特效.mp4
难易指数　★★★☆☆
技术掌握　掌握"运动跟踪"的应用

本实例运用"运动跟踪"效果来制作足球特效。通过对本实例的学习，读者可以掌握"运动跟踪"的使用技巧，如图10-1所示。

图10-1

01 执行"文件>打开项目"菜单命令，然后打开在素材文件夹中的"足球特效_I.aep"，接着在"项目"面板中，双击Comp 1加载合成，如图10-2所示。

图10-2

02 选择"足球运动.avi"图层，执行"动画>跟踪运动"菜单命令，然后将跟踪点放到运动的足球上，如图10-3所示。

图10-3

03 单击"跟踪器"面板中的"向前分析"按钮▶，进行运动跟踪分析，如图10-4所示。

图10-4

04 单击"跟踪器"面板中的"应用"按钮，然后在"动态跟踪器应用选项"对话框中，单击"确定"按钮，如图10-5所示。

图10-5

05 这时画面自动回到"合成"窗口，选择"火焰.tga"图层，然后设置"缩放"为（200％，200％）、"锚点"为（37,116）、"旋转"为0×+106°，如图10-6所示，画面效果如图10-7所示。

图10-6

图10-7

06 选中"火焰.tga"图层，然后使用"工具"面板中的"椭圆工具" ⬭，对画面中的火焰进行创建蒙版，如图10-8所示，接着勾选"反转"，将"蒙版羽化"值改为8％，如图10-9所示。

图10-8

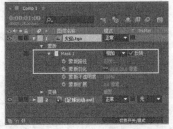

图10-9

07 按数字键盘中的0键预览效果，最终效果如图10-10所示。

图10-10

10.3 跟踪的基础知识

运动跟踪是After Effects中非常强大和特殊的特效功能，它可以对动态素材中的某些指定的像素点进行跟踪，然后将跟踪的结果作为路径依据进行各种特效处理，运动跟踪可以匹配源素材的运动或消除摄像机的运动。

本节知识概要

知识名称	作用	重要程度	所在页
跟踪的应用范围	跟踪的用途	高	P235
关于跟踪器面板	跟踪器面板参数的介绍	高	P236
关于其他参数	图层中的参数介绍	高	P237

10.3.1 跟踪的应用范围

After Effects提供了功能强大、操作简单的跟踪技术，结合该技术可以对素材进行镜头稳定、运动跟踪和镜头反求等操作。

1.镜头稳定

在前期拍摄中，由于一些不可避免的客观因素，常常得到的是一堆画面抖动的镜头素材。而在后期处理中，这些素材又需要加入到整个影片项目中，就须要在After Effects中做必要的后期处理以消除画面抖动。以上处理的过程与技术，可以称之为镜头稳定的应用。

镜头稳定可以将一些貌似废弃无法使用的镜头，"变废为宝"为我们所用。还可以省去重新拍摄，达到节约成本的目的。

2.运动跟踪

所谓的运动跟踪，是对动态镜头中的某个或多个指定的像素点进行跟踪分析，并自动创建出关键帧，最后将跟踪的运动数据应用于其他图层或滤镜中，让其他图层元素或滤镜与原始镜头中的运动对象进行同步匹配，因此运动跟踪的基本原理可以理解为"相对运动，即为静止"。

运动跟踪最典型的应用就是在镜头画面中替换或添加元素，图10-11所示的为替换墙壁上的海报。

处理前　　　　　　　　　处理后

图10-11

3.镜头反求

镜头反求（又称为运动匹配或摄影机轨迹反求），是将CG元素（也称虚拟元素或三维场景）的运动与实拍素材画面的运动相匹配，镜头反求是一切CG特效成功的基础。图10-12所示的就是镜头反求应用的一个案例。

处理前　　　　　　　　　处理后

图10-12

10.3.2 关于跟踪器面板

不管是镜头稳定、运动跟踪还是镜头反求，都可以在"跟踪器"面板上进行相关的设置和应用。执行"窗口>跟踪器"菜单命令，打开"跟踪器"面板，如图10-13所示。

图10-13

跟踪器面板参数介绍

- **跟踪摄像机**：用来完成画面的3D跟踪解算。
- **变形稳定器**：用来自动解算完成画面的稳定设置。
- **跟踪运动**：用来完成画面的2D跟踪解算。
- **稳定运动**：用来控制画面的稳定设置。
- **运动源**：设置被解算的图层，只对素材和合成有效。

- **当前跟踪**：选择被激活的解算器。
- **跟踪类型**：设置使用的跟踪解算模式，不同的跟踪解算模式可以设置不同的跟踪点，并且将不同跟踪解算模式的跟踪数据应用到目标图层或目标滤镜的方式也不一样，共有以下5种。
- **稳定**：通过跟踪"位置""旋转""缩放"的值来对源图层进行反向补偿，从而起到稳定源图层的作用。当跟踪"位置"时，该模式会创建一个跟踪点，经过跟踪后会为源图层生成一个"锚点"关键帧；当跟踪"旋转"时，该模式会创建两个跟踪点，经过跟踪后会为源图层生产一个"旋转"关键帧；当跟踪"缩放"时，该模式会创建两个跟踪点，经过跟踪后会为源图层产生一个"缩放"关键帧。
- **变换**：通过跟踪"位置""旋转""缩放"的值将跟踪数据应用到其他图层中。当跟踪"位置"时，该模式会创建一个跟踪点，经过跟踪后会为其他图层创建一个"位置"跟踪关键帧数据；当跟踪"旋转"时，该模式会创建两个跟踪点，经过跟踪后会为其他图层创建一个"旋转"跟踪关键帧数据；当跟踪"缩放"时，该模式会创建两个跟踪点，经过跟踪后会为其他图层创建一个"缩放"跟踪关键帧数据。
- **平行边角定位**：该模式只跟踪倾斜和旋转变化，不具备跟踪透视的功能。在该模式中，平行线在跟踪过程中始终是平行的，并且跟踪点之间的相对距离也会被保存下来。"平行边角定位"模式使用3个跟踪点，然后根据3个跟踪点的位置计算出第4个点的位置，接着根据跟踪的数据为目标图层的"边角定位"滤镜的4个角点应用跟踪的关键帧数据。
- **透视边角定位**：该模式可以跟踪到源图层的倾斜、旋转和透视变化。"透视边角定位"模式使用4个跟踪点进行跟踪，然后将跟踪到的数据应用到目标图层的"边角定位"滤镜的4个角点上。
- **原始**：该模式只能跟踪源图层的"位置"变化，通过跟踪产生的跟踪数据不能直接通过使用"应用"按钮应用到其他图层中，但是可以通过复制粘贴或是表达式的形式将其连接到其他动画属性上。
- **运动目标**：设置跟踪数据被应用的图层或滤镜控制点。After Effects通用对目标图层或滤镜增加属性关键帧来稳定图层或跟踪源图层的运动。
- **编辑目标**：设置运动数据要应用到的目标对象。

- **选项**：设置跟踪器的相关选项参数，单击该按钮可以打开"运动跟踪选项"对话框。

- **分析**：在源图层中逐帧分析跟踪点。

- **向后分析1帧**◀▮：分析当前帧，并且将当前时间指示滑块往前移动一帧。

- **向后分析**◀▮：从当前时间指示滑块处往前分析跟踪点。

- **向前分析**▶：从当前时间指示滑块处往后分析跟踪点。

- **向前分析1帧**▮▶：分析当前帧，并且将当前时间指示滑块往后移动一帧。

- **重置**：恢复到默认状态下的特征区域、搜索区域和附着点，并且从当前选择的跟踪轨道中删除所有的跟踪数据，但是已经应用到其他目标图层的跟踪控制数据保持不变。

- **应用**：以关键帧的形式将当前的跟踪解算数据应用到目标图层或滤镜控制上。

> **技巧与提示**
>
> 在"跟踪器"面板中，单击"选项"按钮可打开"动态跟踪器选项"对话框如图10-14所示。

图10-14

"动态跟踪器选项"对话框的参数如下。

轨道名称：设置跟踪器的名字，也可以在"时间轴"面板中修改跟踪器的名字。

跟踪器增效工具：选择动态跟踪器插件，系统默认的是After Effects内置的跟踪器。

通道：设置在特征区域内比较图像数据的通道。如果特征区域内的跟踪目标有比较明显的颜色区别，则选择RGB通道；如果特征区域内的跟踪目标与周围图像区域有比较明显的亮度差异，则选择使用"明亮度"通道；如果特征区域内的跟踪目标与周围区域有比较明显的颜色"饱和度"差异，则选择"饱和度"通道。

匹配前增强：为了提高跟踪效果，可以使用该选项来模糊图像，以减少图像的噪点。

跟踪场：对隔行扫描的视频进行逐帧插值，以便于进行跟踪。

子像素定位：将特征区域像素进行细分处理，可以得到更精确的跟踪效果，但是会耗费更多的运算时间。

每帧上的自适应特性：根据前面一帧的特征区域来决定当前帧的特征区域，而不是最开始设置的特征区域。这样可以提高跟踪精度，但同时也会耗费更多的运算时间。

如果置信低于：当跟踪分析的特征匹配率低于设置的百分比时，该选项用来设置相应的跟踪处理方式，包含"继续跟踪""停止跟踪""预测运动"和"自适应特性"4种方式。

10.3.3 关于其他参数

在"跟踪器"面板中单击"跟踪运动"按钮或"稳定运动"按钮时，"时间轴"面板中的源图层都会自动创建一个新的"跟踪器"。每个跟踪器都可以包括一个或多个"跟踪点"，当执行跟踪分析后，每个跟踪点中的属性选项组会根据跟踪情况来保存跟踪数据，同时会生产相应的跟踪关键帧，如图10-15所示。

图10-15

"时间轴"面板的跟踪参数介绍

- **功能中心**：设置特征区域的中心位置。

- **功能大小**：设置特征区域的宽度和高度。

- **搜索位移**：设置搜索区域中心相对于特征区域中心的位置。

- **搜索大小**：设置搜索区域的宽度和高度。

- **可信度**：该参数是After Effects在进行跟踪时生成的每个帧的跟踪匹配程度。在一般情况下都不要自行设置该参数，因为After Effects会自动生成。

- **附加点**：设置目标图层或滤镜控制点的位置。

- **附加点位移**：设置目标图层或滤镜控制中心相对于特征区域中心的位置。

10.4 镜头稳定

在镜头稳定的应用中，主要包含"稳定运动"和"变形稳定器"两个功能。

本节知识概要

知识名称	作用	重要程度	所在页
关于稳定运动	使用稳定运动的方法	高	P238
关于变形稳定器	执行变形稳定器的方法	高	P238

10.4.1 关于稳定运动

使用"稳定运动"功能稳定画面,在手动指定完素材画面中的某个或某几个像素点后,After Effects进行相应的解算并将画面中目标物体的运动数据作为补偿画面运动的依据,从而达到稳定画面的作用。

稳定运动的操作分为以下7个步骤。

第1步:在"时间轴"面板中选择需要进行稳定运动的图层。

第2步:在"跟踪器"面板中单击"稳定运动"按钮,接着单击"选项"按钮,打开"运动跟踪选项"对话框进行细化设置。

第3步:对"位置""旋转"和"缩放"3个选项按照需求进行组合选择。

第4步:将当前时间滑块拖曳到开始跟踪的第1帧处,然后在"图层"面板中自定义稳定的跟踪点,使用"选择工具"调节每个跟踪点的特征区域、搜索区域和附着点。

第5步:在"跟踪器"面板中单击"向前分析"按钮开始解算。如果跟踪错误,可以单击"停止分析"按钮,然后手动修正跟踪解算数据。

第6步:解算结束后,则单击"应用"按钮,确定解算的最终数据并应用到该图层中。

第7步:完成画面细节的最终优化处理。

> **技巧与提示**
>
> 运动跟踪通过在"图层"预览窗口中的指定区域来设置"跟踪点",每个跟踪点都包含有"功能区域""搜索区域"和"附加点",如图10-16所示,其中A显示的是"搜索区域",B显示的是"特征区域",C显示的是"附加点"。

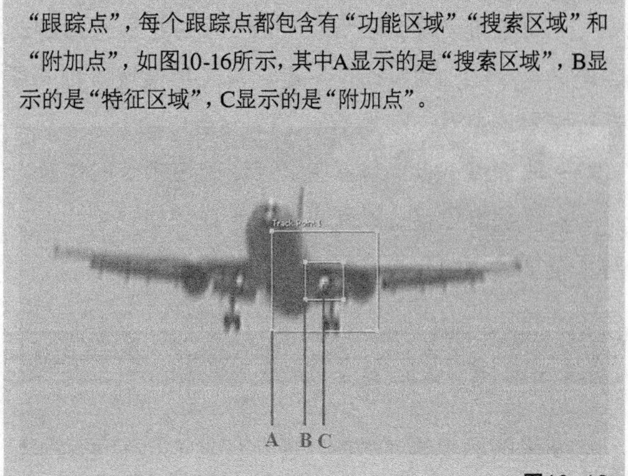

A B C

图10-16

在设置稳定运动时,需要调节跟踪点的功能区域、搜索区域和附加点,这时可以使用"选择工具"对它们进行单独调节,也可以进行整体调节。为了便于跟踪特征区域,当移动特征区域时,功能区域内的图像将被放大到原来的4倍。在图10-17中,显示了使用"选择工具"调节跟踪点的各种显示状态。

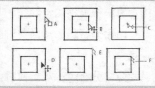

图10-17

A:单独移动搜索区域的位置。

B:整体移动搜索区域和特征区域,附着点位置不产生变动。

C:移动附着点(或称为特征点)。

D:整体移动跟踪器的位置。

E:调整搜索区域的大小。

F:调整功能区域的大小。

下面简单介绍一下"功能区域""搜索区域"和"附加点"的概念。

功能区域:特征区域定义了图层被跟踪的区域,包含有一个明显的视觉元素,这个区域应该在整个跟踪阶段都能被清晰辨认。

搜索区域:搜索区域定义了After Effects搜索功能区域的范围,为运动物体在帧与帧之间的位置变化预留出搜索空间。搜索区域设置的范围越小,越节省跟踪时间,但是会增大失去跟踪目标的几率。

附加点:指定跟踪结果的最终附着点。

10.4.2 关于变形稳定器

使用"变形稳定器"功能稳定画面,在对稳定器做一些必要的设置后,系统将会自动分两步完成画面的解算(即分析和修正)。其中,分析的时候,画面中会出现蓝色的条;在修正的时候,画面中会出现橙色的条。另外,"变形稳定器"在画面最终的裁剪和比例缩放方面也有比较好的控制。

执行"变形稳定器"解算有以下3种方法。

第一种:在"跟踪器"面板中单击"变形稳定器"按钮。

第二种:执行"动画>变形稳定器VFX"菜单命令。

第三种:执行"效果>扭曲>变形稳定器VFX"菜单命令。

不管用哪种方法,在执行完该命令之后,被解算的图层上会自动添加"变形稳定器"滤镜,如图10-18所示。

图10-18

变形稳定器VFX参数介绍

- **分析**：单击该按钮，系统将会自定执行解算。
- **取消**：单击该按钮，系统将会停止解算。
- **稳定**：用来设置稳定的相关选项和参数。
- **结果**：该参数有两个选项，分别是"无运动"和"平滑运动"。其中，"无运动"用来稳定相对固定的镜头，而"平滑运动"则用来稳定慢速运动的镜头。
- **平滑度**：用来设置镜头平稳度的百分比。
- **方法**：用来设置镜头稳定的方式，共有4个选项，分别为"位置""位置、缩放和旋转""透视""子空间变形"。
- **边界**：主要用来设置稳定后图像的边缘控制。
- **取景**：该参数共有4个选项，分别为："仅稳定"（图像仅仅是被稳定，边缘不做任何处理）"稳定、剪裁"（图像稳定后做裁剪处理）"稳定、剪裁、自动缩放"（图像稳定后做裁剪和自动缩放处理）"稳定、人工合成边缘"（图像稳定后其边缘做"镜像"特殊处理）。
- **高级**：主要用来设置稳定后图像的高级控制。当然，会根据Method（方式）和Framing（结构）选择的不同，出现不同的可选项。
- **详细分析**：勾选该选项，会对图像做详细的解算，效果会提升不少，但解算的时间也会变长。
- **果冻效应波纹**：该参数有两个选项，分别为"自动减少"（自动减少镜头稳定的晃动）和"增强减少"（增强减少镜头稳定的晃动）。
- **更少的裁剪 <-> 平滑更多**：值越大，越稳

定；值越小，裁剪越小，稳定解算的处理效果会不太理想。

- **隐藏警告横幅**：用来隐藏解算时分析和修改的警告条。

功能实战01：画面稳定

素材位置	实例文件>CH10>功能实战01：画面稳定
实例位置	实例文件>CH10>画面稳定_F.aep
视频位置	多媒体教学>CH10>画面稳定.mp4
难易指数	★★☆☆☆
技术掌握	掌握"稳定运动"的应用

本实例运用"稳定运动"效果来制作稳定画面的效果。通过对本实例的学习，读者可以掌握"稳定运动"的使用技巧，如图10-19所示。

图10-19

01 执行"文件>打开项目"菜单命令，然后打开在素材文件夹中的"画面稳定_I.aep"，接着在"项目"面板中，双击"画面稳定跟踪"加载合成，如图10-20所示。

图10-20

02 在"时间轴"面板中选择"梅花.avi"图层，然后执行"窗口>跟踪器"菜单命令，接着在"跟踪器"面板中，设置"跟踪类型"为"稳定"，如图10-21所示。

图10-21

03 将时间指针移至第1帧处，然后在"图层"面板中，调整"跟踪点"的位置，如图10-22所示，接着单击"跟踪器"面板中的"向前分析"按钮▶，进行运动跟踪分析，效果如图10-23所示。

图10-22

图10-23

`04` 单击"跟踪器"面板中的"应用"按钮，然后在"动态跟踪器应用选项"对话框中，单击"确定"按钮，如图10-24所示。

图10-24

`05` 应用完成后，可以看到画面出现了细微的移动，现在再次播放的时候，会发现画面的抖动效果已经消失，但是周围出现了黑色的边框。选择"梅花.avi"图层，设置"缩放"为109%，如图10-25所示。

图10-25

`06` 按数字键盘中的0键预览效果，最终效果如图10-26所示。

图10-26

练习实例01：镜头稳定

素材位置	实例文件>CH10>练习实例01：镜头稳定
实例位置	实例文件>CH10>镜头稳定_F.aep
视频位置	多媒体教学>CH10>镜头稳定.mp4
难易指数	★★☆☆☆
技术掌握	掌握"变形稳定器 VFX"的应用

本实例主要应用到了"变形稳定器 VFX"来制作镜头稳定，效果如图3-27所示。

图10-27

【制作提示】

• **第1步**：打开项目文件"镜头稳定_I.aep"。

• **第2步**：选择Street图层，然后使用"变形稳定器 VFX"命令，进行分析。

• **第3步**：复制Street图层，然后将复制的图层的叠加模式设置为"柔光"。

• 制作流程如图10-28所示。

图10-28

10.5 跟踪运动

在After Effects 中，"跟踪运动"功能也可称之为2D跟踪解算。下面讲讲运动跟踪的基本流程。

本节知识概要

知识名称	作用	重要程度	所在页
设置镜头	跟踪操作的准备工作	高	P241
添加合适的跟踪点	制作特效合成时的准备工作	高	P241
跟踪目标与特征区域	选择跟踪目标与设定跟踪特征区域	高	P241
设置附着点偏移	优化跟踪目标	高	P241
特征区域和搜索区域	调节特征区域和搜索区域	高	P241
解算	将运动轨迹计算出来	高	P241
优化	精确结算结果	高	P241
应用跟踪数据	应用解算后的数据	高	P241

10.5.1 设置镜头

为了让运动跟踪的效果更加平滑，因此要使选择的跟踪目标必须具备明显的、与众不同的特征，这就要求在前期拍摄时有意识地为后期跟踪做好准备。

10.5.2 添加合适的跟踪点

当在"跟踪器"面板中设置了不同的"跟踪类型"后，After Effects会根据不同的跟踪模式在"图层"预览窗口中设置合适数量的跟踪点。

10.5.3 跟踪目标与特征区域

在进行运动跟踪之前，首先要观察整段影片，找出最好的跟踪目标（在影片中因为灯光影响而若隐若现的素材、在运动过程中因为角度的不同而在形状上呈现出较大差异的素材不适合作为跟踪目标）。虽然After Effects会自动推断目标的运动，但是如果选择了最合适的跟踪目标，那么跟踪成功的概率会大大提高。

一个好的跟踪目标应该具备以下特征。

（1）在整段影片中都可见。

（2）在搜索区域中，目标与周围的颜色具有强烈的对比。

（3）在搜索区域内具有清晰的边缘形状。

（4）在整段影片中的形状和颜色都一致。

10.5.4 设置附着点偏移

附着点是目标图层或滤镜控制点的放置点，默认的附着点是特征区域的中心，如图10-29所示。

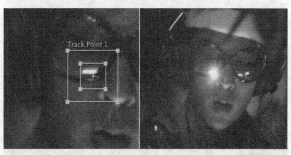

图10-29

10.5.5 特征区域和搜索区域

特征区域：要让特征区域完全包括跟踪目标，并且特征区域应尽可能小一些。

搜索区域：搜索区域的位置和大小取决于跟踪目标的运动方式。搜索区域要适应跟踪目标的运动方式，只要能够匹配帧与帧之间的运动方式就可以了，无需匹配整段素材的运动。如果跟踪目标的帧与帧之间的运动是连续的，并且运动速度比较慢，那么只需要让搜索区域略大于特征区域就可以了；如果跟踪目标的运动速度比较快，那么搜索区域应该具备在帧与帧之间能够包含目标的最大位置或方向的改变范围。

10.5.6 解算

在"跟踪器"面板中单击"分析"按钮来执行运动跟踪解算。

10.5.7 优化

在进行运动跟踪分析时，往往会因为各种原因不能得到最佳的跟踪效果，这时就需要重新调整搜索区域和特征区域，然后重新进行分析。

另外在跟踪过程中，如果跟踪目标丢失或跟踪错误，可以返回到跟踪正确的帧，然后重复前面的步骤，重新进行调整并分析。

10.5.8 应用跟踪数据

在确保跟踪数据正确的前提下，可以在"跟踪

器"面板中单击"应用"按钮应用跟踪数据（"跟踪
类型"设置为"原始"时除外）。对于"原始"跟踪
类型，可以将跟踪数据复制到其他动画属性中或使用
表达式将其关联到其他动画属性上。

功能实战02：尾灯光晕

素材位置	实例文件>CH10>功能实战02：尾灯光晕
实例位置	实例文件>CH10>尾灯光晕_F.aep
视频位置	多媒体教学>CH10>尾灯光晕.mp4
难易指数	★★★☆☆
技术掌握	掌握"跟踪运动"的应用

本实例运用"跟踪运动"效果来制作稳定画面的
效果。通过对本实例的学习，读者可以掌握"稳定
运动"的使用技巧，如图10-30所示。

图10-30

01 执行"文件>打开项目"菜单命令，然后打开
在素材文件夹中的"尾灯光晕_I.aep"，接着在"项
目"面板中，双击che加载合成，如图10-31所示。

图10-31

02 执行"图层>新建>空对象"菜单命令，创建一
个空对象图层，如图10-32所示。

图10-32

03 选择che.mov图层，执行"动画>跟踪运动"菜
单命令，然后将跟踪点放到汽车左侧的尾灯上，如图
10-33所示。

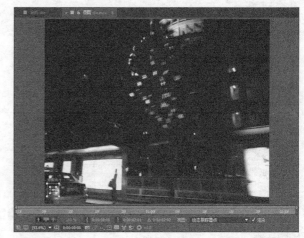

图10-33

04 单击"向前分析"按钮▶，解算完毕之后在"跟踪
器"面板中单击"编辑目标"按钮，然后在"运动目标"
对话框中，单击"确定"按钮，如图10-34所示。

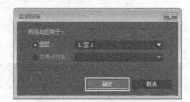

图10-34

05 单击"跟踪器"面板中的"应用"按钮，然后在
"动态跟踪器应用选项"对话框中，单击"确定"按
钮，如图10-35所示。

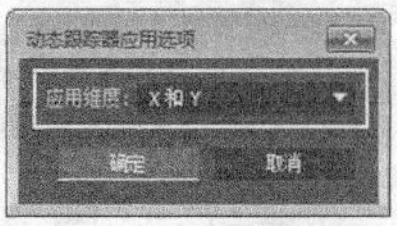

图10-35

06 执行"文件>导入>文件"菜单命令，然后选择
素材文件夹中的light.tga文件，接着在"解释素材"
对话框中，勾选"预乘-有彩色遮罩"选项，如图
10-36所示。

图10-36

07 选择图层Light，然后按P键展开"位置"属性，
接着选择"位置"属性执行"动画>添加表达式"，
再按住◎按钮并拖曳图层"空1"的"位置"属性，

如图10-37所示。这样Light图层就可以跟随汽车尾灯运动了，如图10-38所示。

图10-37

图10-38

08 选择图层Light，按S键展开图层的"缩放"属性，然后设置"缩放"为30%，如图10-39和图10-40所示。

图10-39

图10-40

09 使用同样的方式制作汽车右侧的尾灯，画面最终效果如图10-41所示。

图10-41

练习实例02：添加光晕

素材位置	实例文件>CH10>练习实例02：添加光晕
实例位置	实例文件>CH10>添加光晕_F.aep
视频位置	多媒体教学>CH10>添加光晕.mp4
难易指数	★★★☆☆
技术掌握	掌握"跟踪运动"的应用

本实例主要应用到了"跟踪运动"来制作添加光晕，效果如图10-42所示。

图10-42

【制作提示】

· 第1步：打开项目文件"添加光晕_l.aep"。

· 第2步：选择"飞机"图层，然后在"跟踪器"面板中，设置"跟踪运动"的属性。

· 第3步：将Light01图层设置为"运动目标"。

· 第4步：用同样的方法设置Light02图层为"运动目标"。

· 制作流程如图10-43所示。

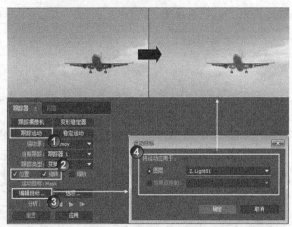

图10-43

243

10.6 镜头反求

镜头反求也就是After Effects中的"跟踪摄像机"功能，是通过解算得出摄像机的运动轨迹，这些数据可以导入到三维动画制作软件（如Maya、3ds Max等），生成三维数字空间里的虚拟摄像机，配合制作三维数字特效。

以前在处理镜头的反求时，往往都需要借助专业的反求软件（如Boujou、Matchmover等），如图10-44所示。现在After Effects提供了这样的功能，能满足用户的一些常规镜头跟踪的需求。

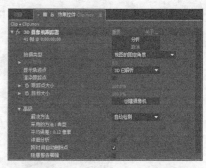

图10-45

3D摄像机跟踪器参数介绍

- **拍摄类型**：用来选择摄像机在拍摄画面时的运动方式，有以下3个选项。
- **视图的固定角度**：摄像机以固定机位的方式拍摄。
- **变量缩放**：摄像机以缩放镜头的方式拍摄。
- **指定视角**：摄像机以指定的视角进行拍摄。
- **水平视角**：用来设置水平视角的值。当使用"指定视角"方式的时候，才可以激活该设置。
- **显示轨迹点**：用来设置跟踪点的显示方式，有"2D源"和"3D已解析"两种方式。
- **渲染跟踪点**：用来设置是否开启渲染跟踪点。
- **跟踪点大小**：用来设置跟踪点大小的百分比。
- **目标大小**：用来设置目标点大小的百分比。
- **高级**：主要用来设置跟踪解算方式的高级控制。在"解决方法"中，主要有"自动检测""典型""最平场景"和"三脚架全景"4个选项。
- **详细分析**：用来控制是否详细显示解算信息。

图10-44

执行"跟踪摄像机"有以下3种方法。

第一种：在"跟踪器"面板中单击"跟踪摄像机"按钮。

第二种：执行"动画>跟踪摄像机"菜单命令。

第三种：执行"效果>透视>3D摄像机跟踪器"菜单命令。

不管用哪种方法，在执行完该命令之后，被解算的图层上会自动添加"3D摄像机跟踪器"滤镜，如图10-45所示。

技巧与提示

"跟踪摄像机"的一般流程是：分析、反求、定义平面、添加文字和摄像机。

功能实战03：镜头反求

素材位置	实例文件>CH10>功能实战03：镜头反求
实例位置	实例文件>CH10>镜头反求_F.aep
视频位置	多媒体教学>CH10>镜头反求.mp4
难易指数	★★★☆☆
技术掌握	掌握"3D摄像机跟踪器"的应用

本实例运用"3D摄像机跟踪器"效果来制作稳定画面的效果。通过对本实例的学习，读者可以掌握镜头反求的使用技巧，如图10-46所示。

图10-46

01 执行"文件>打开项目"菜单命令，然后打开在素材文件夹中的" 镜头反求_I.aep"，接着在"项目"面板中，双击"Clip"加载合成，如图10-47所示。

图10-47

02 在"时间轴"面板中选择Clip图层，执行"效果>透视>3D摄像机跟踪器"菜单命令，为图层添加"3D摄像机跟踪器"滤镜，系统将自动进行分析，如图10-48所示。

图10-48

03 在分析完成后，系统将自动进行反求解算，如图10-49所示。

图10-49

04 在反求完成后，场景中将会生成大量的解算点，如图10-50所示。

图10-50

05 在场景中选择一个解算点后，单击鼠标右键，在弹出的菜单中选择"创建文本和摄像机"命令，如图10-51所示。

图10-51

06 此时在"时间轴"面板中会自动创建一个文字图层和一个摄像机图层，如图10-52所示。

图10-52

07 使用文字工具修改文字的内容，将Text修改为After Effects，然后设置文字大小为160 、"填充颜色"为（R:136，G:219，B:155），接着激活"仿粗体"选项，如图10-53所示。

图10-53

08 为了更好地匹配画面，展开文字图层的"旋转"属性，设置"y轴旋转"为（0×－50°）、"z轴旋转"为（0×－17°），如图10-54所示。

09 按数字键盘中的0键预览效果，最终效果如图10-55所示。

图10-54

图10-55

10.7 本章总结

本章主要介绍了跟踪的基础知识、镜头稳定以及镜头反求，通过对本章的学习，可以掌握对镜头抖动和跟踪进行处理的方法。在拍摄的影视作品中，可以免去重新拍摄，达到节约成本的目的。

10.8 综合实例：更换画面

素材位置	实例文件>CH10>综合实例：更换画面
实例位置	实例文件>CH10>更换画面_F.aep
视频位置	多媒体教学>CH10>更换画面.mp4
难易指数	★★★☆☆
技术掌握	运动跟踪的综合运用

本案例综合讲解了常规运动跟踪的基本流程和技巧。此外，匹配的元素与原始镜头画面色调的统一也是值得重视的地方，本实例的动画效果如图10-56所示。

图10-56

01 执行"文件>打开项目"菜单命令，然后打开在素材文件夹中的"更换画面_I.aep"，接着在"项目"面板中，双击"跟踪替换"加载合成，如图10-57所示。

图10-57

02 在"时间轴"面板中，选择Computer序列图层，然后在"跟踪器"面板中单击"跟踪运动"按钮，接着设置"运动源"为Computer图层、"跟踪类型"为"透视边角定位"，此时可以在"图层"面板中观察到4个跟踪点，如图10-58所示。

03 使用"选择工具" █ 将4个跟踪点调整到笔记本电脑屏幕的4个角上，并将搜索区域也分别设置在笔记本电脑的4个角上，如图10-59所示。

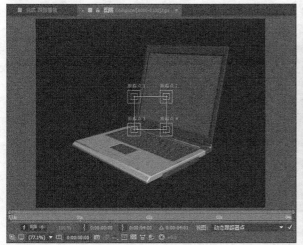

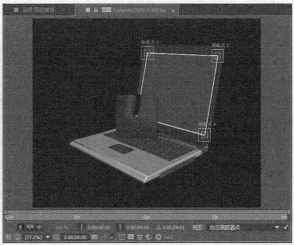

图10-58   图10-59

04 单击"跟踪器"面板中"向前分析"按钮 █ ，进行运动跟踪分析，由于笔记本电脑在转动的过程中受到的光照不一样，所以在跟踪过程中会发生跟踪"跑脱"现象，如图10-60所示。

05 将时间指示滑块拖曳到跟踪目标点开始"跑脱"的位置，然后重新调整跟踪目标及搜索区域，接着单击"向前分析"按钮 █ ，使用这种方法直到跟踪完成正常，效果如图10-61所示。

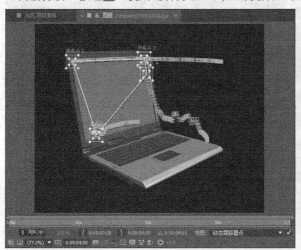

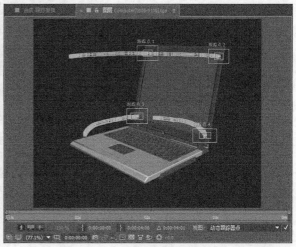

图10-60   图10-61

06 在"时间轴"窗口中，选择Computer图层的"动态跟踪器"属性下的"跟踪器 1"属性，然后在"跟踪器"面板中单击"编辑目标"按钮，如图10-62所示。

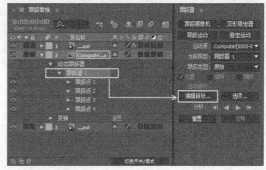

图10-62

247

07 在"运动目标"对话框中，设置"图层"为"1.屏幕替换内容.avi"，然后单击"确定"按钮，如图10-63所示，接着单击"跟踪器"面板中的"应用"按钮。

08 此时在"屏幕替换内容"图层中自动添加了一个"边角定位"滤镜，并且该滤镜的4个角点都被设置了关键帧，同时图层的"位置"属性也被设置了关键帧，如图10-64所示。

图10-63

图10-64

09 按数字键盘中的0键预览效果，最终效果如图10-65所示。

图10-65

After Effects

第 11 章 表达式的应用

本章知识索引

本章实例索引

11.1 概述

表达式是由数字、算符、数字分组符号（括号）、自由变量和约束变量等组成的，以能求得数值的有意义排列方法所得的组合。在After Effects中，表达式是基于JavaScript和欧洲计算机制作商联合会制定的ECMA-Script规范，具备了从简单到复杂的多种动画功能，甚至还可以使用强大的函数功能来控制动画效果。与传统的关键帧动画相比，表达式动画具有更大的灵活性。既可独立地控制单个动画属性，又可以同时控制多个动画属性。

11.2 引导实例：抖动文字

素材位置	实例文件>CH11>引导实例：抖动文字
实例位置	实例文件>CH11>抖动文字_F.aep
视频位置	多媒体教学>CH11>抖动文字.mp4
难易指数	★★☆☆☆
技术掌握	掌握"抖动"表达式的具体应用

本实例主要使用"抖动"表达式来完成文字晃动效果的制作。通过对本实例的学习，读者可以掌握"抖动"表达式的具体应用，如图11-1所示。

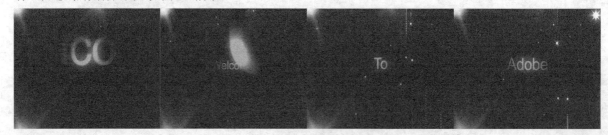

图11-1

01 执行"文件>打开项目"菜单命令，然后打开在素材文件夹中的"抖动文字_I.aep"，接着在"项目"面板中，双击"抖动文字"加载合成，如图11-2所示。

11-2

02 执行"图层>新建>空对象"菜单命令，然后展开并选择该图层的"位置"属性，接着执行"动画>添加表达式"，再在"时间轴"面板中为其添加一个表达式如下，如图11-3所示。

```
Wiggle(5,10);
```

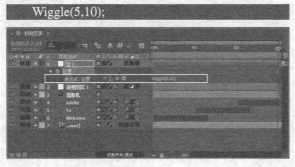

图11-3

03 按快捷键Shift+F4显示父级，将"摄像机"图层指定为"空1"图层的子物体，如图11-4所示。

图11-4

04 按小键盘上的数字键0，预览最终效果，如图11-5所示。

图11-5

11.3 表达式的基础知识

在After Effects中，创建好的表达式可以保存下来，以便下一次直接调用。在实际工作中，调用编写好的表达式，将极大地提高制作效率。

本节知识概要

知识名称	作用	重要程度	所在页
创建表达式	表达式的创建	中	P251
保存与调用表达式	保存表达式和使用保存过的表达式	中	P252

11.3.1 创建表达式

在After Effects中可以使用菜单命令创建，也可使用快捷键创建，在创建好表达式以后，可以将具有表达式的属性与其他图层关联，制作一些特殊效果。

1.使用菜单命令

在"时间轴"面板中选择需要添加表达式的图层的属性，然后执行"动画>添加表达式"菜单命令，系统会增加一个默认的表达式，如图11-6所示。在输入或编辑表达式后，可以按小键盘上的Enter键或单击表达式输入框以外的区域来完成表达式的创建工作。

图11-6

> **技巧与提示**
>
> 选择需要添加表达式的图层属性后，可以按快捷键Alt+Shift+=激活表达式输入框，该快捷键属于Add Expression（添加表达式）命令的快捷键。
>
> 此外，还可以在选择需要添加表达式的图层属性后，按住Alt键的同时单击该动画属性前面的"码表"按钮，也可以激活表达式输入框。

2.表达式关联器

使用"表达式关联器"可以将一个图层的属性关联到另一个图层的属性中，将"表达式关联器"按钮拖曳到其他动画属性的名字或数值上来关联动画属性，如图11-7和图11-8所示。

图11-7

图11-8

在"时间轴"面板中，赋予了表达式的图层会增添一些表达式的特定属性，如图11-9所示。

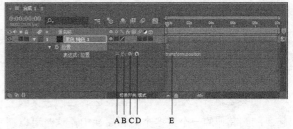

图11-9

表达式相关功能介绍

• **A**：表达式开关，凹陷时处于开启状态，凸出时处于关闭状态。

• **B**：是否在曲线编辑模式下显示表达式动画曲线。

• **C**：表达式关联器。

• **D**：表达式语言菜单，可以在其中查找到一些常用的表达式命令。

• **E**：表达式的输入框或表达式的编辑区。

> **技巧与提示**
>
> 以上讲解了如何创建表达式，这里简单说一下如何删除表达式。
>
> 第1种：选择需要移除表达式的图层属性，然后执行"动画>移除表达式"菜单命令。
>
> 第2种：选择需要移除表达式的图层属性，然后按快捷键Alt+Shift+=。
>
> 第3种：选择需要移除表达式的图层属性，然后在按住Alt键的同时单击该动画属性前面的"码表"按钮。
>
> 另外，如果要临时关闭表达式功能，可以用鼠标左键单击"表达式开关"，使其处于关闭状态即可。

11.3.2 保存与调用表达式

在After Effects中，可以保存和调用表达，以提高工作效果。

1.动画预设

在After Effects中，可以将含有表达式的动画保存为"动画预设"，在其他工程文件中就可以直接调用这些动画预设。

如果在保存的动画预设中，动画属性仅包含有表达式而没有任何关键帧，那么动画预设只保存表达式的信息；如果动画属性中包含有一个或多个关键帧，那么动画预设将同时保存关键帧和表达式的信息。

2.复制表达式和关键帧

在同一个合成项目中，可以复制动画属性的关键帧和表达式，然后将其粘贴到其他的动画属性中，当然也可以只复制属性中的表达式。

如果要将一个动画属性中的表达式连同关键帧一起复制到其他的一个或多个动画属性中，这时可以在

"时间轴"面板中选择源动画属性并进行复制，然后将其粘贴到其他的动画属性中。

3.只复制表达式

如果只想将一个动画属性中的表达式（不包括关键帧）复制到其他的一个或多个动画属性中，这时可以在"时间轴"面板中选择源动画属性，然后执行"编辑>仅复制表达式"菜单命令，接着将其粘贴到选择的目标动画属性中即可。

> **技巧与提示**
>
> 另外，如果制作好了一个比较复杂的表达式，在以后的工作中就有可能调用这个表达式，这时就可以为这个表达式进行文字注释，以便于辨识表达式。
>
> 为表达式添加注释的方法主要有以下两种。
>
> 第1种：在注释语句的前面添加//符号。在同一行表达式中，任何处于//符号后面的语句都被认为是表达式注释语句，在程序运行时这些语句不会被编译运行，如下表达式所示。
>
> // 这是一条注释语句。
>
> 第2种：在注释语句首尾添加/*和*/符号。在进行程序编译时，处于/*和*/之间的语句都不会运行，如下表达式所示。
>
> /* 这是一条多行注释语句。*/

功能实战01：百叶窗效果

素材位置	实例文件>CH11>功能实战01：百叶窗效果
实例位置	实例文件>CH11>百叶窗效果_F.aep
视频位置	多媒体教学>CH11>百叶窗效果.mp4
难易指数	★★☆☆☆
技术掌握	掌握基本表达式的应用

本实例主要介绍了"轴心点""表达式"和"蒙版"的组合应用。通过本案例的学习，读者可以掌握百叶窗效果的制作技巧，如图11-10所示。

图11-10

01 执行"文件>打开项目"菜单命令，然后打开在素材文件夹中的"百叶窗效果_I.aep"，接着在"项目"面板中，双击"百叶窗效果"加载合成，如图11-11所示。

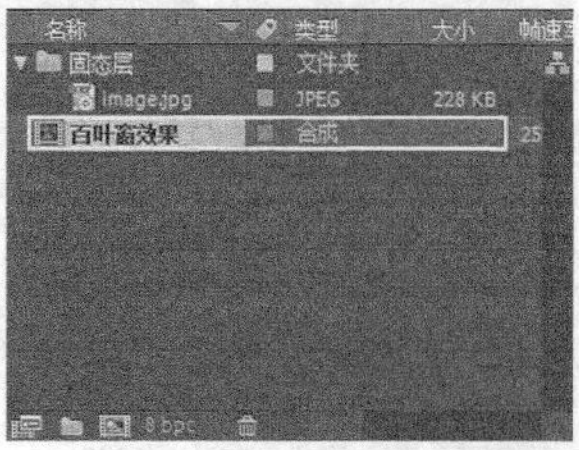

图11-11

02 执行"合成>新建合成"菜单命令，创建一个"宽度"为960px、"高度"为540px、"像素长宽比"为"方形像素"的合成，设置合成的"持续时间"为5秒，并将其命名为"定版"，如图11-12所示。

03 将项目窗口中的"定版"合成添加到"百叶窗效果"合成的时间轴上，然后选择"定版"图层，将其重新命名为"定版1"，接着开启图层的三维开关，设置"缩放"为（105%，105%，105%），如图11-13所示。

图11-12

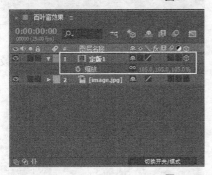

图11-13

04 使用"向后平移(锚点)工具" ，将"定版1"图层的轴心点移动到如图11-14所示的地方。

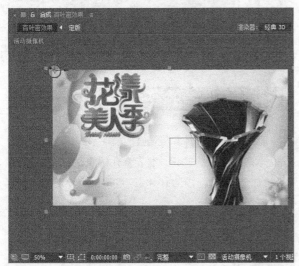

图11-14

05 执行"图层>新建>空对象"菜单命令，创建一个新的"空1"空对象图层。选择图层"空1"，然后执行"效果>表达式控制>滑块控制"菜单命令，接着设置滑块属性的关键帧动画，在第0帧处，设置"滑块"为84；在第2秒1帧处，设置"滑块"为0，如图11-15所示。

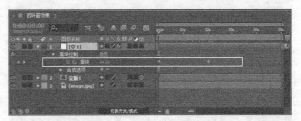

图11-15

06 展开"定版1"图层中的"y轴旋转"属性，然后按住Alt键的同时，单击"y轴旋转"属性前的"码表"按钮，接着使用鼠标左键将"表达式关联器"按钮拖曳到"空1"图层"滑块控制"效果的"滑块"属性上，如图11-16所示。

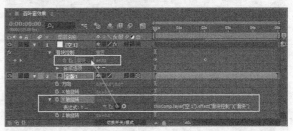

图11-16

07 展开"定版1"图层中的"z轴旋转"属性，选择该属性执行"动画>添加表达式"，如图11-17所示，最终的完成表达式如下。

```
Wiggle(0.5,3);
```

图11-17

08 使用"矩形工具" 为该"定版1"图层添加一个"蒙版"，如图11-18所示。

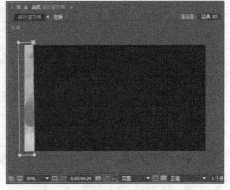

图11-18

09 选择"定版1"图层，然后执行"图层>图层样式>投影"菜单命令，接着展开"投影"属性，设置"大小"为40，再选择该图层，最后执行"图层>图层样式>斜边和浮雕"菜单命令，如图11-19所示。

图11-19

10 按小键盘上的0键预览画面效果，如图11-20所示。

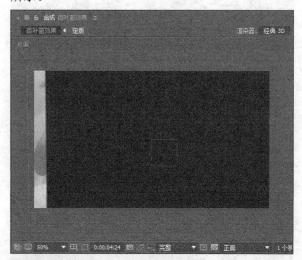

图11-20

11 使用同样的方法制作出16个定版图层，如图11-21所示，效果如图11-22所示。

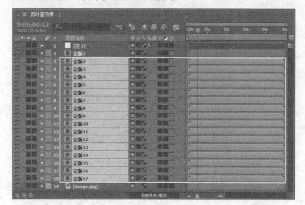

图11-21

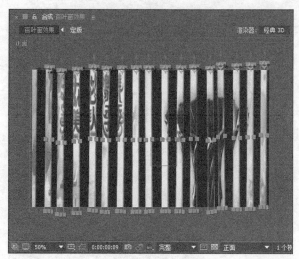

图11-22

12 按小键盘上的数字键0，预览最终效果，如图11-23所示。

图11-23

11.4 表达式的基本语法

　　表达式是一种计算机语言的表现形式，因此会涉及很多计算机领域的知识。本节将介绍表达式的基本知识，快速地在After Effects中实现可视化的效果。

本节知识概要

知识名称	作用	重要程度	所在页
表达式的语言	了解表达式的内核语言	中	P255
访问对象的属性和方法	说明层级关系	高	P255
数组与维数	数组与维数的概念	高	P255
向量与索引	向量与索引的概念	高	P256
表达式时间	对合成时间的控制	中	P257

11.4.1 表达式的语言

After Effects使用的是JavaScript语言的标准内核语言，并且在其中内嵌诸如图层、合成、素材和摄像机之类的扩展对象，这样表达式就可以访问After Effects项目中的绝大多数属性值。

另外，在After Effects中，如果图层的属性中带有arguments（陈述）参数，则应该称该属性为method（方法）；如果图层的属性中没有带arguments（陈述）参数，则应该称该属性为attribute（属性）。

> **技巧与提示**
>
> 这里不必去理解"方法"究竟是什么，也不需要去区分"方法"和"属性"之间的区别。简单地说，属性就是事件，方法就是完成事件的途径，属性是名字，方法是动词。
>
> 一般情况下，在"方法"的后面通常有一个括号，提供一些额外的信息，如下面的表达式。
>
> this_layer.opacity.value_at_time(0);
>
> 其中的value_at_time（）就是一种方法。

11.4.2 访问对象的属性和方法

使用表达式可以获取图层属性中的attribute（属性）和method（方法）。After Effects表达式语法规定全局对象与次级对象之间必须以点号来进行分割，以说明物体之间的层级关系，同样目标与"属性"和"方法"之间也是使用点号来进行分割的，如图11-24所示。

图11-24

对于图层以下的级别（如滤镜、遮罩和文字动画组等），可以使用圆括号来进行分级，如要将Layer A图层中的"不透明度"属性使用表达式链接到Layer B图层中的"高斯模糊"滤镜的"模糊度"属性中，这时可以在Layer A图层的"不透明度"属性中编写出如下所示的表达式。

```
thisComp.layer（"layer B"）.effect（"Gaussian Blur"）（"Blurriness"）;
```

在After Effects中，如果使用的对象属性是自身，那么可以在表达式中忽略对象层级不进行书写，因为After Effects能够默认将当前的图层属性设置为表达式中的对象属性。例如在图层的"位置"属性中使用wiggle()表达式，可以使用以下两种编写方式。

```
Wiggle(5, 10);
```

```
position.wiggle(5, 10);
```

在After Effects中，当前制作的表达式如果将其他图层或其他属性作为调用的对象属性，那么在表达式中就一定要书写对象信息及属性信息。例如为Layer B图层中的"不透明度"属性制作表达式，将Layer A中的"旋转"属性作为链接的对象属性，这时可以编写出如下所示的表达式。

```
thisComp.layer（"layer A"）.rotation;
```

11.4.3 数组与维数

数组是一种按顺序存储一系列参数的特殊对象，它使用逗号（，）来分隔多个参数列表，并且使用中括号（［］）将参数列表首尾包括起来，如下所示。

```
[10, 23];
```

在实际工作中为了方便，也可以为数组赋予一个变量，以便于以后调用，如下所示。

```
myArray = [10, 23];
```

在After Effects中，数组中的数组维数就是该数组中包含的参数个数，例如上面提到的myArray数组就是二维数组。

在After Effects中，如果某属性含有一个以上的变量，那么该属性就可以称为数组，After Effects中不同的属性都具有各自的数组维数，如下表所示的是一些常见的属性及其维数。

数组维数参考表

维数	属性
一维	Rotation ° Opacity %
二维	Scale [x=width, y=height] Position [x, y] Anchor Point [x, y]
三维	三维Scale [width, height, depth] 三维Position [x, y, z] 三维Anchor Point [x, y, z]
四维	向量与索引的概念Color [red, green, blue, alpha]

在数组中的某个具体属性可以通过索引数来调用，数组中的第1个索引数是从0开始，例如在上面的

myArray = [10, 23]表达式中，myArray[0]表示的是数字10，myArray[1]表示的是数字23。

在数组中也可以调用数组的值，因此如下所示的两个表达式的写法所代表的意思是一样的。

> [myArray[0], 5]
>
> [10, 5]

在三维图层的Position（位置）属性中，通过索引数可以调用某个具体轴向的数据。

- Position[0]表示x轴信息。
- Position[1]表示y轴信息。
- Position[2]表示z轴信息。

"颜色"属性是一个四维的数组[red, green, blue, alpha]，对于一个8比特颜色深度或是16比特颜色深度的项目来说，在"颜色"数组中的每个值的范围为0~1，其中0表示黑色，1表示白色，所以[0,0,0,0]表示黑色，并且是完全不透明，而[1,1,1,1]表示白色，并且是完全透明。在32比特颜色深度的项目中，"颜色"数组中值的取值范围可以低于0，也可以高于1。

技巧与提示

如果索引数超过了数组本身的维数，那么After Effects将会出现错误提示。

在引用某些属性和方法时，After Effects会自动以数组的方式返回其参数值，如下表达式所示，该语句会自动返回一个二维或三维的数组，具体要看这个图层是二维图层还是三维图层。

> thisLayer.position;

对于某个位置属性的数组，需要固定其中的一个数值，让另外一个数值随其他属性进行变动，这时可以将表达式书写成以下形式。

> y = thisComp.layer("layer A").Position[1];
>
> [58,y]

如果要分别与几个图层绑定属性，并且要将当前图层的x轴位置属性与Layer A的x轴位置属性建立关联关系，还要将当前图层的y轴与Layer B的y轴位置属性建立关联关系，这时可以使用如下所示的表达式。

> x = thisComp.layer("layer A").position[0];
>
> y = thisComp.layer("layer B").position[1];
>
> [x,y]

如果当前图层属性只有一个数值，而与之建立关联的属性是一个二维或三维的数组，那么在默认情况下只与第1个数值建立关联关系。例如将Layer A的"旋转"属性与Layer B的"缩放"属性建立关联关系，则默认的表达式应该是如下所示的语句。

> thisComp.layer("layer B").scale[0]

如果需要与第2个数值建立关联关系，可以将"表达式关联器"从Layer A的"旋转"属性直接拖曳到Layer B的"缩放"属性的第2个数值上（注意不是拖曳到"缩放"属性的名字上），此时在表达式输入框中显示的表达式应该是如下所示的语句。

> thisComp.layer("layer B").scale[1]

反过来，如果要将Layer B的"缩放"属性与Layer A的"旋转"属性建立关联关系，则"缩放"属性的表达式将自动创建一个临时变量，将Layer A的"旋转"属性的一维数值赋给这个变量，然后将这个变量同时赋给Layer B的"缩放"属性的两个值，此时在表达式输入框中的表达式应该是如下所示的语句。

> temp = thisComp.layer(1).transform.rotation;
>
> [temp, temp]

11.4.4 向量与索引

向量是带有方向性的一个变量或是描述空间中的点的变量。在After Effects中，很多属性和方法都是向量数据，例如最常用的"位置"属性值就是一个向量。

当然，并不是拥有两个以上值的数组就一定是向量，例如audioLevels虽然也是一个二维数组，返回两个数值（左声道和右声道强度值），但是它并不能称为向量，因为这两个值并不带有任何运动方向性，也不代表某个空间的位置。

在After Effects中，有很多的方法都与向量有关，它们被归纳到Vector Math（向量数学）表达式语言菜单中。例如lookAt(fromPoint,atPoint)，其中fromPoint和atPoint就是两个向量。通过lookAt(fromPoint,atPoint)方法，可以轻松地实现让摄像机或灯光盯紧某个图层的动画。

技巧与提示

在After Effects中，图层、滤镜和遮罩对象的索引都是从数字1开始（如"时间轴"面板中的第1个图层使用layer(1)来引用），而数组值的索引是从数字0开始。

在通常情况下，建议大家在编写表达式时最好使用图层名称、滤镜名称和遮罩名称来进行引用，这样比使用数字序号来引用要方便很多，并且可以避免混乱和错误。因为一旦图层、滤镜或遮罩被移动了位置，表达式原来使用的数字序号就会发生改变，此时就会导致表达式的引用发生错误，如下表达式所示。

Effect("Colorama").param("Get Phase From")　　//例句1

Effect(1).param(2)　　　　　　　　　　　　//例句2

从上面两个例句的比较中可以观察到，无论是表达式语言的可阅读性还是重复使用性，例句1都要强于例句2。

11.4.5 表达式时间

表达式中使用的时间指的是合成的时间，而不是指图层时间，其单位是以秒来衡量的。默认的表达式时间是当前合成的时间，它是一种绝对时间，如下所示的两个合成都是使用默认的合成时间并返回一样的时间值。

thisComp.layer(1).position;

thisComp.layer(1).position.valueAtTime(time);

如果要使用相对时间，只需要在当前的时间参数上增加一个时间增量。例如要使时间比当前时间提前5秒，可以使用如下表达式来表达。

thisComp.layer(1).position.valueAtTime(time-5);

合成中的时间在经过嵌套后，表达式中默认的还是使用之前的合成时间值，而不是被嵌套后的合成时间。注意，当在新的合成中把被嵌套合成图层作为源图层时，获得的时间值为当前合成的时间。例如，如果源图层是一个被嵌套的合成，并且在当前合成中这个源图层已经被剪辑过，用户可以使用表达式来获取被嵌套合成的"位置"的时间值，其时间值为被嵌套合成的默认时间值，如下表达式所示。

Comp（"nested composition"）.layer(1).position;

如果直接将源图层作为获取时间的依据，则最终获取的时间为当前合成的时间，如下表达式所示。

thisComp.layer（"nested composition"）.source.layer(1).position;

功能实战02：时针动画

素材位置	实例文件>CH11>功能实战02：时针动画
实例位置	实例文件>CH11>时针动画_F.aep
视频位置	多媒体教学>CH11>时针动画.mp4
难易指数	★★★☆☆
技术掌握	掌握基本表达式时间的应用

本实例主要使用JavaScript Mat中的sin表达式来制作翅膀挥舞动画。通过对本实例的学习，读者可以深入理解表达式语言菜单命令的运用，如图11-25所示。

图11-25

01　执行"文件>打开项目"菜单命令，然后打开在素材文件夹中的"时针动画_I.aep"，如图11-26所示。

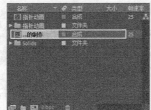

图11-26

02　在"项目"面板中，双击"时针动画的制作"加载合成，然后在"时间轴"面板中，设置"时针"图层的动画关键帧，在第9秒24帧处，设置"旋转"为0×+0°；在第10秒处，设置"旋转"的值为0×+245°，如图11-27所示。

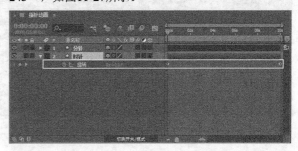

图11-27

03 选择"分针"图层，展开图层的属性，在按住Alt键的同时单击"旋转"属性前面的"码表"按钮，然后使用鼠标左键将"表达式关联器"按钮拖曳到"时针"图层的"旋转"属性名称上，如图11-28所示。

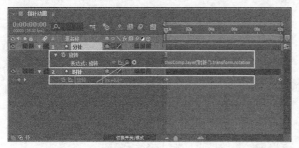

图11-28

04 拖动时间指针预览动画，此时"分针"与"时针"保持一致的旋转速度，这与客观现实是相违背的。展开"分针"图层的表达式并修改其属性，在表达式的最后添加*12，使分针的旋转速度为时针的12倍，如图11-29所示。

图11-29

05 完成之后，最终的动画预览效果如图11-30所示。

图11-30

技巧与提示

如果输入的表达式不能被系统执行，这时After Effects会自动报告错误，并且会自动终止表达式的运行，然后显示一个警告标志，单击该警告标志会再次弹出报错对话框，如图11-31所示。

图11-31

一些表达式在运行时会调用图层的名称或图层属性的名称。如果修改了表达式调用的图层的名称或图层属性的名称，After Effects会自动尝试在表达式中更新这些名称。但在一些情况下，After Effects会更新失败而出现报错信息，这时就需要手动更新这些名称。注意，使用"预合成"也会产生表达式更新报错的问题，因此在有表达式的工程文件中进行预合成时一定要谨慎。

练习实例：镜头抖动

素材位置	实例文件>CH11>练习实例：镜头抖动
实例位置	实例文件>CH11>镜头抖动_F.aep
视频位置	多媒体教学>CH11>镜头抖动.mp4
难易指数	★★☆☆☆
技术掌握	巩固wiggle表达式的应用

本实例主要使用wiggle表达式来制作抖动特效。通过对本实例的学习，读者可以轻松地制作镜头抖动，如图11-32所示。

图11-32

【制作提示】

- 第1步：打开项目文件"镜头抖动_l.aep"。
- 第2步：新建一个空对象，然后为"位置"属性添加wiggle抖动表达式。
- 第3步：将摄像机设置为空对象的子物体。
- 制作流程如图11-33所示。

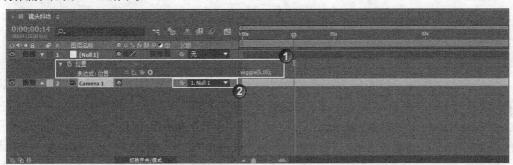

图11-33

11.5 表达式的数据库

本节知识概要

知识名称	作用	重要程度	所在页
Global（全局）	一种表达式的类型	中	P260
Vector Math（向量数学）	一种表达式的类型	中	P260
Random Numbers（随机数）	一种表达式的类型	中	P260
Interpolation（插值）	一种表达式的类型	中	P261
Color Conversion（颜色转换）	一种表达式的类型	中	P261
Other Math（其他数学）	一种表达式的类型	中	P262
JavaScript Math（脚本方法）	一种表达式的类型	中	P262
Comp（合成）	一种表达式的类型	中	P262
Footage（素材）	一种表达式的类型	中	P263
Layer Sub-object（图层子对象）	一种表达式的类型	中	P263
Layer General（普通图层）	一种表达式的类型	中	P263
Layer Property（图层特征）	一种表达式的类型	中	P264
Layer 3D（3D图层）	一种表达式的类型	中	P264
Layer Space Transforms（图层空间变换）	一种表达式的类型	中	P264
Camera（摄像机）	一种表达式的类型	中	P265
Light（灯光）	一种表达式的类型	中	P265
Effect（效果）	一种表达式的类型	中	P266
Mask（遮罩）	一种表达式的类型	中	P266
Property（特征）	一种表达式的类型	中	P266
Key（关键帧）	一种表达式的类型	中	P267

After Effects为用户提供了一个表达式的数据库，用户可以直接调用里面的表达式，而不用自己输入。单击动画属性下面的 ▶ 按钮即可以打开表达式数据库的菜单，如图11-34所示。

图11-34

259

11.5.1 Global（全局）

Global（全局）表达式用于指定表达式的全局设置，如图11-35所示。

```
comp(name)
footage(name)
thisComp
time
colorDepth
posterizeTime(framesPerSecond)
timeToFrames(t = time + thisComp.displayStartTime, fps = 1.0 / thisComp.frameDuration, isDuration = false)
framesToTime(frames, fps = 1.0 / thisComp.frameDuration)
timeToTimecode(t = time + thisComp.displayStartTime, timecodeBase = 30, isDuration = false)
timeToNTSCTimecode(t = time + thisComp.displayStartTime, ntscDropFrame = false, isDuration = false)
timeToFeetAndFrames(t = time + thisComp.displayStartTime, fps = 1.0 / thisComp.frameDuration, framesPerFoot = 16, isDuration = false)
timeToCurrentFormat(t = time + thisComp.displayStartTime, fps = 1.0 / thisComp.frameDuration, isDuration = false)
```

图11-35

参数解析

• Comp（name）：为合成进行重命名。

• Footage（name）：为脚本标志进行重命名。

• thisComp：描述合成内容的表达式。如thisComp.layer（3）,thisComp是对图层本身的描述，它是一个默认的对象，相当于当前层。

• thisProperty：描述属性的表达式。

• time（时间）：描述合成的时间，单位为秒。

• colorDepth：返回8或16的彩色深度位数值。

• Number posterizeTime（framesPerSecond）：framesPerSecond是一个数值，该表达式可以返回或改变帧速率，允许用这个表达式来设置比合成低的帧速率。

11.5.2 Vector Math（向量数学）

Vector Math（向量数学）表达式包含一些矢量运算的数学函数，如图11-36所示。

```
add(vec1, vec2)
sub(vec1, vec2)
mul(vec, amount)
div(vec, amount)
clamp(value, limit1, limit2)
dot(vec1, vec2)
cross(vec1, vec2)
normalize(vec)
length(vec)
length(point1, point2)
lookAt(fromPoint, atPoint)
```

图11-36

参数解析

• add（vec1,vec2）：（vec1,vec2）是数组，用于将两个向量进行相加，返回的值为数组。

• sub（vec1,vec2）：（vec1,vec2）是数组，用于将两个向量进行相减，返回的值为数组。

• mul（vec,amount）：vec是数组，amount是数，表示向量的每个元素被amount相乘,返回的值为数组。

• div（vec,amount）：vec是数组，amount是数，表示向量的每个元素被amount相除，返回的值为数组。

• clamp（value,limit1,limit2）：将value中每个元素的值限制在limit1~limit2。

• dot（vec1,vec2）：（vec1,vec2）是数组，用于返回点的乘积，结果为两个向量相乘。

• cross（vec1,vec2）：（vec1,vec2）是数组，用于返回向量的交集。

• normalize（vec）：vec是数组，用于格式化一个向量。

• length（vec）：vec是数组，用于返回向量的长度。

• length（point1,point2）：（point1,point2）是数组，用于返回两点间的距离。

• LookAt（fromPoint,atPoint）：fromPoint的值为观察点的位置，atPoint为想要指向的点的位置，这两个参数都是数组。返回值为三维数组，用于表示方向的属性，可以用在摄像机和灯光的方向属性上。

11.5.3 Random Numbers（随机数）

Random Numbers（随机数）函数表达式主要用于生成随机数值，如图11-37所示。

```
seedRandom(seed, timeless = false)
random()
random(maxValOrArray)
random(minValOrArray, maxValOrArray)
gaussRandom()
gaussRandom(maxValOrArray)
gaussRandom(minValOrArray, maxValOrArray)
noise(valOrArray)
```

图11-37

参数解析

• seedRandom（seed,timeless=false）：seed是一个数，默认timeless为false，取现有seed增量的一个随机值，这个随机值依赖于图层的index（number）和stream（property）。但也有特殊情况，例如seedRandom（n,true）通过给第2个参数赋值true，而seedRandom获取一个0~1的随机数。

• random：返回0~1的随机数。

• random（maxVal Or Array）：max Val Or Array是一个数或数组，返回0~max Val的数，维度与maxVal相同，或者返回与maxArray相同维度的数组，数组的每个元素的范围为0~maxArray。

• random（minValOrArray,maxValOrArray）：minValOrArray和maxValOrArray是一个数或数组，返回一个minVal~maxVal的数，或返回一个与minArray和maxArray有相同维度的数组，其每

个元素的范围都在minArray~maxArray。如random（[100,200],[300,400]）返回数组的第1个值的范围为100~300，第2个值在200~400，如果两个数组的维度不同，较短的一个后面会自动用0补齐。

- gaussRandom：返回一个0~1的随机数，结果为钟形分布，大约90%的结果在0~1，剩余的10%在边缘。

- gaussRandom（maxValOrArray）：maxValOrArray是一个数或数组，当使用maxVal时，它返回一个0~maxVal的随机数，结果为钟形分布，大约90%的结果在0~maxVal，剩余10%在边缘；当使用maxArray时，它返回一个与maxArray相同维度的数组，结果为钟形分布，大约90%的结果在0~maxArray，剩余10%在边缘。

- gaussRandom（minValOrArray,maxValOrArray）：minValOrArray和maxValOrArray是一个数或数组，当使用minVal和maxVal时，它返回一个minVal~maxVal的随机数，结果为钟形分布，大约90%的结果在minVal~maxVal，剩余10%在边缘；当使用minArray和maxArray时，它返回一个与minArray和maxArray相同维度的数组，结果为钟形分布，大约90%的结果在minArray~maxArray，剩余10%在边缘。

- noise（valOrArray）：valOrArray是一个数或数组[2or3]，返回一个0~1的噪波数，如add（position,noise（position）*40）。

11.5.4 Interpolation（插值）

展开Interpolation（插值）表达式的子菜单，如图11-38所示。

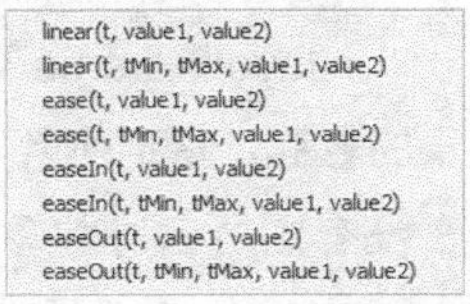

```
linear(t, value1, value2)
linear(t, tMin, tMax, value1, value2)
ease(t, value1, value2)
ease(t, tMin, tMax, value1, value2)
easeIn(t, value1, value2)
easeIn(t, tMin, tMax, value1, value2)
easeOut(t, value1, value2)
easeOut(t, tMin, tMax, value1, value2)
```

图11-38

参数解析

- linear（t,value1,value2）：t是一个数，value1和value2是一个数或数组。当t的范围为0~1时，返回一个从value1~value2的线性插值；当t≤0时，返回value1；当t≠1时，返回value2。

- linear（t,tMin,tMax,value1,value2）：t、tMin和tMax是数，value1和value2是数或数组。当t≤tMin

时，返回value1；当t≠tMax时，返回value2；当tMin<t<tMax时，返回value1和value2的线性联合。

- ease（t,value1,value2）：t是一个数，value1和value2是数或数组，返回值与linear相似，但在开始和结束点的速率都为0，使用这种方法产生的动画效果非常平滑。

- ease（t,tMin,tMax,value1,value2）：t、tMin和tMax是数，value1和value2是数或数组，返回值与linear相似，但在开始和结束点的速率都为0，使用这种方法产生的动画效果非常平滑。

- ease In（t,value1,value2）：t是一个数，value1和value2是数或数组，返回值与ease相似，但只在切入点value1的速率为0，靠近value2的一边是线性的。

- ease In（t,tMin,tMax,value1,value2）：t、tMin和tMax是一个数，value1和value2是数或数组，返回值与ease相似，但只在切入点tMin的速率为0，靠近tMax的一边是线性的。

- ease Out（t,value1,value2）：t是一个数，value1和value2是数或数组，返回值与ease相似，但只在切入点value2的速率为0，靠近value1的一边是线性的。

- ease Out（t,tMin,tMax,value1,value2）：t、tMin和tMax是数，value1和value2是数或数组，返回值与ease相似，但只在切入点tMax的速率为0，靠近tMin的一边是线性的。

11.5.5 Color Conversion（颜色转换）

展开Color Conversion（颜色转换）表达式的子菜单，如图11-39所示。

```
rgbToHsl(rgbaArray)
hslToRgb(hslaArray)
```

图11-39

参数解析

rgbToHsl（rgbaArray）：rgbaArray是数组[4]，可以将RGBA彩色空间转换到HSLA彩色空间，输入数组指定红、绿、蓝以及透明的值，它们的范围都为0~1，产生的结果值是一个指定色调、饱和度、亮度和透明度的数组，它们的范围也都为0~1，如rgbToHsl.effect（"Change Color"）（"Color To Change"），返回的值为四维数组。

hslToRgb（hslaArray）：hslaArray是数组[4]，可以将HSLA彩色空间转换到RGBA彩色空间，其操作与rgbToHsl相反，返回的值为四维数组。

11.5.6 Other Math（其他数学）

展开Other Math（其他数学）表达式的子菜单，如图11-40所示。

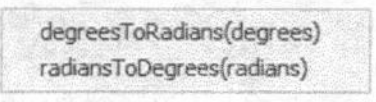

degreesToRadians(degrees)
radiansToDegrees(radians)

图11-40

参数解析

• degreesToRadians（degrees）：将角度转换到弧度。

• radiansToDegrees（radians）：将弧度转换到角度。

11.5.7 JavaScript Math（脚本方法）

展开JavaScript Math（脚本方法）表达式的子菜单，如图11-41所示。

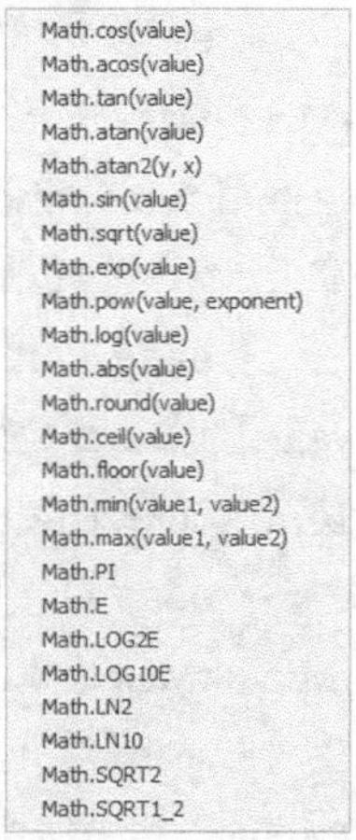

Math.cos(value)
Math.acos(value)
Math.tan(value)
Math.atan(value)
Math.atan2(y, x)
Math.sin(value)
Math.sqrt(value)
Math.exp(value)
Math.pow(value, exponent)
Math.log(value)
Math.abs(value)
Math.round(value)
Math.ceil(value)
Math.floor(value)
Math.min(value1, value2)
Math.max(value1, value2)
Math.PI
Math.E
Math.LOG2E
Math.LOG10E
Math.LN2
Math.LN10
Math.SQRT2
Math.SQRT1_2

图11-41

参数解析

• Math.cos（value）：value为一个数值，可以计算value的余弦值。

• Math.acos（value）：计算value的反余弦值。

• Math.tan（value）：计算value的正切值。

• Math.atan（value）：计算value的反正切值

• Math.atan2（y,x）：根据y、x的值计算出反正切值。

• Math.sin（value）：返回value值的正弦值。

• Math.sqrt（value）：返回value值的平方根值。

• Math.exp（value）：返回e的value次方值。

• Math.pow（value,exponent）：返回value的exponent次方值。

• Math.log（value）：返回value值的自然对数。

• Math.abs（value）：返回value值的绝对值。

• Math.round（value）：将value值四舍五入。

• Math.ceil（value）：将value值向上取整数。

• Math.floor（value）：将value值向下取整数。

• Math.min（value1, value2）：返回value1和value2这两个数值中最小的那个数值。

• Math.max（value1, value2）：返回value1和value2这两个数值中最大的那个数值。

• Math.PI：返回PI的值。

• Math.E：返回自然对数的底数。

• Math.Log2E：返回以2为底的对数。

• Math.Log10E：返回以10为底的对数。

• Math.LN2：返回以2为底的自然对数。

• Math.LN10：返回以10为底的自然对数。

• Math.SQRT2：返回2的平方根。

• Math.SQRT1_2：返回10的平方根。

11.5.8 Comp（合成）

展开Comp（合成）表达式的子菜单，如图11-42所示。

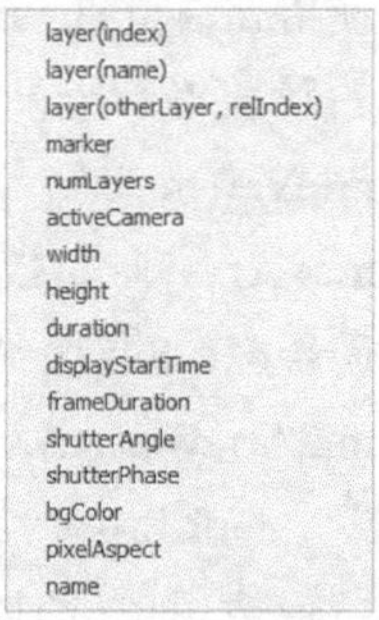

layer(index)
layer(name)
layer(otherLayer, relIndex)
marker
numLayers
activeCamera
width
height
duration
displayStartTime
frameDuration
shutterAngle
shutterPhase
bgColor
pixelAspect
name

图11-42

参数解析

• layer（index）：index是一个数，得到层的序数（在Timeline（时间线）窗口中的顺序），例如thisComp.layer（4）或thisComp. Light（2）。

• layer（name）：name是一个字符串，返回图层的名称。指定的名称与层名称会进行匹配操作，或在没有图层名时与源名进行匹配。如果存在重名，After Effects将返回Timeline（时间线）窗口中的第1个层，例如thisComp.layer（Solid 1）。

• layer（otherLayer,relIndex）：otherLayer是一个层，relIndex是一个数，返回otherLayer（层名）上面或下面relIndex（数）的一个层。

• marker（markerNum）：markerNum是一个数值，得到合成中一个标记点的时间。可以用它来降低标记点的透明度，例如markTime=thisComp.marker（1）；linear（time,markTime-5,markTime,100,0）。

- numLayers：返回合成中图层的数量。

- activeCamera：从当前帧中的着色合成所经过的摄像机中获取数值，返回摄像机的数值。

- width：返回合成的宽度，单位为pixel（像素）。

- height：返回合成的高度，单位为pixel（像素）。

- duration：返回合成的持续时间值，单位为秒。

- displayStartime：返回显示的开始时间。

- frameDuration：返回画面的持续时间。

- shutterAngle：返回合成中快门角度的度数。

- shutterPhase：返回合成中快门相位的度数。

- bgColor：返回合成背景的颜色。

- pixelAspect：返回合成中用width/height表示的pixel（像素）宽高比。

- name：返回合成的名称。

11.5.9 Footage（素材）

展开Footage（素材）表达式的子菜单，如图11-43所示。

图11-43

参数解析

- width：返回素材的宽度，单位为像素。

- height：返回素材的高度，单位为像素。

- duration：返回素材的持续时间，单位为秒。

- frameDuration：返回画面的持续时间，单位为秒。

- pixelAspect：返回素材的像素宽高比，表示为width/height。

- name：返回素材的名称，返回值为字符串。

11.5.10 Layer Sub-object（图层子对象）

展开Layer Sub-object（图层子对象）表达式的子菜单，如图11-44所示。

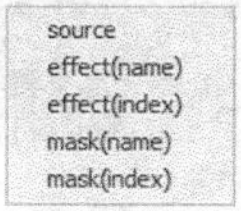

图11-44

参数解析

- source：返回图层的源Comp（合成）或源Footage（素材）对象，默认时间是在这个源中调节的时间，如source.layer（1）.position。

- effect（name）：name是一个字串，返回

Effect滤镜对象。After Effects在Effect Controls（滤镜控制）面板中用这个名称查找对应的滤镜。

- effect（index）：index是一个数，返回Effect（滤镜）对象。After Effects在Effect Controls（滤镜控制）面板中用这个序号查找对应的滤镜。

- mask（name）：name是一个字串，返回图层的Mask（遮罩）对象。

- mask（index）：index是一个数，返回图层的Mask（遮罩）对象。在Timeline（时间线）窗口中用这个序号查找对应的遮罩。

11.5.11 Layer General（普通图层）

展开Layer General（普通图层）表达式的子菜单，如图11-45所示。

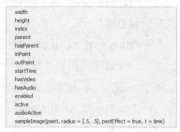

图11-45

参数解析

- width：返回以像素为单位的图层宽度，与source.width相同。

- height：返回以像素为单位的图层高度，与source.height相同。

- index：返回合成中的图层数。

- parent：返回图层的父图层对象，例如position[0]+parent.width。

- hasParent：如果有父图层，则返回true；如果没有父图层，则返回false。

- inPoint：返回图层的入点，单位为秒。

- outPoint：返回图层的出点，单位为秒。

- startTime：返回图层的开始时间，单位为秒。

- hasVideo：如果有video（视频），则返回true；如果没有video（视频），则返回false。

- hasAudio：如果有audio（音频），则返回true；如果没有audio（音频），则返回false。

- active：如果图层的视频开关（眼睛）处于开启状态，则返回true；如果图层的视频开关（眼睛）

处于关闭状态，则返回false。

• **audioActive**：如果图层的音频开关（喇叭）处于开启状态，则返回true；如果图层的音频开关（喇叭）处于关闭状态，则返回false。

11.5.12 Layer Property（图层特征）

展开Layer Property（图层特征）表达式的子菜单，如图11-46所示。

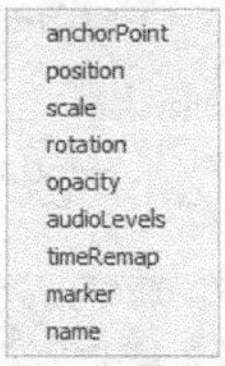

图11-46

参数解析

• **Property [2 or 3] anchorPoint**：返回图层空间内层的锚点值。

• **Property [2 or 3] position**：如果一个图层没有父图层，则返回本图层在世界空间的位置值；如果有父图层，则返回本图层在父图层空间的位置值。

• **Property [2 or 3] scale**：返回图层的缩放值，表示为百分数。

• **Property rotation**：返回图层的旋转度数。对于3D图层，则返回z轴旋转度数。

• **Property [1] opacity**：返回图层的透明值，表示为百分数。

• **Property [2] audioLevels**：返回图层的音量属性值，单位为分贝。这是一个二维值，第1个值表示左声道的音量，第2个值表示右声道的音量，这个值不是源声音的幅度，而是音量属性关键帧的值。

• **Property timeRemap**：当时间重测图被激活时，则返回重测图属性的时间值，单位为秒。

• **Marker Number marker.key（index）**：index是一个数，返回图层的标记数属性值。

• **Marker Number marker.key（"name"）**：name是一个字串，返回图层中与指定名对应的标记号。

• **Marker Number marker.nearestKey**：返回最接近当前时间的标记。

• **Number marker.numKeys**：返回图层中标记的总数。

String name：返回图层的名称。

11.5.13 Layer 3D（3D图层）

展开Layer 3D（3D图层）表达式的子菜单，如图11-47所示。

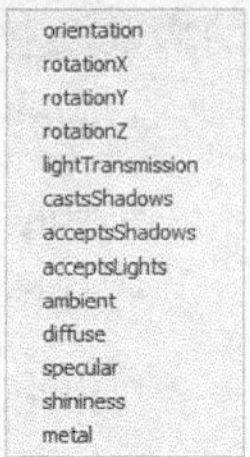

图11-47

参数解析

• **Property [3] orientation**：针对3D层，返回3D方向的度数。

• **Property [1] rotationX**：针对3D层，返回x轴旋转值的度数。

• **Property [1] rotationY**：针对3D层，返回y轴旋转值的度数。

• **Property [1] rotationZ**：针对3D层，返回z轴旋转值的度数。

• **Property [1] lightTransmission**：针对3D层，返回光的传导属性值。

• **Property castsShadows**：如果图层投射阴影，则返回1。

• **Property acceptsShadows**：如果图层接受阴影，则返回1。

• **Property acceptsLights**：如果图层接受灯光，则返回1。

• **Property ambient**：返回环境因素的百分数值。

• **Property diffuse**：返回漫反射因素的百分数值。

• **Property specular**：返回镜面因素的百分数值。

• **Property shininess**：返回发光因素的百分数值。

• **Property metal**：返回材质因素的百分数值。

11.5.14 Layer Space Transforms（图层空间变换）

展开Layer Space Transforms（图层空间变换）表达式的子菜单，如图11-48所示。

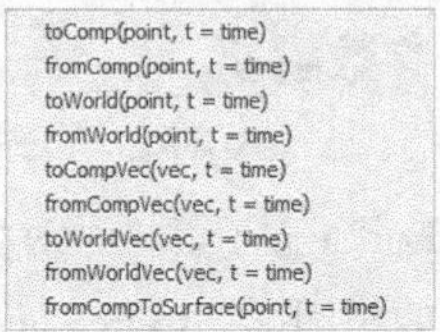

图11-48

参数解析

• Array [2 or 3] toComp（point,t=time）：point 是一个数组[2 or 3]，t是一个数，从图层空间转换一个点到合成空间，例如toComp（anchorPoint）。

• Array [2 or 3] fromComp（point,t=time）：point是一个数组[2 or 3]，t是一个数，从合成空间转换一个点到图层空间，得到的结果在3D图层可能是一个非0值，例如（2D layer），fromComp（thisComp.layer（2）.position）。

• Array [2 or 3] toWorld（point,t=time）：point 是一个数组[2 or 3]，t是一个数，从图层空间转换一个点到视点独立的世界空间，例如toWorld.effect（"Bulge"）（"Bulge Center"）。

Array [2 or 3] fromWorld（point,t=time）：point 是一个数组[2 or 3]，t是一个数，从世界空间转换一个点到图层空间，例如fromWorld（thisComp.layer（2）.position）。

• Array [2 or 3] toCompVec（vec,t=time）：vec是一个数组[2 or 3]，t是一个数，从图层空间转换一个向量到合成空间，例如toCompVec（[1,0]）。

• Array [2 or 3] fromCompVec（vec,t=time）：vec是一个数组[2 or 3]，t是一个数，从合成空间转换一个向量到图层空间，例如（2D layer），dir=sub（position,thisComp.layer（2）.position）;fromCompVec（dir）。

• Array [2 or 3] toWorldVec（vec,t=time）：vec是一个数组[2 or 3]，t是一个数，从图层空间转换一个向量到世界空间，例如p1=effect（"Eye Bulge 1"）（"Bulge Center"）;p2=effect（"Eye Bulge 2"）（"Bulge Center"）,toWorld（sub（p1,p2）。

• Array [2 or 3] fromWorldVec（vec,t=time）：vec是一个数组[2 or 3]，t是一个数，从世界空间转换一个向量到图层空间，例如fromWorld（thisComp.layer（2）.position）。

• Array [2] fromCompToSurface（point,t=time）：point是一个数组[2 or 3]，t是一个数，在合成空间中从激活的摄像机观察到的位置的图层表面（z值为0）定位一个点，这对于设置效果控制点非常有用，但仅用于3D图层。

展开Camera（摄像机）表达式的子菜单，如图11-49所示。

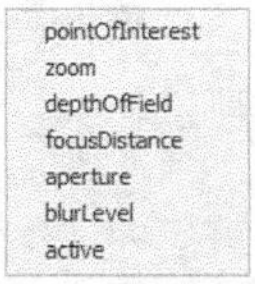

图11-49

11.5.15 Camera（摄像机）

参数解析

• pointOfInterest：返回在世界坐标中摄像机的目标点的值。

• zoom：返回摄像机的缩放值，单位为像素。

• depthOfField：如果开启了摄像机的景深功能，则返回1，否则返回0。

• focusDistance：返回摄像机的焦距值，单位为像素。

• Aeprture：返回摄像机的光圈值,单位为像素。

• blurLevel：返回摄像机的模糊级别的百分数。

• active（a）：如果摄像机的视频开关处于开启状态，则当前时间在摄像机的出入点之间，并且它是Timeline（时间线）窗口中列出的第1个摄像机，返回true; 若以上条件有一个不满足，则返回false。

11.5.16 Light（灯光）

展开Light（灯光）表达式的子菜单，如图11-50所示。

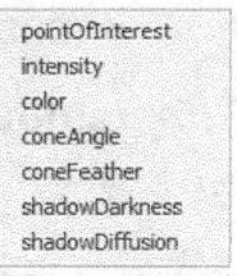

图11-50

参数解析

• pointOfInterest：返回灯光在合成中的目标点。

• intensity：返回灯光亮度的百分数。

• color：返回灯光的颜色值。

• coneAngle：返回灯光光锥角度的度数。

• coneFeather：返回灯光光锥的羽化百分数。

• shadowDarkness：返回灯光阴影暗值的百分数。

• shadowDiffusion：返回灯光阴影扩散的像素值。

11.5.17 Effect（效果）

展开Effect（特效）表达式的子菜单，如图11-51
所示。

```
active
param(name)
param(index)
name
```

图11-51

参数解析

• **active**：如果滤镜在"时间轴"面板和"效果
控件"面板中都处于开启状态，则返回true；如果在
任意一个窗口或面板中关闭了滤镜，则返回false。

• **param（name）**：name是一个字串，返回滤
镜里面的属性，返回值为数值，例如effect（Bulge）
（Bulge Height）。

• **param（index）**：index是一个数值，返回滤
镜里面的属性，例如effect（Bulge）（4）。

• **name**：返回滤镜的名字。

11.5.18 Mask（遮罩）

展开Mask（遮罩）表达式的子菜单，如图11-52
所示。

```
maskOpacity
maskFeather
maskExpansion
invert
name
```

图11-52

参数解析

• **maskOpacity**：返回遮罩不透明值的百分数。

• **maskFeather**：返回遮罩羽化的像素值。

• **maskInvert**：如果勾选了遮罩的Invert（反
转）选项，则返回true，否则返回false。

• **MaskExpansion**：返回遮罩扩展度的像素值。

• **name**：返回遮罩名称。

11.5.19 Property（特征）

展开Property（特征）表达式的子菜单，如图
11-53所示。

参数解析

• **value**：返回当前时间的属性值。

• **valueAtTime（t）**：t是一个数，返回指定时间

（单位为秒）的属性值。

```
value
valueAtTime(t)
velocity
velocityAtTime(t)
speed
speedAtTime(t)
wiggle(freq, amp, octaves = 1, amp_mult = .5, t = time)
temporalWiggle(freq, amp, octaves = 1, amp_mult = .5, t = time)
smooth(width = .2, samples = 5, t = time)
loopIn(type = "cycle", numKeyframes = 0)
loopOut(type = "cycle", numKeyframes = 0)
loopInDuration(type = "cycle", duration = 0)
loopOutDuration(type = "cycle", duration = 0)
key(index)
key(markerName)
nearestKey(t)
numKeys
name
active
enabled
propertyGroup(countUp = 1)
propertyIndex
```

图11-53

• **velocity**：返回当前时间的即时速率。对于空
间属性，例如位置，它返回切向量值，结果与属性有
相同的维度。

• **velocityAtTime（t）**：t是一个数，返回指定时
间的即时速率。

• **speed**：返回1D量，正的速度值等于在默认时
间属性的改变量，该元素仅用于空间属性。

• **speedAtTime（t）**：t是一个数，返回在指定
时间的空间速度。

• **wiggle（freq,amp,octaves=1,ampMult=5,t=
time）**：freq、amp、octaves、ampMult和t是数值，
可以使属性值随机wiggle（摆动）；freq计算每秒摆
动的次数；octaves是加到一起的噪声的倍频数，即
ampMult与amp相乘的倍数；t是基于开始时间，例如
position.wiggle（5,16,4）。

• **temporalWiggle（freq,amp,octaves=1,amp
Mult=5,t=time）**：freq、amp、octaves、ampMult和t是
数值，主要用来取样摆动时的属性值。freq计算每秒
摆动的次数；octaves是加到一起的噪声的倍频数，即
ampMult与amp相乘的倍数；t是基于开始时间。

• **smooth（width=.2,samples=5,t=time）**：
width、samples和t是数，应用一个箱形滤波器到指定
时间的属性值，并且随着时间的变化使结果变得平
滑。width是经过滤波器平均时间的范围，samples等
于离散样本的平均间隔数。

• **loopIn（type=cycle,numKeyframe=0）**：在图
层中从入点到第1个关键帧之间循环一个指定时间段
的内容。

• **loopOut（type=cycle,numKeyframe=0）**：在

层图中从最后一个关键帧到图层的出点之间循环一个指定时间段的内容。

• loopInDuration（type=cycle,duration=0）：在图层中从入点到第1个关键帧之间循环一个指定时间段的内容。

• loopOutDuration（type=cycle,duration=0）：在图层中从最后一个关键帧到图层的出点之间循环一个指定时间段的内容。

• key（index）：用数字返回key对象。

• key（markerName）：用名称返回标记的key对象，仅用于标记属性。

• nearestKey（time）：返回离指定时间最近的关键帧对象。

• numKeys：返回在一个属性中关键帧的总数。

11.5.20 Key（关键帧）

展开Key（关键帧）表达式的子菜单，如图11-54所示。

图11-54

参数解析

• value：返回关键帧的值。

• time：返回关键帧的时间。

• index：返回关键帧的序号。

功能实战03：蝴蝶动画

素材位置	实例文件>CH11>功能实战03：蝴蝶动画
实例位置	实例文件>CH11>蝴蝶动画_F.aep
视频位置	多媒体教学>CH11>蝴蝶动画.mp4
难易指数	★★★☆☆
技术掌握	掌握表达式语言菜单的应用

本实例主要使用JavaScript Mat中的sin表达式来制作翅膀挥舞动画。通过对本实例的学习，读者可以深入理解表达式语言菜单命令的运用，如图11-55所示。

图11-55

01 执行"文件>打开项目"菜单命令，然后打开在素材文件夹中的"蝴蝶动画_I.aep"，如图11-56所示。

图11-56

02 在"项目"面板中，双击"蝴蝶组"加载合成，然后在"时间轴"面板中，选择"翅膀_左"图层，接着在"合成"面板中，使用"向后平移(锚点)工具" ，将"翅膀_左"图层的锚点移动到如图11-57所示的位置。

图11-57

03 开启"身子"和"翅膀_左"图层的三维开关按钮，然后设置"翅膀_左"图层为"身子"图层的子物体，如图11-58所示。

图11-58

04 展开"翅膀_左"图层的属性，在"Y轴旋转"的属性中添加如下所示的表达式，此时的"时间轴"面板如图11-59所示。

```
Math.sin(time*10)*wiggle(25,30)+50;
```

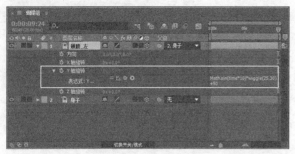

图11-59

05 选择"翅膀_左"图层，按快捷键Ctrl+D复制图层，然后把复制得到的新图层重命名为"翅膀_右"，然后将其"y轴旋转"属性的表达式如下，此时的"时间轴"面板如图11-60所示。

[180-thisComp.layer（"翅膀_左"）.transform. yRotation;

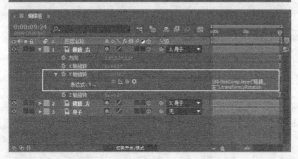

图11-60

图11-61

06 开启"翅膀_左"和"翅膀_右"图层的运动模糊开关，如图11-62所示。

图11-62

07 加载"蝴蝶动画"合成，开启"蝴蝶组"图层的"3D图层"按钮和"折叠变换/连续栅格化"，如图11-63所示。

图11-63

08 设置"蝴蝶组"图层中"方向"为（128°，350°，90°），如图11-64所示。

图11-64

09 设置"位置"和"z轴旋转"属性的动画关键帧。在第0帧处，设置"位置"为（270，-680，5145）；在第5秒处，设置"位置"为（1850，-385，4700）、"z轴旋转"为0×-32°；在第6秒处，设置"位置"为（1650，210，4100）、"z轴旋转"为0×-130°；在第9秒处，设置"位置"为（-500，330，4780）、"z轴旋转"为0×-238°，如图11-65所示。

图11-65

10 按小键盘上的数字键0，预览最终效果，如图11-66所示。

图11-66

11.6 本章总结

本章主要讲解基本的表达式语法、表达式库。表达式在整个合成中的应用非常广泛，它最为强大的地方是可以在不同的属性之间彼此建立链接关系，这为我们的合成工作提供了非常大的运用空间，大大提高工作的效率。通过对本章的学习，使用户很好地掌握表达式在合成中的应用。

11.7 综合实例：花朵旋转

素材位置	实例文件>CH11>功能实战03：花朵旋转
实例位置	实例文件>CH11>花朵旋转_F.aep
视频位置	多媒体教学>CH11>花朵旋转.mp4
难易指数	★★★★☆
技术掌握	掌握正弦运动表达式的综合应用

本实例主要使用正弦运动表达式来完成花朵的伸缩和旋转动画的制作。通过对本实例的学习，读者可以深入理解表达式在动画制作中的运用，如图11-67所示。

图11-67

01 执行"文件>打开项目"菜单命令，然后打开在素材文件夹中的"花朵旋转_I.aep"，如图11-68所示。

图11-68

02 在"项目面"板中，展开Solids文件夹，然后双击Comp1加载该合成，如图11-69所示。

图11-69

03 在"时间轴"面板中，选择Circle 1图层，为其"位置"属性添加如下表达式，如图11-70所示。

160,Math.sin（time）*80+120];

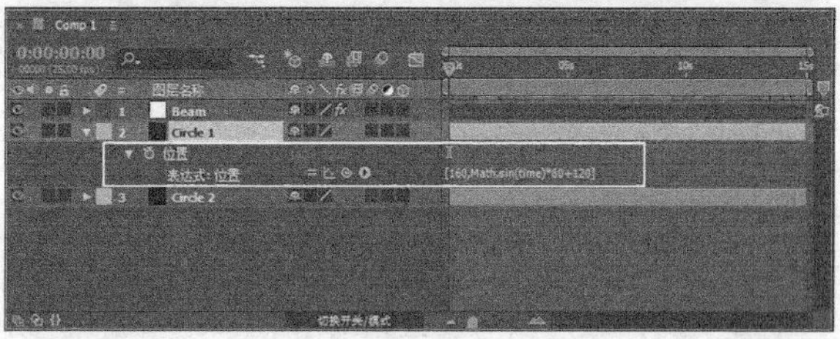

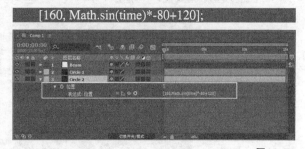

图11-70

04 复制一个新的Circle 1图层，并将其命名为Circle 2，修改Circle 2图层中的表达式，如图11-71所示。

[160, Math.sin(time)*-80+120];

图11-71

05 展开图层"Beam>效果>光束",选择"起始点"属性,为其创建表达式并关联到图层Circle 1下的"位置"属性,如图11-72所示,然后将图层Beam下的"结束点"属性关联到Circle 2下的"位置"属性,如图11-73所示,最终效果如图11-74所示。

图11-72

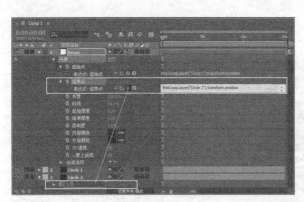

图11-73

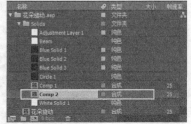

图11-74

06 在"项目"面板中,双击Comp2加载该合成,如图11-75所示。

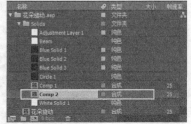

图11-75

07 将"项目"面板中的Comp 1合成添加到Comp 2合成的时间轴上,选择Comp 1图层,连续按3次快捷键Ctrl+D复制图层,然后设置第2个图层的"旋转"为0×+45°,第3个图层的"旋转"为0×+90°,第4个图层的"旋转"值设为0×-45°,如图11-76所示,画面的预览效果如图11-77所示。

图11-76

图11-77

08 在"项目"面板中，双击"花朵旋动"加载该合成，如图11-78所示。

图11-78

09 将"项目"面板中的Comp 2合成添加到"花朵旋转"合成的时间轴上，然后选择Comp 2图层，按快捷键Ctrl+D复制一个新图层，然后设置第2个图层的"缩放"为（180，180%）、"不透明度"为30%，如图11-79示，画面的预览效果如图11-80所示。

图11-79

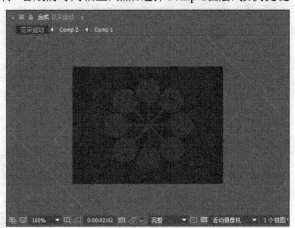

图11-80

10 选择第1个Comp 2图层，展开其"旋转"属性，为其添加表达式Math.sin(time)*360，然后选择第2个Comp 2图层，展开其"旋转"属性，为其添加如下表达式，如图11-81所示。

Math.sin(time)*-360;

图11-81

11 将"项目"面板中的Blue Solid 3图层拖曳至"时间轴"面板中的底层，然后修改名称为Grid，如图11-82所示。

图11-82

12 选择Grid图层，执行"效果>生成>网格"菜单命令，设置"大小依据"为"边角点"、"边角"为（192，144）、"边界"为1、"颜色"为白色，如图11-83所示，画面预览效果如图11-84所示。

13 展开"网格"效果的"边角"属性，为其添加如下表达式，如图11-85所示。

[Math.sin(time)*90+160,Math.sin(time)*90+120;

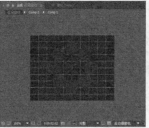

图11-83　　　　　　　　　　图11-84　　　　　　　　　　　　　　　　　图11-85

14　将"项目"面板中的Adjustment Layer 1图层拖曳至"时间轴"面板中的底层，然后执行"效果>颜色校正>色相/饱和度"菜单命令，接着在"效果控件"面板中，勾选"彩色化"属性，修改"着色饱和度"为100，如图11-86所示。

15　选择"色相/饱和度"效果的"着色色相"属性，为其添加如下表达式，如图11-87所示。

```
Math.sin(time)*360;
```

16　按小键盘上的数字键0，预览最终效果，如图11-88所示。

图11-86　　　　　　　　　　　　　　　　　图11-87　　　　　　　　　　图11-88

After Effects

第 12 章 模拟特效系统

本章知识索引

知识名称	作用	重要程度	所在页
碎片滤镜	一种模拟类型滤镜	高	P275
粒子运动场滤镜	一种模拟类型滤镜	高	P279
CC Particle World（CC 粒子世界）滤镜	一种模拟类型滤镜	高	P283
焦散滤镜	一种模拟类型滤镜	高	P286

本章实例索引

实例名称	所在页
引导实例：粒子汇聚	P274
功能实战01：破碎汇聚	P277
练习实例01：落叶特效	P278
功能实战02：飞沙文字	P282
练习实例02：飘散文字	P282
功能实战03：星星夜空	P284
功能实战04：水面模拟	P287
综合实例：下雨特效	P288

12.1 概述

　　仿真特效系统在影视后期制作中的应用越来越广泛，也越来越重要，同时也标志着后期软件功能越来越强大。由于仿真系统的参数设置项较多，操作相对复杂，往往都被认为是比较难学的内容，但只要理清基本的操作思路和具备一定的物理学力学基础，粒子系统还是很容易掌握的。

12.2 引导实例：粒子汇聚

素材位置　实例文件>CH12>引导实例：粒子汇聚
实例位置　实例文件>CH12>粒子汇聚_F.aep
视频位置　多媒体教学>CH12>粒子汇聚.mp4
难易指数　★★★☆☆
技术掌握　使用"贴图文件"和"碎片"效果来完成粒子特技的制作

　　本实例主要介绍"碎片"效果的使用方法。通过对本实例的学习，读者可以掌握"碎片"效果在模拟粒子爆破方面的应用，如图12-1所示。

图12-1

01　执行"文件>打开项目"菜单命令，然后在素材文件夹中选择"粒子汇聚_I.aep"，接着在"项目"面板中，双击"粒子"加载合成，如图12-2所示。

图12-2

02　选择Particle 01图层，执行"效果>模拟>碎片"菜单命令，然后在"效果控件"面板中设置"视图"为"已渲染"、"渲染"为"图层"，接着在"形状"选项组中设置"图案"为"六边形"、"重复"为50、"源点"为（320，240）、"凸出深度"为0.1，最后在"作用力1"选项组中设置"半径"为1、"强度"为1，如图12-3所示。

图12-3

03　展开"渐变"选项组，然后设置"渐变图层"为3.Maps.jpg，接着在"物理学"选项组中设置"随机性"为1、"重力"为4、"重力方向"为0×+90°，如图12-4所示。

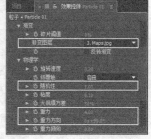

图12-4

04　在"时间轴"面板中，设置"碎片"效果中的"碎片阈值"的关键帧动画，在第0帧处，设置"碎片阈值"为0%；在第1秒处，设置"碎片阈值"为100%，如图12-5所示。

图12-5

05　选择Particle 02图层，执行"效果>模拟>碎片"菜单命令，然后在"效果控件"面板中，设置"视图"为"已渲染"、"渲染"属性为"块"，接着在

"形状"选项组下，设置"图案"为"六边形"、"重复"为50、"凸出深度"为0.1，如图12-6所示。

图12-6

06 按小键盘上的数字键0，预览最终效果，如图12-7所示。

图12-7

12.3 碎片滤镜

"碎片"滤镜可以对图像进行粉碎和爆炸处理，并可以对爆炸的位置、力量和半径等进行控制。另外，还可以自定义爆炸时产生碎片的形状，如图12-8所示。

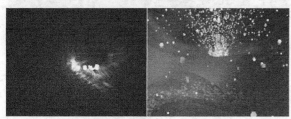

图12-8

执行"效果>模拟>碎片"菜单命令，在"效果控件"面板中展开"碎片"滤镜的参数，如图12-9所示。

图12-9

12.3.1 视图与渲染

- **视图**：指定爆炸效果的显示方式。
- **渲染**：指定显示的目标对象。

- **全部**：显示所有对象。
- **图层**：显示未爆炸的图层。
- **块**：显示已炸的碎块。

12.3.2 形状

- **形状**：可以对爆炸产生的碎片状态进行设置，其属性控制如图12-10所示。

图12-10

- **图案**：下拉列表中提供了众多系统预制的碎片外形。
- **自定义碎片图**：当在"图案"中选择了"自定义"后，可以在该选项的下拉列表中选择一个目标层，这个层将影响爆炸碎片的形状。
- **白色拼贴已修复**：防止自定义碎片图中的纯白色拼贴爆炸。
- **重复**：指定碎片的重复数目，较大的数值可以分解出更多的碎片。
- **方向**：设置碎片产生时的方向。
- **源点**：指定碎片的初始位置。
- **凸出深度**：指定碎片的厚度，数值越大，碎片越厚。

12.3.3 作用力场1/2

用于指定爆炸产生的两个力场的爆炸范围，默认仅使用一个力，如图12-11所示，其属性控制如图12-12所示。

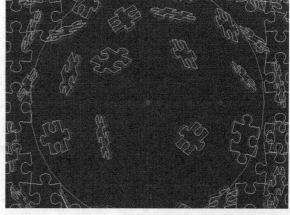

图12-11

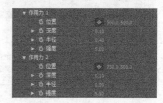

图12-12

- **位置**：指定力产生的位置。
- **深度**：控制力的深度。
- **半径**：指定力的半径。数值越高半径越大，受力范围也越广。半径为0时不会产生变化。
- **强度**：指定产生力的强度。数值越高，强度也越大，产生碎片飞散也越远。值为负值时，飞散方向与正值方向相反。

12.3.4 渐变

在该属性中可以指定一个层，然后利用指定层来影响爆炸效果，其属性控制如图12-13所示。

图12-13

- **碎片阈值**：指定碎片的容差值。
- **渐变图层**：指定合成图像中的一个层作为爆炸渐变层。
- **反转图层**：反转渐变层。

12.3.5 物理

该属性控制爆炸的物理属性，其属性控制如图12-14所示。

图12-14

- **旋转速度**：指定爆炸产生的碎片的旋转速度。值为0时不会产生旋转。
- **倾覆轴**：指定爆炸产生的碎片如何翻转。可以将翻转锁定在某个坐标轴上，也可以选择自由翻转。
- **随机性**：用于控制碎片飞散的随机值。
- **粘度**：控制碎片的粘度。
- **大规模方差**：控制爆炸碎片集中的百分比。
- **重力**：为爆炸施加一个重力。如同自然界中的重力一样，爆炸产生的碎片会受到重力影响而坠落或上升。
- **重力方向**：指定重力的方向。
- **重力倾向**：给重力设置一个倾斜度。

12.3.6 纹理

该属性可以对碎片进行颜色纹理的设置，其属性控制如图12-15所示。

图12-15

- **颜色**：指定碎片的颜色，默认情况下使用当前层作为碎片颜色。
- **不透明度**：用来设置碎片的不透明度。
- **正面模式**：设置碎片正面材质贴图的方式。
- **正面图层**：在下拉列表中指定一个图层作为碎片正面材质的贴图。
- **侧面模式**：设置碎片侧面材质贴图的方式。
- **侧面图层**：在下拉列表中指定一个图层作为碎片侧面材质的贴图。
- **背面模式**：设置碎片背面材质贴图的方式。
- **背面图层**：在下拉列表中指定一个图层作为碎片背面材质的贴图。

12.3.7 摄像机系统

摄像机系统：控制用于爆炸特效的摄像机系统，在其下拉列表中选择不同的摄像机系统，产生的效果也不同，如图12-16所示。

图12-16

- **摄像机位置**：选择"摄像机位置"后，可通过下方的"摄像机位置"参数控制摄像机。
- **边角定位**：选择"边角定位"后将由"边角定位"参数控制摄像机；
- **合体摄像机**：选择"合成摄像机"则通过合成图像中的摄像机控制其效果，当特效层为3D层时比较适用。

当选择"摄像机位置"作为摄像机系统时，可以激活其相关属性，如图12-17所示。

图12-17

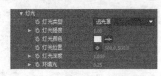

图12-19

- **X/Y/Z轴旋转**：控制摄像机在*x*、*y*、*z*轴上的旋转角度。

- **X、Y位置**：控制摄像机在三维空间的位置属性。可以通过参数控制摄像机位置，也可以通过在合成图像移动控制点来确定其位置。

- **焦距**：控制摄像机焦距。

- **变换顺序**：指定摄像机的变换顺序。

当选择"边角定位"作为摄像机系统时，可以激活其相关属性，如图12-18所示。

图12-18

- **左上角/右上角/左下角/右下角**：通过4个定位点来调整摄像机的位置，也可以直接在合成窗口中拖动控制点改变位置。

- **"自动焦距"**：勾选该选项后，将会指定设置摄像机的自动焦距。

- **"焦距"**：通过参数控制焦距。

12.3.8 灯光

- **灯光**：对特效中的灯光属性进行控制，其属性控制如图12-19所示。

- **灯光类型**：指定特效使用灯光的方式。"点"表示使用点光源照明方式，"远光源"表示使用远光照明方式，"首选合成光"表示使用合成图像中的第一盏灯作为照明方式。使用First Comp Light（合成图像中的第一盏灯）时，必须确认合成图像中已经建立了灯光。

- **灯光强度**：控制灯光照明强度。

- **灯光颜色**：指定灯光的颜色。

- **灯光位置**：指定灯光光源在空间中*x*、*y*轴的位置，默认在层中心位置。通过改变其参数或拖动控制点改变它的位置。

- **灯光深度**：控制灯光在*z*轴上的深度位置。

- **环境光**：指定灯光在层中的环境光强度。

12.3.9 材质

- **材质**：指定特效中的材质属性，其属性控制如图12-20所示。

图12-20

- **漫反射**：控制漫反射强度。

- **镜面反射**：控制镜面反射强度。

- **高光锐度**：控制高光锐化强度。

功能实战01：破碎汇聚

素材位置	实例文件>CH12>功能实战01：破碎汇聚
实例位置	实例文件>CH12>破碎汇聚_F.aep
视频位置	多媒体教学>CH12>破碎汇聚.mp4
难易指数	★★★☆☆
技术掌握	使用"碎片"效果制作Logo的破碎汇聚特效

本实例主要介绍"碎片"效果的常规用法。通过对本实例的学习，读者可以掌握破碎Logo进行汇聚的特效的制作方法，如图12-21所示。

图12-21

01 执行"文件>打开项目"菜单命令，然后在素材文件夹中选择"破碎汇聚_I.aep"，接着在"项目"面板中，双击"破碎"加载合成，如图12-22所示。

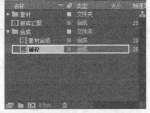

图12-22

02 在"时间轴"面板中，选择"素材合成"图层，然后执行"效果>模拟>碎片"菜单命令，接着在"效果控件"面板中，设置"视图"为"已渲染"，在"形状"选项组中，设置"图案"为"玻璃"、"重复"为110、"凸出深度"为0.35，如图12-23所示。

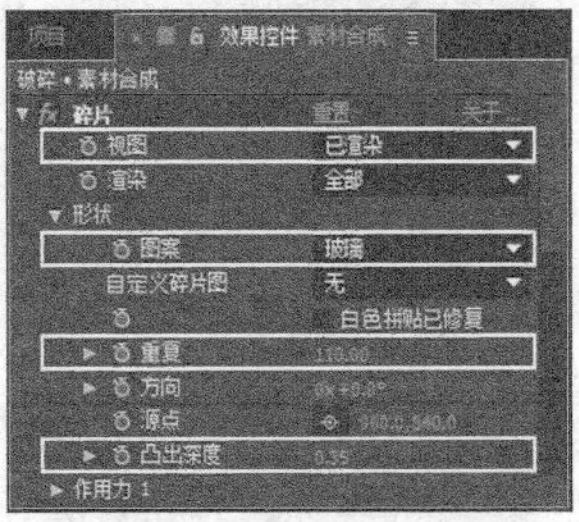

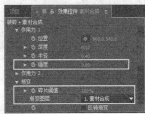

图12-23

03 展开"作用力1"选项组，设置"强度"为0，然后展开"渐变"选项组，设置"碎片阈值"为100%、"渐变图层"选项为"1.素材合成"，如图12-24所示。

图12-24

04 展开"物理学"选项组，设置"旋转速度"为1、"随机性"为1、"粘度"为0.71、"大规模方差"为52%、"重力"为2、"重力方向"为0×+90°、"重力倾向"为90，如图12-25所示。

图12-25

05 设置"重力"属性的关键帧动画，在第0帧处，设置"重力"为2；在第6秒处，设置"重力"为61，如图12-26所示。

图12-26

06 按小键盘上的数字键0，预览最终效果，如图12-27所示。

图12-27

练习实例01：落叶特效

素材位置	实例文件>CH12>练习实例01：落叶特效
实例位置	实例文件>CH12>落叶特效_F.aep
视频位置	多媒体教学>CH12>落叶特效.mp4
难易指数	★★★☆☆
技术掌握	使用"碎片"滤镜制作落叶特效

本实例主要应用到了"碎片"来制作落叶特效，效果如图12-28所示。

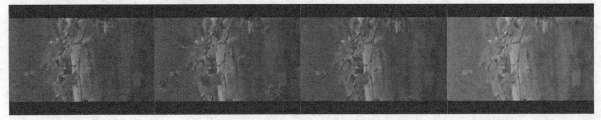

图12-28

【制作提示】
• 第1步：打开项目文件"落叶特效_I.aep"。

- 第2步：选择"叶子"图层，为其添加"碎片"滤镜。
- 第3步：在"效果控件"面板中，设置"碎片"滤镜的参数。
- 制作流程如图12-29所示。

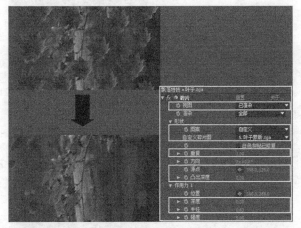

图12-29

12.4 粒子运动场滤镜

"粒子动力场"滤镜可以从物理学和数学上对各类自然效果进行描述，从而模拟各种符合自然规律的粒子运动效果，如图12-30所示。

图12-30

执行"效果>模拟>粒子动力场"菜单命令，在"效果控件"面板中展开"粒子动力场"滤镜的参数，如图12-31所示。

图12-31

12.4.1 发射

根据指定的方向和速度发射粒子。缺省状态下，它以每秒100粒的速度朝框架的顶部发射红色的粒子，其属性控制如图12-32所示。

图12-32

- **位置**：指定粒子发射点的位置。
- **圆筒半径**：控制粒子活动的半径。
- **每秒粒子数**：指定粒子每秒钟发射的数量。
- **方向**：指定粒子发射的方向。
- **随机扩散方向**：指定粒子发射方向的随机偏移方向。
- **速率**：控制粒子发射的初始速度。
- **随机扩散速率**：指定粒子发射速度随机变化。
- **颜色**：指定粒子的颜色。
- **粒子半径**：指定粒子的大小半径。

12.4.2 网格

可以从一组网格交叉点产生一个连续的粒子面，可以设置在一组网格的交叉点处生成一个连续的粒子面，其中的粒子运动只受重力、排斥力、墙和映像的影响，其属性控制如图12-33所示。

图12-33

- **位置**：指定网格中心的x、y坐标。
- **宽度/高度**：以像素为单位确定网格的边框尺寸。
- **粒子交叉/下降**：分别指定网格区域中水平和垂直方向上分布的粒子数，仅当该值大于1时才产生粒子。
- **颜色**：指定圆点或文本字符的颜色。当用一个已存在的层作为粒子源时该特效无效。
- **粒子半径**：用来控制粒子的大小。

12.4.3 图层爆炸

可以分裂一个层作为粒子，用来模拟爆炸效果，其属性控制如图12-34所示。

图12-34

- **引爆图层：** 指定要爆炸的层。
- **新粒子的半径：** 指定爆炸所产生的新粒子的半径，该值必须小于原始层和原始粒子的半径值。
- **分散速度：** 以像素为单位，决定了所产生粒子速度变化范围的最大值。较高的值产生更为分散的爆炸效果，较低的值则粒子聚集在一起。

12.4.4 粒子爆炸

粒子爆炸：可以把一个粒子分裂成为很多新的粒子，以迅速增加粒子数量，方便模拟爆炸、烟火等特效，其属性控制如图12-35所示。

图12-35

- **新粒子的半径：** 指定新粒子半径，该值必须小于原始层和原始粒子的半径值。
- **分散速度：** 以像素为单位，决定了所产生粒子速度变化范围的最大值，较高的值产生更为分散的爆炸，较低的则粒子聚集在一起。
- **影响：** 指定哪些粒子受该项影响。
- **粒子来源：** 可以在下拉列表中选择粒子发生器，或选择其粒子受当时选项影响的粒子发射器组合。
- **选取映射：** 在下拉列表中指定一个映像层，来决定在当前选项下影响哪些粒了。选择是根据层中的每个像索的亮度决定的，当粒子穿过不同亮度的映像层时，粒子所受的影响不同。
- **字符：** 在下拉列表中可以指定受当前选项影响的字符的文本区域。只有在将文本字符作为粒子使用时才有效。
- **更老/更年轻，相：** 指定粒子的年龄阈值。正值影响较老的粒子，而负值影响年轻的粒子。
- **年限羽化：** 以秒为单位指定一个时间范围，该范围内所有老的和年轻的粒子都被羽化或柔和，产生一个逐渐而非突然的变化效果。

12.4.5 图层映射

在该属性中可以指定合成图像中任意层作为粒子的贴图来替换圆点粒子。例如，可以将一只飞舞的蝴蝶

蝶素材作为粒子的贴图，那么系统将会用这只蝴蝶替换所有圆点粒子，产生出蝴蝶群飞舞的效果。并且可以将贴图指定为动态的视频，产生更为生动和复杂的变化，其属性控制如图12-36所示。

图12-36

- **使用图层：** 用于指定作为映像的层。
- **时间偏移类型：** 指定时间位移类型。
- **时间偏移：** 控制时间位移效果参数。

12.4.6 重力

该属性用于设置重力场，可以模拟现实世界中的重力现象，其属性控制如图12-37所示。

图12-37

- **力：** 较大的值增大重力影响。正值使重力沿重力方向影响粒子，负值沿重力反方向影响粒子。
- **随机扩散力：** 值为0时所有的粒子都以相同的速率下落，当值较大时，粒子以不同的速率下落。
- **方向：** 默认180°，重力向下。

12.4.7 排斥

该属性可以设置粒子间的斥力，控制粒子相互排斥或相互吸引，其属性控制如图12-38所示。

图12-38

- **力：** 控制斥力的大小（即斥力影响程度），值越大斥力越大。正值排斥，负值吸引。
- **力半径：** 指定粒子受到排斥或者吸引的范围。
- **排斥物：** 指定哪些粒子作为一个粒子子集的排斥源或者吸引源。

12.4.8 墙

该属性可以为粒子设置墙属性。所谓墙属性就是用屏蔽工具建立起一个封闭的区域，约束粒子在这个指定的区域活动，其属性控制如图12-39所示。

图12-39

• **边界**：从下拉列表中指定一个封闭区域作为边界墙。

12.4.9 永久属性映射器

该属性用于指定持久性的属性映像器。在另一种影响力或运算出现之前，持续改变粒子的属性，其属性控制如图12-40所示。

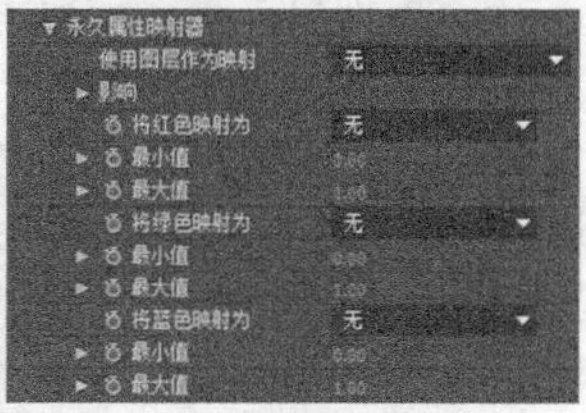

图12-40

• **使用图层作为映射**：指定一个层作为影响粒子的层映像。

• **影响**：指定哪些粒子受选项影响。在"将红色映射为/将绿色映射为/将蓝色映射为"中，可以通过选择下拉列表中指定层映像的RGB通道来控制粒子的属性。当设置其中一个选项作为指定属性时，粒子运动场将从层映像中复制该值并将它应用到粒子。

• **无**：不改变粒子。

• **红/绿/蓝**：复制粒子的R、G、B通道的值。

• **动态摩擦**：复制运动物体的阻力值，增大该值可以减慢或停止运动的粒子。

• **静态摩擦**：复制粒子不动的惯性值。

• **角度**：复制粒子移动方向的一个值。

• **角速度**：复制粒子旋转的速度，该值决定了粒子绕自身旋转多快。

• **扭矩**：复制粒子旋转的力度。

• **缩放**：复制粒子沿着x、y轴缩放的值。

• **X/Y缩放**：复制粒子沿x轴或y轴缩放的值。

• **X/Y**：复制粒子沿着x轴或y轴的位置。

• **渐变速度**：复制基于层映像在x轴或者y轴运动上的区域的速度调节。

• **X/Y速度**：复制粒子在x轴方向或y轴方向的速度，即水平方向速度或垂直方向的速度。

• **梯度力**：复制基于层映像在x轴或者y轴运动区域的力度调节。

• **X/Y力**：复制沿x轴或者y轴运动的强制力。

• **不透明度**：复制粒子的透明度。值为0时全透明，值为1时不透明，可以通过调节该值使粒子产生淡入或淡出效果。

• **质量**：复制粒子聚集，通过所有粒子相互作用调节张力。

• **寿命**：复制粒子的生存期，默认的生存期是无限的。

• **字符**：复制对应于ASCⅡ文本字符的值，通过在层映像上涂抹或画灰色阴影指定哪些文本字符显现。值为0则不产生字符，对于U.S English字符，使用值从32~127。仅当用文本字符作为粒子时可以这样用。

• **字体大小**：复制字符的点大小，当用文本字符作为粒子时才可以使用。

• **时间偏移**：复制层映像属性用的时间位移值。

• **缩放速度**：复制粒子沿着x、y轴缩放的速度。正值扩张粒子，负值收缩粒子。

12.4.10 短暂属性映射器

该选项用于指定短暂性的属性映像器。可以指定一种算术运算来扩大、减弱或限制结果值，其属性控制如图12-41所示。该属性与"短暂属性映射器"调节参数基本相同，相同的参数请参考"短暂属性映射器"的参数解释。

图12-41

• **相加**：使用粒子属性与相对应的层映像像素值的合计值。

• **差值**：使用粒子属性与相对应的层映像像素亮度值的差的绝对值。

• **相减**：以粒子属性的值减去对应的层映像像素的亮度值。

• **相乘**：使用粒子属性值和相对应的层映像像素值相乘的值。

• **最小值**：取粒子属性值与相对应的层映像像素亮度值中较小的值。

• **最大值**：取粒子属性值与相对应的层映像像素亮度值中较大的值。

功能实战02：飞沙文字

素材位置	实例文件>CH12>功能实战02：飞沙文字
实例位置	实例文件>CH12>飞沙文字_F.aep
视频位置	多媒体教学>CH12>飞沙文字.mp4
难易指数	★★★☆☆
技术掌握	学习"粒子运动场"效果的具体应用

本实例主要介绍了飞沙文字特效的制作。通过对本实例的学习，读者可以掌握"粒子运动场"效果的高级应用，如图12-42所示。

图12-42

01 执行"文件>打开项目"菜单命令，然后在素材文件夹中选择"飞沙文字_I.aep"，接着在"项目"面板中，双击"飞沙文字"加载合成，如图12-43所示。

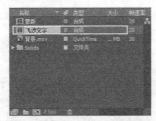

图12-43

02 选择"洛水之滨"图层，执行"效果>模拟>粒子运动场"菜单命令，然后在"发射"选项组中设置"每秒粒子数"为0，接着在"图层爆炸"选项组中，设置"引爆图层"为"2.洛水之滨"、"新粒子半径"为0，最后在"重力"选项组中，设置"力"为0，如图12-44所示。

图12-44

03 在"洛水之滨"图层中设置"新粒子的半径"的关键帧动画，在第0帧处，设置"新粒子的半径"的值为0.5；在第5帧处，设置"新粒子的半径"的值为0，如图12-45所示。

图12-45

04 在"效果控件"面板中展开"排斥"选项组，然后设置"力"为1、"力半径"为5，接着展开"排斥物"选项组，设置"粒子来源"为"图层爆炸"，"选区映射"为"1.蒙版"，如图12-46所示。

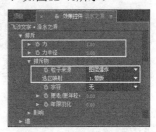

图12-46

05 按小键盘上的数字键0，预览最终效果，如图12-47所示。

图12-47

练习实例02：飘散文字

素材位置	实例文件>CH12>练习实例02：飘散文字
实例位置	实例文件>CH12>飘散文字_F.aep
视频位置	多媒体教学>CH12>飘散文字.mp4
难易指数	★★★☆☆
技术掌握	掌握"粒子动力场"的应用方法

本实例主要应用到了"粒子动力场"来制作飘散文字，效果如图12-48所示。

图12-48

【制作提示】

- **第1步**：打开项目文件"飘散文字_l.aep"。
- **第2步**：选择Wind Text图层，为其添加"粒子动力场"滤镜。
- **第3步**：在"效果控件"面板中，设置"粒子动力场"滤镜的参数。
- **第4步**：设置"粒子动力场"滤镜关键帧动画。
- 制作流程如图12-49所示。

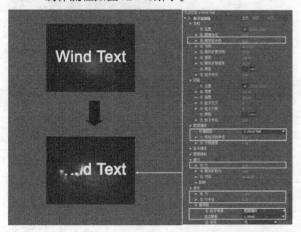

图12-49

12.5 CC Particle World（CC 粒子世界）滤镜

CC Particle World（CC 粒子世界）滤镜可以从物理学和数学上对各类自然效果进行描述，从而模拟各种符合自然规律的粒子运动效果，如图12-50所示。

图12-50

执行"效果>模拟>CC Particle World"菜单命令，在"效果控件"面板中展开CC Particle World（CC 粒子世界）滤镜的参数，如图12-51所示。

图12-51

12.5.1 Grid&Guides（参考线和坐标）

用于控制网格的属性，包括运动路径帧、网格细分和网格大小等，如图12-52所示。

图12-52

12.5.2 Birth Rate（产生率）

用于控制粒子的发射速率，速率越高发射的粒子就越多，如图12-53所示。

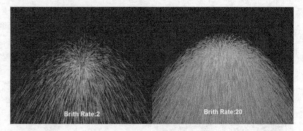

图12-53

12.5.3 Longevity(sec)（寿命（秒））

用于控制发射出来的粒子寿命，该值越大粒子的显示效果越微弱，如图12-54所示。

图12-54

12.5.4 Producer（产生点）

用于控制粒子发射器在画面中的位置和半径（大小），如图12-55所示。

图12-55

12.5.5 Physics（物理性）

用于控制粒子的运动特征，如图12-56所示。

图12-56

12.5.6 Particle（粒子）

用于控制粒子的显示效果，如图12-57所示。

图12-57

12.5.7 Extras（扩展）

用于控制摄像机的属性，如图12-58所示。

图12-58

功能实战03：星星夜空

素材位置	实例文件>CH12>功能实战03：星星夜空
实例位置	实例文件>CH12>星星夜空_F.aep
视频位置	多媒体教学>CH12>星星夜空.mp4
难易指数	★★★☆☆
技术掌握	学习CC Particle World（CC 粒子世界）滤镜的应用

本实例主要介绍CC Particle World（CC 粒子世界）效果的应用。通过对本实例的学习，读者可以掌握星星夜空特效的制作方法，如图12-59所示。

图12-59

01 执行"文件>打开项目"菜单命令，然后在素材文件夹中选择"星星夜空_I.aep"，接着在"项目"面板中，双击Pa加载合成，如图12-60所示。

图12-60

02 选择Pa01图层，执行"效果>模拟>CC Particle World（CC 粒子世界）"菜单命令，然后在"效果控件面板"中设置Birth Rate（产生率）为0.3、Longevity（生命）为2，如图12-61所示。

图12-61

03 展开Producer（产生点）选项组，设置Position y（位置y）为0.16、Position z（位置z）为-0.09、Radius x（半径x）为3.5、Radius y（半径y）为1.3、Radius z（半径z）为3，如图12-62所示。

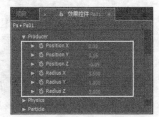

图12-62

04 展开Physics（物理性）选项组，设置Velocity（速率）为0.05、Gravity（重力）为-0.01，如图12-63所示。

图12-63

05 展开Particle（粒子）选项组，设置Particle Type（粒子类型）为Lens Fade（镜头淡入）、Birth Size（产生大小）为0.15、Death Size（消逝大小）为0.26，设置Color Map（颜色贴图）为Birth To Death（产生到消逝）、Transfer Mode（叠加模式）为Add（叠加），如图12-64所示。

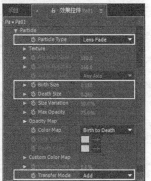

图12-64

06 将CC Particle World（CC 粒子世界）滤镜拖曳至顶层，如图12-65所示，画面预览效果如图12-66所示。

图12-65

图12-66

07 选择Pa01图层，执行"效果>模拟>CC Particle World（CC 粒子世界）"菜单命令，然后在"效果控件面板"中设置Birth Rate（产生率）为10、Radius x（半径x）为6、Radius y（半径y）为2、Radius z（半径z）为6，如图12-67所示。

图12-67

08 将CC Particle World（CC 粒子世界）滤镜拖曳至顶层，如图12-68所示。

图12-68

09 按小键盘上的数字键0，预览最终效果，如图12-69所示。

图12-69

285

12.6 焦散滤镜

"焦散"滤镜可以模拟出水中折射和反射的自然效果。可以配合使用"波纹环境"制作出水中倒影等奇特的效果，如图12-70所示。

图12-70

执行"效果>模拟>焦散"菜单命令，在"效果控件"面板中展开"焦散"滤镜的参数，如图12-71所示。

图12-71

12.6.1 底部

用于设置应用"焦散"特效的底层属性，如图12-72所示。

图12-72

- **底部**：下拉列表中可以指定应用效果的底层，即水面里的影像。默认情况下，将指定当前层为底层。
- **缩放**：可以对底层进行缩放。数值为1时为层的原始大小，数值为负值时翻转层图像显示。
- **重复模式**：在下拉列表中指定如何处理底层中的空白区域。"一次"将空白区域透明，只显示缩小的层；"平铺"将重复底层；"对称"将反射底层。
- **如果图层大小不同**：当前层尺寸与匹配图层尺寸不一致时，图层对齐的方式。"中心"指定与当前

层居中对齐；"适配"指定缩放尺寸与当前层适配。

- **"模糊"**：指定应用到底层的模糊量。

12.6.2 水

可以设置水波属性，如图12-73所示。

图12-73

- **水面**：指定使用水波纹理的层。
- **波形高度**：控制波纹高度。
- **平滑**：指定波纹平滑度。值越高波纹越平滑，效果也相对更弱。
- **水深度**：控制波纹深度。
- **折射率**：设置波纹折射率。
- **表面颜色**：用来指定水波颜色。
- **表面不透明度**：用来控制水波的不透明度。当值为1时，水波只显示指定颜色，而忽略底层图像。
- **焦散强度**：用于控制聚光的强度。值越高聚光强度也越高，该参数一般不适宜设置过高。

12.6.3 天空

其属性可以为水波指定一个天空反射层，如图12-74所示。

图12-74

- **天空**：在该属性的下拉列表中我们可以指定一个层作为天空反射层。
- **缩放**：用于控制天空层的缩放。
- **重复模式**：在该属性的下拉列表中可以指定缩小天空层后空白区域的填充方式。
- **如果图层大小不同**：用于当层尺寸大小不一致时，在下拉列表中指定处理方式。
- **强度**：用于指定天空层的反射强度。
- **融合**：控制对反射边缘进行处理。

12.6.4 灯光

用于控制灯光效果的属性，如图12-75所示。

图12-75

• **灯光类型**：指定特效所使用的灯光的方式。"点光源"指使用点源照明方式；"远光源"指使用远光照明方式；"首选合成灯光"指使用合成图像中的第一盏灯作为照明方式，选择"首选合成灯光"选项时必须确认合成图像中已经建立了灯光。

• **灯光强度**：控制灯光的强度。值越高，效果越明亮。

• **灯光颜色**：指定灯光的颜色。

• **灯光位置**：指定灯光在空间里x、y轴的位置。可以通过设置参数和拖动其效果控制点对其进行定位。

• **灯光高度**：指定灯光在空间中z轴的深度位置。

• **环境光**：控制灯光的环境光强度。

12.6.5 材质

用于对素材进行材质属性的控制，如图12-76所示。

图12-76

• **漫反射**：控制漫反射强度。

• **镜面反射**：控制镜面反射强度。

• **高光锐度**：控制高光锐化程度。

功能实战04：水面模拟

素材位置	实例文件>CH12>功能实战04：水面模拟
实例位置	实例文件>CH12>水面模拟_F.aep
视频位置	多媒体教学>CH12>水面模拟.mp4
难易指数	★★★☆☆
技术掌握	学习"焦散"效果的应用

本实例主要介绍"焦散"效果的运用。通过对本实例的学习，读者可以掌握水面波动特效的模拟方法，如图12-77所示。

图12-77

01 执行"文件>打开项目"菜单命令，然后在素材文件夹中选择"水面模拟_I.aep"，接着在"项目"面板中，双击"水面"加载合成，如图12-78所示。

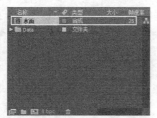

图12-78

02 选择"水面"图层，执行"效果>模拟>焦散"菜单命令，然后在"效果控件"面板中，展开"水"选项组，设置"水面"为"2.躁波"、"波形高度"为0.2、"平滑"为3、"水深度"为0.25、"表面颜色"为蓝色、"表面不透明度"为1，如图12-79所示。

图12-79

03 展开"灯光"选项组，设置"灯光类型"为"点光源"、"灯光强度"为1.75、"灯光高度"为1.298、"环境光"为0.35；展开"材质"选项组，设置"漫反射"为0.4、"镜面反射"为0.3、"高光锐度"为30，如图12-80所示。

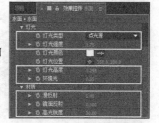

图12-80

04 按小键盘上的数字键0，预览最终效果，如图12-81所示。

图12-81

12.7 本章总结

本章主要介绍了碎片率、粒子运动场滤镜、CC Particle World（CC 粒子世界）滤镜和焦散滤镜，通过本章的学习，读者可以模拟各种符合自然规律的粒子的运动效果，如模拟雨点、雪花和矩阵文字等真实的动画效果。

12.8 综合实例：下雨特效

素材位置	实例文件>CH12>综合实例：下雨特效
实例位置	实例文件>CH12>下雨特效_F.aep
视频位置	多媒体教学>CH12>下雨特效.mp4
难易指数	★★★☆☆
技术掌握	模拟滴水效果

本实例主要介绍了CC Particle World（CC 粒子仿真世界）效果的综合应用。通过对本实例的学习，读者可以掌握CC Particle World（CC 粒子仿真世界）在模拟下雨特技方面的具体应用，如图12-82所示。

图12-82

01 执行"文件>打开项目"菜单命令，然后在素材文件夹中选择"下雨特效_I.aep"，接着在"项目"面板中，双击"下雨"加载合成，如图12-83所示。

图12-83

02 选择"雨滴"图层，执行"效果>模拟>CC Particle World（CC 粒子仿真世界）"菜单命令，然后在"效果控件"面板中展开Grid & Guides（参考线和坐标）选项组，接着取消勾选Position（位置）、Radius（半径）和Motion Path（运动路径）选项，再勾选Grid（参考线）选项，最后设置Grid Posiotn（参考线位置）为Floor（地面），如图12-84所示。

图12-84

03 设置Birth Rate（产生率）为0.8，然后展开Producer（产生点）选项组，设置Radius x的值为1.5、Radius y的值为1.5、Radius z的值为1.16，如图12-85所示。

图12-85

04 展开Physics（物理性）选项组，设置Animation（动画）为 Direction Axis（方向轴）、Velocity（速率）值为0.5、Extra Angle（扩展角度）值为0×＋280°，如图12-86所示。

图12-86

05 展开Particle（粒子）选项组，设置Max Opacity（最大透明度）为100%、Birth Color（开始颜色）为白色、Death Color（结束颜色）为白色，如图12-87所示。

图12-87

06 展开Extras（扩展）下的Effect Camera（摄像机）参数栏，设置FOV（视角）为35，如图12-88所示。

07 按小键盘上的数字键0，预览最终效果，如图12-89所示。

图12-88　　　　　　　　　　图12-89

After Effects

第 13 章 光效特技合成

本章知识索引

知识名称	作用	重要程度	所在页
Light Factory（灯光工厂）滤镜	一种光效滤镜	高	P292
Optical Flare（光学耀斑）滤镜	一种光效滤镜	高	P295
Shine（扫光）滤镜	一种光效滤镜	高	P298
Starglow（星光闪耀）滤镜	一种光效滤镜	高	P300
3D Stroke（3D描边）滤镜	一种光效滤镜	高	P303

本章实例索引

实例名称	所在页
引导实例：炫彩文字	P290
功能实战01：片头特效	P294
功能实战02：模拟日照	P297
功能实战03：时光隧道	P299
功能实战04：轮廓光线	P302
功能实战05：线条动画	P305
练习实例01：云层光线	P306
练习实例02：炫彩星光	P306
综合实例：定版文字	P307

13.1 概述

本章所用插件

Light Factory
Optical Flares
Trapcode Starglow
Trapcode 3D Stroke

在很多影视特效及电视包装作品中都能看到光效的应用，尤其是一些炫彩的光线特效，不少设计师把光效看作是画面的一种点缀、一种能吸引观众眼球的表现手段，这种观念体现出这些设计师对光效的认识深度是相对肤浅的。从创意层面来讲，光常用来表示传递、连接、激情、速度、时间（光）、空间、科技等概念。因此，在不同风格的片子中，其光也代表着不同的表达概念。同时，光效的制作和表现也是影视后期合成中永恒的主题，光效在烘托镜头的气氛，丰富画面细节等方面起着非常重要的作用。

13.2 引导实例：炫彩文字

素材位置	实例文件>CH13>引导实例：炫彩文字
实例位置	实例文件>CH13>炫彩文字_F.aep
视频位置	多媒体教学>CH13>炫彩文字.mp4
难易指数	★★☆☆☆
技术掌握	学习3D Stroke（3D 描边）和Starglow（星光闪耀）效果的应用

本实例主要介绍3D Stroke（3D 描边）效果和Starglow（星光闪耀）效果的高级应用。通过对本实例的学习，读者可以深入掌握3D Stroke（3D 描边）效果中的Taepr（锥化）和Advanced（高级）属性的具体应用，如图13-1所示。

图13-1

01 执行"文件>打开项目"菜单命令，然后打开在素材文件夹中的"炫彩文字_I.aep"，接着在"项目"面板中，双击"炫彩文字"加载合成，如图13-2所示。

图13-2

02 选择"自动追踪的谱写河洛文化新的辉煌乐章"图层，然后执行"效果>Trapcode>3D Stroke（3D 描边）"菜单命令，接着在"效果控件"面板中，设置Color（颜色）为（R:255，G:230，B:140）、Thickness（厚度）为1.5，如图13-3所示。

图13-3

03 在Taepr（锥化）选项组中勾选Enable（启用）选项，在Advanced（高级）选项组中设置Adjust Step（调节步幅）为3500，如图13-4所示。

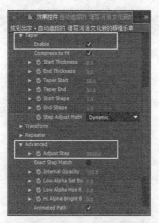

图13-4

图13-7

图13-8

04 在Repeater（重复）选项组中勾选Enable（激活）选项，设置Factor（系数）为0.2，如图13-5所示。

图13-5

05 设置"3D Stroke（3D描边）"效果的关键帧动画。在第0帧处，设置Factor（系数）为0.2；在第18帧和第1秒10帧处，设置Factor（系数）为1.2；在第2帧10帧处，设置Factor（系数）为0.1，在第2秒处，设置z Displace（z轴置换）为30；在第2帧10帧处，设置z Displace（z轴置换）为0，在第0帧处，设置Adjust Step（调节步幅）为3500；在第2秒处，设置Adjust Step（调节步幅）为1400；在第2帧10帧处，设置Adjust Step（调节步幅）为100，如图13-6所示。

图13-6

06 选择"自动追踪的 谱写河洛文化新的辉煌乐章"图层，执行"效果>Trapcode>Starglow（星光闪耀）"菜单命令，如图13-7所示。

07 在Starglow（星光闪耀）效果中设置Preset（预设）为White Star 2（白色星光2）、Input Channel（输出的通道）为Luminance（发光），如图13-8所示。

08 设置Starglow Opacity（光线不透明度）属性的关键帧动画，在第2秒时设置其值为100，在第2秒10帧时设置其值为0，如图13-9所示。

图13-9

09 选择"自动追踪的 谱写河洛文化新的辉煌乐章"图层，执行"效果>风格化>辉光"菜单命令，然后在"效果控件"面板中设置"发光阈值"为85%、"发光半径"为1、"发光强度"为1，设置"发光颜色"为A 和B颜色、"颜色相位"为（0×＋106°），如图13-10所示。

图13-10

10 按小键盘上的数字键0，预览最终效果，如图13-11所示。

图13-11

13.3 Light Factory（灯光工厂）滤镜

Light Factory（灯光工厂）滤镜是一款非常强大
的灯光特效制作滤镜，各种常见的镜头耀斑、眩光、
晕光、日光、舞台光、线条光等都可以使用Knoll
Light Factory（Knoll灯光工厂）滤镜来制作，其商业
应用效果如图13-12所示。

图13-12

Knoll Light Factory（Knoll灯光工厂）滤镜是一款非常经典的灯光插件，曾一度作为After Effects内置插件
Lens Flare（镜头光晕）滤镜的加强版，如图13-13所示。

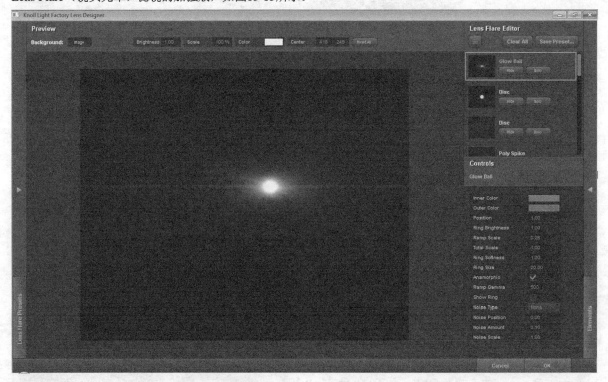

图13-13

执行"效果> Knoll
Light Factory（Knoll灯
光工厂）> Light Factory
（灯光工厂）"菜单命
令，在"效果控件"面
板中展开Light Factory
（灯光工厂）滤镜的参
数，如图13-14所示。

图13-14

Light Factory（灯光工厂）参数介绍

- Register（注册）：用来注册插件。
- Location（位置）：用来设置灯光的位置。
- Light Source Location（光源的位置）：用来
设置灯光的位置。
- Use Lights（使用灯光）：勾选该选项后，将
会启用合成中的灯光进行照射或发光。
- Light Source Naming（灯光的名称）：用来
指定合成中参与照射的灯光，如图13-15所示。
- Location Layer（发光层）：用来指定某一个
图层发光。
- Obscuration（屏蔽设置）：如果光源是从某
个物体后面发射出来的，该选项很有用。

图13-15

- Obscuration Type（屏蔽类型）：下拉列表中可以选择不同的屏蔽类型。
- Obscuration Layer（屏蔽层）：用来指定屏蔽的图层。
- Source Size（光源大小）：可以设置光源的大小变化。
- Threshold（容差）：用来设置光源的容差

值。值越小，光的颜色越接近于屏蔽层的颜色；值越大，光的颜色越接近于光自身初始的颜色。

- Lens（镜头）：设置镜头的相关属性。
- Brightness（亮度）：用来设置灯光的亮度值。
- Use Light Intensity（灯光强度）：使用合成中灯光的强度来控制灯光的亮度。
- Scale（大小）：可以设置光源的大小变化。
- Color（颜色）：用来设置光源的颜色。
- Angle（角度）：设置灯光照射的角度。
- Behavior（行为）：用来设置灯光的行为方式。
- Edge Reaction（边缘控制）：用来设置灯光边缘的属性。
- Rendering（渲染）：用来设置是否将合成背景中的黑色透明化。

单击Options（控制）参数进入Knoll Light Factory Lens Designer（镜头光效元素设计）窗口，如图13-16所示。

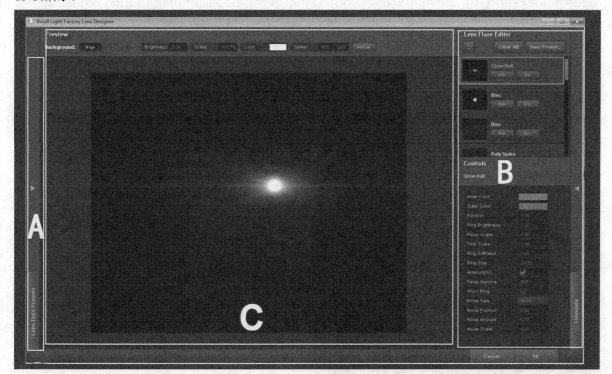

图13-16

简洁可视化的工作界面，分工明确的预设区、元素区以及强大的参数控制功能，完美支持3D摄像机和灯光控制，并提供了超过100个精美的预设，这些都是Light Factory（灯光工厂）3.0版本最大的亮点。如图13-17所示的是Lens Flare Presets（镜头光晕预设）区域（也就是图13-16中标示的A部分），在这里可以选择各式各样的系统预设的镜头光晕。

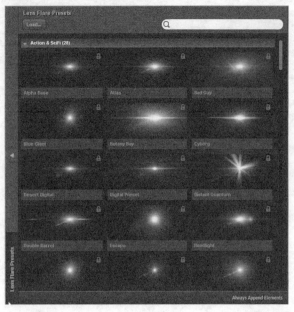

图13-17

图13-18所示的是Lens Flare Editor（镜头光晕编辑）区域（也就是图13-16中标示的B部分），在这里可以对选择好的灯光进行自定义设置，包括添加、删除、隐藏、大小、颜色、角度、长度等。

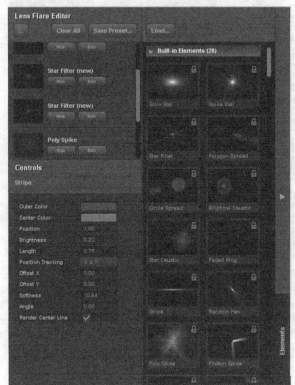

图13-18

图13-19所示的是Preview（预览）区域（也就是图13-16中标示的C部分），在这里可以观看自定义后的灯光效果。

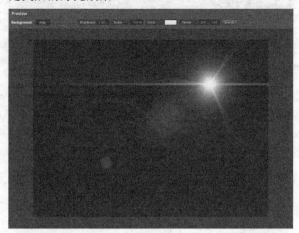

图13-19

功能实战01：片头特效

素材位置	实例文件>CH13>功能实战01：片头特效
实例位置	实例文件>CH13>片头特效_F.aep
视频位置	多媒体教学>CH13>片头特效.mp4
难易指数	★★☆☆☆
技术掌握	掌握Light Factory（灯光工厂）滤镜的使用方法

本实例主要介绍了Light Factory（灯光工厂）效果的运用。通过对本实例的学习，读者可以掌握片头灯光特效的制作方法，如图13-20所示。

图13-20

01 执行"文件>打开项目"菜单命令，然后打开在素材文件夹中的"片头特效_I.aep"，接着在"项目"面板中，双击"场景"加载合成，如图13-21所示。

图13-21

02 选择图层Light，执行"效果>Knoll Light Factory（Knoll灯光工厂）> Light Factory（灯光工厂）"菜单命令，然后在"效果控件"面板中单击"选项"，如图13-22所示。

图13-22

03 在Knoll Light Factory Lens Designer（镜头光效元素设计）窗口中，打开Lens Flare Presets（镜头光晕预设）区域，然后单击Load（载入）按钮，如图13-23所示，接着在插件的安装目录选择35mm光效镜头，如图13-24所示。

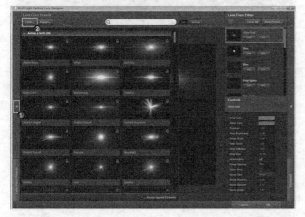

图13-23

图13-24

04 在Knoll Light Factory Lens Designer（镜头光效元素设计）窗口中，关闭显示Star Filter、Disc、Disc、Disc选项，如图13-25所示。

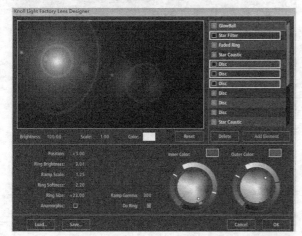

图13-25

05 在"效果控件"面板中，设置Light Source Location（灯光的位置）为（15,70），如图13-26所示。

图13-26

06 最终效果，如图13-27所示。

图13-27

13.4 Optical Flare（光学耀斑）滤镜

Optical Flares（光学耀斑）是Video Copilot开发的一款镜头光晕插件，Optical Flares（光学耀斑）滤镜在控制性能、界面友好度以及效果等方面都非常出彩，其应用案例效果如图13-28所示。

图13-28

执行"效果>Video Copilot（视频控制）>Optical Flares（光学耀斑）"菜单命令，在启动滤镜过程中，会先加载版本信息，如图13-29所示。

在"效果控件"面板中展开Optical Flares（光学耀斑）滤镜的参数，如图13-30所示。

图13-29

图13-30

Optical Flares（光学耀斑）参数介绍

• Position XY（*xy*位置）：用来设置灯光在*x*、*y*
轴的位置。

• Center Position（中心位置）：用来设置光的
中心位置。

• Brightness（亮度）：用来设置光效的亮度。

• Scale（缩放）：用来设置光效的大小缩放。

• Rotation Offset（旋转偏移）：用来设置光效
的自身旋转偏移。

• Color（颜色）：对光进行染色控制。

• Color Mode（颜色模式）：用来设置染色的颜
色模式。

• Animation Evolution（动画演变）：用来设置
光效自身的动画演变。

• Positioning Mode（位移模式）：用来设置光
效的位置状态。

• Foreground Layers（前景层）：用来设置前
景图层。

• Flicker（过滤）：用来设置光效过滤效果。

• Motion Blur（运动模糊）：用来设置运动模糊效果。

• Render Mode（渲染模式）：用来设置光效的
渲染叠加模式。

单击Flare Setup（耀斑设置）选项组下的Options
（选项）按钮，用户可以选择和自定义光效，如图13-31

所示。Optical Flares（光学耀斑）滤镜的属性控制面板
主要包含四大板块，分别是Preview（预览）、Stack（元
素库）、Editor（属性编辑）和Browser（光效数据库）。

图13-31

在Preview（预览）窗口中，可以预览光效的最
终效果，如图13-32所示。

图13-32

在Stack（元素库）窗口中，可以设置每个光效元素
的亮度、缩放、显示和隐藏属性，如图13-33所示。

图13-33

在Editor（属性编辑）窗口中，可以更加精细地调整和控制每个光效元素的属性，如图13-34所示。

图13-34

在Browser（光效数据库）窗口中，分为Lens Objects（镜头对象）和Preset Browser（浏览光效预设）两部分。在Lens Objects（镜头对象）窗口中，可以添加单一光效元素，如图13-35所示。

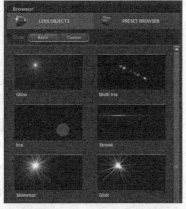

图13-35

在Preset Browser（浏览光效预设）窗口中，可以选择系统中预设好的Lens Flares（镜头光晕），如图13-36所示。

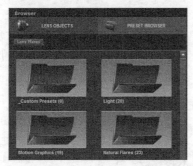

图13-36

功能实战02：模拟日照

素材位置	实例文件>CH13>功能实战02：模拟日照
实例位置	实例文件>CH13>模拟日照_F.aep
视频位置	多媒体教学>CH13>模拟日照.mp4
难易指数	★★☆☆☆
技术掌握	掌握Optical Flare（光学耀斑）滤镜的使用方法

本实例使用Optical Flare（光学耀斑）滤镜来制作酷炫的光效。通过对本实例的学习，读者可以深入掌握Optical Flare（光学耀斑）效果的应用，如图13-37所示。

图13-37

01 执行"文件>打开项目"菜单命令，然后打开在素材文件夹中的"模拟日照_I.aep"，接着在"项目"面板中，双击"Clip"加载合成，如图13-38所示。

图13-38

02 选择Light01图层，执行"效果>Video Copilot（视频控制）>Optical Flares（光学耀斑）"菜单命令，然后在"效果控件"面板中，展开Flare Setup（耀斑设置）选项组，单击Options（选项）按钮，如图13-39所示。

图13-39

03 在Optical Flares Options（光学耀斑设置）窗口中，选择Browser（光效数据库）面板中的Preset Browser（浏览光效预设）选项卡，然后在列表中找到light（20）文件夹，如图13-40所示，接着选择Bule Spark（蓝色的光线），再单击光效参数控制区域的"OK"按钮，如图13-41所示。

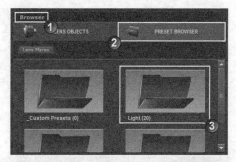

图13-40

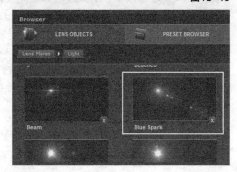

图13-41

04 设置光线的Position XY（xy位置）的动画关键帧。在第0帧处，设置Position XY（xy位置）为（21，80）；在第2秒处，设置Position XY（xy位置）为（21，63），如图13-42所示。

图13-42

05 最终预览效果如图13-43所示。

图13-43

13.5 Shine（扫光）滤镜

Shine（扫光）滤镜是Trapcode公司为After Effects开发的快速扫光插件，它的问世为用户制作片头和特效带来了极大的便利，以下是该滤镜的应用效果，如图13-44所示。

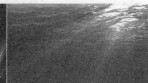

图13-44

执行"效果>Trapcode>Shine（扫光）"菜单命令，在"效果控件"面板中展开Shine（扫光）滤镜的参数，如图13-45所示。

图13-45

Shine（扫光）参数介绍

• **Pre-Process（预处理）**：在应用Shine（扫光）滤镜之前需要设置的功能参数，如图13-46所示。

图13-46

• **Threshold（阈值）**：分离Shine（扫光）所能发生作用的区域，不同的Threshold（阈值）可以产生不同的光束效果。

• **Use Mask（使用遮罩）**：设置是否使用遮罩效果，勾选Use Mask（使用遮罩）以后，它下面的Mask Radius（遮罩半径）和Mask Feather（遮罩羽化）参数才会被激活。

• **Source Point（发光点）**：发光的基点，产生的光线以此为中心向四周发射。可以通过更改它的坐标数值来改变中心点的位置，也可以在Composition（合成）面板的预览窗口中用鼠标移动中心点的位置。

• **Ray Length（光线发射长度）**：用来设置光线的长短，数值越大，光线长度越长；数值越小，光线长度越短。

• Shimmer（微光）：该选项组中的参数主要用来设置光效的细节，具体参数如图13-47所示。

图13-47

• Amount（数量）：微光的影响程度。

• Detail（细节）：微光的细节。

• Source Point affect（光束影响）：光束中心对微光是否发生作用。

• Radius（半径）：微光受中心影响的半径。

• Reduce flickering（减少闪烁）：减少闪烁。

• Phase（相位）：可以在这里调节微光的相位。

• Use Loop（循环）：控制是否循环。

• Revolutions in Loop（循环中旋转）：控制在循环中的旋转圈数。

• Boost Light（光线亮度）：用来设置光线的高亮程度。

• Colorize（颜色）：用来调节光线的颜色，选择预置的各种不同Colorize（颜色），可以对不同的颜色进行组合，如图13-48所示。

图13-48

• Base On：决定输入通道，共有7种模式，分别是Lightness（明度），使用明度值；Luminance（亮度），使用亮度值；Alpha（通道），使用Alpha通道；Alpha Edges（Alpha通道边缘），使用Alpha通道的边缘；Red（红色），使用红色通道；Green（绿色），使用绿色通道；Blue（蓝色），使用蓝色通道等模式。

• Highlights（高光）/Mid High（中间高光）/Midtones（中间色）/Mid Low（中间阴影）/Shadows（阴影）：分别用来自定义高光、中间高光、中间调、中间阴影和阴影的颜色。

• Edge Thickness（边缘厚度）：用来控制光线边缘的厚度。

• Source Opacity（源素材不透明度）：用来调节源素材的不透明度。

• Transfer Mode（叠加模式）：它的使用方法和层的叠加方式类似。

功能实战03：时光隧道

素材位置	实例文件>CH13>功能实战03：时光隧道
实例位置	实例文件>CH13>时光隧道_F.aep
视频位置	多媒体教学>CH13>时光隧道.mp4
难易指数	★★☆☆☆
技术掌握	学习Shine（扫光）效果制作光辉效果

本实例主要介绍了Shine（扫光）效果的运用。通过对本实例的学习，读者可以掌握时光隧道效果的制作方法，如图13-49所示。

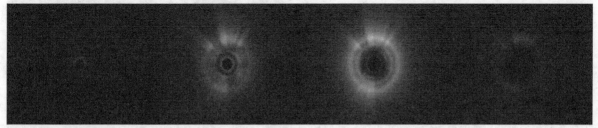

图13-49

01 执行"文件>打开项目"菜单命令，然后打开在素材文件夹中的"时光隧道_I.aep"，接着在"项目"面板中，双击"Comp1"加载合成，如图13-50所示。

02 选择纯色图层，执行"效果>Trapcode>Shine（扫光）"菜单命令，然后在"效果控件"面板中，设置Ray Length（光线长度）为5、Boost Light（光线亮度）为20，如图13-51所示。

图13-50

图13-51

03 选择纯色图层，执行快捷键Ctrl+D复制出12个纯色图层，将时间指针放置到第0帧后，选择所有的纯色层，执行"动画>关键帧辅助>排序图层"菜单命令，勾选"重叠"选项，设置"持续时间"1秒15帧，如图13-52所示。

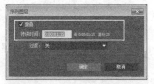

图13-52

04 按小键盘上的数字键0，预览最终效果，如图13-53所示。

图13-53

13.6 Starglow（星光闪耀）滤镜

Starglow（星光闪耀）插件是Trapcode公司为After Effects提供的星光特效插件，它是一个根据源图像的高光部分建立星光闪耀效果的特效滤镜，类似于在实际拍摄时使用漫射镜头得到星光耀斑，其应用案例效果如图13-54所示。

图13-54

执行"效果>Trapcode> Starglow（星光闪耀）"菜单命令，在"效果控件"面板中展开Starglow（星光闪耀）滤镜的参数，如图13-55所示。

图13-55

Starglow（星光闪耀）参数介绍

• Preset（预设）：该滤镜预设了29种不同的星光闪耀特效，将其按照不同类型可以划分为4组。

第1组是Red（红色）、Green（绿色）、Blue（蓝色），这组效果是最简单的星光特效，并且仅使用一种颜色贴图，效果如图13-56所示。

第2组是一组白色星光特效，它们的星形是不同的，如图13-57所示。

第3组是一组五彩星光特效，每个具有不同的星形，效果如图13-58所示。

第4组是不同色调的星光特效，有暖色和冷色及其他一些色调，效果如图13-59所示。

图13-56

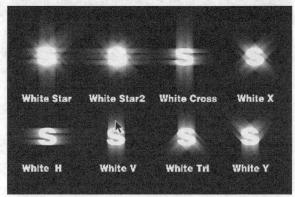

图13-57

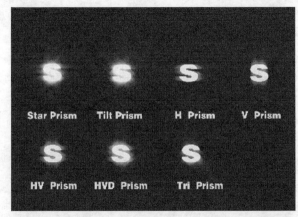

图13-58

图13-59

- **Input Channel（输入通道）**：选择特效基于的通道，它包括Lightness（明度）、Luminance（亮度）、Red（红色）、Green（绿色）、Blue（蓝色）、Alpha等通道类型。

- **Pre-Process（预处理）**：在应用Starglow（星光闪耀）效果之前需要设置的功能参数，它包括下面的一些参数，如图13-60所示。

图13-60

- **Threshold（阈值）**：用来定义产生星光特效的最小亮度值。值越小，画面上产生的星光闪耀特效就越多；值越大，产生星光闪耀的区域亮度要求就越高。

- **Threshold Soft（区域柔化）**：用来柔和高亮和低亮区域之间的边缘。

- **Use Mask（使用遮罩）**：选择这个选项可以使用一个内置的圆形遮罩。

- **Mask Radius（遮罩半径）**：可以设置遮罩的半径。

- **Mask Feather（遮罩羽化）**：用来设置遮罩的边缘羽化。

- **Mask Position（遮罩位置）**：用来设置遮罩的具体位置。

- **Streak Length（光线长度）**：用来调整整个星光的散射长度。

- **Boost Light（星光亮度）**：调整星光的强度（亮度）

- **Individual Lengths（单独光线长度）**：调整每个方向的Glow（光晕）大小，如图13-61和图13-62所示。

图13-61　　　　　　　　　　　图13-62

- **Individual Colors（单独光线颜色）**：用来设置每个方向的颜色贴图，最多有A、B、C 3种颜色贴图供选择，如图13-63所示。

图13-63

- **Shimmer（微光）**：用来控制星光效果的细节部分，它包括以下参数，如图13-64所示。

图13-64

- **Amount（数量）**：设置微光的数量。

- **Detail（细节）**：设置微光的细节。

- **Phase（位置）**：设置微光的当前相位，给这个这个参数加上关键帧，就可以得到一个动画的微光。

- **Use Loop（使用循环）**：选择这个选项可以强迫微光产生一个无缝的循环。

- **Revolutions in Loop（循环旋转）**：在循环情况下，相位旋转的总体数目。

• Source Opacity（源素材不透明度）：用来设置源素材的不透明度。

• Starglow Opacity（星光特效不透明度）：用来设置星光特效的不透明度。

• Transfer Mode（叠加模式）：用来设置星光闪耀特效和源素材的画面叠加方式。

> **技巧与提示**
>
> Starglow（星光闪耀）的基本功能就是依据图像的高光部分建立一个星光闪耀特效，它的星光包含8个方向（上、下、左、右，以及4个对角线），每个方向都可以单独调整强度和颜色贴图，可以一次最多使用3种不同的颜色贴图。

功能实战04：轮廓光线

素材位置	实例文件>CH13>功能实战04：轮廓光线
实例位置	实例文件>CH13>轮廓光线_F.aep
视频位置	多媒体教学>CH13>轮廓光线.mp4
难易指数	★★☆☆☆
技术掌握	掌握Starglow（星光）的使用方法

本实例主要讲解Starglow（星光）效果的运用。通过对本实例的学习，读者可以掌握轮廓光线效果的制作方法，如图13-65所示。

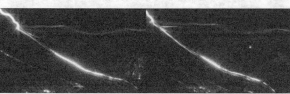

图13-65

01 执行"文件>打开项目"菜单命令，然后打开在素材文件夹中的"轮廓光线_I.aep"，接着在"项目"面板中，双击"轮廓光线"加载合成，如图13-66所示。

图13-66

02 选择第1个Hand图层，执行"效果>Trapcode>Starglow（星光）"菜单命令，然后在"效果控件"面板中，设置Streak Length（光线长度）为29、Boost Light（光线亮度）为1.6；展开Individual Lengths（个体长度）选项组，设置Down（向下）为1.8，如图13-67所示。

图13-67

03 展开Individual Colors（单个颜色）选项组，设置Down（向下）为ColormapA、Left（左边）为ColormapA、Up Right（右上）为ColormapA、Down Left（左下）为ColormapA；展开ColormapA（颜色设置A）选项组，设置Preset（预设）为One Color（单色）、Color（颜色）为（R:255，G:166，B:0），如图5-68所示。

图5-68

04 按小键盘上的数字键0，预览最终效果，如图5-69所示。

图5-69

13.7 3D Stroke（3D描边）滤镜

使用3D Stroke（3D描边）滤镜可以将图层中的一个或多个遮罩转换为线条或光线，在三维空间中可以自由地移动或旋转这些光线，并且还可以为这些光线制作各种动画效果，效果如图13-70所示。

图13-70

执行"效果>Trapcode>3D Stroke（3D描边）"菜单命令，在"效果控件"面板中展开3D Stroke（3D描边）滤镜的参数，如图13-71所示。

图13-71

3D Stroke（3D描边）参数介绍

- Path（路径）：指定绘制的遮罩作为描边路径。
- Presets（预设）：使用滤镜内置的描边效果。
- Use All Paths（使用所有路径）：将所有绘制的遮罩作为描边路径。
- Stroke Sequentially（描边顺序）：让所有的遮罩路径按照顺序进行描边。
- Color（颜色）：设置描边路径的颜色。
- Thickness（厚度）：设置描边路径的厚度。
- Feather（羽化）：设置描边路径边缘的羽化程度。
- Start（开始）：设置描边路径的起始点。
- End（结束）：设置描边路径的结束点。
- Offset（偏移）：设置描边路径的偏移值。
- Loop（循环）：控制描边路径是否循环连续。
- Taepr（锥化）：设置遮罩描边的两端的锥化效果，如图13-72所示。

图13-72

- Enable（开启）：勾选该选项后后，可以启用锥化设置。
- Start Thickness（开始的厚度）：用来设置描边开始部分的厚度。
- End Thickness（结束的厚度）：用来设置描边结束部分的厚度。
- Taepr Start（锥化开始）：用来设置描边锥化开始的位置。
- Taepr End（锥化结束）：用来设置描边锥化结束的位置。
- Step Adjust Method（调整方式）：用来设置锥化效果的调整方式，有两种方式可供选择。一是None（无），不做调整；二是Dynamic（动态），做动态的调整。
- Transform（变换）：设置描边路径的位置、旋转和弯曲等属性，如图13-73所示。

图13-73

- Bend（弯曲）：控制描边路径弯曲的程度。
- Bend Axis（弯曲角度）：控制描边路径弯曲的角度。
- Bend Around Center（围绕中心弯曲）：控制是否弯曲到环绕的中心位置。
- XY Position/Z Position（xy、z的位置）：设置描边路径的位置。
- X Rotation/Y Rotation/Z Rotation（x、y、z轴旋转）：设置描边路径的旋转。
- Order（顺序）：设置描边路径位置和旋转的顺序。有两种方式可供选择。一是Rotate Translate（旋转，位移）：先旋转后位移；二是Translate Rotate（位移，旋转）：先位移后旋转。

• Repeater（重复）：设置描边路径的重复偏移量，通过该参数组中的参数可以将一条路径有规律的偏移复制出来，如图13-74所示。

图13-74

• Enable（开启）：勾选后可以开启路径描边的重复。

• Symmetric Doubler（对称复制）：用来设置路径描边是否要对称复制。

• Instances（重复）：用来设置路径描边的数量。

• Opacity（不透明度）：用来设置路径描边的不透明度。

• Scale（缩放）：用来设置路径描边的缩放效果。

• Factor（因数）：用来设置路径描边的伸展因数。

• X Displace（x偏移）/Y Displace（y偏移）/Z Displace（z偏移）：分别用来设置在x、y和z轴的偏移效果。

• X Rotate（x旋转）/Y Rotate（y旋转）/Z Rotate（z旋转）：分别用来设置在x、y和z轴的旋转效果。

• Advanced（高级）：用来设置描边路径的高级属性，如图13-75所示。

图13-75

• Adjust Step（调节步幅）：用来调节步幅。数值越大，路径描边上的线条显示为圆点且间距越大，如图13-76所示。

图13-76

• Exact Step Match（精确匹配）：用来设置是否选择精确步幅匹配。

• Internal Opacity（内部的不透明度）：用来设置路径描边的线条内部的不透明度。

• Low Alpha Sat Boot（Alpha饱和度）：用来设置路径描边的线条的Alpha饱和度。

• Low Alpha Hue Rotation（Alpha色调旋转）：用来设置路径描边的线条的Alpha色调旋转。

• Hi Alpha Bright Boost（Alpha亮度）：用来设置路径描边的线条的Alpha亮度。

• Animated Path（全局时间）：用来设置是否使用全局时间。

• Path Time（路径时间）：用来设置路径的时间。

• Camera（摄像机）：设置摄像机的观察视角或使用合成中的摄像机，如图13-77所示。

图13-77

• Comp Camera（合成中的摄像机）：用来设置是否使用合成中的摄像机。

• View（视图）：选择视图的显示状态。

• Z Clip Front（前面的剪切平面）/Z Clip Back（后面的剪切平面）：用来设置摄像机在z轴深度的剪切平面。

• Start Fade（淡出）：用来设置剪辑平面的淡出。

• Auto Orient（自动定位）：控制是否开启摄像机的自动定位。

• XY Position（x、y轴的位置）：用来设置摄像机的x、y轴的位置。

• Zoom（缩放）：用来设置摄像机的推拉。

• X Rotation（x轴的旋转）/Y Rotation（y轴的旋转）/Z Rotation（z轴的旋转）：分别用来设置摄像机在x、y和z轴的旋转。

• Motion Blur（运动模糊）：设置运动模糊效果，可以单独进行设置，也可以继承当前合成的运动模糊参数，如图13-78所示。

图13-78

• Motion Blur （运动模糊）：用来设置运动模糊是否开启或使用合成中的运动模糊设置。

• Shutter Angle （快门的角度）：用来设置快门的角度。

• Shutter Phase （快门的相位）：用来设置快门的相位。

• Levels （平衡）：用来设置快门的平衡。

• Opacity（不透明度）：设置描边路径的不透明度。

• Transfer Mode（叠加模式）：设置描边路径与当前图层的混合模式。

功能实战05：线条动画

素材位置	实例文件>CH13>功能实战05：线条动画
实例位置	实例文件>CH13>线条动画_F.aep
视频位置	多媒体教学>CH13>线条动画.mp4
难易指数	★★★☆☆
技术掌握	掌握3D Stroke（3D描边）滤镜的使用方法

本实例主要介绍3D Stroke（3D描边）效果的使用方法。通过对本实例的学习，读者可以掌握空间线条动画的制作方法，如图13-79所示。

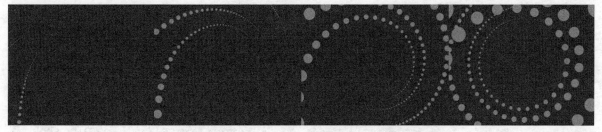

图13-79

01 执行"文件>打开项目"菜单命令，然后打开在素材文件夹中的"线条动画_I.aep"，接着在"项目"面板中，双击"Comp"加载合成，如图13-80所示。

图13-80

02 选择Black Solid 1图层，执行"效果>Trapcode>3D Stroke（3D描边）菜单命令，然后在"效果控件"面板中，设置Color（颜色）为（R:52，G:153，B:178）、Thickness（厚度）为5、End（结束）为30、Offset（偏移）为39，如图13-81所示。

图13-81

03 展开Taepr（锥化）选项组，勾选Enable（启用）选项，如图13-82所示。

图13-82

04 展开Transform（变换）选项组，设置Blend（弯曲）为8、Bend Aixe（弯曲角度）为0×＋90º，勾选Bend Around Center（绕过中心）选项、Z Position（z轴位置）为－600、Y Rotation（y轴旋转）为0×＋90º，如图13-83所示。

图13-83

05 展开Repeater（重复）选项组，勾选Enable（启用）选项，设置Instances（重复量）为3、Scale（缩放）为116、Factor（伸展）为0.1、X Rotation（x轴旋转）为0×+90°，如图13-84所示。

图13-84

06 展开Advanced（高级）选项组，设置Adjust Step（调节步幅）为1000，如图13-85所示。

图13-85

07 选择并展开图层的3D Stroke（3D 描边）属性栏，在第0帧处设置Offset（偏移）为39、Zoom（变焦）为355.6、Z Rotation（z轴旋转）为0×+0°；在第3秒处设置Offset（偏移）为20、Zoom（变焦）为936.6、Z Rotation（z轴旋转）为0×+30°，如图13-86所示。

图13-86

08 按小键盘上的数字键0，预览最终效果，如图13-87所示。

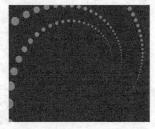

图13-87

练习实例01：云层光线

素材位置	实例文件>CH13>练习实例01：云层光线
实例位置	实例文件>CH13>云层光线_F.aep
视频位置	多媒体教学>CH13>云层光线.mp4
难易指数	★★☆☆☆
技术掌握	掌握Shine（扫光）滤镜的使用方法

本实例主要应用到了Shine（扫光）滤镜来制作云层光线，效果如图13-88所示。

图13-88

【制作提示】

• **第1步：** 打开项目文件"云层光线_l.aep"。

• **第2步：** 选择Clip.mov图层，然后为其添加Shine（扫光）滤镜。

• **第3步：** 在"效果控件"面板中，设置Shine（扫光）滤镜。

• **第4步：** 设置Shine（扫光）滤镜的Threshold（阈值）和Source Point（发光点）属性的动画关键帧。

• 制作流程如图13-89所示。

图13-89

练习实例02：炫彩星光

素材位置	实例文件>CH13>练习实例02：炫彩星光
实例位置	实例文件>CH13>炫彩星光_F.aep
视频位置	多媒体教学>CH13>炫彩星光.mp4
难易指数	★★☆☆☆
技术掌握	掌握Starglow（星光闪耀）滤镜的使用方法

本实例主要应用到了Starglow（星光闪耀）来制作炫彩星光，效果如图3-90所示。

图13-90

【制作提示】

• 第1步：打开项目文件"炫彩星光_l.aep"。

• 第2步：选择Clip.mov图层，然后为其添加Starglow（星光闪耀）。

• 第3步：在"效果控件"面板中，设置Shine（扫光）滤镜。

• 第4步：设置Starglow Opacity（星光特效不透明度）和Opacity（不透明度）属性的动画关键帧。

• 制作流程如图13-91所示。

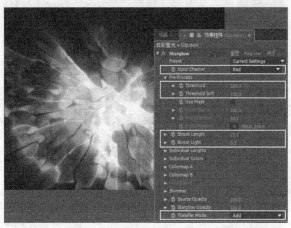

图13-91

13.8 本章总结

本章主要介绍了Light Factory（灯光工厂）滤镜、Optical Flare（光学耀斑）滤镜、Shine（扫光）滤镜、Starglow（星光闪耀）滤镜和3D Stroke（3D描边）滤镜，通过对本章的学习，可以为影片带来更加丰富的画面效果，给人留下深刻的视觉印象。

13.9 综合实例：定版文字

素材位置	实例文件>CH13>引导实例：定版文字
实例位置	实例文件>CH13>定版文字_F.aep
视频位置	多媒体教学>CH13>定版文字.mp4
难易指数	★★☆☆☆
技术掌握	学习3D Stroke（3D描边）和Starglow（星光闪耀）效果的应用

本实例主要讲解3D Stroke（3D描边）、Starglow（星光）光效。通过对本实例的学习，读者可以掌握制作描边光效定版文字的方法，如图13-92所示。

图13-92

01 执行"文件>打开项目"菜单命令，然后打开在素材文件夹中的"定版文字_I.aep"，接着在"项目"面板中双击"文字动画"加载合成，如图13-93所示。

图13-93

02 选择"古"图层，执行"效果>Trapcode>3D Stroke（3D描边）"菜单命令，然后设置Color（颜色）为（R:199，G:9，B:9）、Thickness（厚度）为0.8、End（结束）为45，如图13-94，接着在第0帧处，设置0ffset（偏移）为-54；在第5秒21帧处，设置0ffset（偏移）为200，如图13-95所示。

图13-94

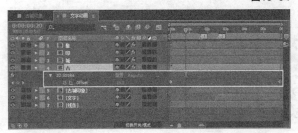

图13-95

03 展开Taepr（锥化）选项，勾选Enable（启用）选项，其他参数保持不变，如图13-96所示，预览效果如图13-97所示。

图13-96

图13-97

04 选择"古"图层，执行"效果>Trapcode>Starglow（星光）"菜单命令，然后设置Input Channel（输入通道）为Red（红色），接着展开ColormapA（颜色A）选项组，设置Preset（预设）为One Color（单色）、颜色为（R:250，G:165，B:1），如图13-98所示。

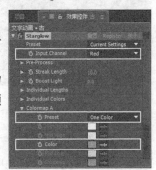

图13-98

05 为Streak Length（线条长度）设置关键帧，在第1秒01帧处，设置Streak Length（线条长度）为8；在第1秒06帧处，设置Streak Length（线条长度）为0，如图13-99所示。

图13-99

06 对"城""印"和"象"这3个图层使用同样的方法完成"3D Stroke（3D描边）"和"Starglow（星光）"效果的添加，以及相应属性的关键帧设置，预览效果如图13-100所示。

图13-100

07 按小键盘上的数字键0，预览最终效果，如图13-101所示。

图13-101

After Effects

第 14 章 拍摄与合成

本章实例索引

14.1 概述

本章所用插件

Optical Flares
Trapcode Form
Trapcode Particular
Magic Bullet Mojo

实拍与后期合成是影视特效制作的表现方式（或手法）之一，可以将拍摄的素材导入到After Effects软件中，然后根据镜头的表现需求配合相关特效滤镜来完成特技的制作，本章将通过"光球特技""动感达人"和"人物闪光"这3个案例的讲解，让大家了解并掌握实拍与后期合成的流程和方法。

14.2 光球特技

素材位置　实例文件>CH14>光球特技
实例位置　实例文件>CH14>光球特技_F.aep
视频位置　多媒体教学>CH14>光球特技.mp4
难易指数　★★☆☆☆
技术掌握　轨道蒙版的应用

本实例主要讲解了如何将拍摄的视频素材在After Effects中进行光球特技合成与制作。画面氛围处理与粒子光球的制作是本实例的重点，本实例的特技画面效果如图14-1所示。

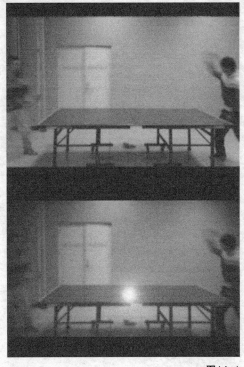

图14-1

14.2.1 创建合成

01 执行"合成>新建合成"菜单命令，创建一个"宽度"为720，"高度"为480、"持续时间"为7秒05帧、名称为Video的合成，如图14-2所示。

图14-2

02 执行"文件>导入>文件"菜单命令，打开素材文件夹中的Video.mov文件，然后将素材拖曳到"时间轴"面板中，如图14-3所示。

图14-3

14.2.2 素材校色

选择Video图层，执行"效果> 颜色校正>三色调"菜单命令，然后执行"效果> 颜色校正>色阶"菜单命令，接着在"效果控件"面板中，设置"灰度系数"为0.85，如图14-4所示，效果如图14-5所示。

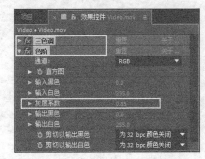

图14-4

图14-5

14.2.3 创建灯光与设置灯光动画

01 "灯光类型"为"点","颜色"为白色,"强度"为100%,如图14-6所示。

图14-6

02 将时间帧设置到第一帧,将图层"灯光1"移动到场景中乒乓球的位置上(在前期拍摄中,没有使用乒乓球,所以这里灯光摆放的位置根据人物手的起始位置来定),如图14-7所示。

03 根据人物的动作来设置灯光的位置关键帧,这里需要大家耐心细致地来调整灯光的位置动画关键帧。另外,需要适当地去调整灯光在运动过程中Z轴的深度数值,这样可以更加丰富乒乓球(灯光)的运动路径,如图14-8所示,灯光的运动路径效果如图14-9所示。

图14-7

图14-8

图14-9

14.2.4 创建特效光球

01 按快捷键Ctrl+Y,创建一个纯色层,设置"宽度"为720、"高度"为480、"颜色"为黑色、"名称"为"光01",如图14-10所示。

02 选择"光01"图层,执行"效果>Video Copilot(视频控制)>Optical Flares(光学耀斑)"菜单命令,然后在"效果控件"面板中单击"选项",如图14-11所示。

图14-10

图14-11

03 在Optical Flares Options（光学耀斑设置）窗口的
Stack（元素库）面板中，创建Glow和Spike Ball光效，设
置Glow的亮度为139.5、范围为15，设置Spike Ball的亮
度为150、范围为15，接着复制出2个Glow光效，最后单
击光效参数控制区域的OK按钮，如图14-12所示。

图14-12

04 在"效果控件"面板中，设置Center Postion（中
心位置）为（360，240）、Color（颜色）为（R:189，
G:255，B:251），如图14-13所示。

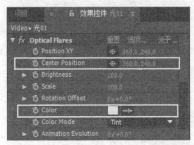

图14-13

05 在"时间轴"面板中，选择图层"光01"按P键

展开"位置"属性，然后将其关联到图层"灯光 1"
的"位置"属性，如图14-14所示。

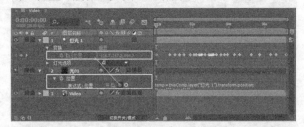

图14-14

06 将图层"光01"的混合模式设置为"屏幕"，效
果如图14-15所示。

图14-15

14.2.5 制作桌面发光

01 按快捷键Ctrl+Alt+Y，创建出一个调整图层，命
名为"发光"。选择该图层，使用"钢笔工具"绘
制桌面的蒙版，如图14-16所示。

图14-16

02 由于镜头处于运动状态中，因此我们需要设置
图层"发光"蒙版的动画关键帧，来匹配画面中的桌
子。如图14-17所示。

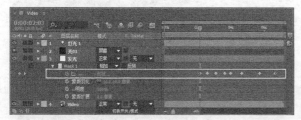

图14-17

03 光球在碰撞到桌面的时候，桌面产生发光的效
果。选择该调节图层，执行"效果> 颜色校正>曲
线"菜单命令，然后在不同的时间段分别来设置"曲
线"的动画关键帧，来达到桌面反光的效果，如图
14-18所示，效果如图14-19所示。

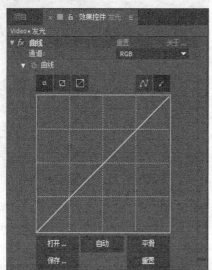

图14-19

04 光球碰撞桌面，桌面发光的效果如图14-20所示。

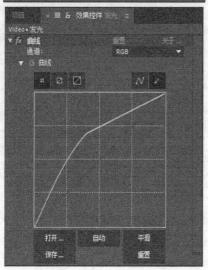

图14-18

图14-20

14.2.6 画面划痕效果制作

01 执行"合成>新建合成"菜单命令，创建一个"宽度"为720、"高度"为576、"持续时间"为7秒05帧、名称为"划痕"的合成，如图14-21所示。

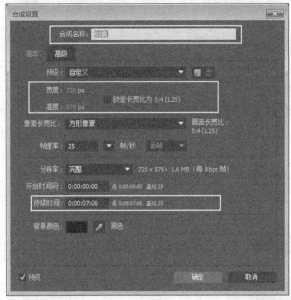

图14-21

02 执行"文件>导入>文件"菜单命令，打开素材文件夹中的Texture.jpg文件，然后将素材拖曳到"时间轴"上，如图14-22所示。

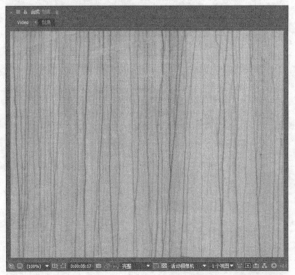

图14-22

03 选择"Texture.jpg"图层，执行"效果>过时>颜色键"菜单命令，然后使用"主色"后面的"吸管工具"在污渍较亮的部分进行采样，接着设

置"颜色容差"为131，保留图像中污渍的纹理，如图14-23所示，效果如图14-24所示。

图14-23

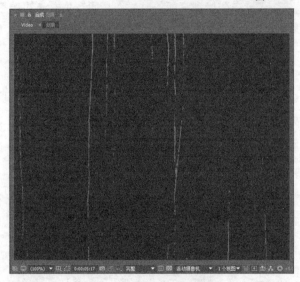

图14-24

04 选择"Texture.jpg"图层，设置其总长度为2帧，然后复制出57个图层后，随机调整图层的入点和出点，如图14-25所示。

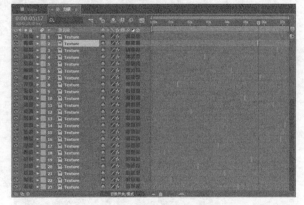

图14-25

05 将"划痕"合成添加到"Video"合成中，并设置叠加模式为"相乘"、"不透明度"为30%，如图14-26所示，效果如图14-27所示。

图14-26

图14-27

14.2.7 画面噪波效果制作

01 按快捷键Ctrl+Y，创建一个纯色层，设置"宽度"为720，"高度"为480，"颜色"为黑色、"名称"为"噪波"，如图14-28所示。

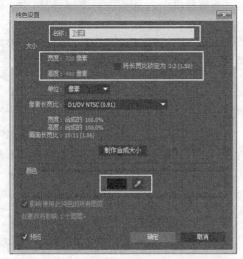

图14-28

02 选择"噪波"图层，执行"效果>杂色和颗粒>噪波"菜单命令。设置"杂色数量"为50%、取消勾选"使用杂色"选项，如图14-29所示，效果如图14-30所示。

图14-29

图14-30

14.2.8 景深和镜头焦距制作

01 为了能够更好地控制画面的景深和镜头焦距的效果，需要对画面的视觉中心和压脚进行设置。按快捷键Ctrl+Alt+Y，创建出一个调整图层，取名为"视觉中心"，使用"钢笔工具"绘制蒙版，如图14-31所示。

图14-31

02 由于镜头处于运动状态中，因此我们需要设置蒙版的动画关键帧来匹配画面的视觉中心，然后在"时间轴"面板中展开蒙版属性，勾选"反选"属性，最后设置"遮罩羽化"为200，如图14-32所示。

图14-32

03 选择"视觉中心"图层，执行"效果>模糊和锐化>快速模糊"菜单命令。设置"模糊度"值为5，勾选"重复边缘像素"选项，如图14-33所示，效果如图14-34所示。

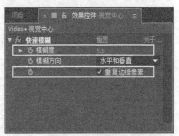

图14-33

图14-34

04 按快捷键Ctrl+Y，创建一个纯色层，设置"宽度"为720，"高度"为480，"颜色"为黑色、"名称"为"压脚"，如图14-35所示。

05 选择"压脚"图层，在"工具"面板中双击"椭圆工具" ◯，系统根据该图层的大小自动匹配创建一个遮罩，如图14-36所示。

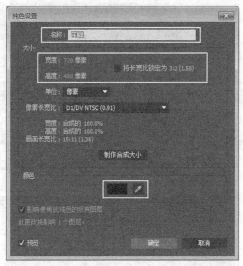

图14-35

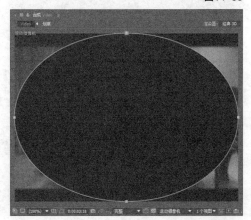

图14-36

06 展开"压脚"图层的"蒙版"选项组，然后勾选"反选"属性，接着设置"蒙版羽化"为100、"蒙版不透明度"为80%，如图14-37所示，效果如图14-38所示。

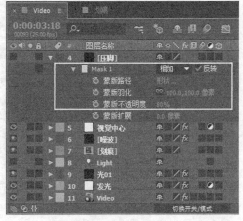

图14-37

图14-38

07 按快捷键Ctrl+Y，创建一个纯色层，设置"宽度"为720，"高度"为480，"颜色"为黑色、"名称"为"遮幅"，如图14-39所示。

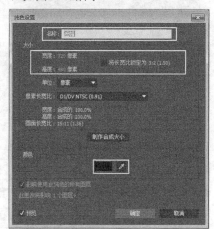

图14-39

08 选择"遮幅"图层，在"工具"面板中双击"矩形工具"▢，系统根据该图层的大小自动匹配创建一个遮罩，如图14-40所示，然后在"时间轴"面板中，展开"蒙版"选项组，接着勾选"反选"选项，效果如图14-41所示。

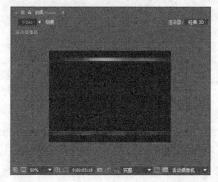

图14-40

图14-41

14.2.9 音效处理与设置画面的出入点

01 执行"文件>导入>文件"菜单命令，打开素材文件夹中的Audio文件，然后将素材拖曳到"时间轴"上，如图14-42所示。

图14-42

02 设置音效的声音大小关键帧。在第0帧处，设置"音频电平"为0；在第19帧处，设置"音频电平"为100；在第6秒8帧处，设置"音频电平"为100；在第7秒5帧处，设置"音频电平"为0，如图14-43所示。

图14-43

03 按快捷键Ctrl+Y，创建一个纯色层，设置"宽度"为720，"高度"为480，"颜色"为黑色、"名称"为"入点出点控制"，如图14-44所示。

图14-44

04 设置"入点出点控制"图层的"不透明度"动画关键帧。在第0帧处，"不透明度"值为100%；在第15帧处，"不透明度"为55%；在第19帧处，"不透明度"为0%；在第6秒7帧处，"不透明度"为0%；在第7秒5帧处，"不透明度"为100%，如图14-45所示。

图14-45

14.2.10 视频输出

01 执行Ctrl+M切换到"渲染队列"面板，进行视频输出，如图14-46所示。

图14-46

02 单击"输出模块"后面的蓝色字样，然后在"输出模块设置"对话框中，设置"格式"为QuickTime，"格式选项"为"动画"，接着单击"确定"按钮，如图14-47所示。

03 在"输出到"属性中，设置视频输出的路径，然后单击"渲染"按钮输出影片，最终画面效果如图14-48所示。

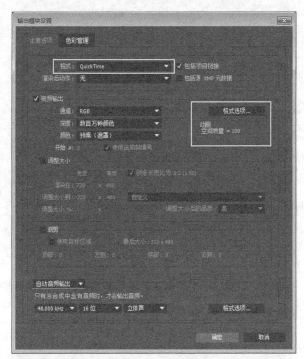

图14-47

图14-48

14.3 动感达人

素材位置　实例文件>CH14>动感达人
实例位置　实例文件>CH14>动感达人_F.aep
视频位置　多媒体教学>CH14>动感达人.mp4
难易指数　★★★★☆
技术掌握　抠像技术、灯光与空对象匹配以及自定义粒子的类型等

　　本实例主要讲解了如何将手机拍摄到的人物视频素材在After Effects中进行舞动光线特效的匹配制作。光线的制作、画面色调的匹配和背景制作是本实例的重点，本实例的特技画面效果如图14-49所示。

图14-49

14.3.1 创建合成

01 执行"合成>新建合成"菜单命令，创建一个"宽度"为640，"高度"为480、"持续时间"为6秒18帧、名称为Daren的合成，如图14-50所示。

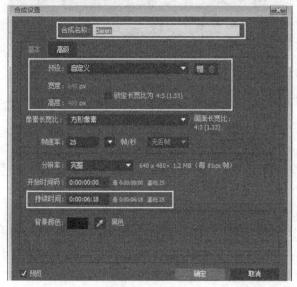

图14-50

02 执行"文件>导入>文件"菜单命令，打开素材文件夹中的Vfx_lzh.mov文件，然后将素材拖曳到"时间轴"面板中，如图14-51所示。

图14-51

14.3.2 抠像与剪影效果制作

为了方便后续的制作（提取人物，更换镜头的背景），需要进行抠像的操作。由于被拍摄视频的背景不是蓝屏，也不是绿屏。因此我们采用手动蒙版配合"提取"抠像滤镜的常规手法来完成。

01 选择Vfx_lzh.mov图层，使用"钢笔工具" 绘制蒙版。该蒙版用来遮挡画面中不需要的部分（如镜头中的门等），如图14-52所示。

图14-52

02 画面中的人物不停地运动，因此需要设置蒙版的动画关键帧来匹配画面。在设置动画关键帧的过程中，需要耐心细致地去调整，如图14-53所示。

图14-53

03 使用"提取"抠像滤镜进行画面的抠像操作。选择Vfx_lzh.mov图层，执行"效果>键控>提取"菜单命令，然后在"效果控件"面板中，设置"白场"为188，"白色柔和度"为12，效果如图14-54所示。

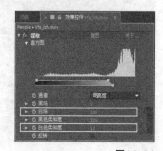

图14-54

04 选择Vfx_lzh.mov图层，执行"效果>颜色校正>色调"菜单命令。将画面中的人物填充为黄色（R:255，G:234，B:0），如图14-55所示，效果如图所14-56示。

图14-55

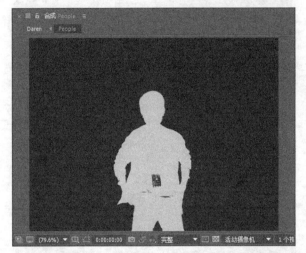

图14-56

05 选择Vfx_lzh.mov图层，执行"效果>生成>渐变"菜单命令，然后在"效果控件"面板中，设置"(渐变起点）"为（284，78）、"起始颜色"为（R:192，G:0，B:220）、"渐变终点"为（302，496）、"结束颜色"为（R:97，G:66，B:0），如图14-57所示，效果如图14-58所示。

图14-57

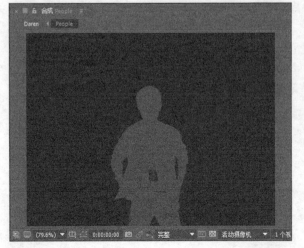

图14-58

06 选择图层，执行"效果>遮罩>简单阻塞工具"菜单命令，然后在"效果控件"面板中，设置"阻塞遮罩"为-2，如图14-59所示，效果如图14-60所示。

图14-59

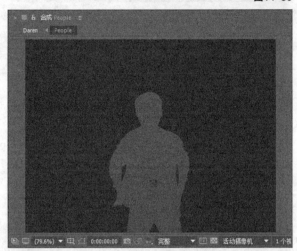

图14-60

14.3.3 修补画面

预览视频，会发现不少帧出现了"漏洞"问题，如图14-61所示，接下来修补画面。

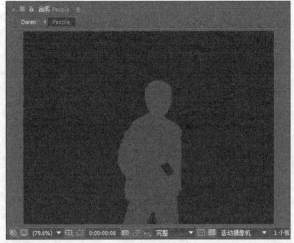

图14-61

01 选择Vfx_lzh.mov图层，执行Ctrl+D复制一层并重新命名为Repair，接着删除Repair图层的蒙版和"提取"滤镜，如图14-62所示。

图14-62

02 选择Repair图层，使用"钢笔工具" 逐帧修补画面，一定要注意画面的细节，如图14-63所示，然后设置Mask1的叠加模式为"相加"、Mask2的叠加模式为"交集"，如图14-64所示。

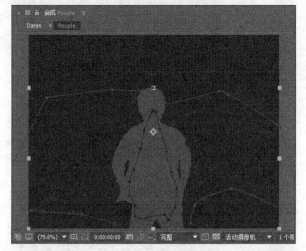

图14-63

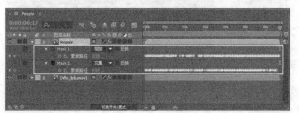

图14-64

03 选择Vfx_lzh.mov和Repair图层，执行"图层>预合成"的命令，将合成后的图层命名为People，如图14-65所示。

图14-65

14.3.4 匹配舞动动画

将"项目"面板中的Vfx_lzh.mov拖曳到"时间轴"面板，然后重新命名为"动作参考"，接着执行"图层>新建>空对象"，勾选"3D图层"选项，再根据画面的动画，将空对象的入点移动到15帧处，最后调整空对象的"位置"属性的动画关键帧来匹配画面舞动的动作，如图14-66所示。

图14-66

14.3.5 灯光匹配空对象

01 执行"图层>新建>灯光"，"灯光类型"为"点"、"颜色"为白色、"强度"为150%，如图14-67所示。

图14-67

02 设置灯光与空对象初始位置同步。将时间指针移动到第0帧，选择空对象的"位置"属性，然后按快捷键Ctrl+C复制，接着选择Light的"位置"属性，按快捷键Ctrl+V粘贴，Light图层就完全匹配了空对象图层位置的运动属性了，如图14-68所示。

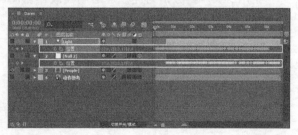

图14-68

321

03 为了方便Light与空对象图层动作的即时同步匹配，在第0帧处，删除Light图层的"位置"动画关键帧后，将Light图层作为空对象图层的子物体。这样，调整空对象图层的"位置"属性时，Light图层可以完成即时同步，如图14-69所示。

图14-69

14.3.6 制作光线

01 执行"合成>新建合成"菜单命令，创建一个"宽度"为50，"高度"为50、"持续时间"为6秒18帧、名称为"光线贴图"的合成，如图14-70所示。

图14-70

02 在"光线贴图"合成的"时间轴"面板中，按快捷键Ctrl+Y创建一个白色的纯色层，如图14-71所示，然后将其复制出5个图层，接着使用"钢笔工具" 分别为纯色层绘制蒙版，如图14-72所示。

03 将圆形的蒙版命名为"圆形"，条形的蒙版命名为"长条"，然后设置"圆形"图层的"不透明度"为25%、"长条"图层的"不透明度"为10%，如图14-73所示。

图14-71

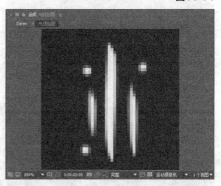

图14-72

图14-73

04 将"光线贴图"合成添加到"Daren"合成中，然后将其移至到底层，接着关闭显示"动作参考"图层和"光线贴图"图层，如图14-74所示。

图14-74

05 按快捷键Ctrl+Y，创建一个纯色层，设置"宽度"为640、"高度"为480、"颜色"为黑色、"名称"为Guangxian，如图14-75所示。

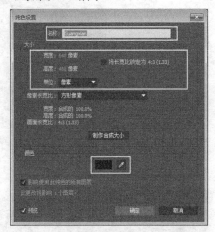

图14-75

06 选择Guangxian图层，后执行"效果>Trapcode>Particular"菜单命令，在"效果控件"面板中，设置Emitter（发射器）选项组的Particles/Sec（粒子数量/秒）为3000、Emitter Type（发射器类型）为Light（S）（灯光）、Position Subframe（位置）为10x Linear（10倍线性），如图14-76所示。

图14-76

07 设置Velocity（速率）、Velocity Random（随机运动）、Velocity Distribution（速度分布）、Velocity Form Motion [%]（继承运动速度）、Emitter Size X（x轴的发射器尺寸）、Emitter Size Y（y轴的发射器尺寸）以及Emitter Size Z（z轴的发射器尺寸）都设置为0，如图14-77所示。

图14-77

08 为了让粒子能够读取灯光上的信息，需要单击

Particular（粒子）滤镜里的"选项"，如图14-78所示，打开Trapcode-Particular窗口，然后在Light name starts with（灯光的名称）项目中输入为Light，接着单击"OK"（确定）按钮，如图14-79所示，效果如图14-80所示。

图14-78

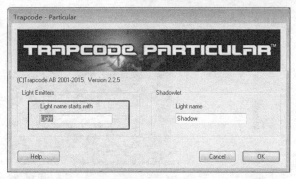

图14-79

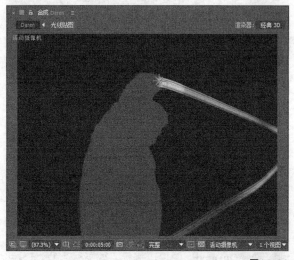

图14-80

09 展开Particle（粒子）选项组，然后设置Life[sec]（生命[秒]）为1、Particle Type（粒子类型）为Textured Polygon（纹理多边形），接着展开Texture（纹理）选项组，设置Layer（图层）为"9.光线贴图"、Time Sampling（时间采样）为Start at Birth-Loop（开始出生-循环），如图14-81所示。

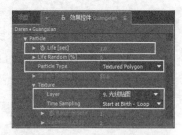

图14-81

10 在Particle（粒子）选项组中，设置Size（大小）为70，Size over Life（粒子消亡后的大小）为衰减过渡，Opacity Random[%]（不透明度的随机值）为10，Opacity over Life（粒子消亡后的不透明度）的属性为衰减过渡，如图14-82所示，效果如图14-83所示。

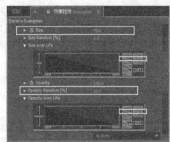

图14-82

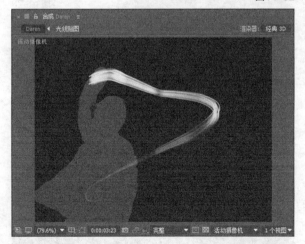

图14-83

11 选择Guangxian图层，执行"效果>颜色校正>色相/饱和度"菜单命令，然后在"效果控件"面板中设置Colorize Hue（色相）为45、Colorize Saturation（饱和度）为100、Colorize Lightness（亮度）为-40，如图14-84所示，效果如图14-85所示。

12 选择Guangxian图层，然后执行"效果>风格化>发光"菜单命令，接着在"效果控件"面板中，设置"发光阈值"为53%、"发光半径"为60、"发光强度"为1.5，如图14-86所示。

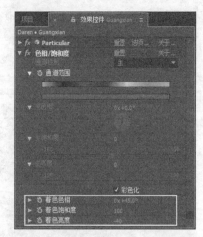

图14-84

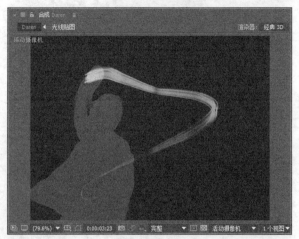

图14-85

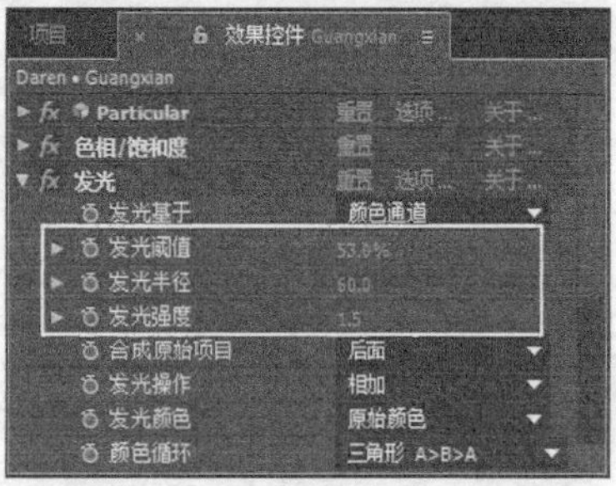

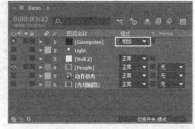

图14-86

13 设置Guangxian的图层叠加模式为"相加"，如图14-87所示。最终的画面效果如图14-88所示。

图14-87

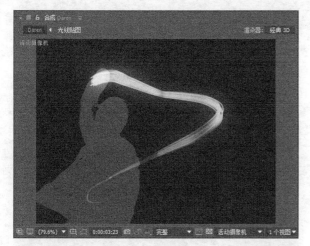

图14-88

14.3.7 完成光线穿帮

光线在运动过程中，出现了空间上的穿帮现象。主要表现在与人物图层之间的空间关系。因此接下来，需要完成穿帮镜头的修饰。

选择People图层，按快捷键Ctrl+D复制，然后将复制得到的图层移至顶层，如图14-89所示，接着使用"钢笔工具" ✎绘制蒙版来处理光线与人物图层之间的空间关系，如图14-90所示。

图14-89

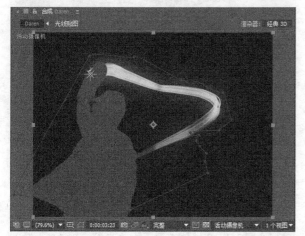

图14-90

14.3.8 完成背景与遮幅制作

01 执行"合成>新建合成"菜单命令，创建一个"宽度"为1000，"高度"为1000、"持续时间"为6秒18帧、名称为"背景"的合成，如图14-91所示。

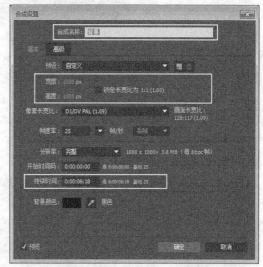

图14-91

02 双击"背景"合成，然后按快捷键Ctrl+Y，创建一个纯色层，设置"宽度"为1000、"高度"为1000、"颜色"为黑色、"名称"为Mask，如图14-92所示。

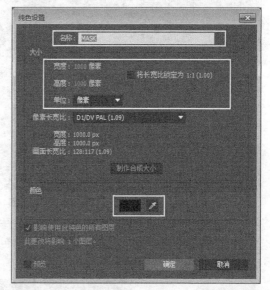

图14-92

03 选择Mask图层，执行"效果>生成>单元格图案"菜单命令，然后在"效果控件"面板中，设置"单元格图案"为"印板 HQ"，"锐度"为600，"分散"为0，"大小"为20，如图14-93所示。

325

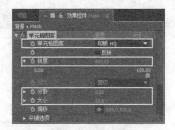

图14-93

04 设置"演化"属性的动画关键帧，在第0帧处，设置"演化"为0；在第6秒17帧处，设置"演化"为300，然后设置该图层的"位置"动画关键帧，在第0帧处，设置"位置"为（500，500）；第6秒17帧，设置"位置"为（500，1300），如图14-94所示，效果如图14-95所示。

图14-94

图14-95

05 选择Mask图层，执行"效果>颜色校正>色阶"菜单命令，然后在"效果控件"面板中，设置"输入黑色"为190，"输入白色"为226，如图14-96所示。

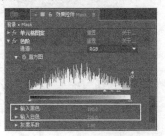

图14-96

06 选择Mask图层，执行"效果>风格化>CC Repe Tile"菜单命令，然后在"效果控件"面板中，设置Expand Up为1000，如图14-97所示，效果如图14-98所示。

图14-97

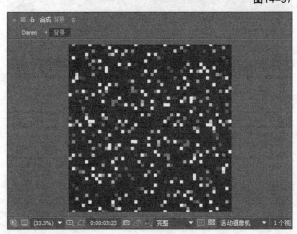

图14-98

07 按快捷键Ctrl+Y，创建一个纯色层，设置"宽度"为1000、"高度"为1000、"颜色"为黑色、颜色为（R:20，G:110，B:0），"名称"为Color，如图14-99所示。

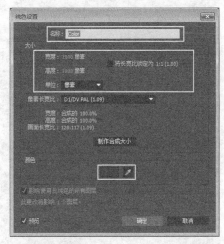

图14-99

08 设置Color图层轨道蒙版为"亮度遮罩 Mask"，如图14-100所示，效果如图14-101所示。

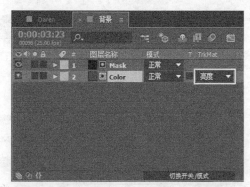

图14-100

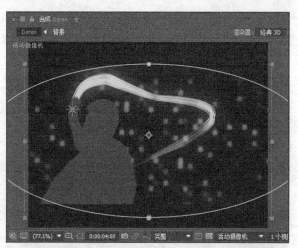

图14-103

图14-101

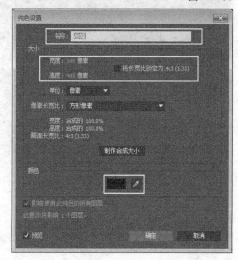

图14-104

09 将"背景"合成添加到"Daren"合成中，修改图层的"缩放"为66%、"旋转"为90，然后使用"椭圆工具"创建一个蒙版，设置"蒙版羽化"为200、"蒙版不透明度"为50%，如图14-102所示，效果如图14-103所示。

10 按快捷键Ctrl+Y，创建一个纯色层，设置"宽度"为640、"高度"为480、"颜色"为黑色、"名称"为"遮幅"，如图14-104所示。

11 选择"遮幅"图层，然后在"工具"面板中双击"矩形工具"，系统根据该图层的大小自动匹配创建一个遮罩，如图14-105所示。

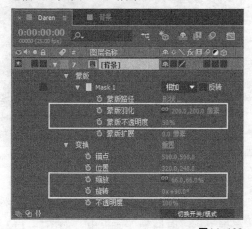

图14-102

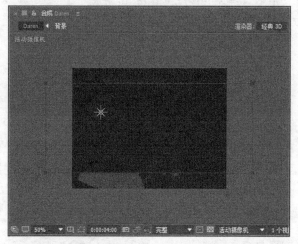

图14-105

12 展开"遮幅"图层的"蒙版"选项组，勾选"蒙版 1"的"反选"属性，如图14-106示，效果如图14-107所示。

图14-106

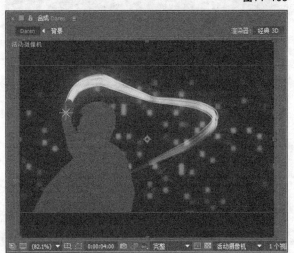

图14-107

14.3.9 视频输出

01 执行Ctrl+M进行视频输出，在"输出模块"中设置"格式"为QuickTime、"视频编码器"为"动画"，然后在"输出到"属性中，设置视频输出的路径，接着单击"渲染"按钮输出影片，如图14-108所示。

图14-108

02 最终画面效果截图如图14-1109所示。

图14-109

14.4 人物光闪

素材位置	实例文件>CH14>人物光闪
实例位置	实例文件>CH14>人物光闪_F.aep
视频位置	多媒体教学>CH14>人物光闪.mp4
难易指数	★★★★☆
技术掌握	From（形状）和Optical Flares（光学耀斑）等

本实例主要讲解了如何通过After Effects完成人物光闪特技的制作。Form（形状）和Optical Flares（光学耀斑）滤镜的配合使用是本实例的重点，本实例的特技画面效果如图14-110所示。

图14-110

14.4.1 创建合成

01 执行"合成>新建合成"菜单命令，创建一个"宽度"为640，"高度"为480、"持续时间"为3秒1帧、名称为"人物光闪"的合成，如图14-111所示。

图14-111

02 执行"文件>导入>文件"菜单命令，打开素材文件夹中的People_Video.mov文件，然后将素材拖曳到"时间轴"面板中，如图14-112所示。

图14-112

14.4.2 人物渐显动画

01 选项People_Video图层，执行"效果>过渡>线性擦

除"菜单命令，然后在"效
果控件"面板中，设置"擦
除角度"为0，"羽化"为
50，如图14-113所示。

图14-113

02 设置"过渡完成"的动画关键帧。第0帧处，设
置"过渡完成"为85%，第2秒15帧处，设置"过渡完
成"为5%，如图14-114所示，效果如图14-115所示。

图14-114

图14-115

14.4.3 渐变参考

01 执行"合成>新建合成"菜单命令，创建一个
"宽度"为640，"高度"为480、"持续时间"为3
秒1帧、名称为Ramp的合成，如图14-116所示。

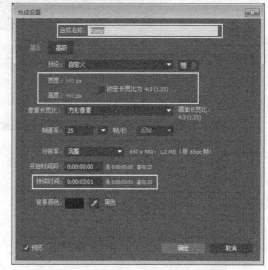

图14-116

02 按快捷键Ctrl+Y，创建一个纯色层，设置"宽
度"为640、"高度"为480、"颜色"为白色、"名
称"为Ramp，如图14-117所示。

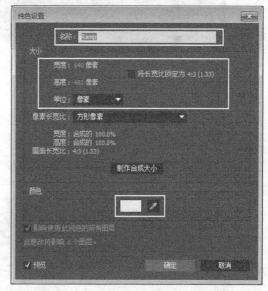

图14-117

03 选择Ramp图层，在工具架中双击"矩形工
具"，系统根据该图层的大小自动匹配创建一个遮
罩，设置"蒙版羽化"为50，如图14-118所示。

图14-118

04 设置 "蒙版路径"的动画关键帧,分别在第0
帧、第8帧、第14帧和第2秒15帧的动画参考如图14-
119~图14-122所示。

第0帧

图14-119

第8帧

图14-120

第14帧

图14-121

第2秒15帧

图14-122

14.4.4 制作闪光

01 执行 "合成>新建合成"菜单命令,创建一个
"宽度"为640,"高度"为480、"持续时间"为3
秒1帧、名称为End的合成,如图14-123所示。

图14-123

02 将 "人物光闪"和Ramp合成添加到End合成中
后,执行锁定并隐藏的操作,如图14-124所示。

图14-124

03 按快捷键Ctrl+Y，创建一个纯色层，设置"宽度"为640、"高度"为480、"颜色"为黑色、"名称"为From，如图14-125所示。

图14-125

04 选择From图层，执行"效果> Trapcode >Form（形状）"菜单命令，然后在"效果控件"面板中，在Base Form（形态基础）选项组下设置Base Form（形态基础）为Box–Strings（串状立方体）、Size X（x大小）为640、Size Y（y大小）为480、Size Z（z大小）为20、Strings in Y（y轴上的线条数）为480、Strings in Z（z轴上的线条数）为1，如图14-126所示。

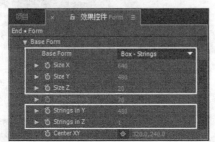

图14-126

05 展开String Settings选项组，设置Density（密度）为25，如图14-127所示。

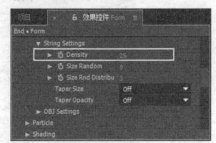

图14-127

06 展开Layer Maps（图层贴图）选项组，然后在Color and Alpha（颜色和通道）选项组下设置Layer（图层）为"6.人物光闪"、Functionality（功能）为RGBA to RGBA（颜色和通道到颜色和通道）、Map Over（图像覆盖）为XY，如图14-128所示。

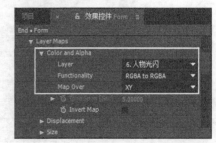

图14-128

07 在Fractal Strength（分形强度）选项组下设置Layer（图层）为3.Ramp、Map Over（图像覆盖）为XY，如图14-129所示。

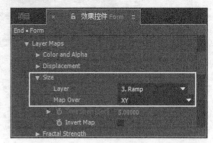

图14-129

08 在Disperse（分散）选项组下设置Layer（图层）为3.Ramp、Map Over（图像覆盖）为XY，如图14-130所示。

图14-130

09 展开Disperse and Twist（分散与扭曲）选项组，设置Disperse（分散）为100、Twist（扭曲）为1，然后展开Fractal Field（分形场）选项组，设置Affect Size（影响大小）为5、Displace（置换强度）为500、Flow X（x流量）为-200、Flow Y（y流量）为-50、Flow Z（z流量）为100，如图14-131所示。

10 展开Particle（粒子）选项组，设置Sphere Feather（粒子羽化）为0、Size（大小）为2、Transfer Mode（传输模式）为Normal（正常的）选项，如图14-132所示，效果如图14-133所示。

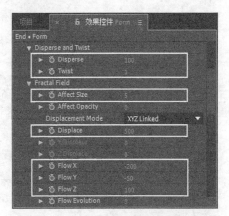

图14-131

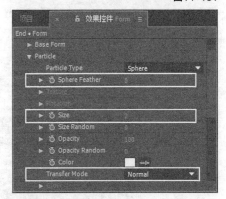

图14-132

图14-133

14.4.5 添加画面细节

01 按快捷键Ctrl+Y，创建一个纯色层，设置"宽度"为640、"高度"为480、"颜色"为白色、"名称"为BG，如图14-134所示。

02 选择BG图层，执行"效果>生成>梯度渐变"菜单命令，然后在"效果控件"面板中，设置"渐变起点"为（320，238）、"起始颜色"为（R:233、

G:233、B:233）、"渐变终点"为（650，482）、"结束颜色"为（R:71、G:71、B:71），如图14-135所示。

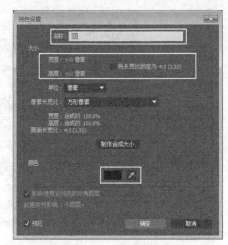

图14-134

图14-135

03 选择BG图层，执行"效果>颜色校正>色相/饱和度"菜单命令，然后在"效果控件"面板中，设置"着色色相"为180，"着色饱和度"为20，如图14-136所示，效果如图14-137所示。

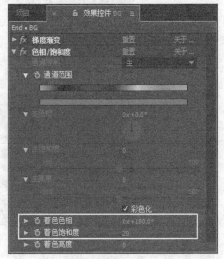

图14-136

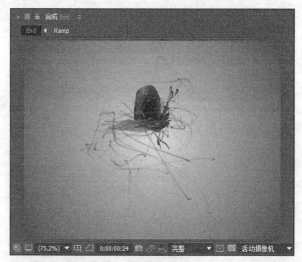

图14-137

04 按快捷键Ctrl+Y，创建一个纯色层，设置"宽度"为640、"高度"为480、"颜色"为黑色、"名称"为Light，如图14-138所示。

图14-138

05 选择"Light"图层，执行"效果>Video Copilot（视频控制）>Optical Flares（光学耀斑）"菜单命令，然后在"效果控件"面板中，单击Options（选项）按钮，如图14-139所示。

图14-139

06 在Browser（光效数据库）面板中，选择Preset Browser（浏览光效预设），如图14-140所示，然后

双击选择Network Presets（52）（预设）文件夹，选择deep_galaxy光效，如图14-141所示。

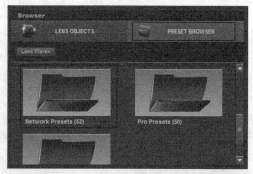

图14-140

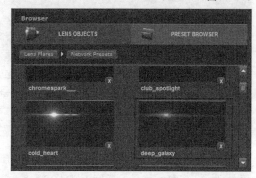

图14-141

07 在Stack（元素库）面板中，设置Glow（光效）元素的范围为10，如图14-142所示。光效的最终效果如图14-143所示。

图14-142

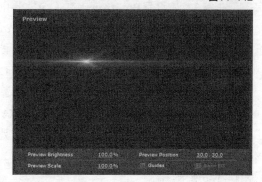

图14-143

333

08 最后单击"OK"（确认）按钮，完成光效的自定义调节工作，如图14-144所示。

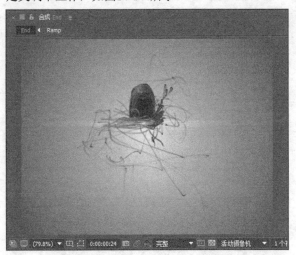

图14-144

09 设置Optical Flares（光学耀斑）的动画关键帧。在第2帧处设置Brightness（亮度）为0、Scale（缩放）为0；在第6帧处设置Brightness（亮度）为120、Scale（缩放）为60；在第10帧处设置Brightness（亮度）为100、Scale（缩放）为30；在第2秒6帧处设置Brightness（亮度）为100、Scale（缩放）值为30；在第2秒9帧处设置Brightness（亮度）为120、Scale（缩放）为100；在第2秒11帧处设置Brightness（亮度）为0、Scale（缩放）为0，如图14-145所示。

图14-145

10 在第6帧处设置Position XY（xy轴的位置）为（310，100）；在第10帧处设置Position XY（xy轴的位置）为（310，131）；在第16帧处设置Position XY（xy轴的位置）为（310，142）；在第1秒处设置Position XY（xy轴的位置）为（310，214）；在第2秒处设置Position XY（xy轴的位置）为（310，384）；在第2秒6帧处设置Position XY（xy轴的位置）为（310，427），如图14-146所示。

图14-146

11 设置"Light"图层的叠加模式为"相加"，如图14-147所示。

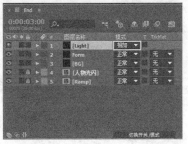

图14-147

12 在"效果控件"面板中，设置Optical Flares（光学耀斑）滤镜的Render Mode（渲染模式）选项为On Transparent（透明），如图14-148所示。

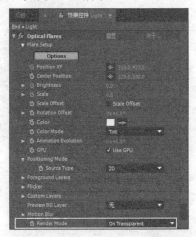

图14-148

13 选择Light图层，执行"效果>颜色校正>色相/饱和度"菜单命令，然后在"效果控件"面板中，修改"主色相"为-200，如图14-149所示。

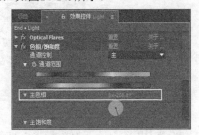

图14-149

14 选择Light图层，执行"效果>风格化>发光"菜单命令，然后在"效果控件"面板中，设置"发光阈值"为30%、"发光半径"为30、"发光强度"为10，如图14-150所示，效果如图14-151所示。

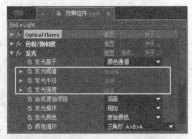

图14-150

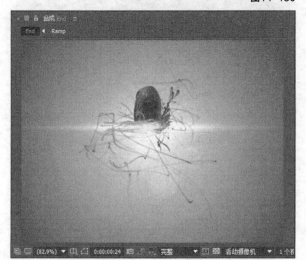

图14-151

15 最后完成遮幅和视觉中心的制作，可以参考上一个案例中的制作方法，这里不再详细讲解。最终效果如图14-152所示。

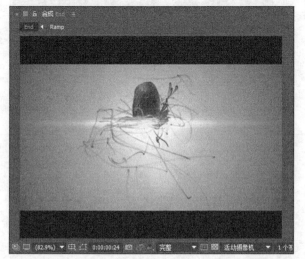

图14-152

14.4.6 输出视频

执行Ctrl+M进行视频输出，在"输出模块"中设置"格式"为QuickTime、"视频编码器"为"动画"，然后在"输出到"属性中，设置视频输出的路径，接着单击"渲染"按钮输出影片，如图14-153所示。

图14-153

14.5 运动的光线

素材位置　实例文件>CH14>运动的光线
实例位置　实例文件>CH14>运动的光线_F.aep
视频位置　多媒体教学>CH14>运动的光线.mp4
难易指数　★★★★☆
技术掌握　镜头动画匹配、光线动画、辅助粒子、色调控制、氛围控制等技术的综合应用

本案例讲解了如何在实拍镜头中添加虚拟的运动光线，其中画面动作的匹配处理是本实例的技术重点，案例的前后对比效果如图14-154所示。

图14-154

14.5.1 调色与动作匹配

01 执行"文件>打开"菜单命令，然后选择素材文件夹中的"运动的光线_I.aep"文件，接着双击"C01"加载该项目合成，如图14-155所示。

图14-155

02 选择C01.mov图层，执行"效果>Magic Bullet Mojo>Mojo"菜单命令，然后在"效果控件"面板中，设置Warm It（色相）为-35、Punch It（亮度）

为-20、Bleach It（饱和度控制）为-30，如图14-156所示。

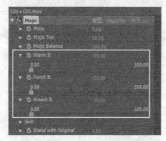

图14-156

03 选择C01.mov图层，执行"效果>颜色校正>曲线"菜单命令，然后在"效果控件"面板中，调整在RGB通道中的曲线，如图14-157所示，效果如图14-158所示。

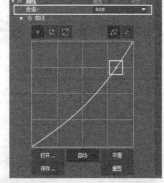

图14-157

图14-158

04 按快捷键Ctrl+Y创建纯色层，然后设置"名称"为Stroke，接着单击"制作合成大小"按钮，最后设置"颜色"为黑色，如图14-159所示。

05 双击C01.mov图层，进入图层面板，如图14-160所示，然后在"跟踪器"面板中，单击"跟踪运动"按钮，在打开的跟踪面板中单击Track Motion（运动

跟踪）按钮并勾选Position（位置）选项，如图14-161所示。

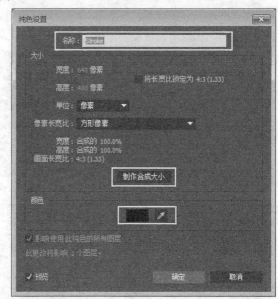

图14-159

图14-160

图14-161

06 将时间指针移动到第1帧后，将跟踪器拖曳到如图14-162所示的位置，然后单击"向前分析"按钮▶，如图14-163所示。

07 解算完成后单击"编辑目标"按钮，然后在"运

动目标"对话框中选择Stroke选项，接着单击"确定"按钮，如图14-164所示，再单击"跟踪器"面板中的"应用"按钮，在打开的"动态跟踪器应用选项"对话框中，选择"X 和 Y"，最后单击"确定"按钮，如图14-165所示。

图14-162　　　　图11-163

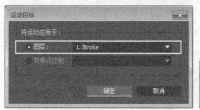

图14-164　　　　图14-165

08 跟踪完成之后，画面会自动进入到合成窗口，如图14-166所示；被跟踪和跟踪的图层上也会自动生成相应的关键帧，如图14-167所示。

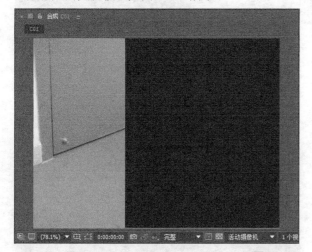

图14-166

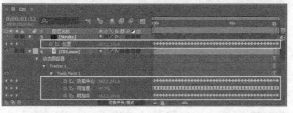

图14-167

14.5.2 制作运动光线与粒子

01 设置Stroke图层的"锚点"为（591，240），如图14-168，然后使用"椭圆工具"  创建一个形状如图14-169所示的蒙版。

图14-168

图14-169

02 选择Stroke图层，执行"效果>Trapcode>3D Stroke（3D描边）"菜单命令，然后在"效果控件"面板中，设置Color（颜色）为（R:0，G:132，B:255）、Thickness（厚度）为0.5、End（结束）为90，如图14-170所示。

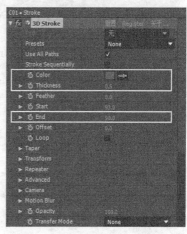

图14-170

03 在Taper（锐化）参数组中，勾选Enable（激活）选项，然后在Transform（变换）参数组中，设置XY Position（xy的位置）为（452，347）、Z Position（z轴位置）为 - 30、X Rotation（x轴旋转）为0× + 100°，如图14-171所示。

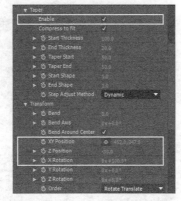

图14-171

04 设置3D Stroke（描边）滤镜的动画关键帧。在第12帧处，设置Start（开始）为93；在第22帧处，设置Start（开始）为79；在第1秒13帧处，设置Start（开始）为64，如图14-172所示，效果如图14-173所示。

图14-172

图14-173

05 选择Stroke图层，执行"效果>风格化>发光"菜单命令，然后在"效果控件"面板中，设置"发光阈值"为35%、"发光半径"为5、"发光强度"为0.2，如图14-174所示。

图14-174

06 选择Stroke图层，执行"效果>生成>梯度渐变"菜单命令，然后在"效果控件"面板中，设置"渐变起点"为（335，291）、"起始颜色"为（R:251，G:224，B:0）、"渐变终点"为（335，500）、"结束颜色"为（R:251，G:224，B:0），如图14-175所示，效果如图14-176所示。

图14-175

图14-176

07 执行"图层>新建>空对象"菜单命令，创建一个空对象层，然后激活"3D图层"选项。根据画面中光线的动画来调整空对象Position（位置）的动画关键帧，如图14-177和图14-178所示。

图14-177

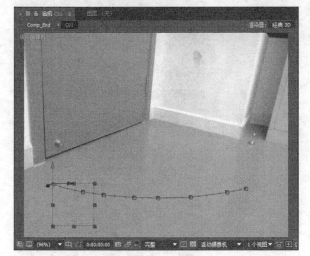

图14-178

08 执行"图层>新建>灯光"菜单命令，然后设置"名称"为Light 1、"灯光类型"为"点"、"颜色"为白色、"强度"为100%，如图14-179所示。

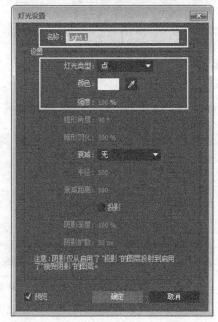

图14-179

09 将Light 1图层作为空对象图层的子物体，使Light 1与空对象图层动作同步，如图14-180所示。

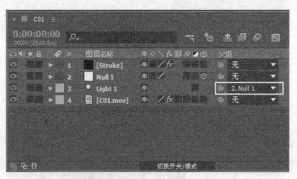

图14-180

10 按快捷键Ctrl+Y创建纯色层，设置"名称"为PA，然后单击"制作合成大小"按钮，接着设置"颜色"为黑色，如图14-181所示。

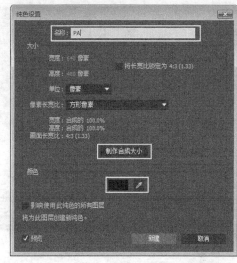

图14-181

11 选择PA图层，执行"效果>Trapcode>Particular（粒子）"菜单命令，然后在"效果控件"面板中，设置在Emitter（发射器）参数组中的Particles/Sec（每秒发射粒子数）为50、Emitter Type（发射器类型）为Light（灯光）、Position Subframe（位置）为10×Linear（10倍线性）、Velocity（初始速度）为10、Velocity Random（随机速度）为0、Velocity Distribution（速度分布）为0.5、Velocity Form Motion [%]（运动速度）为20、Emitter Size X（x轴的发射器尺寸）为27、Emitter Size Y（y轴的发射器尺寸）为25、Emitter Size Z（z轴的发射器尺寸）为0，如图14-182所示。

12 在"效果控件"面板中，单击在"选项"参数，如图14-183所示，然后在打开的Trapcode Particular对话框中，设置Light name starts with（灯光名称）为Light 1，接着单击"OK"按钮，如图14-184所示。

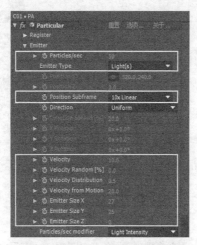

图14-182

图14-183

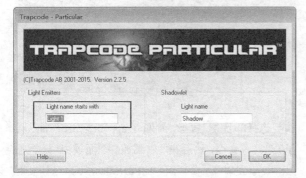

图14-184

13 在"效果控件"面板中，展开Particle（粒子）参数栏，然后设置Life[sec]（生命周期）为1、Life Random[%]（生命周期的随机性）为100、Particle Type（粒子类型）为Glow Sphere（No DOF）（发光球体）、Sphere Feather（球体羽化）为100、Size（大小）为2、Size Random[%]（大小随机值）为100、Size over Life（粒子死亡后的大小）为衰减过渡、Opacity（不透明度）为100、Opacity Random[%]（随机不透明度）为100、Opacity over Life（粒子死亡后的不透明度）为衰减过渡、Color（颜色）为（R:251，G:224，B:0），如图14-185所示。

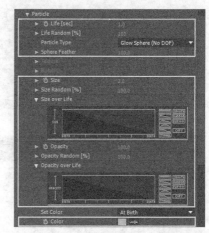

图14-185

14 设置PA图层的混合模式为"相加"，如图14-186所示，效果如图14-187所示。

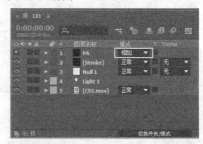

图14-186

图14-187

14.5.3 优化镜头细节

01 按快捷键Ctrl+Y创建纯色层，设置"名称"为"视觉中心"，然后单击"制作合成大小"按钮，接着设置"颜色"为黑色，如图14-188所示，再选择"视觉中心"图层，最后使用"椭圆工具" 绘制一个蒙版，如图14-189所示。

图14-188

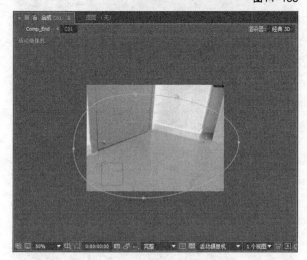

图14-189

02 选择"视觉中心"图层，执行"效果>模糊和锐化>快速模糊"菜单命令，然后在"效果控件"面板中，设置"模糊度"为2，接着勾选"重复边缘像素"选项，如图14-190所示。

图14-190

03 选择"视觉中心"激活"调整图层"选项，然后展开"蒙版"属性，勾选"反选"选项，接着设置"蒙版羽化"为（150，150）、"蒙版不透明度"为88%，如图14-191所示，效果如图14-192所示。

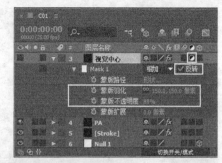

图14-191

图14-192

04 按快捷键Ctrl+Y创建纯色层，设置"名称"为"压脚"，然后单击"制作合成大小"按钮，接着设置"颜色"为黑色，如图14-193所示，再选择"压脚"图层，最后使用"椭圆工具" 绘制一个蒙版，如图14-194所示。

05 选择"压脚"图层，然后展开"蒙版"属性，勾选"反选"选项，接着设置"蒙版羽化"为（150，150），如图14-195所示，效果如图14-196所示。

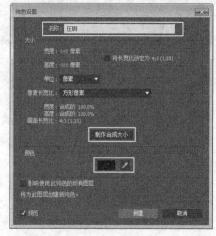

图14-193

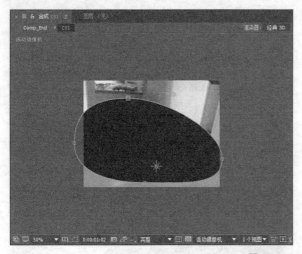

图14-194

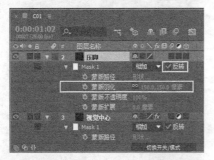

图14-195

图14-196

图14-197

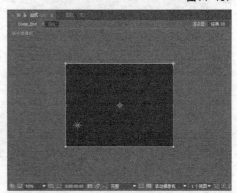

图14-198

图14-199

06 按快捷键Ctrl+Y创建纯色层，设置"名称"为
"遮幅"，然后单击"制作合成大小"按钮，接着
设置"颜色"为黑色，如图14-197所示，再选择"遮
幅"图层，最后使用"矩形工具" 绘制一个蒙版，
如图14-198所示。

07 选择"遮幅"图层，展开图层的"蒙版"属性，
然后勾选"反选"选项，如图14-199示，接着调节遮
罩的大小，效果如图14-200所示。

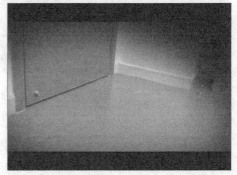

图14-200

14.5.4 制作C02镜头

01 执行"合成>新建合成"菜单命令，然后设置"合成名称"为C02、"宽度"为640、"高度"为480、"像素长宽比"为"方形像素"、"持续时间"为1秒23帧，如图14-201所示。

图14-201

02 执行"文件>导入>文件"菜单命令，然后导入素材文件夹中的C02.mov文件，接着将C02.mov文件拖曳到"时间轴"面板中，如图14-202所示。

图14-202

03 选择C02.mov图层，执行"效果>颜色校正>颜色平衡"菜单命令，然后在"效果控件"面板中，设置其参数，如图14-203所示。

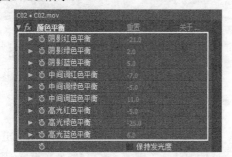

图14-203

04 选择C02.mov图层，执行"效果>颜色校正>色

阶"菜单命令，然后在"效果控件"面板中，设置RGB通道的"输入黑色"为30、"输入白色"为216、"灰度系数"为0.9，如图14-204所示，接着在"蓝色"通道中，设置"蓝色灰度系数"为1.2，如图14-205所示。

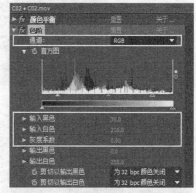

图14-204

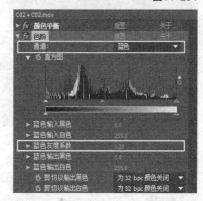

图14-205

05 选择C02.mov图层，执行"效果>颜色校正>曲线"菜单命令，然后在"效果控件"面板中，调整RGB通道中的曲线，如图14-206所示。

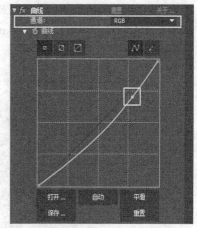

图14-206

06 选择C02.mov图层，执行"效果>模糊和锐化>快速模糊"菜单命令，然后在"效果控件"面板中，

设置"模糊度"为2，接着勾选"重复边缘像素"选项，如图14-207所示，效果如图14-208所示。

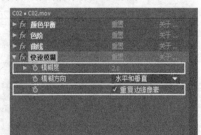

图14-207

图14-208

07 按快捷键Ctrl+Y创建纯色层，设置"名称"为Stroke，然后单击"制作合成大小"按钮，接着设置"颜色"为黑色，如图14-209所示，再选择Stroke图层，最后使用"钢笔工具" 绘制一个蒙版，如图14-210所示。

08 选择Stroke图层，执行"效果>Trapcode>3D Stroke（描边）"菜单命令，然后在"效果控件"面板中，设置Color（颜色）为（R:251，G:224，B:0）、Thickness（厚度）为2、Start（开始）为10，如图14-211所示。

图14-210

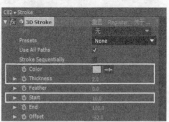

图14-211

09 在Taper（锐化）参数组中，勾选Enable（激活）选项，然后在Repeater（重复）参数组中，勾选Enable（激活）选项，关闭Symmetric Doubler（对称复制）选项，接着设置Instances（重复）为1、Opacity（不透明度）为20、Scale（缩放）为90，如图14-212所示。

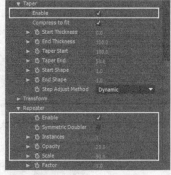

图14-212

10 选择Stroke图层，执行"效果>风格化>发光"菜单命令，然后在"效果控件"面板中，设置"发光阈值"为50%、"发光颜色"为"A和B颜色"，如图14-213所示。

11 设置3D Stroke（描边）滤镜中的Offset（偏移）属性的动画关键帧。在第5帧处，设置Offset（偏移）为-100；在第7帧处，设置Offset（偏移）为-92；在第15帧处，设置Offset（偏移）为-36；在第22帧处，

图14-209

设置Offset（偏移）为-16；在第1秒1帧处，设置Offset（偏移）为2；在第1秒22帧处，设置Offset（偏移）为100，如图14-214所示，效果如图14-215所示。

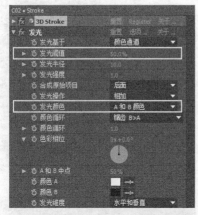

图14-213

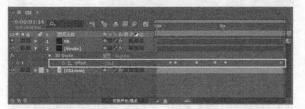

图14-214

图14-215

12 运用C01合成中的方法，制作光线粒子和优化镜头，如图14-216所示，最终效果如图14-217所示。

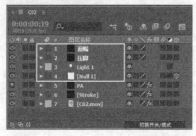

图14-216

图14-217

14.5.5 制作C03镜头

01 执行"合成>新建合成"菜单命令，然后设置然后设置"合成名称"为C03、"宽度"为640、"高度"为480、"像素长宽比"为"方形像素"、"持续时间"为1秒06帧，如图14-218所示。

图14-218

02 执行"文件>导入>文件"菜单命令，然后导入素材文件夹中的C03.mov文件，接着将C03.mov文件拖曳到"时间轴"面板中，如图14-219所示。

图14-219

03 选择C03.mov图层，执行"效果> Magic Bullet Mojo> Mojo"菜单命令，然后在"效果控件"面板中，设置Warm It（色相）为-35、Punch It（亮度）为-20、Bleach It（饱和度控制）为-30，如图14-220所示。

图14-220

04 选择C03.mov图层，执行"效果>颜色校正>曲线"菜单命令，然后在"效果控件"面板中，调整RGB通道中的曲线，如图14-221所示，效果如图14-222所示。

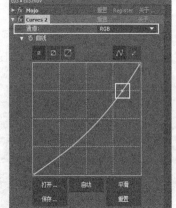

图14-221

图14-222

05 按快捷键Ctrl+Y创建纯色层，设置"名称"为Stroke，然后单击"制作合成大小"按钮，接着设置"颜色"为黑色，如图14-223所示，再选择Stroke图层，最后使用"钢笔工具"绘制一个蒙版，如图14-224所示。

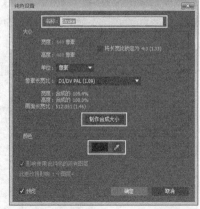

图14-223

图14-224

06 选择Stroke图层，执行"效果>Trapcode>3D Stroke（3D描边）"菜单命令，然后在"效果控件"面板中，设置Color（颜色）为（R:251，G:224，B:0）、Thickness（厚度）为1，如图14-225所示。

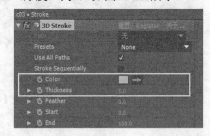

图14-225

07 在Taper（锐化）参数组中，勾选Enable（激活）选项，然后在Transform（变换）参数组中，设置XY Position（xy轴位置）为（262，288）、Z Position（z轴位置）为110、X Rotation（x轴旋转）为0×-33°，接着在Repeater（重复）属性栏中，勾选

Enable（激活）选项，再关闭Symmetric Doubler（对
称复制）选项，最后设置Instances（重复）为2、
Opacity（不透明度）为20、Scale（缩放）为90，如
图14-226所示。

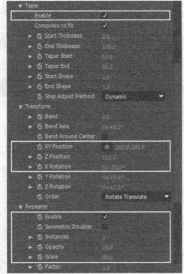

图14-226

图14-228

图14-229

08 选择Stroke图层，执行"效果>风格化>发光"菜
单命令，然后在"效果控件"面板中，设置"发光颜
色"为"A和B颜色混合"，如图14-227所示。

图14-227

09 设置3D Stroke（3D描边）滤镜中的Offset（偏
移）属性的动画关键帧。在第4帧处，设置Offset（偏
移）值为－100；在第5帧处，设置Offset（偏移）为
－94；在第7帧处，设置Offset（偏移）为－91；在第
10帧处，设置Offset（偏移）为－81；在第16帧处，
设置Offset（偏移）为－56；在第20帧处，设置Offset
（偏移）为－29；在第24帧处，设置Offset（偏移）
为－11；在第1秒1帧处，设置Offset（偏移）为0；在
第1秒5帧处，设置Offset（偏移）为100，如图14-228
所示，效果如图14-229所示。

10 选择C03.mov图层，按快捷键Ctrl+D复制图层，
然后把复制的图层拖曳到顶层，接着将其重命名为
Mask，接着使用"钢笔工具" 🖊 根据人物的脚部形状
绘制蒙版，如图14-230所示。由于人物的脚处于运动
状态，因此为蒙版路径设置的动画关键帧，以匹配人
物右脚的运动轨迹，如图14-231所示。

图14-230

图14-231

11 运用C01合成中的方法，制作光线粒子和优化镜头，如图14-232所示，最终效果如图14-233所示。

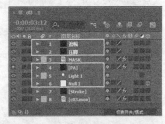

图14-232

图14-233

14.5.6 总合成与视频输出

01 执行"合成>新建合成"菜单命令，然后设置然后设置"合成名称"为Comp_End、"宽度"为640、"高度"为480、"像素长宽比"为"方形像素"、"持续时间"为4秒18帧，如图14-234所示。

图14-234

02 将合成C01、C02和C03拖曳到Comp_End合成的"时间轴"面板中，分别设置它们的时间入点，如图14-235所示。

图14-235

03 执行Ctrl+M进行视频输出，在"输出模块"中设置"格式"为QuickTime、"视频编码器"为"动画"，然后在"输出到"属性中，设置视频输出的路径，接着单击"渲染"按钮输出影片，如图14-236所示。

图14-236

14.6 本章总结

本章主要介绍了使用After Effects的内置功能和外部插件，对实拍的素材进行特效合成。通过本章的学习，将多种特技综合应用在实际的影片制作中，巩固了前面章节的学习内容，也完全地实践了整个特效的制作流程。学习不能仅仅局限在书本的文字上，还需要不断地实际操作和大胆创新，这样才能制作出美轮美奂的特技效果。

After Effects

第 15 章 商业综合实训

本章实例索引

15.1 概述

本章所用插件

Trapcode Form
Trapcode Particular
Trapcode 3D Stroke
Trapcode Starglow

　　After Effects CC自带200多种特效滤镜，还有丰富的特效插件，这使得After Effects拥有强大的特效功能，能够轻松地制作出多类型、多领域的后期项目。优秀的后期处理不仅可以丰富艺术元素，还可以提升商业价值。本章综合运用After Effects的各种滤镜和插件，制作影视、片头和栏目领域的商业项目。

15.2 行星爆炸特效镜头

素材位置　实例文件>CH15>行星爆炸特效镜头
实例位置　实例文件>CH15>行星爆炸特效镜头_F.aep
视频位置　多媒体教学>CH15>行星爆炸特效镜头.mp4
难易指数　★★★☆☆
技术掌握　关键帧动画、光效滤镜等技术的综合运用

　　本实例主要介绍"碎片"和CC Force Motion Blur（CC 强制动态模糊）效果的应用。通过对本实例的学习，读者可以掌握行星爆炸特效的制作方法，效果如图15-1所示。

图15-1

15.2.1 创建合成

01 执行"合成>新建合成"菜单命令，创建一个项目合成，然后设置"宽度"为720、"高度"为480、"像素长宽比"为"方形像素"、"持续时间"为5秒，接着并将其命名为"爆炸"，如图15-2所示。

02 执行"文件>导入>文件"菜单命令，打开素材文件夹中的"背景.psd""素材.mov"和"爆炸.mov"文件，然后把这些文件拖曳到"爆炸"合成的时间轴上，接着设置"爆炸.mov"图层的模式为"相加"，如图15-3所示。

图15-2　　　　　　　　　　图15-3

15.2.2 创建爆炸特效

01 选择"素材"图层，然后使用"椭圆工具"
创建一个椭圆蒙版，修改其基本形状和大小，设置
"蒙版羽化"为50、"蒙版扩展"为-12，如图15-4
和图15-5所示。

图15-4

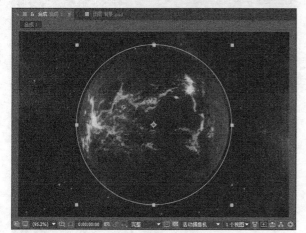

图15-5

02 选择"素材"图层，执行"效果>模拟>碎片"
菜单命令，然后设置"视图"为"已渲染"选项，接
着展开"形状"参数组，设置"图案"为"玻璃"、
"重复"为60、"凸出深度"为0.5，如图15-6所示。

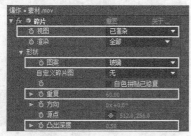

图15-6

03 展开"物理学"参数组，设置"旋转速度"的值
为0.2、"大规模方差"的值为42%、"重力"的值为
1，设置"摄像机系统"为"合成摄像机"选项，如
图15-7所示。

图15-7

04 展开"灯光"参数组，设置"环境光"的值为
0.34，如图15-8所示。

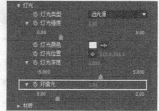

图15-8

05 展开"作用力1"参数组，设置"强度"为8.8，
然后设置"半径"属性的动画关键帧，在第0帧处设
置"半径"为0，选择此关键帧，在按住Ctrl键和Alt
键的同时单击鼠标左键，此时关键帧按钮将变为 形
状；在第2秒处，设置"半径"为0.4，选择此关键帧并按
F9键使该关键帧变成Bezier（贝塞尔曲线）关键帧，接
着设置"视图"为"已渲染"选项，如图15-9所示。

图15-9

06 执行"图层>新建>摄像机"菜单命令，创建一
个名称为Camera 1的摄像机，设置"缩放"的值为
156，如图15-10所示。

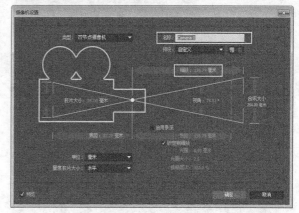

图15-10

07 选择Camera 1图层，设置其"位置"属性的值为（360，240，-844），如图15-11所示。

图15-11

08 执行"图层>新建>调整图层"菜单命令，创建一个调整图层，然后选择调整图层，执行"效果>风格化>发光"菜单命令，接着设置"发光半径"为43.1，如图15-12所示。

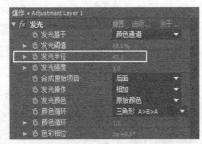

图15-12

15.2.3 创建爆炸冲击波

01 执行"合成>新建合成"菜单命令，创建一个项目合成，然后设置"宽度"为1200、"高度"为1200、"像素长宽比"为"方形像素"、"持续时间"为5秒，接着将其命名为"光环"，如图15-13所示。

图15-13

02 按快捷键Ctrl+Y，创建一个与合成大小一致的纯色图层，图层的颜色为（R:255，G:156，B:0），将

其命名为"光环"。选择"光环"图层，然后使用"椭圆工具" ⬤ 创建一个椭圆遮罩，如图15-14所示。

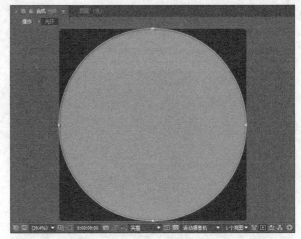

图15-14

03 选择"蒙版1"属性，然后按快捷键Ctrl+D复制一个新蒙版，接着设置"蒙版1"的"蒙版羽化"值为15，设置"蒙版2"的叠加方式为"相减"、"蒙版羽化"为220、"蒙版扩展"为-100，如图15-15所示。

图15-15

04 将"光环"合成导入到"爆炸"合成中，然后打开"光环"图层三维开关，设置混合模式为"相加"，接着展开"光环"属性栏，设置"方向"为（278，16，0），如图15-16所示。

图15-16

05 在第2秒2帧处设置"缩放"为50%、"不透

明度"为0%；在第2秒3帧处设置"不透明度"为100%；在第2秒12帧处设置"不透明度"为100%；在第2秒18帧处设置"缩放"为130%、"不透明度"为0%，如图15-17所示。

图15-17

06 选择"光环"图层，执行"效果>风格化>发光"菜单命令，然后设置"发光半径"的值为247，如图15-18所示。

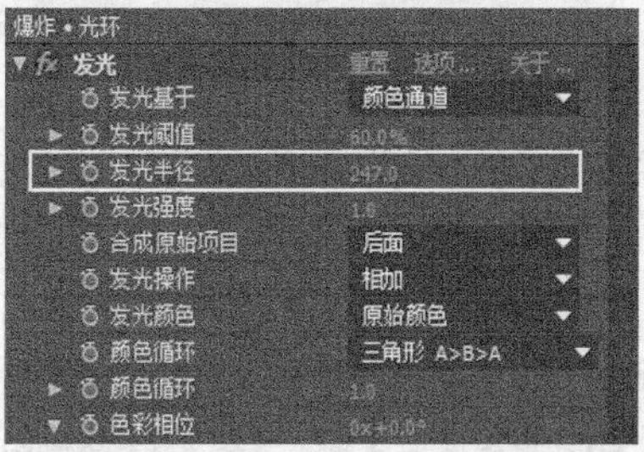

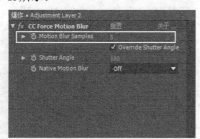

图15-18

07 执行"图层>新建>调整图层"菜单命令，创建一个调整图层，然后选择调整图层，执行"效果>时间>CC Force Motion Blur（CC强制动态模糊）"菜单命令，接着设置Motion Blur Samples（动态模糊取样）为5，如图15-19所示。

图15-19

08 按小键盘上的数字键0，预览最终效果，如图15-20所示。

图15-20

15.2.4 输出与管理

01 按快捷键Ctrl+M进行视频输出，然后在"输出模块设置"对话框中，设置"格式"为QuickTime、"格式选项"为"动画"，接着选择"打开音频输出"选项，最后单击"确定"按钮，如图15-21所示。

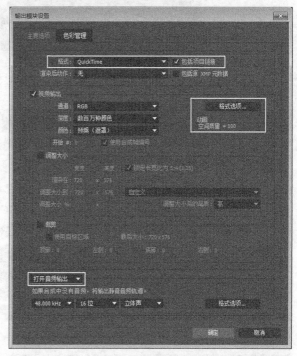

图15-21

02 在"项目"面板中新建两个文件夹，分别命名为"素材"和Solids，然后将所有的素材文件全部拖曳到"素材"文件夹中，最后将所有的纯色层、调整图层文件都拖曳到Solids文件夹中，如图15-22所示。

图15-22

03 对工程文件的进行打包操作。执行"文件>整理工程（文件）>收集文件"菜单命令，然后在"收集文件"对话框中，设置"收集源文件"为"全部"，接着单击"收集"按钮，如图15-23和图15-24所示。

图15-23　　　　　　　　　　　　　　　　　图15-24

15.3 体育节目片头

素材位置　实例文件>CH15>体育节目片头
实例位置　实例文件>CH15>体育节目片头_F.aep
视频位置　多媒体教学>CH15>体育节目片头.mp4
难易指数　★★★★☆
技术掌握　图层混合模式、Light Factory（灯光工厂）滤镜的应用

　　本实例主要介绍了为镜头添加各种光效，包括CC Light Sweep（扫光）、Light Factory（灯光工厂）和Strarglow（星光闪耀），以增加片头的时尚感和绚丽感，效果如图15-25所示。

图15-25

15.3.1 创建合成

`01` 执行"合成>新建合成"菜单命令，然后设置"合成名称"为"导视系统后期制作"、"宽度"为960、高度为486、"像素长宽比"为"方形像素"、"持续时间"为4秒，如图15-26所示。

图15-26

`02` 执行"文件>导入>文件"菜单命令，然后导入素材文件夹中的Logo.mov素材，接着将其添加到"时间轴"面板中，如图15-27所示。

图15-27

15.3.2 添加扫光特效

`01` 选择Logo.mov图层，按快捷键Ctrl+D复制图层，然后将其重命名为Logo_2.mov，接着设置Logo_2.mov图层的混合模式为"屏幕"、"不透明度"为30%，如图15-28所示。

`02` 按快捷键Ctrl+Alt+Y创建一个调整图层，然后执行"效果>生成>CC Light Sweep（扫光）"菜单命令，接着在"效果控件"面板中，设置Width（宽度）为60、Sweep Intensity（扫光强度）为100、Edge Intensity（边缘强度）为200、Light Color（灯光颜色）为（R:230，G:162，B:30），如图15-29所示。

图15-28

图15-29

03 将调整图层的入点时间设置在第2秒10帧处。设置CC Light Sweep（扫光）滤镜中Center（中心）属性的动画关键帧。在第2秒10帧处，设置Center（中心）为（400，180）；在第3秒15帧处，设置Center（中心）为（1080，180），如图15-30所示，效果如图15-31所示。

图15-30

图15-31

15.3.3 优化背景

01 执行"文件>导入>文件"菜单命令，然后导入素材文件夹中的Line.mov素材，接着将其添加到"时间轴"面板中，如图15-32所示。

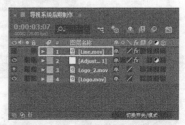

图15-32

02 选择Line.mov图层，执行"效果>颜色校正>灰度系数/基值/增益"菜单命令，然后在"效果控件"面板中，设置"红色灰度系数"为1.3、"绿色灰度系数"为1.2、"蓝色灰度系数"为1.3、"蓝色增益"为0.8，如图15-33所示，效果如图15-34所示。

图15-33

图15-34

03 执行"文件>导入>文件"菜单命令，然后导入素材文件夹中的Plate.mov素材，接着将其添加到"时间轴"面板中，如图15-35所示。

图15-35

04 选择Plate.mov图层，按快捷键Ctrl+D复制图层，然后将复制的图层重命名为Plate_2.mov，接着设置其混合模式为"屏幕"，如图15-36所示，效果如图15-37所示。

图15-36

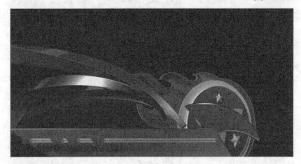

图15-37

05 执行"文件>导入>文件"菜单命令，然后导入素材文件夹中的Lifter.mov素材，接着将其添加到"时间轴"面板中，再选择Lifter图层，执行"效果>模糊和锐化>快速模糊"菜单命令，最后图层属性中，设置"模糊度"为10，如图15-38所示，效果如图15-39所示。

图15-38

图15-39

06 选择Lifter图层，按快捷键Ctrl+D复制图层，然后将复制的图层重新命名为Lifter02，接着删除该图

层中的"快速模糊"滤镜，再选择Lifter02图层，按快捷键Ctrl+D复制图层，并将复制的图层重新命名为Lifter03，最后设置Lifter03图层的混合模式为"屏幕"、"不透明度"为50%，如图15-40所示，效果如图15-41所示。

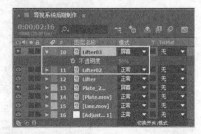

图15-40

图15-41

15.3.4　添加光效

01 执行"文件>导入>文件"菜单命令，然后导入素材文件夹中的Text.mov素材，接着将其添加到"时间轴"面板中，再选择Text.mov图层，执行"效果>Trapcode> Starglow（星光闪耀）"菜单命令，最后在"效果控件"面板中，设置Preset（预设）为Blue（蓝色）、Streak Length（光线长度）为1、Transfer Mode（混合模式）为Color（颜色），如图15-42所示。

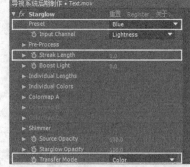

图15-42

02 选择Text.mov图层，然后执行"效果>Trapcode>Shine（扫光）"菜单命令，接着在"效果控件"面板

中，设置Source Point（发光点）为（416，380）、Ray Length（发光长度）为1，再展开Colorize（颜色模式）参数组，设置Colorize（颜色模式）为None（无），最后设置Transfer Mode（混合模式）为Add（叠加）模式，如图15-43所示，效果如图15-44所示。

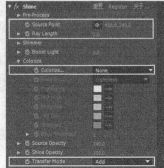

图15-43

图15-44

03 选择Text.mov图层，按快捷键Ctrl+D复制图层，然后将复制的图层重命名为Text02，接着在"效果控件"面板中，删除Shine（扫光）滤镜，如图15-45所示，效果如图15-46所示。

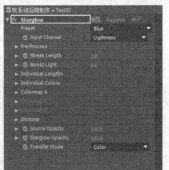

图15-45

图15-46

04 按快捷键Ctrl+Y创建纯色层，然后设置"名称"为G01，接着单击"制作合成大小"，最后设置"颜色"为黑色，如图15-47所示。

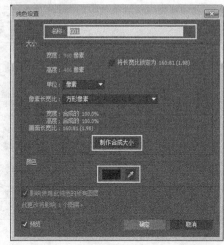

图15-47

05 选择G01图层，执行"效果> Knoll Light Factory> Light Factory（灯光工厂）"菜单命令，然后在"效果控件"面板中，单击"选项"参数打开Knoll Light Factory Lens Designer（镜头光效元素设计）对话框，接着在Lens Flare Presets（镜头光晕预设）面板中，选择Digital Preset（数码预设），如图15-48所示。

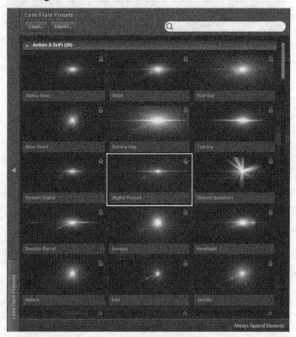

图15-48

06 在Lens Flare Editor（镜头光晕编辑）面板中，隐藏Random Fan、Disc、Star Caustic、PolygonSpread和两个Rectangular Spread镜头元素，如图15-49所示。

357

图15-49

07 选择Glow Ball（光晕球体）镜头光晕元素，在Controls（控制）面板中设置Ramp Scale（渐变缩放）为0.4，然后选择Stripe（条纹）镜头光晕元素，在Controls（控制）面板中设置Length（长度）为0.4，如图15-50所示，最后单击"OK"按钮 。

图15-50

08 将G01图层的混合模式设置为"相加"，根据图15-51所示的Line元素运动路径，设置Light Source Location（光源位置）的动画关键帧。在第3帧处，设置该值为（19，150）；在第15帧处，设置该值为（282，182）；在第21帧处，设置该值为（408，230）；在第24帧处，设置该值为（468，268）；在第1秒3帧处，设置该值为（550，338）；在第1秒5帧处，设置该值为（582，380）；在第1秒6帧处，设置该值为（587，386），如图15-52所示。

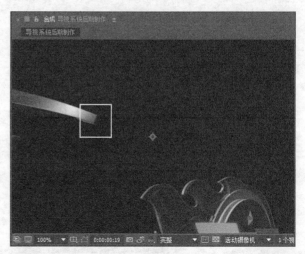

图15-51

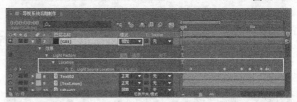

图15-52

09 设置Light Factory（灯光工厂）滤镜中Brightness（亮度）和Scale（缩放）属性的动画关键帧。在2帧处，设置Brightness（亮度）为0、Scale（缩放）为0；在5帧处，设置Brightness（亮度）为100、Scale（缩放）为1；在1秒6帧处，设置Brightness（亮度）为100、Scale（缩放）为1；在1秒7帧处，设置Brightness（亮度）为150、Scale（缩放）为1.1；在1秒8帧处，设置Brightness（亮度）为0、Scale（缩放）为0，如图15-53所示，效果如图15-54所示。

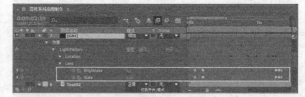

图15-53

图15-54

10 选择G01图层，按快捷键Ctrl+D复制图层，然后将复制的图层重命名为G02，接着删除G02图层中的动画关键帧，如图15-55所示。

图15-55

11 根据图15-56所示的Line元素运动路径，重新设置Light Source Location（光源位置）的动画关键帧。在第7帧处，设置该值为（-6，348）；在第12帧处，设置该值为（54，296）；在第17帧处，设置该值为（153，253）；在第1秒处，设置该值为（391，258）；在第1秒5帧处，设置该值为（496，317）；在第1秒9帧处，设置该值为（516，370）；在第1秒10帧处，设置该值为（523，383）；在第1秒12帧处，设置该值为（523，403）；在第3秒9帧处，设置该值为（-42，403），如图15-57所示。

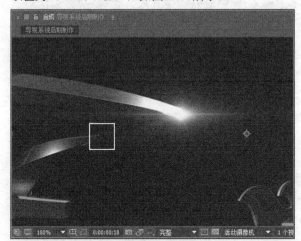

图15-56

图15-57

12 设置Light Factory（灯光工厂）滤镜中Brightness（亮度）和Scale（缩放）属性的动画关键帧。在0帧处，设置Brightness（亮度）为0、Scale（缩放）

为0；在7帧处，设置Brightness（亮度）为80、Scale（缩放）为0.9；在1秒9帧处，设置Brightness（亮度）为80、Scale（缩放）为0.9；在1秒10帧处，设置Brightness（亮度）为120、Scale（缩放）为1；在1秒12帧处，设置Brightness（亮度）为100、Scale（缩放）为1；在2秒24帧处，设置Brightness（亮度）为100、Scale（缩放）为1；在3秒9帧处，设置Brightness（亮度）为0、Scale（缩放）为0，如图15-58所示，效果如图15-59所示。

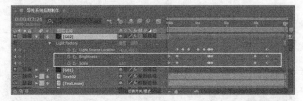

图15-58

图15-59

13 选择G02图层，按快捷键Ctrl+D复制图层，然后将复制的图层重命名为G03，接着选中G03图层，设置第3秒9帧处的Light Source Location（光源位置）为（1086，403），如图15-60所示，效果如图15-61所示。

图15-60

图15-61

14 选择G03图层，按快捷键Ctrl+D复制图层，然后将复制的图层重命名为G04，删除G04图层中的动画关键帧，如图15-62所示。

图15-62

15 设置Light Source Location（光源位置）属性的动画关键帧。在第5帧处，设置该值为（-10，386）；在第11帧处，设置该值为（40，388）；在第1秒5帧处，设置该值为（240，400）；在第2秒19帧处，设置该值为（261，159）；在第2秒21帧处，设置该值为（287，159）；在第2秒24帧处，设置该值为（347，159）；在第3秒3帧处，设置该值为（427，159）；在第3秒7帧处，设置该值为（509，159）；在第3秒12帧处，设置该值为（611，159），如图15-63所示。

图15-63

16 设置Light Factory（灯光工厂）滤镜中Brightness（亮度）和Scale（缩放）属性的动画关键帧。在第5帧处，设置Brightness（亮度）为0、Scale（缩放）为0；在第8帧处，设置Brightness（亮度）为100、Scale（缩放）为0.6；在第1秒2帧处，设置Brightness（亮度）为120、Scale（缩放）为1；在第1秒5帧处，设置Brightness（亮度）为130、Scale（缩放）为1.2；在第1秒7帧处，设置Brightness（亮度）为0、Scale（缩放）为0；在第2秒18帧处，设置Brightness（亮度）为0、Scale（缩放）为0；在第2秒19帧处，设置Brightness（亮度）为110、Scale（缩放）为1.2；在第3秒12帧处，设置Brightness（亮度）为100、Scale（缩放）为1；在第3秒17帧处，设置Brightness（亮度）为0、Scale（缩放）为0，如图15-64所示，效果如图15-65和图15-66所示。

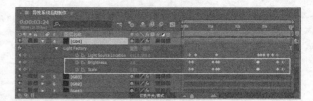

图15-64

图15-65

图15-66

17 按快捷键Ctrl+Y创建纯色层，然后设置"名称"为GL01，接着单击"制作合成大小"，最后设置"颜色"为黑色，如图15-67所示。

图15-67

18 选择GL01图层，执行"效果> Knoll Light Factory> Light Factory（灯光工厂）"菜单命令，然后在"效果控件"面板中，单击"选项"参数打开Knoll Light Factory Lens Designer（镜头光效元素设

计）对话框，接着单击Lens Flare Editor（镜头光晕编辑）面板中的Clear All（清除所有）按钮，再单击Elements（元素）面板中的Disc（圆状）镜头元素，最后设置Middle Ramp Width（内过渡的宽度）为135、Outside Ramp Width（外圈过渡的宽度）为445，如图15-68所示。

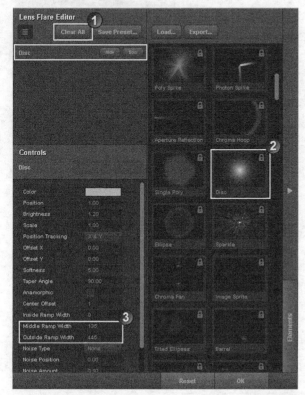

图15-68

19 设置GL01图层的混合模式为"相加"，入点时间在第2秒18帧，然后设置Light Source Location（光源位置）为（260，140），如图15-69所示。

图15-69

20 选择GL01图层，设置Brightness（亮度）、Scale（缩放）的动画关键帧。在第2秒18帧处，设置Brightness（亮度）为0、Scale（缩放）为0；在第2秒19帧处，设置Brightness（亮度）为100、Scale（缩放）为0.2；在第3秒13帧处，设置Brightness（亮度）为129、Scale（缩放）为0.2，如图15-70所示。

图15-70

21 选择GL01图层，按快捷键Ctrl+D复制图层，然后将复制的图层重命名为GL02，接着设置入点时间在第3秒2帧，最后设置Light Source Location（光源位置）为（433，138），如图15-71所示。

图15-71

22 选择GL02图层，按快捷键Ctrl+D复制图层，然后将复制的图层重新命名为GL03，接着设置入点时间在第3秒12帧，最后设置Light Source Location（光源位置）为（607，140），如图15-72所示，效果如图15-73所示。

图15-72

图15-73

15.3.5 输出与管理

01 按快捷键Ctrl+M进行视频输出，然后在"输出模块设置"对话框中，设置"格式"为QuickTime、"格式选项"为"动画"，接着选择

"打开音频输出"选项，最后单击"确定"按钮，如图15-74所示。

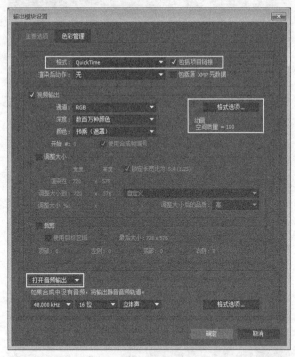

图15-74

02 在"项目"面板中新建两个文件夹，分别命名为"素材"和Solids，然后将所有的素材文件全部拖曳到"素材"文件夹中，然后将所有的纯色层和调整图层文件都拖曳到Solids文件夹中，如图15-75所示。

图15-75

03 对工程文件的进行打包操作。执行"文件>整理工程（文件）>收集文件"菜单命令，然后在"收集文件"对话框中，设置"收集源文件"为"全部"，接着单击"收集"按钮，如图15-76和图15-77所示。

图15-76

图15-77

15.4 新闻节目片头

素材位置	实例文件＞ CH15＞新闻节目片头
实例位置	实例文件＞ CH15＞新闻节目片头_F.aep
视频位置	多媒体教学＞ CH15＞新闻节目片头.mp4
难易指数	★★★★☆
技术掌握	颜色校正、蒙版动画、Optical Flares（光学耀斑）光效等技术的综合运用

本实例主要介绍了如何把分层镜头素材导入After Effects中进行优化合成，其中背景元素的创建与优化、主体元素的优化、辅助元素的处理是本实例的重点，效果如图15-78所示。

图15-78

15.4.1 背景元素

01 执行"合成>新建合成"菜单命令，然后设置"合成名称"为FSN_Comp、"预设"为PAL D1/DV、"持续时间"为1秒5帧,如图15-79所示。

图15-79

02 按快捷键Ctrl+Y创建纯色层,设置"名称"为bg,然后单击"制作合成大小"按钮,接着设置"颜色"为黑色,如图15-80所示。

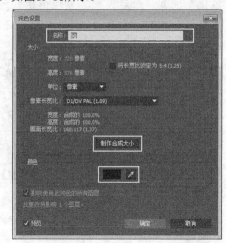

图15-80

03 选择bg图层,执行"效果>生成>四色渐变"菜单命令,然后在"效果控件"面板中,设置"点 1"为(72,58)、"颜色 1"为(R:0,G:6,B:10)、"点 2"为(648,58)、"颜色 2"为(R:1,G:14,B:23)、"点 3"为(72,518)、"颜色 3"为(R:0,G:6,B:10)、"点 4"为(714,576)、"颜色 4"为(R:16,G:83,B:126),如图15-81所示,效果如图15-82所示。

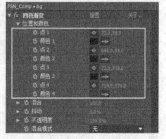

图15-81

图15-82

04 执行"文件>导入>文件"菜单命令,然后导入素材文件夹中的"元素01.mov"素材,接着将其添加到"时间轴"面板中,最后设置该图层的混合模式为"相加",如图15-83所示。

图15-83

05 选择"元素01.mov"图层,按快捷键Ctrl+D复制图层,然后将其重命名为"元素01_2.mov",接着选择"元素01_2.mov"图层,执行"效果>颜色校正>色相/饱和度"菜单命令,再在"效果控件"面板中,勾选"彩色化"选项,最后设置"着色色相"为0×+40°、"着色饱和度"为60,如图15-84所示。

图15-84

06 选择"元素01_2.mov"图层,执行"效果>模糊和锐化>快速模糊"菜单命令,然后在"效果控件"

面板中，设置"模糊度"为3，接着勾选"重复边缘像素"选项，如图15-85所示。

图15-85

07 选择"元素01_2.mov"图层，执行"效果>风格化>发光"菜单命令，然后在"效果控件"面板中，设置"发光阈值"为80%、"发光半径"为30、"发光强度"为2、"颜色循环"为1.8、"颜色 A"为（R:255，G:132，B:0），如图15-86所示。

图15-86

08 设置"元素01_2.mov"图层的"不透明度"为35%，设置"元素01.mov"图层的"不透明度"为30%，如图15-87所示，效果如图15-88所示。

图15-87

图15-88

09 执行"文件>导入>文件"菜单命令，然后导入素材文件夹中的"元素02.mov"素材，接着将其添加到"时间轴"面板中，并设置图层的混合模式为"相加"，如图15-89所示。

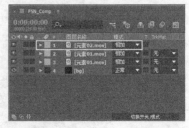

图15-89

10 选择"元素02.mov"图层，按快捷键Ctrl+D复制图层，然后将其重命名为"元素02_2.mov"，接着选择复制的图层，执行"效果>颜色校正>色相/饱和度"菜单命令，再在"效果控件"面板中，勾选"彩色化"选项，最后设置"着色色相"为0×+40°、"着色饱和度"为70，如图15-90所示。

图15-90

11 选择"元素02_2.mov"图层，执行"效果>模糊和锐化>快速模糊"菜单命令，然后在"效果控件"面板中，设置"模糊度"为5，接着勾选"重复边缘像素"选项，如图15-91所示。

图15-91

12 选择"元素02_2.mov"图层，执行"效果>风格化>发光"菜单命令，然后在"效果控件"面板中，设置"发光阈值"为80%、"发光半径"为30、

"发光强度"为3、"颜色A"为（R:255，G:132，B:0），如图15-92所示。

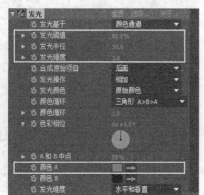

图15-92

13 设置选择"元素02_2.mov"图层的"不透明度"为35%，设置选择"元素02.mov"图层的"不透明度"为35%，如图15-93所示，效果如图15-94所示。

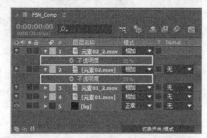

图15-93

图15-94

14 按快捷键Ctrl+Y创建层，然后设置"名称"为"光"，接着单击"制作合成大小"按钮，最后设置"颜色"为黑色，如图15-95所示。

15 选择"光"图层，执行"效果>Video Copilot>Optical Flares（光学耀斑）"菜单命令，然后在"效果控件"面板中，单击"Options"（设置）按钮，如图15-96所示。

图15-95

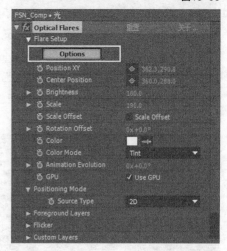

图15-96

16 在打开的Optical Flares Options对话框中，选择在Browser（浏览）面板中的Preset Browser（浏览光效预设）选项，然后选择Light（灯光）文件夹，如图15-97所示，接着选择系统中预设好的Beam（激光），如图15-98所示。

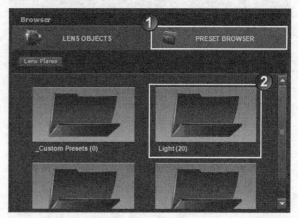

图15-97

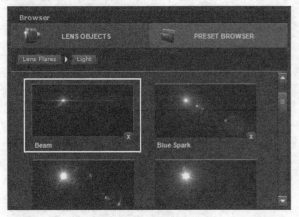

图15-98

17 在Stack（元素库）面板中，保留3个Glow（辉光）、1个Iris（虹膜）、1个Glint（闪光）、1个Sparkle（光亮）和1个Streak（条纹）元素，然后设置第1个Glow的亮度为129.5，第2个Glow的亮度为33.5、缩放为321，第3个Glow的缩放为2，Iris（虹膜）的缩放为53.5，Glint（闪光）的缩放为305，如图15-99所示。

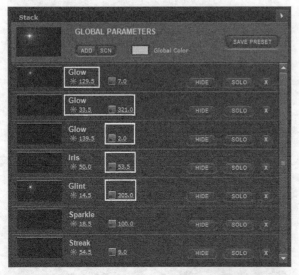

图15-99

18 在Preview(预览)面板中，可看到光效的效果，如图15-100所示，然后单击对话框中右上角的"OK"按钮 OK 。

19 选择"光"图层，然后设置Optical Flares（光学耀斑）属性中的Brightness（亮度）的动画关键帧。在第0帧处，设置Brightness（亮度）为160；在第3帧处，设置Brightness（亮度）为40；在第4帧处，设置Brightness（亮度）为30，如图15-101所示。

图15-100

图15-101

20 选择"光"图层，然后在"效果控件"面板中，设置Optical Flares（光学耀斑）滤镜中的Position XY（xy位置）为（362，290），Scale（缩放）为190，Render Mode（渲染模式）为On Transparent（透明的），如图15-102所示。

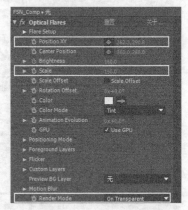

图15-102

15.4.2 主体元素

01 执行"文件>导入>文件"菜单命令，然后导入素材文件夹中的FSN.mov素材，接着将其添加到"时间轴"面板中，如图15-103所示，再选择FSN.mov图层，按快捷键Ctrl+D复制图层，最后将其重命名为FSN_2.mov，如图15-104所示。

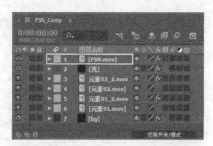

图15-103

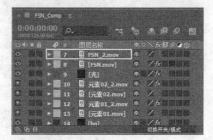

图15-104

02 选择FSN.mov图层，执行"效果>风格化>发光"菜单命令，然后在"效果控件"面板中，设置"发光阈值"为7%、"发光半径"为50、"发光颜色"为"A和B的颜色"、"颜色B"为白色，如图15-105所示。

图15-105

03 选择FSN.mov图层，执行"效果>模糊和锐化>快速模糊"菜单命令，然后"效果控件"面板中，设置"模糊度"为100，接着勾选"重复边缘像素"选项，如图15-106所示。

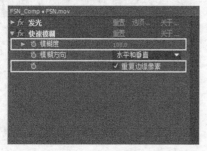

图15-106

04 设置FSN.mov图层的"不透明度"为50%，如图15-107所示，效果如图15-108所示。

图15-107

图15-108

15.4.3 辅助元素

01 执行"文件>导入>文件"菜单命令，然后导入素材文件夹中的"光元素.mov"素材，接着将其添加到"时间轴"面板中，再设置该素材的入点时间在第5帧处，图层混合模式为"屏幕"，最后设置图层的"缩放"为（100，90%）、"旋转"为0×-6°，如图15-109所示。

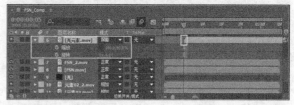

图15-109

02 在第5帧处，设置"位置"为（356，309）；在第20帧处，设置"位置"值为（356，388）；在第1秒4帧处，设置"位置"为（356，423）。设置"缩放"为（100，90%），如图15-110所示。

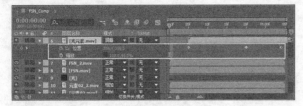

图15-110

03 选择"光元素.mov"图层，使用"钢笔工具" ✐
创建一个遮罩。在12帧处，调整蒙版形状，设置"蒙
版路径"的关键帧，如图15-111所示；接着在13帧
处，调整蒙版的形状，如图15-112所示。

图15-111

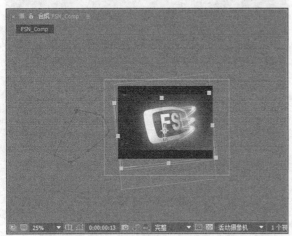

图15-112

04 选择"光元素.mov"图层，设置蒙版的混合模式
为"相减"、"蒙版羽化"为（50，50），如图15-
113所示。

05 选择"光元素.mov"图层，执行"效果> 颜色
校正>色相/饱和度"菜单命令，然后在"效果控件"
面板中，设置"主色相"为0×＋10º，如图15-114所
示，效果如图15-115所示。

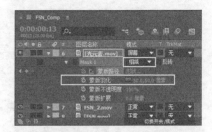

图15-113

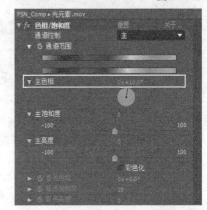

图15-114

图15-115

06 选择"光元素.mov"图层，按快捷键Ctrl+D复
制图层，然后把将复制的图层重新命名为"光元素_
D"，接着将时间指针移到第12帧处，调整该图层中
的蒙版形状，如图15-116所示。

图15-116

07 设置"光元素_D"图层中"缩放"为（100，118%），然后在第5帧处，设置"位置"为（356，397）；在第20帧处，设置"位置"为（356，478），在第1秒4帧处，设置"位置"为（356，517），如图15-117所示。

图15-117

08 选择"光元素_D"图层，按快捷键Ctrl+D复制图层，然后将复制的图层重新命名为"光元素_T"，接着将时间指针移到第12帧处，调整该图层中的蒙版形状，如图15-118所示。

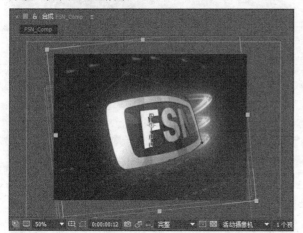

图15-118

09 选择"光元素_T"图层，在第5帧处，设置"位置"为（364，242）；在第20帧处，设置"位置"为（364，325）；在第1秒4帧处，设置"位置"为（364，358），如图15-119所示，效果如图15-120所示。

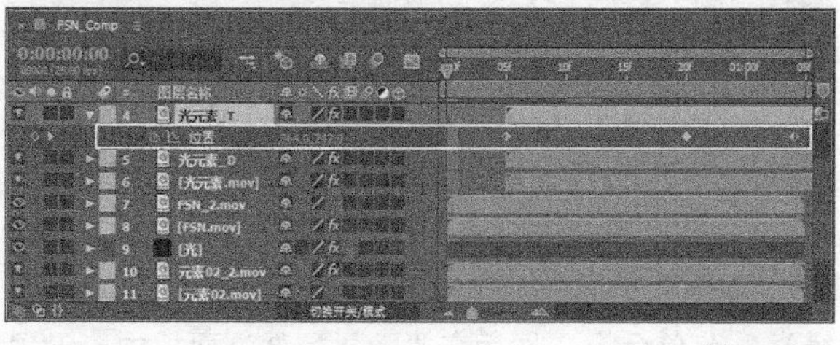

图15-120

15.4.4 细节优化

01 预览画面，可以发现"光元素_T"图层出现了"穿帮"现象，如图15-121所示，接下来进行修补。

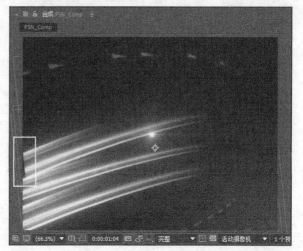

图15-121

02 选择"光元素_T"图层，执行"效果>风格化>动态拼贴"菜单命令，然后在"效果控件"面板中，修改"输出宽度"为103，接着勾选"镜像边缘"选项，如图15-122所示，效果如图15-123所示。

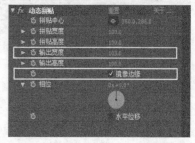

图15-122

图15-119

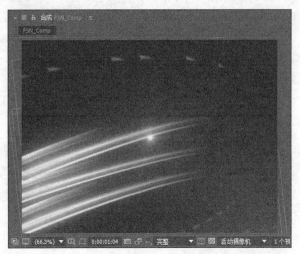

图15-123

03 选择"光"图层,按快捷键Ctrl+D复制图层,然后修改复制的图层重命名称为"光_End",接着将图层移动到顶层,再设置其图层混合模式为"相加",最后设置入点时间在第20帧处,如图15-124所示。

图15-124

04 设置"光_End"图层中Optical Flares(光学耀斑)滤镜的动画关键帧。在第20帧处,设置Position XY(xy位置)为(423,228);在第24帧处,设置Position XY(xy位置)为(240,284);在第1秒1帧处,设置Position XY(xy位置)为(21,356);在第24帧处,设置Brightness(亮度)为20;在第1秒1帧处,设置Brightness(亮度)为200,如图15-125所示。

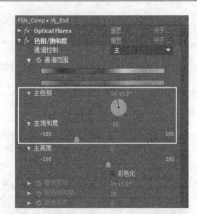

图15-126

06 按快捷键Ctrl+Alt+Y新建一个调整图层,选中该调整图层,然后使用"椭圆工具"○创建一个遮罩,如图15-128所示。

图15-127

05 选择"光_End"图层,执行"效果>颜色校正>色相/饱和度"菜单命令,然后在"效果控件"面板中,设置"主色相"为0×-10°、"主饱和度"为-50,如图15-126所示,效果如图15-127所示。

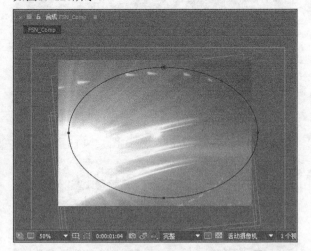

图15-128

07 选择调整图层,执行"效果>模糊和锐化>快速模糊"菜单命令,然后在"效果控件"面板中,设置"模糊度"为5,接着勾选"重复边缘像素"选项,如图15-129所示。

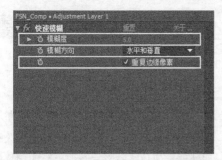

图15-129

08 选择调整图层，展开其面板的属性，然后勾选
"反转"选项，接着设置"蒙版羽化"为（100，
100），如图15-130所示。

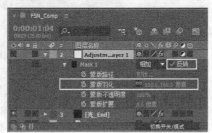

图15-130

09 按快捷键Ctrl+Y创建一个纯色层，设置"名称"
为"遮幅"，然后单击"制作合成大小"按钮，接着
设置"颜色"为黑色，如图15-131所示。

图15-131

10 选择"遮幅"图层，用双击"矩形工具" 创
建一个面板，然后调整蒙版的大小和形状，如图
15-132所示，接着展开"遮幅"图层的蒙版属性，
并勾选"反转"选项，如图15-133示，效果如图
15-134所示。

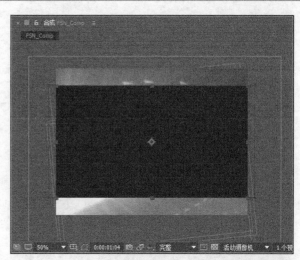

图15-132

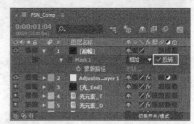

图15-133

图15-134

15.4.5 输出与管理

01 按快捷键Ctrl+M进行视频输出，然后在
"输出模块设置"对话框中，设置"格式"为
QuickTime、"格式选项"为"动画"，接着选择
"打开音频输出"选项，最后单击"确定"按钮，
如图15-135所示。

02 在"项目"面板中新建两个文件夹，分别命名
为Clips和Solids，然后将所有的素材文件全部拖曳到
Clips文件夹中，接着将所有的纯色层和调整图层文件
都拖曳到Solids文件夹中，如图15-136所示。

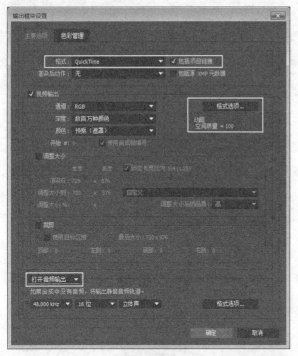

图15-135

图15-136

03 对工程文件的进行打包操作。执行"文件>整理工程（文件）>收集文件"菜单命令，然后在"收集文件"对话框中，设置"收集源文件"为"全部"，接着单击"收集"按钮，如图15-137和图15-138所示。

图15-137

图15-138

15.5 雄风剧场栏目包装

素材位置　实例文件>CH15>雄风剧场栏目包装
实例位置　实例文件>CH15>雄风剧场栏目包装_F.aep
视频位置　多媒体教学>CH15>雄风剧场栏目包装.mp4
难易指数　★★★☆☆
技术掌握　颜色校正、关键帧动画等技术的综合运用

本实例主要介绍合成序列文件的方法，通过对序列进行添加背景、校正颜色和设置关键帧动画等后期处理，使最终的影片表现出简约稳重的效果，切合"雄风剧场"的男性主题，效果如图15-139所示。

图15-139

15.5.1 镜头01的合成

01 执行"文件>导入>文件"菜单命令，在"导入文件"对话框中，打开素材文件夹中的c01渲染序列，然后勾选"Targa序列"和"强制按字母顺序排列"选项，如图15-140所示。

图15-140

02 在"解释素材：C01"对话框中，选择"预乘-有彩色遮罩"选项，然后单击"确定"按钮，如图15-141所示。

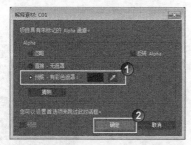

图15-141

03 在"项目"面板中，将C01拖曳到创建合成图标上，系统会根据素材的信息自动创建一个合成，如图15-142所示。

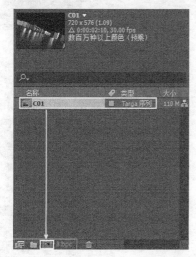

图15-142

04 执行"文件>导入>文件"菜单命令，导入素材文件夹中的WC102.MOV素材，然后将WC102.MOV图层拖曳到C01图层下面，接着修改其"位置"为（360，113）、"缩放"为（198，89%），如图15-143所示。

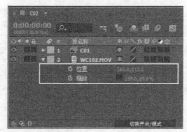

图15-143

05 设置"旋转"属性的动画关键帧。在第0帧处，设置"旋转"为0×＋20°；在第1秒6帧处，设置"旋转"为0×＋0°；在第1秒23帧处，设置"旋转"为0×－14°，如图15-144所示，效果如图15-145所示。

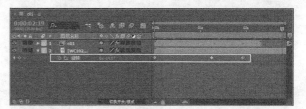

图15-144

图15-145

06 选择WC102.MOV图层，执行"效果>颜色校正>色相/饱和度"菜单命令，然后在"效果控件"面板中，勾选"彩色化"选项后，接着设置"着色色相"为0×＋43°、"着色饱和度"为15，如图15-146所示。

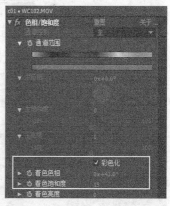

图15-146

07 选择WC102.MOV图层，执行"效果>颜色校正>色阶"菜单命令，然后在"效果控件"面板中，设置"通道"为RGB、"灰度系数"为0.8、"输出白色"为175，如图15-147所示。

08 选择WC102.MOV图层，执行"效果>颜色校正>曲线"菜单命令，然后在"效果控件"面板中，设置RGB通道的曲线，如图15-148所示。

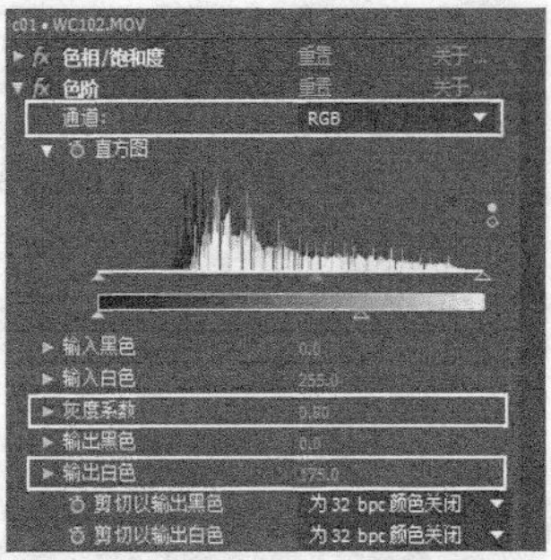

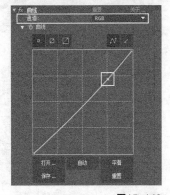

图15-147

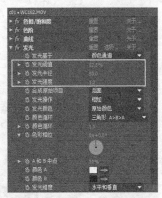

图15-148

09 选择WC102.MOV图层，执行"效果>风格化>发光"菜单命令，然后在"效果控件"面板中，设置"发光阈值"为52.5%、"发光半径"为50、"发光强度"为1.2，如图15-149所示，效果如图15-150所示。

图15-149

图15-150

10 选择C01图层，执行"效果>颜色校正>曲线"菜单命令，然后在"效果控件"面板中，设置RGB通道的曲线，如图15-151所示。

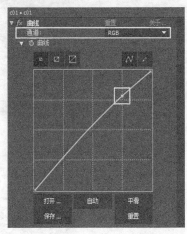

图15-151

11 选择C01图层，执行"效果>颜色校正>色阶"菜单命令，然后在"效果控件"面板中，设置"通道"为RGB、"灰度系数"为1.04，如图15-152所示。

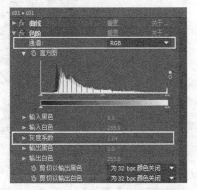

图15-152

12 按快捷键Ctrl+Y，创建一个"名称"为"压角"、"宽度"为720、"高度"为576、"颜色"为黑色的纯色层，如图15-153所示。

图15-153

13 选择"压角"图层，使用"椭圆工具" ◯绘制一个如图15-154所示的蒙版，然后在面板书写栏中勾选"反转"选项，设置"蒙版羽化"为166，如图15-155，效果如图15-156所示。

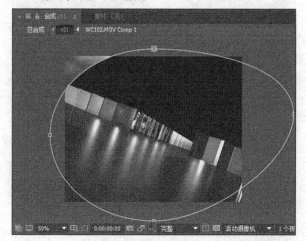

图15-154

图15-155

图15-156

14 选中WC102.MOV图层，按快捷键Ctrl+D复制图层，然后将复制出来的图层拖曳至顶层，如图15-157所示，接着执行"图层>预合成"菜单命令，如图15-158所示。

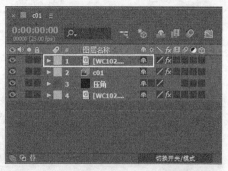

图15-157

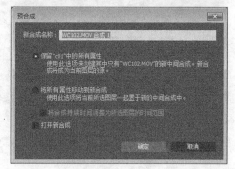

图15-158

15 选中c01图层，按快捷键Ctrl+D复制图层，然后将复制出来的图层拖曳至顶层，接着选择WC102.MOV Comp 1图层，设置"轨道遮罩"为"亮度遮罩c01"，如图15-159所示。

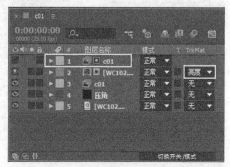

图15-159

16 设置WC102.MOV Comp 1图层的"缩放"为（100，-100%），"不透明度"为30%，如图15-160所示。

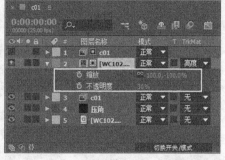

图15-160

17 为WC102.MOV Comp 1图层的蒙版设置动画关键帧。在第0帧处，设置蒙版的形状如图15-161所示；在第17帧处，设置蒙版的形状如图15-162所示；在第23帧处，设置蒙版的形状如图15-163所示；在第1秒9帧处，设置蒙版的形状如图15-164所示。

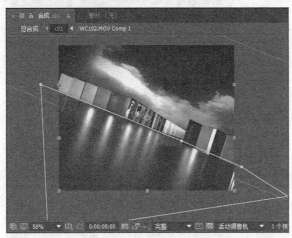

图15-161

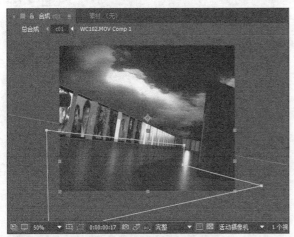

图15-162

图15-163

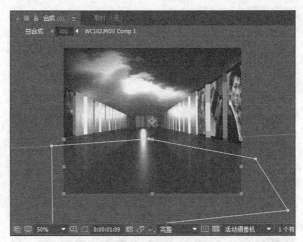

图15-164

15.5.2 镜头02的合成

01 导入素材文件夹中的c02序列，然后在"项目"面板中将c02拖曳到创建合成图标上，创建一个新合成，接着将新增的序列和合成重命名为c02，如图15-165所示。

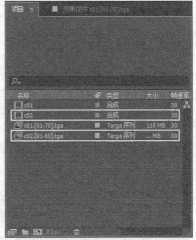

图15-165

02 将WC102.MOV素材拖曳到c02合成的时间轴中，然后将其拖曳到底层，接着设置WC101.MOV图层的"位置"为（373.8，38.3）、"缩放"为（145，100%），如图15-166所示。

图15-166

03 选择WC102.MOV图层，执行"效果>颜色校正>色相/饱和度"菜单命令，然后在"效果控件"面板中，勾选"彩色化"选项后，接着设置"着色色相"为0×+43°、"着色饱和度"为15，如图15-167所示。

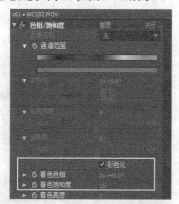

图15-167

04 选择WC102.MOV图层，执行"效果>颜色校正>色阶"菜单命令，然后在"效果控件"面板中，设置"通道"为RGB、"灰度系数"为0.8、"输出白色"为175，如图15-168所示。

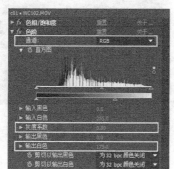

图15-168

05 选择WC102.MOV图层，执行"效果>颜色校正>曲线"菜单命令，然后在"效果控件"面板中，设置RGB通道的曲线，如图15-169所示。

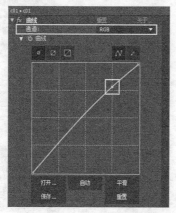

图15-169

06 选择WC102.MOV图层，执行"效果>风格化>发光"菜单命令，然后在"效果控件"面板中，设置"发光阈值"为52.5%、"发光半径"为50、"发光强度"为1.2，如图15-170所示。

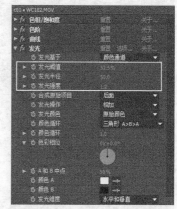

图15-170

07 选择c01图层，执行"效果>颜色校正>曲线"菜单命令，然后在"效果控件"面板中，设置RGB通道的曲线，如图15-171所示。

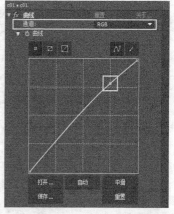

图15-171

08 选择C01图层，执行"效果>颜色校正>色阶"菜单命令，然后在"效果控件"面板中，设置"通道"为RGB、"灰度系数"为1.04，如图15-172所示，效果如图15-173所示。

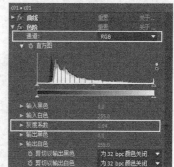

图15-172

图15-173

15.5.3 镜头03的合成

01 导入素材文件夹中的c03序列，然后在"项目"
面板中将c03拖曳到创建合成图标上，创建一个新合
成，接着将新增的序列和合成重命名为c03，如图15-
174所示。

图15-174

02 导入素材文件夹中的WC105B.MOV文件，并将
其拖曳到c03合成的"时间轴"面板中，然后将其拖
曳到底层，接着设置WC105B.MOV图层的"位置"
为（360，206）、"缩放"为（174，100%），如图
15-175所示。

图15-175

03 选择c02合成中的WC102.MOV图层，然后在
"效果控件"控件面板中，选择所有的效果滤镜，按
快捷键Ctrl+C复制，接着选择c03合成中的WC105B.
MOV图层，再按快捷键Ctrl+C粘贴，将WC102.MOV
图层的效果复制到WC105B.MOV图层中，如图15-
176所示，效果如图15-177所示。

图15-176

图15-177

04 选中WC105B.MOV图层，按快捷键Ctrl+D复制
图层，然后将复制出来的图层拖曳至顶层，如图15-
178所示，接着执行"图层>预合成"菜单命令，如图
15-179所示。

图15-178

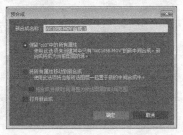

图15-179

05 选中c03图层，按快捷键Ctrl+D复制图层，然后将复制出来的图层拖曳至顶层，接着选择WC105B.MOV Comp 1图层，再设置"轨道遮罩"为"亮度反转遮罩c03"，最后设置WC105B.MOV Comp 1图层的"不透明度"为20%，如图15-180所示，效果如图15-181所示。

图15-180

图15-181

15.5.4 镜头04/05的合成

01 导入素材文件夹中的c04渲染序列，然后在"项目"面板中将c04拖曳到创建合成图标上，创建一个新合成，接着将新增的序列和合成重命名为c04，如图15-182所示。

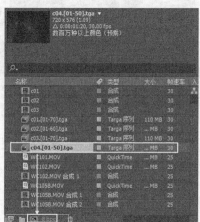

图15-182

02 导入WC105B.MOV素材并将其添加到c04合成的"时间轴"面板中，修改素材的"位置"为（453.9，88.9）、"缩放"为（145，46%），如图15-183所示。

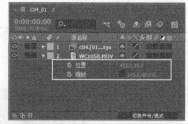

图15-183

03 对素材WC105B.MOV调色，将合成c02中WC101.MOV图层的效果滤镜复制，然后粘贴到c04合成中的WC105B.MOV图层，效果如图15-184所示。

图15-184

04 优化c04图层的色调。选择c04图层，然后执行"效果>颜色校正>曲线"菜单命令，接着在"效果控件"面板中，设置RGB通道的曲线，如图15-185所示。

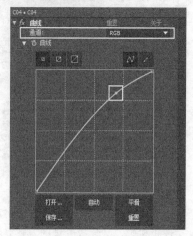

图15-185

05 选择c04图层,按快捷键Ctrl+D复制图层,然后对复制生成的新图层执行"效果>颜色校正>色相/饱和度"菜单命令,接着在"效果控件"面板中,勾选"彩色化"选项,再设置"着色色相"为0×＋42°、"着色饱和度"为41,如图15-186所示,最后设置图层属性"不透明度"为40%,如图15-187所示,效果如图15-188所示。

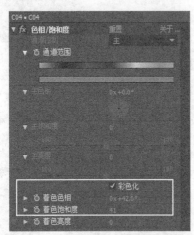

图15-186

图15-187

图15-188

06 "镜头05"与"镜头04"属于同一场景的不同摄像机机位,其合成处理的方式完全一致,这里不再

赘述。处理完毕后的"镜头05"的画面效果,如图15-189所示。

图15-189

15.5.5 镜头06/08的合成

01 执行"合成>新建合成"菜单命令,然后设置"合成名称"为c06创建一个"宽度"为720、"高度"为576、"像素长宽比"为PAL D1/DV,"持续时间"为3秒15帧,如图15-190所示。

图15-190

02 在"项目"面板中,导入素材文件夹中的c07_01和c07_02渲染序列,然后拖曳到c06合成的"时间轴"面板中,接着将c07_01图层放置在底层,如图15-191所示。

图15-191

03 选择c07_2.[10-90].tga图层，然后在第9帧处，设置"不透明度"为100%；在第12帧处，设置"不透明度"为0%，如图15-192所示。

图15-192

04 优化c07_01和c07_02图层的色调，为两个图层都添加"曲线"滤镜，然后在"效果控件"面板中，调节后"曲线"滤镜如图15-193所示，调整后效果如图15-194所示。

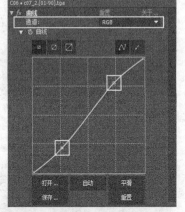

图15-193

图15-194

05 导入WC101.MOV素材并将其添加到c06合成的"时间轴"面板中，然后把WC101.MOV素材图层放到最下面，修改其"位置"为（360，97）、"缩放"为（157，92%），如图15-195所示。

图15-195

06 选择WC101.MOV图层，执行"效果>颜色校正>亮度和对比度"菜单命令，然后在"效果控件"面板中，设置"对比度"为-85，如图15-196所示。

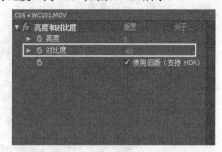

图15-196

07 选择WC101.MOV图层，执行"效果>颜色校正>色相/饱和度"菜单命令，然后在"效果控件"面板中，勾选"彩色化"选项，接着设置"着色色相"为0×＋43°、"着色饱和度"为15，如图15-197所示。

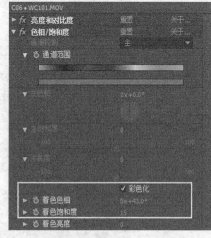

图15-197

08 选择WC101.MOV图层，执行"效果>颜色校正>色阶"菜单命令，然后在"效果控件"面板中，在RGB通道中，设置"输入黑色"为38、"灰度系数"为0.93、"输出白色"为155，如图15-198所示。

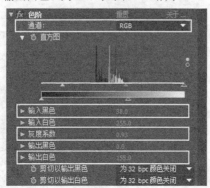

图15-198

09 选择WC101.MOV图层，执行两次"效果>颜色校正>曲线"菜单命令，然后在"效果控件"面板中，分别调整两个滤镜的RGB通道曲线，如图15-199和图15-200所示，效果如图15-201所示。

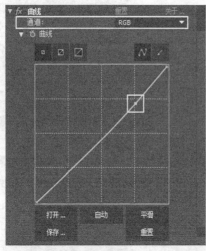

图15-199

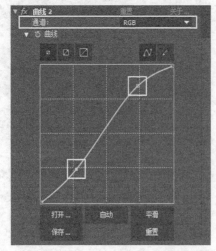

图15-200

图15-201

10 选择WC101.MOV图层，按快捷键Ctrl+D复制图层，然后将复制出来的图层拖曳至顶层，如图15-202所示，接着对复制的图层执行"图层>预合成"菜单命令，如图15-203所示。

图15-202

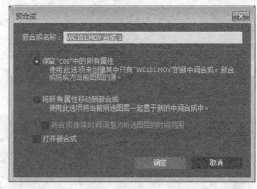

图15-203

11 选中c07_2图层，按快捷键Ctrl+D复制图层，然后将复制出来的图层拖曳至顶层，接着选择WC101.MOV Comp 1图层，再设置"轨道遮罩"为"亮度反转遮罩 c07_2"，最后设置WC101.MOV Comp 1图层的"不透明度"为30%，如图15-204所示，效果如图15-205所示。

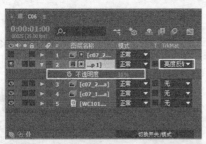

图15-204

图15-205

12 执行"文件>导入>文件"菜单命令，导入素材文件夹中的02.mov素材，然后将02.mov添加到c06合成的"时间轴"面板中，如图15-206所示。

图15-206

13 选择02.mov图层，然后在第18帧处，设置"不透明度"为100%；在第1秒3帧处，设置"不透明度"为0%，接着设置混合模式为"相加"，如图15-207，效果如图15-208所示。

图15-207

图15-208

14 "镜头08"与"镜头06"属于同一场景的不同摄像机机位，其合成处理的方式完全一致，合成之后的"镜头08"画面效果，如图15-209所示。

图15-209

15.5.6 镜头总合成

01 执行"合成>新建合成"菜单命令，然后设置"合成名称"为"总合成"、"预设"为PAL D1/DV、"持续时间"为15秒，如图15-210所示。

图15-210

02 将合成c01、c02、c03和c04添加到"总合成"的"时间轴"面板中，然后从c01依次向下排列到c04，如图15-211所示。

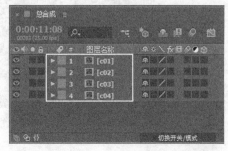

图15-211

03 设置c02的入点时间在第2秒19帧处，然后设置c03的入点时间在第5秒4帧处，接着设置c04的入点时间在第7秒24帧处，如图15-212所示。

图15-212

04 设置c01在第2秒18帧处的"不透明度"为100%；在第2秒21帧处的"不透明度"值为0%，然后设置c02在第5秒3帧处的"不透明度"为100%；在第5秒6帧处的"不透明度"值为0%，接着设置c03在第7秒23帧处的"不透明度"为100%；在第8秒3帧处的"不透明度"为0%，如图15-213所示。

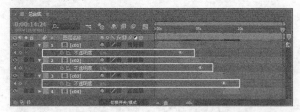

图15-213

05 将合成c05添加到"总合成"的"时间轴"面板中，设置c05的入点时间在第9秒21帧处，出点时间时间在第10秒19帧处，如图15-214所示。

图15-214

06 将合成c06和c08添加到"总合成"的"时间轴"面板中，然后设置c06的入点时间在第10秒19帧处，出点时间在第11秒5帧处，接着设置c08的入点时间在第11秒5帧处，如图15-215所示。

图15-215

07 添加一个合成c06到"总合成"的"时间轴"面板中，然后将其拖曳到底层，设置其入点时间在第11秒12帧处，如图15-216所示。

图15-216

08 导入素材文件夹中的Audio.mp3声音素材，将其添加到"总合成"的"时间轴"面板中，然后将其拖曳到底层，如图15-217所示。

图15-217

15.5.7 输出与管理

01 按快捷键Ctrl+M进行视频输出，然后在"输出模块设置"对话框中，设置"格式"为QuickTime、"格式选项"为"动画"，接着选择"打开音频输出"选项，最后单击"确定"按钮，如图15-218所示。

02 在"项目"面板中新建3个文件夹，然后分别命名为Comp、Mov和TGA，接着将所有的序列文件都拖曳到TGA文件夹中，再将所有的Mov视频素材都拖曳到Mov文件夹中，最后将所有的合成文件（除总合成外）都拖曳到Comp文件夹中，如图15-219所示。

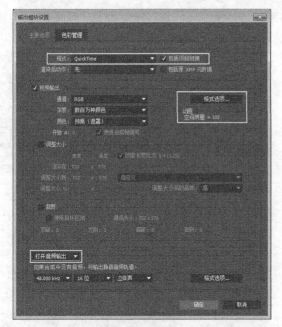

图15-218

图15-219

03 对工程文件的进行打包操作。执行"文件>整理工程（文件）>收集文件"菜单命令，然后在"收集文件"对话框中，设置"收集源文件"为"全部"，接着单击"收集"按钮，如图15-220和图15-221所示。

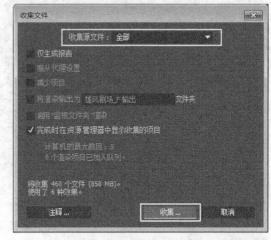

图15-220

图15-221

15.6 体育播报栏目包装

素材位置　实例文件>CH15>体育播报栏目包装
实例位置　实例文件>CH15>体育播报栏目包装_F.aep
视频位置　多媒体教学>CH15>体育播报栏目包装.mp4
难易指数　★★★☆☆
技术掌握　蒙版动画、颜色校正、Starglow（星光闪耀）光效等技术的综合运用

本实例主要介绍在After Effects中处理Maya渲染的序列文件，以及对序列文件进行玻璃质感画面的合成和光线置换等技法，效果如图15-222所示。

图15-222

15.6.1 镜头01的合成

01 执行"合成>新建合成"菜单命令，然后设置"合成名称"为C_01、"预设"为PAL D1/DV，"持续时

间"为3秒8帧,如图15-223所示。

图15-223

02 执行"文件>导入>文件"菜单命令,导入素材文件夹中的BG01.jpg素材,然后将其添加到"时间轴"面板中,如图15-224所示。

图15-224

03 执行"文件>导入>文件"菜单命令,导入素材文件夹中的c_01.tga序列素材,然后将其添加到"时间轴"面板中,如图15-225所示。

图15-225

04 选择该图层,执行"图层>时间>启用时间重映射"菜单命令,然后在第0帧处,设置"时间重映射"为1秒10帧;在第2秒21帧处,设置"时间重映射" 为4秒;在第3秒7帧处,设置"时间重映射"为4秒13帧,如图15-226所示。

图15-226

05 选择c_01图层,将其重命名为"模糊层03",然后选中"模糊层03"图层,接着按4次快捷键Ctrl+D复制图层,再把复制生成的新图层分别重命名为"模糊层02""模糊层01""Glow层"和"原始层",最后将这5个图层的图层混合模式设置为"相加",如图15-227所示。

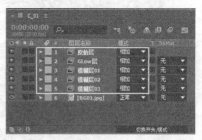

图15-227

06 设置"模糊层03"图层的"缩放"为(120,120%)、"不透明度"为5%,然后设置"模糊层02"图层的"缩放"为(110,110%)、"不透明度"为5%,接着设置"原始层"图层的"不透明度"为20%,如图15-228所示。

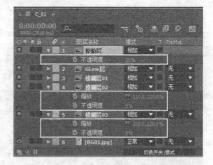

图15-228

07 选择"模糊层03"图层,执行"效果>模糊和锐化>快速模糊"菜单命令,然后在"效果控件"面板中,设置"模糊度"为1,接着勾选"重复边缘像素"选项,如图15-229所示。

08 选择"模糊层03"图层中的"快速模糊"滤镜,然后按快捷键Ctrl+C进行复制,接着选择"模糊层

01"和"模糊层02"图层,按快捷键Ctrl+V粘贴滤镜,如图15-230和图15-231所示。

图15-229

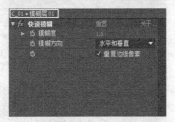

图15-230

图15-231

09 选择"Glow层"图层,执行"效果>Trapcode>Starglow(星光闪耀)"菜单命令,然后在"效果控件"面板中,设置Pre-Process(预处理)参数组下的Threshold(阈值)为150,接着设置Streak Length(光线长度)为5、Boost Light(星光亮度)为10、Starglow Opacity(星光特效不透明度)为35、Transfer Mode(混合模式)为Screen(屏幕),如图15-232所示。

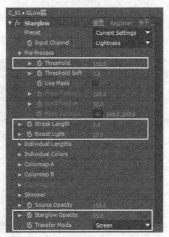

图15-232

10 在Colormap A(颜色A)参数组中,设置Preset(预设)为One Color(单一颜色)、Color(颜色)为(R:189,G:228,B:255),然后在Colormap B(颜色B)参数组中,设置Preset(预设)为One Color(单一颜色)、Color(颜色)为(R:255,G:166,B:0),最后在Shimmer(微光)参数组中,设置Amount(数量)为5,如图15-233所示,画面预览效果如图15-234所示。

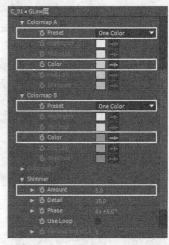

图15-233

图15-234

11 按快捷键Ctrl+Y创建一个纯色层,然后设置"名称"为"光效"、"颜色"为黑色,接着单击"制作合成大小"按钮,如图15-235所示。

12 选择"光效"图层,执行"效果> Knoll Light Factory(灯光工厂)> Light Factory(灯光工厂)"菜单命令,然后在"效果控件"面板中单击"选项"按钮,如图15-236所示。

图15-235

图15-236

13 在打开Knoll Light Factory Lens Designer（镜头光效元素设计）对话框中，将鼠标指针移至对话框右侧的三角图标◀处，然后双击Built-in Elements（元素中建造）卷展栏中的Chroma Hoop（色环）选项，如图15-237所示。

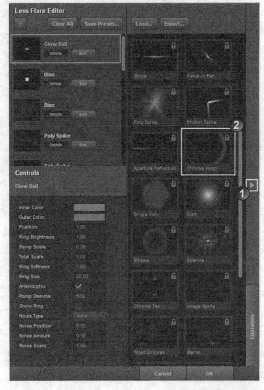

图15-237

14 在（镜头光晕编辑）区域中，单击Chroma Hoop（色环）选项中的Solo按钮，然后在Controls（控制）区域中，设置Apogee Scale（最大缩放）为0.6、Density（密度）为8、Noise（噪波）为12，最后单击"OK"按钮，如图15-238所示。

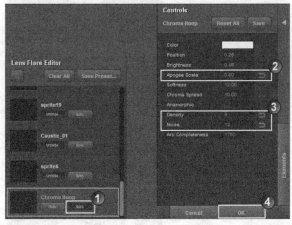

图15-238

15 将"光效"图层的混合模式修改为"相加"，设置Light Source Location（光源位置）和Scale（缩放）属性的动画关键帧。在第0帧处，设置Light Source Location（光源位置）为（570，180）；在第3秒7帧处，设置Light Source Location（光源位置）为（400，100）；在第2秒21帧处，设置Scale（缩放）为2；在第3秒7帧处，设置Scale（缩放）值为3，如图15-239所示。

图15-239

16 选择"光效"图层，执行"效果>颜色校正>色相/饱和度"菜单命令，然后在"效果控件"面板中，勾选"彩色化"选项，接着设置"着色色相"为0×＋200°、"着色饱和度"为66、"着色亮度"为-20，如图15-240所示，画面的预览效果如图15-241所示。

图15-240

图15-241

17 执行"文件>导入>文件"菜单命令，导入素材文件夹中的Light.jpg素材，然后将其添加到"时间轴"面板中，接着将图层的混合模式设置为"相加"，如图15-242所示。

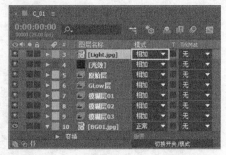

图15-242

18 选择Light.jpg层，设置"位置"和"缩放"属性的动画关键帧。在第0帧处，设置"位置"为（360，288）、"缩放"为（100，100%）；在第3秒7帧处，设置"位置"为（416，288）、"缩放"为（118，118%），如图15-243所示。

图15-243

19 按快捷键Ctrl+Alt+Y创建一个调整图层，将其命名为"视觉中心"，然后使用"椭圆工具" 创建一个椭圆蒙版，如图15-244所示，接着展开蒙版属性，勾选"反转"选项，最后设置"蒙版羽化"为（50，50），如图15-245所示。

图15-244

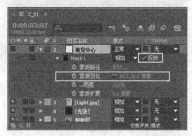

图15-245

20 选择"视觉中心"图层，执行"效果>模糊和锐化>快速模糊"菜单命令，然后在"效果控件"面板中，设置"模糊度"为2，勾选"重复边缘像素"选项，如图15-246所示。

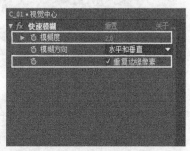

图15-246

21 执行"文件>导入>文件"菜单命令，导入素材文件夹中的Lens.mov素材，然后将其添加到"时间轴"面板中，接着将该图层的混合模式设置为"相加"，如图15-247所示，画面的预览效果如图15-248所示。

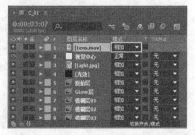

图15-247

图15-248

15.6.2 镜头02/03的后期合成

01 执行"合成>新建合成"菜单命令，然后设置
"名称"为Time remap、"预设"为PAL D1/DV、
"持续时间"为9秒，如图15-249所示。

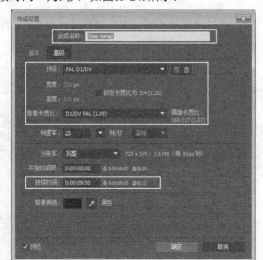

图15-249

02 执行"文件>导入>文件"菜单命令，导入素材
文件夹中的c0203.mov素材，然后将其添加到"时间
轴"面板中，接着执行"图层>时间>时间重映射"菜
单命令，如图15-250所示。

图15-250

03 为c0203.mov图层设置关键帧动画。在第0帧处，
设置"时间重映射"为第0帧；在第2秒处，设置"时
间重映射"为第1秒24帧；在第3秒处，设置"时间重
映射"为第4秒23帧；在第5秒处，设置"时间重映
射"为第8秒4帧；在第6秒处，设置"时间重映射"
为第10秒5帧；在第8秒处，设置"时间重映射"为第
12秒5帧；在第8秒24帧处，设置"时间重映射"为第13秒
24帧，如图15-251所示。

图15-251

04 执行"合成>新建合成"菜单命令，设置"合成
名称"为c_0203、"预设"为PAL D1/DV、"持续时
间"为6秒13帧，如图15-252所示。

图15-252

05 导入Light.jpg和BG01.jpg素材到c_0203合成的
"时间轴"面板中，然后新建一个名为"光效"的纯
色层，接着参照"镜头01"合成中对应的图层，对
Light.jpg、BG01.jpg和光效图层进行设置，效果如图
15-253所示。

06 将Time remap合成添加到c_0203合成中，然后选
择Time remap图层，执行"图层>时间>时间重映射"
菜单命令，接着在第0帧处，设置"时间重映射"为
第0帧；在第5秒18帧处，设置"时间重映射"为第5
秒18帧；在第5秒19帧处，设置"时间重映射"为第8

秒6帧；在第6秒12帧处，设置"时间重映射"为第9秒，如图15-254所示。

图15-253

图15-254

07 选择Time remap图层，按快捷键Ctrl+D复制图层，然后将复制生成的新图层重命名为Glow，如图15-255所示。

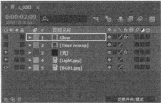

图15-255

08 选择Glow图层，执行"效果>颜色校正>色阶"菜单命令，然后在"效果控件"面板中，设置"灰度系数"为0.17、"输出白色"为86，如图15-256所示。

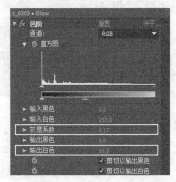

图15-256

09 选择Glow图层，执行"效果>风格化>发光"菜单命令，然后在"效果控件"面板中，设置"发光阈值"为10%、"发光半径"为89、"发光强度"为3、"发光颜色"为"A和B颜色"、"颜色B"为（R:58，G:164，B:255），如图15-257所示。

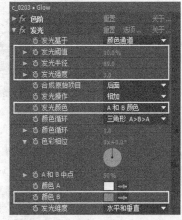

图15-257

10 选择Glow图层，然后设置Glow图层的混合模式为"屏幕"、"不透明度"为50%，接着设置Time remap图层的混合模式为"相加"，如图15-258所示，画面预览效果如图15-259所示。

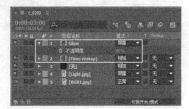

图15-258

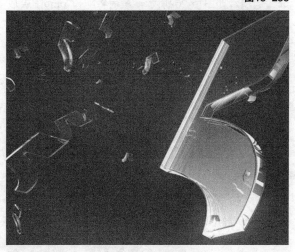

图15-259

11 选择Time remap图层，按快捷键Ctrl+D复制图层，然后将复制生成的新图层重命名为Dis，接着为Dis图层执行"效果>模糊和锐化>CC Vector Blur（CC矢量模糊）"菜单命令，最后在"效果控件"面板中，设置"Type（类型）"为Constant Length（定长）、"Amount（数量）"为100、"Ridge Smoothness（平滑）"为5、"Map Softness（贴图柔化）"为30，如图15-260所示。

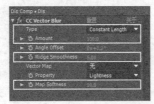

图15-260

12 选择Time remap图层，执行"效果>颜色校正>色阶"菜单命令，然后在"效果控件"面板中，设置"灰度系数"为0.6，如图15-261所示。

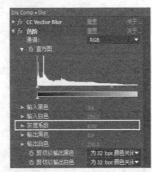

图15-261

13 选择Dis图层，执行"图层>预合成"菜单命令，然后在打开的"预合成"对话框中，设置"新合成名称"为Dis Comp，再选择"将多有属性移动到新合成"选项，如图15-262所示，最后将Dis Comp图层放到底层，如图15-263所示。

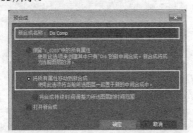

图15-262

图15-263

14 按快捷键Ctrl+Alt+Y创建一个调整图层，然后使用"椭圆工具"创建一个椭圆蒙版，接着为蒙版形状制作关键帧动画，在第1秒22帧处，设置蒙版的形状，如图15-264所示；在第3秒处，设置蒙版的形状，如图15-265所示。

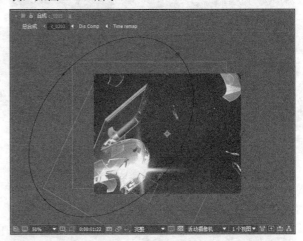

图15-264

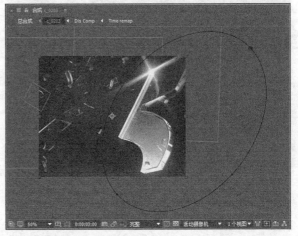

图15-265

15 选择调整图层，然后在蒙版的属性中勾选"反转"选项，接着设置"遮罩羽化"为（25，25），如图15-266所示。

图15-266

16 选择调整图层，执行"效果>模糊和锐化>快速模糊"菜单命令，然后在"效果控件"面板中，设置"模糊度"为3，接着勾选"边缘像素重复"选项，如图15-267所示。

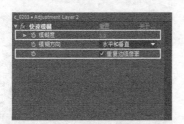

图15-267

17 执行"图层>新建>空对象"菜单命令,创建出一个空对象,然后设置空对象的动画关键帧来匹配镜头中主体元素的运动,如图15-268所示,预览效果如图15-269所示。

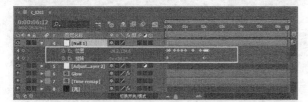

图15-268

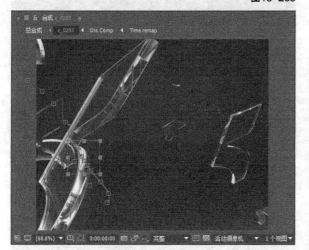

图15-269

18 执行"文件>导入>文件"菜单命令,导入素材文件夹中的Light_dis.jpg素材,然后将其添加到"时间轴"面板中,接着修改该图层的混合模式为"相加",最后将该图层设置为Null 1(空对象图层)的子物体,如图15-270所示。

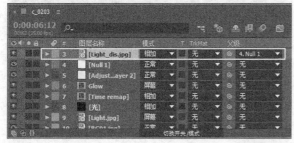

图15-270

19 选择Light_dis.jpg图层,执行"效果>扭曲>置换图"菜单命令,然后在"效果控件"面板中,设置"置换图层"为11.Dis Comp、"最大水平置换"为30、"最大垂直置换"为-30、"置换图特性"为"伸缩对应图以适应",接着勾选"重复边缘像素"选项,如图15-271所示。

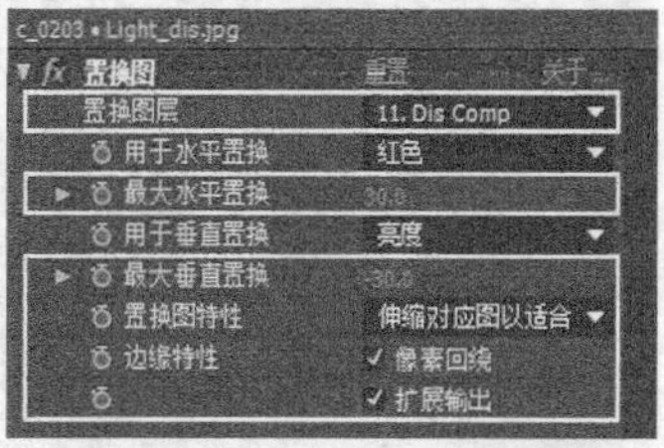

图15-271

20 选择Light_dis.jpg图层,设置"锚点"为(648,249),如图15-272所示,画面预览效果如图15-273所示。

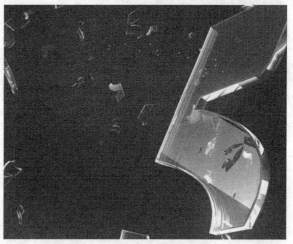

图15-272

图15-273

21 选择Light_dis.jpg图层,然后设置Light_dis.jpg图层的出点时间在第2秒12帧处。使用同样的方法完成右侧光效置换的制作,如图15-274所示,画面预览效果如图15-275所示。

图15-274

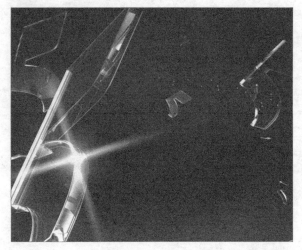

图15-275

15.6.3 定版镜头合成

01 执行"合成>新建合成"菜单命令，然后设置
"合成名称"为from、"预设"为PAL D1/DV、"持
续时间"为10秒，如图15-276所示。

图15-276

02 执行"文件>导入>文件"菜单命令，导入素材
文件夹中的"定版.tga"素材，然后将其添加到"时
间轴"面板中，接着选择该素材，使用"矩形工
具"▢添加一个蒙版，如图15-277所示。

03 设置蒙版属性的动画关键帧。在第5帧处，设置
蒙版的形状如图15-278所示；在第3秒处，设置蒙版
的形状如图15-279所示，然后设置"蒙版羽化"为
（80，80），如图15-280所示。

图15-277

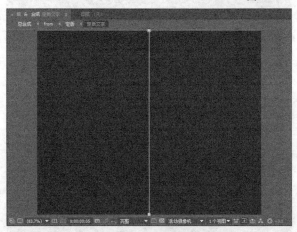

图15-278

图15-279

图15-280

04 选择"定版"图层,然后执行"图层>预合成"菜单命令,接着设置"新合成名称"为"定版文字",再选择"将所有属性移动到新合成"选项,最后单击"确定"按钮,如图15-281所示。

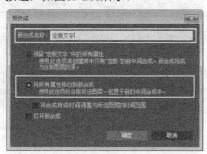

图15-281

05 执行"合成>新建合成"菜单命令,然后设置"合成名称"为"渐变"、"预设"为PAL D1/DV、"持续时间"为10秒,如图15-282所示。

图15-282

06 按快捷键Ctrl+Y新建一个白色的纯色层,然后"矩形工具" 📷 为纯色层添加一个蒙版,接着在图层属性中,勾选"反转"选项,最后设置"蒙版羽化"为(100,100),如图15-283所示。

图15-283

07 选择纯色层,然后设置蒙版形状的关键帧动画。在第5帧处,设置蒙版的形状如图15-284所示;第3秒处,设置蒙版的形状如图15-285所示。

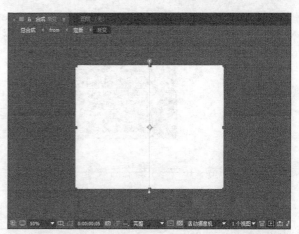

图15-284

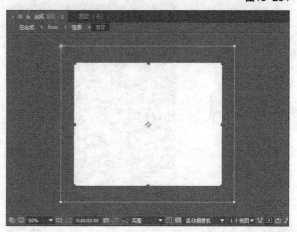

图15-285

08 将"渐变"合成拖曳到from合成中,最后锁定并关闭该图层的显示,这样就完成了from粒子发射的区域控制,如图15-286所示。

图15-286

09 按快捷键Ctrl+Y新建一个名为Form的黑色纯色层,然后选择Form图层,执行"效果>Trapcode >Form(形状)"菜单命令,接着在"效果控件"面板中,设置Base Form(形态基础)参数组下的Base Form(形态基础)为Box-Strings(串状立方体)、Size X(x轴大小)为800、Size Y(y轴大小)为576、Size Z(z轴大小)为20,如图15-287所示。

图15-287

图15-290

10　设置Strings in Y（y轴上的线条数）为576、Strings in Z（z轴上的线条数）为1，然后设置String Settings（线条数设置）参数组下的Density（密度）为30，如图15-288所示。

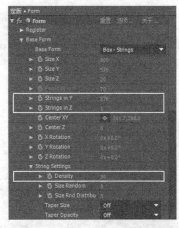

图15-288

11　展开Layer Maps（图层贴图）参数组，然后设置在Color and Alpha（颜色和通道）下的Layer（图层）为"5.定版文字"、Functionality（功能）为RGBA to RGBA（颜色和通道到颜色和通道）、Map Over（贴图覆盖）为XY，接着设置Fractal Strength（分形强度）下的Layer（图层）为"6.渐变"、Map Over（贴图覆盖）为XY，最后设置Disperse（分散）下的Layer（图层）为"6.渐变"，Map Over（贴图覆盖）为XY，如图15-289所示，效果如图15-290所示。

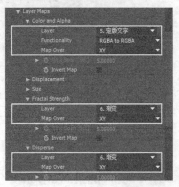

图15-289

12　展开Particle（粒子）参数组，设置Sphere Feather（粒子羽化）为0、Size（大小）为2、Transfer Mode（传输模式）为Normal（正常），如图15-291所示。

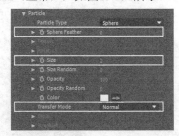

图15-291

13　展开Fractal Field（分形场）参数组，设置Affect Size（影响大小）为200、Displace（置换强度）为800、Flow X（x轴流量）为-50、Flow Y（y轴流量）为-30、Flow Z（z轴流量）为10，如图15-292所示。

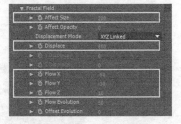

图15-292

14　展开Disperse&Twist（分散与扭曲）参数组，设置Disperse（分散）为100、Twist（扭曲）为1，如图15-293，效果如图15-294所示。

图15-293

图15-294

15 执行"图层>新建>摄像机"菜单命令，设置"名称"为Camera 1、"缩放"为376.3，如图15-295所示。

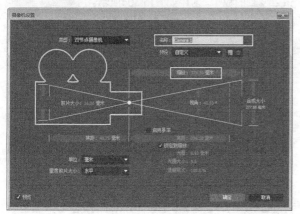

图15-295

16 选择Camera 1图层，在第7帧处，设置"目标点"为（360，288，628）、"位置"为（360，288，-438）、"方向"为（359，0，0）；在第3秒，设置"目标点"为（360，288，0）、"位置"为（360，288，-1066）、"方向"为（0，0，0），如图15-296所示，画面预览效果如图15-297所示。

图15-296

图15-297

15.6.4 定版镜头合成2

01 执行"合成>新建合成"菜单命令，然后设置"合成名称"为"渐变2"、"预设"为PAL D1/DV、"持续时间"为10秒，如图15-298所示。

图15-298

02 按快捷键Ctrl+Y新建一个白色纯色层，然后使用"矩形工具"为纯色层添加两个蒙版，接着选择蒙版1，为其设置关键帧动画。在第5帧处，设置蒙版1的形状如图15-299所示；在第2秒14帧处，设置蒙版1的形状如图15-300所示。

03 设置蒙版2关键帧动画。在第1秒1帧处，设置蒙版1的形状如图15-301所示；在第3秒处，设置蒙版1的形状如图15-302所示。

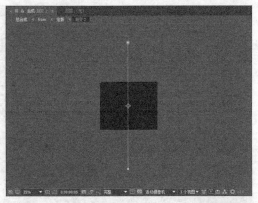

图15-299

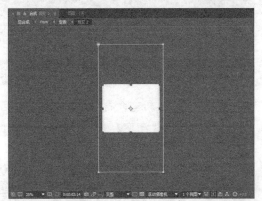

图15-300

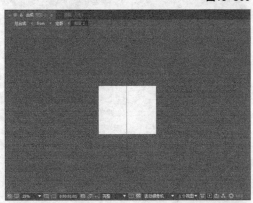

图15-301

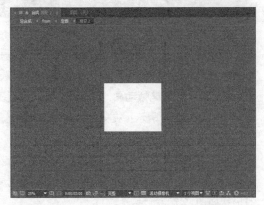

图15-302

04 将"渐变2"合成拖曳到From合成中，然后按快捷键Ctrl+Y新建一个名为particle的黑色纯色层，接着将其移至第2层，如图15-303所示。

图15-303

05 选择particle图层，执行"效果>Trapcode >Form（形状）"菜单命令，然后在"效果控件"面板中，设置Base Form（形态基础）为Box-Grid（网格立方体）、Size X（x轴大小）为800、Size Y（y轴大小）为576、Size Z（z轴大小）为10、Particle in X（x轴的粒子）为720、Particle in Y（y轴的粒子）为576、Particle in Z（z轴的粒子）为1，如图15-304所示。

图15-304

06 展开Layer Maps（图层贴图）参数组，在Color and Alpha（颜色和通道）下面设置Layer（图层）为"5.定版文字"选项、Functionality（功能）为RGBA to RGBA（颜色和通道到颜色和通道）、Map Over（贴图覆盖）为XY。在Fractal Strength（分形强度）下面设置Layer（图层）为"4.渐变2"、Map Over（贴图覆盖）为XY。在Disperse（分散）下面设置Layer（图层）为"4.渐变2"、Map Over（贴图覆盖）为XY，如图15-305所示。

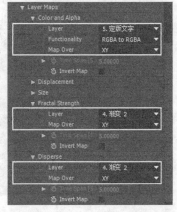

图15-305

07 展开Particle（粒子）参数组，设置Sphere Feather（粒子羽化）为2、Size（大小）为2、Opacity（不透明度）为80、Transfer Mode（传输模式）为Normal（正常），如图15-306所示。

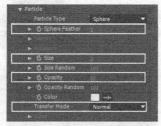

图15-306

08 在Disperse & Twist（分散与扭曲）参数组中设置Disperses（分散）为100，然后在Fractal Field（分形场）参数组设置Displace（置换）为450、Flow X（x轴流量）为 - 50、Flow Y（y轴流量）为 - 30、Flow Z（z轴流量）为0，如图15-307所示，Particle层的效果如图15-308所示。

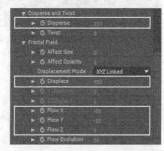

图15-307

图15-308

09 选择Particle图层，设置其"不透明度"的动画关键帧。在第2秒处，设置"不透明度"为100%；在第2秒12帧处，设置"不透明度"为0%，如图15-309所示，整体效果如图15-310所示。

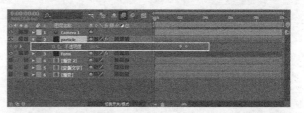

图15-309

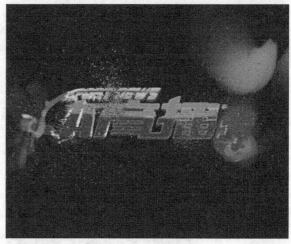

图15-310

10 关闭显示"渐变2""定版文字"和"渐变"图层，如图15-311所示，然后选择所有图层，按快捷键Ctrl+Shift+C合并图层，并将其命名为"定版"，如图15-312所示。

图15-311

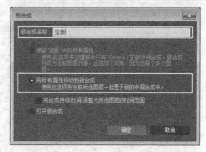

图15-312

11 在from合成中，选择"定版"图层，然后将时间指针移动到第3秒处，接着按快捷键Ctrl+Shift+D拆分图层，如图15-313所示，最后将第一个图层重命名为"定版_sd"，如图15-314所示。

图15-313

图15-314

12 选择"定版_sd"图层,按快捷键Ctrl+D复制图层,然后设置"定版_sd 2"图层的"位置"为(360,360)、"缩放"为(100,-100%)、"不透明度"为30%,如图15-315所示。

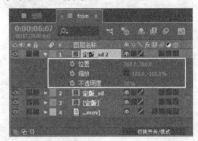

图15-315

13 选择"定版_sd 2"图层,然后使用"矩形工具"▭绘制蒙版,如图15-316所示,接着在图层属性中勾选"反转"选项,最后设置"蒙版羽化"为50,如图15-317所示,效果如图15-318所示。

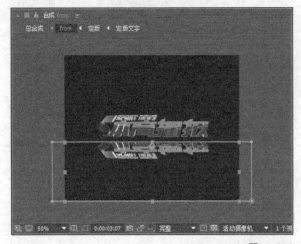

图15-316

图15-317

图15-318

14 选择"定版_sd"图层,执行"效果> 生成> CC Light Sweep(扫光)"菜单命令,然后设置Center(中心)属性的动画关键帧。在第3秒处,设置Center(中心)为(-50,156);在第3秒20帧处,设置Center(中心)为(734,156);在第3秒21帧处,设置Center(中心)为(-50,156);在第4秒16帧处,设置Center(中心)为(734,156),如图15-319所示。

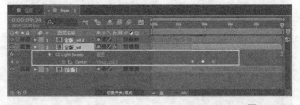

图15-319

15 选择"定版_sd 2"图层,执行"效果> 生成> CC Light Sweep(扫光)"菜单命令,然后设置Center(中心)属性的动画关键帧。在第3秒处,设置Center(中心)为(-50,290);在第3秒20帧处,设置Center(中心)为(734,290);在第3秒21帧处,设置Center(中心)为(-50,290);在第4秒16帧处,设置Center(中心)为(734,290),如图15-320所示,效果如图15-321所示。

图15-320

图15-321

16 执行"文件>导入>文件"菜单命令,然后导入素材文件夹中的"定版背景.mov"素材,接着将其添加到"时间轴"面板中,如图15-322所示,效果如图15-323所示。

图15-322

图15-323

15.6.5 镜头总合成

01 执行"合成>新建合成"菜单命令,然后设置"合成名称"为"总合成"、"预设"为PAL D1/DV、"持续时间"为15秒,如图15-324所示。

图15-324

02 将C_01、c_0203和from 合成拖曳到"总合成"的"时间轴"面板中,然后设置c_0203图层的入点时间在第3秒1帧处、from图层的入点时间在第9秒1帧处,如图15-325所示。

图15-325

03 选择C_01图层,执行"效果>模糊和锐化>CC Radial Fast Blur(CC径向快速模糊)"菜单命令,然后在第2秒20帧处,设置Amount(数量)为0;在第2秒21帧处,设置Amount(数量)为30,接着在第3秒1帧处,设置"不透明度"为100%;在第3秒7帧处,设置"不透明度"为0%,如图15-326所示。

图15-326

04 选择c_0203图层,执行"效果>模糊和锐化>CC Radial Fast Blur(CC径向快速模糊)"菜单命令,然后在第3秒1帧处,设置Amount(数量)为30;在第3秒7帧处,设置Amount(数量)为0,如图15-327所示。

图15-327

05 选择from图层，设置"缩放"和"不透明度"属性的动画关键帧。在第9秒6帧处，设置"缩放"为（500，500%）、"不透明度"值为0%；在第9秒14帧处，设置"缩放"为（100，100%）、"不透明度"为100%，如图15-328所示。

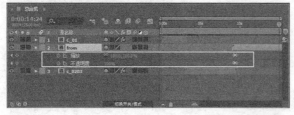

图15-328

06 执行"文件>导入>文件"菜单命令，导入素材文件夹中的"音乐.wav"素材，然后将其添加到"时间轴"面板中，如图15-329所示。

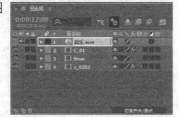

图15-329

15.6.6 输出与管理

01 按快捷键Ctrl+M进行视频输出，然后在"输出模块设置"对话框中，设置"格式"为QuickTime、"格式选项"为"动画"，接着选择"打开音频输出"选项，最后单击"确定"按钮，如图15-330所示。

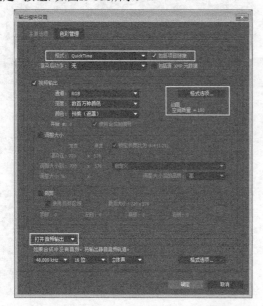

图15-330

02 在"项目"面板中新建两个文件夹，分别命名为"素材"和"合成"，然后将所有的素材文件全部拖曳到"素材"文件夹中，接着将所有的合成文件全部拖曳到"合成"文件夹中，最后将所有的纯色层、空对象图层和调整图层文件都拖曳到Solids文件夹中，如图15-331所示。

图15-331

03 对工程文件的进行打包操作。执行"文件>整理工程（文件）>收集文件"菜单命令，然后在"收集文件"对话框中，设置"收集源文件"为"全部"，接着单击"收集"按钮，如图15-332和图15-333所示。

图15-332

图15-333

15.7 本章总结

本章通过5个综合案例，来介绍After Effects后期制作的流程，包含创建合成、添加滤镜、制作关键帧动画和输出影片等环节。通过对本章的学习，可以完整地制作出商业项目，并可根据项目需要，自由地调整特效元素。 在实际工作中要注意的是，对动画节奏和画面色彩要把握得当，这直接影响了最终的效果。

附录1——After Effects常用快捷键查询表

"项目面板" 快捷键

操作	快捷键
新建项目	Ctrl+Alt+N
打开项目	Ctrl+O
打开项目时只打开项目窗口	按住Shift键
打开上次打开或保存的项目	Ctrl+Alt+Shift+P
保存项目文件	Ctrl+S
打开选择的素材项或合成项目	双击鼠标左键
将选择的素材（或合成项目）添加到激活的时间线中	Ctrl+/
显示或修改所选合成项目的设置	Ctrl+K
将选择的合成项目添加到渲染队列窗口	Ctrl+Shift+/
导入素材	Ctrl+I
连续导入多个素材文件	Ctrl+Alt+I
替换素材文件	Ctrl+H
替换选择层的源素材或合成图像	Alt+从项目窗口拖动素材项到合成图像
设置解释素材属性选项	Ctrl+F
重新调入素材	Ctrl+Alt+L
新建文件夹	Ctrl+Alt+Shift+N
设置代理素材	Ctrl+Alt+P
退出软件	Ctrl+Q

"合成图像、层和素材面板" 快捷键

操作	快捷键
显示/隐藏网格	Ctrl+'
显示/隐藏对称网格	Alt+'
居中激活的窗口	Ctrl+Alt+\
显示/隐藏参考线	Ctrl+;
锁定/释放参考线锁定	Ctrl+Alt+Shift+;
显示/隐藏标尺	Ctrl+ R
改变背景颜色	Ctrl+Shift+B
动态修改窗口	Alt+拖动属性控制
在当前窗口的标签间循环并自动调整大小	Alt+Shift+,或Alt+Shift+.
快照（可以拍4张）	Ctrl+F5, F6, F7, F8
显示快照	F5, F6, F7, F8
清除快照	Ctrl+Alt+F5, F6, F7, F8
显示通道（RGBA）	Alt+1, 2, 3, 4
带颜色显示通道（RGBA）	Alt+Shift+1, 2, 3, 4
带颜色显示通道（RGBA）	Shift+单击通道图标

附录1——After Effects常用快捷键查询表

"显示窗口和面板"快捷键

操作	快捷键
项目窗口	Ctrl+0
项目流程视图	F11
渲染队列窗口	Ctrl+Alt+0
工具箱	Ctrl+1
信息面板	Ctrl+2
时间控制面板	Ctrl+3
音频面板	Ctrl+4
显示/隐藏所有面板	Tab
新合成图像	Ctrl+N
关闭激活的标签/窗口	Ctrl+W
关闭激活窗口（所有标签）	Ctrl+Shift+W
关闭激活窗口（除项目窗口）	Ctrl+Alt+W

"时间线窗口中的移动"快捷键

操作	快捷键
到工作区开始	Home
到工作区结束	Shift+End
到前一可见关键帧	J
到后一可见关键帧	K
到前一可见层时间标记或关键帧	Alt+J
到后一可见层时间标记或关键帧	Alt+K
滚动选择的层到时间布局窗口的顶部	X
滚动当前时间标记到窗口中心	D
到指定时间	Ctrl+G

"合成图像、时间布局、素材和层窗口中的移动"快捷键

操作	快捷键
到开始处	Home或Ctrl+Alt+左箭头
到结束处	End或Ctrl+Alt+右箭头
向前一帧	Page Down或左箭头
向前十帧	Shift+Page Down或Ctrl+Shift+左箭头
向后一帧	Page Up或右箭头
向后十帧	Shift+Page Up或Ctrl+Shift+右箭头
到图层的入点	I
到图层的出点	O

附录1——After Effects常用快捷键查询表

"合成图像、层和素材窗口中的编辑"快捷键

操作	快捷键
拷贝	Ctrl+C
复制	Ctrl+D
剪切	Ctrl+X
粘贴	Ctrl+V
撤销	Ctrl+Z
重做	Ctrl+Shift+Z
选择全部	Ctrl+A
取消全部选择	Ctrl+Shift+A或F2
层、合成图像、文件夹、滤镜重新命名	Enter（数字键盘）
原应用程序中编辑子项（仅限素材窗口）	Ctrl+E
放在最前面	Ctrl+Shift+]
向前提一级	Shift+]
向后放一级	Shift+ [
放在最后面	Ctrl+Shift+ [
选择下一层	Ctrl+下箭头
选择上一层	Ctrl+上箭头
通过层号选择层	1~9（数字键盘）
取消所有层选择	Ctrl+Shift+A
锁定所选层	Ctrl+L
释放所有层的选定	Ctrl+Shift+L
激活合成图像窗口	\
在层窗口中显示选择的层	Enter（数字键盘）
显示隐藏视频	Ctrl+Shift+Alt+V
隐藏其他视频	Ctrl+Shift+V
显示选择层的效果控制窗口	Ctrl+Shift+T或F3
在合成图像窗口和时间布局窗口中转换	\
打开源层	Alt+双击层
在合成图像窗口中不拖动句柄缩放层	Ctrl+拖动层
在合成图像窗口中逼近层到框架边和中心	Alt+Shift+拖动层
逼近网格转换	Ctrl+Shit+"
逼近参考线转换	Ctrl+Shift+;
拉伸层适合合成图像窗口	Ctrl+Alt+F
层的反向播放	Ctrl+Alt+R
设置入点	[
设置出点	]
剪辑层的入点	Alt+[
剪辑层的出点	Alt+]

所选层的时间重映像转换开关	Ctrl+Alt+T
设置质量为最好	Ctrl+U
设置质量为草稿	Ctrl+Shift+U
设置质量为线框	Ctrl++Shift+Alt+U
创建新的纯色层	Ctrl+Y
显示纯色层设置	Ctrl+Shift+Y
重组层	Ctrl+Shift+C
通过时间延伸设置入点	Ctrl+Shift+,
通过时间延伸设置出点	Ctrl+Alt+,
约束旋转的增量为45度	Shift+拖动旋转工具
约束沿X轴或Y轴移动	Shift+拖动层
复位旋转角度为0度	双击旋转工具
复位缩放率为100%	双击缩放工具

"合成图像、层和素材窗口、时间线的空间缩放"快捷键

操作	快捷键
缩放至100%	主键盘上的 / 或双击缩放工具
放大并变化窗口	Alt+. 或Ctrl+主键盘上的=
缩小并变化窗口	Alt+，或Ctrl+主键盘上的-
缩放至100%并变化窗口	Alt+主键盘上的 /
缩放窗口	Ctrl+ \
缩放窗口适应于监视器	Ctrl+Shift+ \
窗口居中	Shift+Alt+\
缩放窗口适应于窗口	Ctrl+Alt+\
图像放大，窗口不变	Ctrl+Alt+ +
图像缩小，窗口不变	Ctrl+Alt+ —
缩放到帧视图	;
放大时间	主键盘上的+
缩小时间	主键盘上的-

"时间线面板中查看层属性"快捷键

操作	快捷键
锚点	A
音频级别	L
音频波形	LL
效果滤镜	E
蒙版羽化	F
蒙版形状	M

蒙版不透明度	TT
不透明度	T
位置	P
旋转	R
时间重映像	RR
缩放	S
显示所有动画值	U
隐藏属性	Alt+Shift+单击属性名
弹出属性滑杆	Alt+ 单击属性名
增加/删除属性	Shift+单击属性名
切换开关/模式转换	F4
为所有选择的层改变设置	Alt+ 单击层开关
打开不透明对话框	Ctrl+Shift+O
打开定位点对话框	Ctrl+Shift+Alt+A

"时间线面板、关键帧设置、渲染"快捷键

操作	快捷键
设置当前时间标记为工作区开始	B
设置当前时间标记为工作区结束	N
设置工作区为选择的层	Ctrl+Alt+B
未选择层时，设置工作区为合成图像长度	Ctrl+Alt+B
设置关键帧速度	Ctrl+Shift+K
设置关键帧插值法	Ctrl+Alt+K
选择一个属性的所有关键帧	单击属性名
增加一个效果的所有关键帧到当前关键帧选择	Ctrl+单击效果名
逼近关键帧到指定时间	Shift+拖动关键帧
向前移动关键帧一帧	Alt+右箭头
向后移动关键帧一帧	Alt+左箭头
向前移动关键帧十帧	Shift+Alt+右箭头
向后移动关键帧十帧	Shift+Alt+左箭头
在选择的层中选择所有可见的关键帧	Ctrl+Alt+A
到前一可见关键帧	J
到后一可见关键帧	K
到前一个可见层时间标记或关键帧	Alt+J
到下一个可见层时间标记或关键帧	Alt+K
输出影片	Ctrl+ M
增加激活的合成图像到渲染队列窗口	Ctrl+ Shift+/
在队列中不带输出名复制子项	Ctrl+ D
保存单帧	Ctrl+Alt+S
打开渲染对列窗口	Ctrl+Alt+0

附录2——本书所用外挂滤镜和插件查询表

滤镜（插件）名称	版本（适用64位系统）
Trapcode Particular	V2.2.5
Trapcode Form	V2.0.8
Trapcode Shine	V1.6.4
Trapcode 3D Stroke	V2.6.5
Trapcode Starglow	V1.6.4
Optical Flares	1.3.5
Knoll Light Factory	V3.0.3